Harald Vogel

Einstieg in SolidWorks

Harald Vogel

Einstieg in SolidWorks

Videotraining für Skizzen, Bauteile, Baugruppen

4., vollständig überarbeitete und erweiterte Auflage

HANSER

Der Autor:

Harald Vogel ist ein bekannter Autor von CAD-Fachliteratur mit einer verkauften Gesamtauflage von über 100 000 Exemplaren.

Bibliografische Information der Deutschen Nationalbibliothek:

Die Deutsche Nationalbibliothek verzeichnet diese Publikation in der Deutschen Nationalbibliografie; detaillierte bibliografische Daten sind im Internet über <http://dnb.ddb.de> abrufbar.

Print-ISBN 978-3-446-44385-3

www.hanser-fachbuch.de
Lektorat: Dipl.-Ing. Volker Herzberg
Herstellung: Cornelia Rothenaicher
Satz: Kösel Media GmbH, Krugzell
Coverrealisierung: Stephan Rönigk
Druck und Bindung: Kösel, Krugzell
Printed in Germany

Inhalt

Vorwort

„There's only a certain amount of
information per cubic inch a brain can hold ..."
Richard P. Feynman (1918–1988)

Liebe Leserin, lieber Leser,

ein Buch von nur dreihundert Seiten über 3D-Konstruktion? Was soll das schon leisten angesichts tausendseitiger Handbücher und Gigabytes über Gigabytes zusätzlicher Texte, Bilder und Videos, die das Internet kostenlos auf Ihre Festplatte spült?

Ein großer Nachteil des Internet ist, dass die relevanten Informationen zwar alle vorhanden sind, aber in einem Ozean ungeprüfter Daten untertauchen, in dem man sie letzten Endes nicht mehr findet. Wollen Sie sich da wirklich selber durchschlagen? Oder können Sie eine Handreichung gebrauchen, die Sie bis zu dem Punkt führt, an dem Sie wissen, *was Sie im Internet eigentlich fragen wollten?*

Eine der Hürden des *Mechanical CAD* heißt: Wie erkenne ich das zugrunde liegende Prinzip? Wie kann ich mein Bauteil mit einem Minimum an Aufwand in ein virtuelles Modell umsetzen, das all meine Forderungen erfüllt?

Nun lässt sich die Mehrzahl aller Bauteile im Maschinenbau auf Extrusion und Rotation zurückführen. Man muss nicht mit allerneuesten Funktionen versuchen, das Problem anderweitig zu lösen, sondern kann es meist mit einfachen Mitteln genau so gut machen: Extrusion und Rotation. Wenn Sie diese Mittel gut beherrschen, dann werden Sie im virtuellen Konstruieren sehr viel schneller fit, als wenn Sie versuchen, Ihr Problem *plus* zehntausend Funktionen unter einen Hut zu bringen. Denn je weniger Sie lernen, desto schneller sitzt Ihr Repertoire.

Man kann es weiter zuspitzen: Die Idee des MCAD beginnt mit einem Punkt in einem Koordinatensystem, der davon träumt, ein Kreis zu werden. Der Kreis begreift seine Geschlossenheit und schwingt sich zum Zylinder auf, um Volumen zu gewinnen – doch der Punkt bringt letztendlich alles zustande. Selbst im Vokabular des Konstrukteurs spiegelt sich der Wunsch nach Einfachheit, wenn er von Kolben und Zylindern spricht, aber das Wirkprinzip des Ottomotors meint.

Von dieser Einfachheit handelt das Buch, das Sie in Händen halten.

Es dauert erfahrungsgemäß eine ganze Weile, bis ein Novize in der Kunst des Modellierens die Grundformen sieht, die in seinem Wunschobjekt stecken. Darum werde ich Ihnen hier kein Renommierobjekt aufbürden, keinen Sechszylinder mit 965 Teilen: Den schaffen Sie alleine, sobald Sie seine Einfachheit begriffen haben.

Ein *kleines Buch* vermindert schließlich den Leseaufwand und verfolgt damit in einer Zeit, in der unendlich viel publiziert wird, ein wichtiges Ziel: sich auf das Wesentliche zu beschränken. Dieses Bilderbuch – teils bewegte Bilder – versucht überdies, das Wesentliche möglichst anschaulich zu machen. Womit wir wieder beim Thema sind.

Die Sache ist viel einfacher.

Das zu verstehen ist das Komplizierte daran.

Stolberg, im Herbst 2016

Harald Vogel

■ Schreibweisen und Konventionen

Wie jede Anleitung benötigt auch diese Anleitung eine Anleitung, denn zum Einen gibt es Formatierungen des Textes, die einen bestimmten Zweck verfolgen, zum Anderen wurde auch im Hinblick auf die Software eine gewisse Vorauswahl getroffen. Und schließlich: Woher wüssten Sie sonst von den Videos?

Nomenklatur

In diesem Buch kommen unterschiedliche Formatierungen zum Einsatz:

- Spiegelpunkte wie dieser bedeuten Arbeit. In diesem Format sind sämtliche Bauanleitungen gesetzt. Manchmal aber auch Aufzählungen.
- *Kursiv gesetzt* sind alle Befehle und Funktionen, alle Optionen, Menüpunkte und Schaltflächen, aber auch Objektnamen in den Beispielen und die SolidWorks-spezifischen Fachbegriffe.
- `Eingaben in Formel- oder Skriptsprache sind in Schreibmaschinenschrift gesetzt.`
- **Fett** sind Texte und Zahlen gesetzt, die Sie in Dialogboxen und Editierfelder eintragen.

- **Auf diese Art** sind Hervorhebungen allgemeiner Art gesetzt.
- Shortcuts oder Tastenkürzel sehen so aus: Strg+A
- Datei- und Verzeichnisnamen erscheinen in KAPITÄLCHEN.

> Hinweis: Hinweise dienen zur weiterführenden Information.

> TIPP: Praktische Tipps gehören zwar nicht unbedingt zum konkreten Ablauf, wohl aber zum Thema.

> Achtung: Gemeine Gefahr geht von allem aus, wovor Sie in diesem Kasten gewarnt werden!

Die Benutzerschnittstelle von SolidWorks

Das Programmfenster – die Fachwesen sprechen von *GUI* oder *Interface* – unterliegt seit Version 2016 ständigen Umbrüchen: Erst wurden die gewohnten Code-Farben Gelb, Grün, Rot, Orange, Blau usw. der Schaltflächenbilder zu einheitlichem Blau reduziert, dann führten protestierende Anwender die teilweise Wiederherstellung des alten Codes herbei.

Mit *Service Pack 3* wurde das Farbthema *Classic* eingeführt, eine Mischform, in der alte und neue Farben gemeinsam auftreten. *Classic* ist sicher nicht optimal, aber doch wesentlich übersichtlicher als der neumodische Windows-10-Look. Daher kommt es auch in diesem Buch zum Einsatz. Es kann allerdings passieren, dass sich die Farben in den nächsten *Service Packs* und Versionen noch weiter verändern. Orte, Namen und Aussehen der Schaltflächen werden jedoch voraussichtlich bestehen bleiben.

Apropos Rechtschreibung

Bitte wundern Sie sich nicht, wenn Sie im Text unterschiedliche Schreibweisen vorfinden, etwa „Paßfeder“ und „Passfeder“, *denn eigentlich, SolidWorks ist Amerikaner:* Die eingedeutschten Texte in Dialogboxen und Menüeinträgen sind orthografisch und stilistisch also nicht immer perfekt. Bis auf wenige – etwas debile – Ausnahmen zitiere ich sie im Original, um Ihnen Kopfzerbrechen zu ersparen.

Mutterkonzern *Dassault Systèmes* hat außerdem die altbekannte Schreibweise von *SolidWorks* in *SOLIDWORKS* geändert. Ich benutze die alte Schreibweise, weil sie sich besser liest und unaufdringlich ist.

Die DVD

Auf der DVD finden Sie

- alle Projektdateien aus SolidWorks unter dem gleichen Namen, der auch im Text angegeben ist. Sie können sie mit Ihrer Version 2016 laden.
- die Videos, die in der digitalen Fassung des Buches mit den Bildern im Text verlinkt sind, in der Druckversion jedoch durch ein kleines Icon am Bildrand hervorgehoben werden.

  Die Titel dieser Videos entsprechen bis auf einige Satzzeichen exakt den zugehörigen Bildunterschriften, also etwa „1.1 – DAS ANWENDUNGSFENSTER VON SOLIDWORKS“.

Diese kurzen Filme dienen dazu, komplexe oder gar komplizierte Abläufe *in situ* zu zeigen, also genau so, wie Sie es auch auf Ihrem Rechner erleben. In Anlehnung an Dr. Feynmans Zitat kriegt man eben nur so und so viele Worte in einen Satz, komplizierte Tastenfolgen, taktische Menü-Manöver, raffinierte Rechts-Links-Kombinationen der Maustasten, tief verschachtelte Befehlsfolgen und die allgemeinen Implikationen der *Computer Graphics Aerobics* zu beschreiben, ohne dass Sie restlos den Faden verlören...

Ein kurzes Video ist dann einfach das Mittel der Wahl.

Dank

Projektleiter ist Herr Dipl.-Ing. Volker Herzberg vom Carl Hanser Verlag. Ihm danke ich herzlich für die Idee, dieses in der vierten Auflage erfolgreiche Bändchen in neuer Form – und mit neuen Medien – auf den Weg zu Ihnen zu bringen.

1 Unsere erste Baustelle

Wenn Sie SolidWorks zum ersten Mal starten, wird kein Dokument geladen. Es wird auch kein Menü angezeigt: Oben links befindet sich nur das übergroße *SolidWorks*-Logo, daneben die Symbolleiste *Standard*, ganz rechts die Palette *Task-Fensterbereich* (Bild 1.1). Ansonsten ist das Grafikfenster leer.

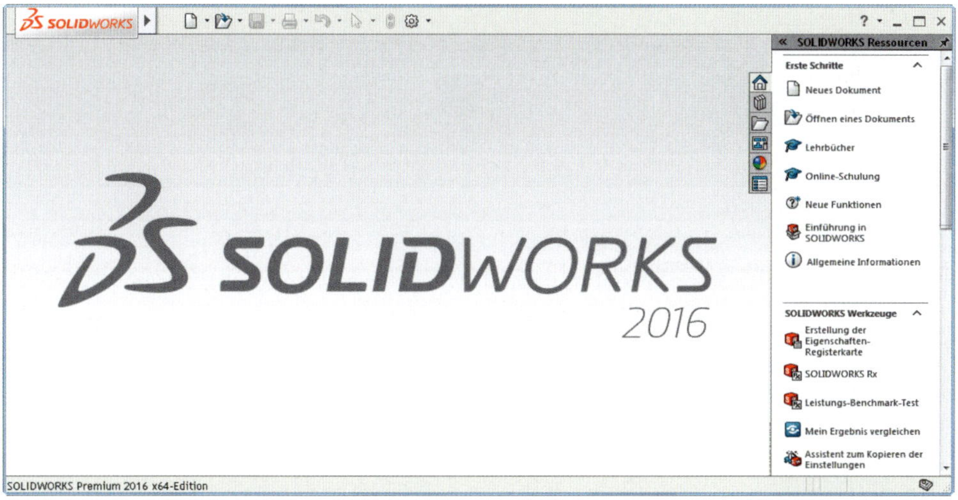

Bild 1.1: Das Anwendungsfenster von SolidWorks

- Das Menü, das Sie erst durch Zeigen auf das SolidWorks-Logo ausklappen (Bild 1.2, oben),

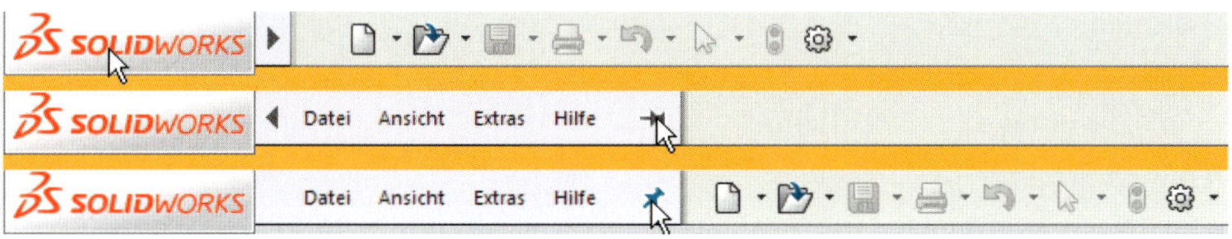

Bild 1.2: Das Menü von SolidWorks liegt etwas versteckt

- zeigt die vier Haupteinträge *Datei, Ansicht, Extras* und *Hilfe* an (Mitte). Die *Standard*-Schaltflächen verschwinden.
- Mit der „Stecknadel“ pinnen Sie es dauerhaft fest; rechts davon erscheinen dann wieder die *Standard*-Symbole (unten).

Dieses Menü benötigen Sie, weil *sämtliche* Funktionen von SolidWorks darin verzeichnet sind – und nicht nur eine Auswahl, wie auf den Symbolleisten.

1.1 Ein neues Bauteil

Wählen Sie im Menü *Datei, Neu,* so erscheint das Dialogfeld *Neues SolidWorks Dokument* (Bild 1.3).

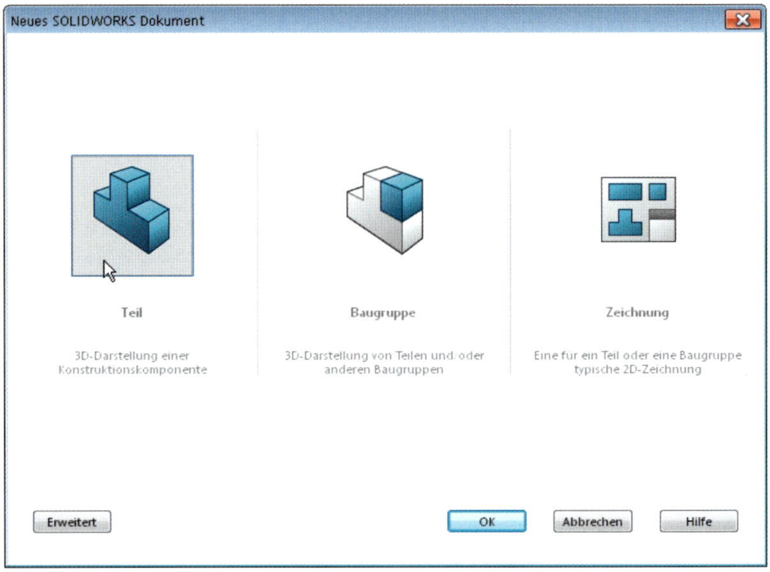

Bild 1.3: *SolidWorks for beginners:* Erstellen eines neuen Dokuments

Hier lernen Sie gleich eine der Eigentümlichkeiten in SolidWorks kennen: Es gibt nicht nur eine Art von Dokumenten, sondern gleich **drei**, und zwar

- das *Teil,* ein – mit Ausnahmen – einteiliges 3D-Modell, mit dem wir beginnen werden,
- die *Baugruppe,* die aus mehreren Teilen besteht – die virtuelle Maschine, wenn Sie so wollen –, und schließlich
- die *Zeichnung* –

oder besser gesagt: die aus Teil und Baugruppe **abgeleitete** 2D-Zeichnung, denn in SolidWorks zeichnen nicht Sie, sondern das Programm: Sie liefern die 3D-Modelle, und SolidWorks zeichnet Ansichten davon.

- Klicken Sie auf die große Schaltfläche *Teil* und bestätigen Sie mit *OK*. Ein Doppelklick auf diese Schaltfläche bewirkt das Gleiche.

TIPP: Wenn Sie unter mehr als drei Dokumentvorlagen wählen möchten, klicken Sie auf *Erweitert*. Mehr dazu in Kapitel 8.

1.2 Der Editor

Das neue Dokument wird in die 3D-Konstruktionsumgebung SolidWorks geladen. Sie zeigt Bedienelemente je nach Art des aktuellen Dokuments an. Bei Bauteilen sehen Sie ein um die Punkte *Bearbeiten, Einfügen* und *Fenster* erweitertes Menü. Das zentrale Grafikfenster bezeichnen wir im Folgenden kurz als **Editor** (Bild 1.4).

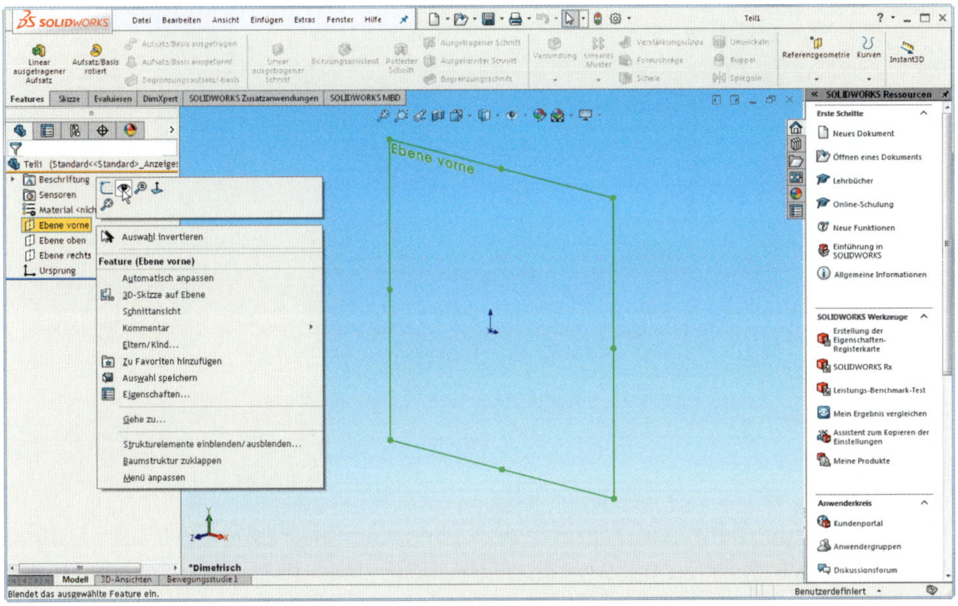

Bild 1.4: Der Editor stellt das zentrale Element in SolidWorks dar

Hinweis: Falls Sie die blauen Icons in SolidWorks 2016 auch nicht mögen, wählen Sie das alte Farbschema, wie es oben und im Rest dieses Buches dargestellt ist. Das Schema *Klassisch* befindet sich allerdings in ständiger Überarbeitung, der Stand des Buches ist SP3.0. Sehen Sie dazu Abschnitt 1.7, *SolidWorks konfigurieren*, auf S. 25.

Jetzt sind einige neue Elemente hinzugekommen:

- Im oberen Rand des Editorfensters (!) erscheint die Symbolleiste *Ansicht (Head-Up)* in Form einzelner Schaltflächen vor dem Editor-Hintergrund – Sie dienen zur Steuerung des Bildausschnittes und der verschiedenen Darstellungsmodi.
- Die breite Symbolleiste darüber ist der *CommandManager*. Ziehen Sie ihn an den Registerkarten nach unten, so entsteht ein Palettenfenster, das Sie an allen vier Seiten des Anwendungsfensters wieder andocken können (Bild 1.5).

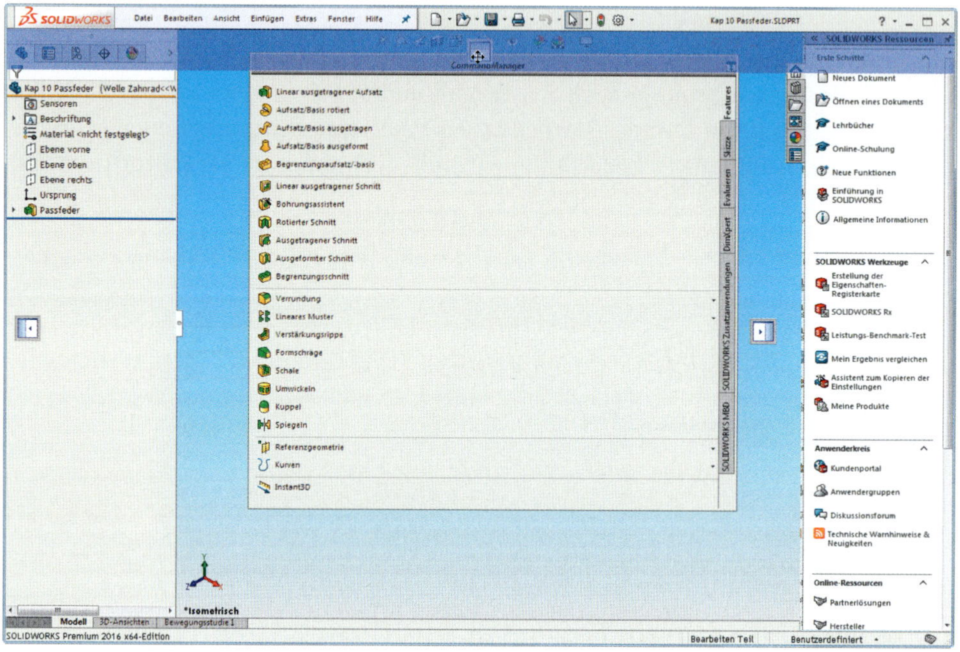

Bild 1.5: Der *CommandManager* spart angeblich Platz – auf Kosten der Übersichtlichkeit

An seinem Rand befinden sich Registerkarten namens *Features, Skizze, Evaluieren …*, je nach Konfiguration auch noch mehr. Jede Registerkarte enthält die Schaltflächen einer gleich benannten Symbolleiste. Dies ist keine sehr geschickte Anordnung aufgrund des Platzbedarfs und des ungünstigen Formats, aufgrund der zusätzlichen Mausklicks und des Verlustes an Übersichtlichkeit! Denn der Editor wird breit und niedrig. Deshalb schlage ich Ihnen eine ergonomisch wesentlich günstigere Lösung vor …

1.3 Einstellungen sichern

Doch bevor Sie die Oberfläche von SolidWorks anpassen, sichern Sie immer zuerst Ihre aktuellen Einstellungen, indem Sie

- SolidWorks über das Menü *Datei, beenden* beenden – die Datei brauchen Sie nicht zu speichern, denn sie ist ja leer.

- Rufen Sie über das Windows-Startmenü, *Programme, SolidWorks 2016, SolidWorks Werkzeuge* den *Assistent zum Kopieren von Einstellungen* auf.

Das fast gleichnamige Dialogfeld erscheint (Bild 1.6).

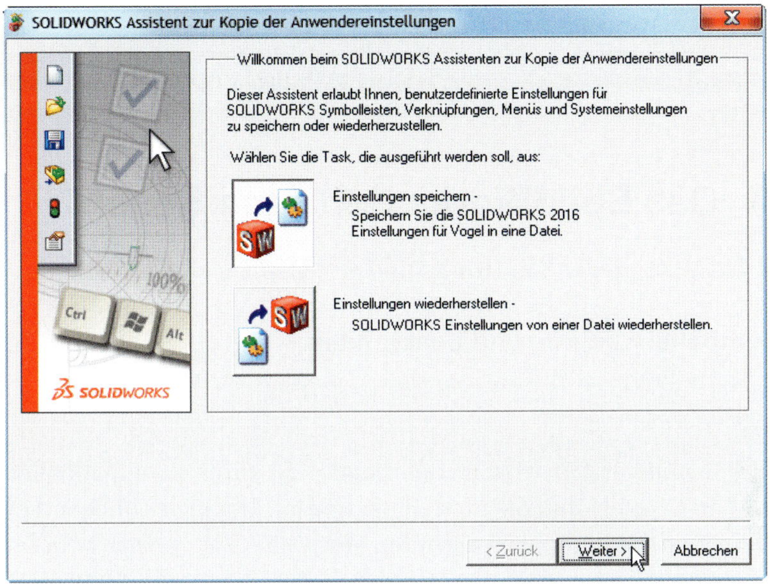

Bild 1.6: Der Assistent zur Kopie der Anwendereinstellungen

- Die obere Schaltfläche zum *Speichern* sollte bereits aktiviert sein. Klicken Sie einfach auf *Weiter,* so kommen die Optionen zum Vorschein (Bild 1.7).

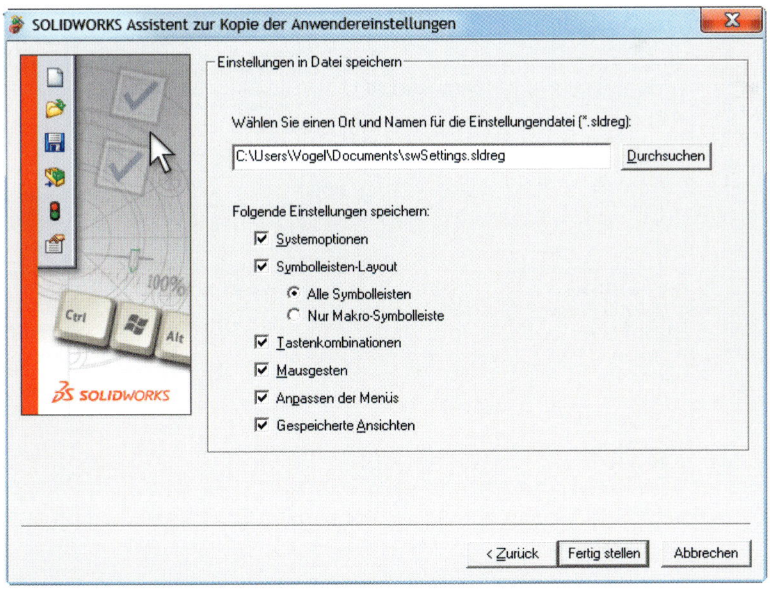

Bild 1.7: Die Sicherung der Einstellungen ist in Sparten gegliedert

- Wählen Sie den gewünschten Pfad – also *Ort* und *Name*, aktivieren Sie einfach alle Optionsfelder und klicken Sie auf *Fertig stellen*.

> TIPP: Auf die gleiche Art sichern Sie später auch Ihre neuen Einstellungen – über die Schaltfläche *Wiederherstellen*, die Sie im gleichen Tool finden, können Sie dann immer rasch die Konfiguration wechseln. Schneller noch geht es mit einem Doppelklick auf die Dateien der Endung *.SLDREG.

1.4 Das SolidWorks der alten Hasen

- Starten Sie dann wieder SolidWorks und erstellen Sie eine *neue* Datei.

1.4.1 Symbolleisten ein- und ausblenden

- Wählen Sie im Menü *Ansicht, Symbolleisten* den obersten Befehl, *CommandManager*.

Dieser wird deaktiviert. Er verschwindet und wird durch zwei Symbolleisten *Features* (links im Fenster) und *Skizze* (rechts) ersetzt. Um die restlichen Leisten einzustellen, wählen wir einen praktischeren Weg:

- Ein Rechtsklick über einer Symbolleiste oder dem Menü bringt das Kontextmenü mit allen vorhandenen Symbolleisten zum Vorschein. Wählen Sie die zweite Option, *Anpassen*. Die gleichnamige Dialogbox erscheint (Bild 1.8).

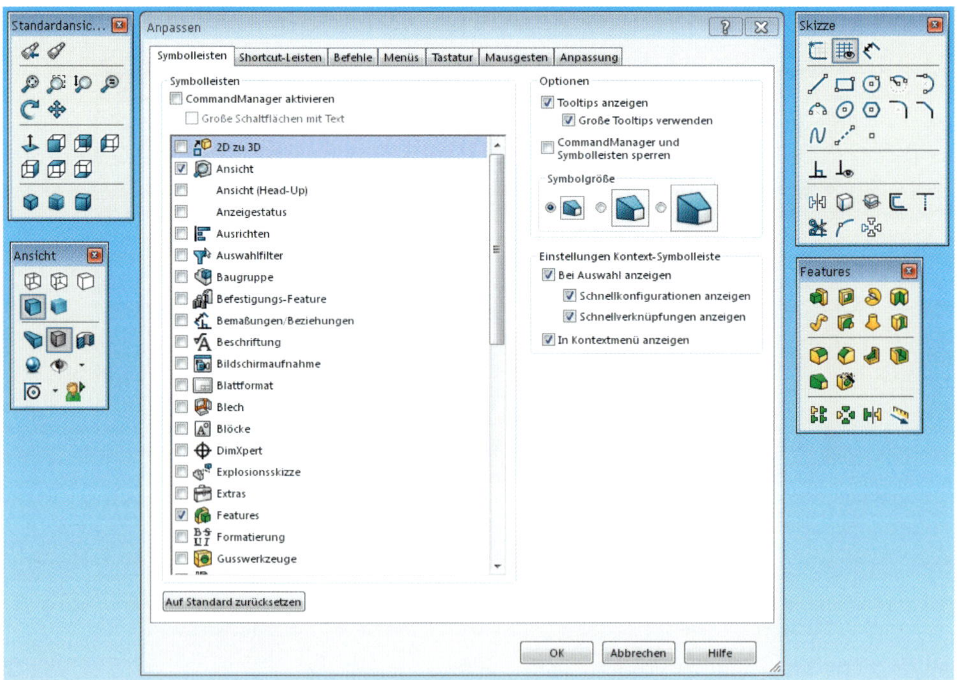

Bild 1.8: Ein- und Ausblenden von Symbolleisten und Bedienelementen

- Wechseln Sie zur Registerkarte *Symbolleisten*. Wählen Sie zunächst **alle** Einträge im Listenfeld ab, also *Ansicht (Head-Up), MotionManager* und *Task-Fensterbereich*. Die Oberfläche reagiert sofort, die Leisten verschwinden.
- Aktivieren Sie *Ansicht, Standardansichten* und *Referenzgeometrie*. Die Symbolleisten werden eingeblendet. Bestätigen Sie dann mit *OK*.
- Ziehen Sie die Symbolleisten *Ansicht* und *Standardansichten* nach oben, bis sie sich unter dem Menü einklinken.

Falls dies nicht automatisch passiert ist,

- docken Sie die Symbolleiste *Features* ganz links an, die Symbolleiste *Skizze* hingegen ganz rechts.

Nun haben Sie die wichtigsten Schaltflächen genau dort, wo Sie sie brauchen - die Features neben dem *FeatureManager* und die Skizzenelemente neben dem Editor, in dem Sie doch meistens Skizzen bearbeiten.

1.4.2 Schaltflächengröße einstellen

Über die Dialogbox *Anpassen*, Registerkarte *Symbolleisten* können Sie auch die Größe der Schaltflächen einstellen - SolidWorks 2016 erkennt die Abmessungen des Monitors nicht, nur die eingestellte Auflösung. Die Auswahl besteht unter drei Größen (Bild 1.9).

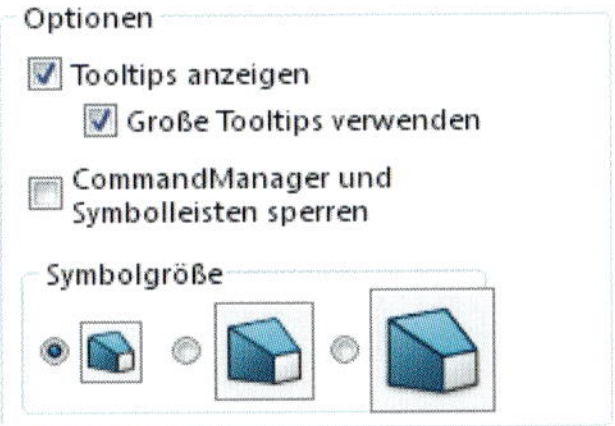

Bild 1.9: Letzte Rettung: Die Symbolgröße lässt sich von Hand einstellen

1.4.3 Symbolleisten anpassen

Übersicht und Ordnung schaffen Sie auch, indem Sie so genannte *Flyouts* durch simple Schaltflächen ersetzen. Flyouts sind Schaltflächen mit kleinen Pfeilen, unter denen sich Menüs verbergen - die kosten Sie jede Menge Klicks (Bild 1.10):

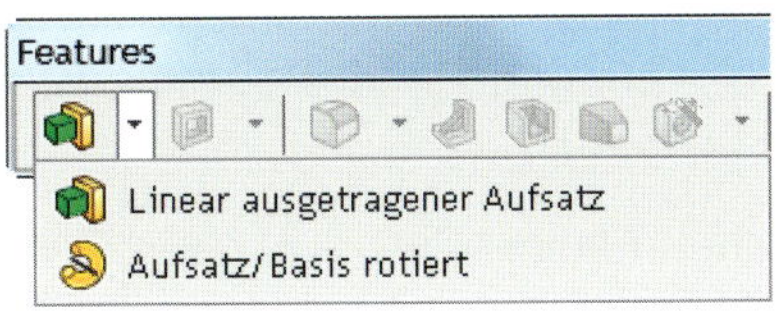

Bild 1.10: *Flyouts* sind Menüs für Symbolleisten - konzeptionell ein Widerspruch in sich!

Hinweis: Die Funktion *Instant3D* auf der Symbolleiste *Features* braucht eine sichere Hand; sie sollte daher **ausgeschaltet** sein, bevor Sie sie entfernen.

- Wählen Sie wieder *Ansicht, Symbolleisten* den Punkt *Anpassen*. Entfernen Sie die Flyouts *Linear ausgetragener Aufsatz, Linear ausgetragener Schnitt* (oben), *Bohrungsassistent, Lineares Muster, Referenzgeometrie, Kurven* und *Instant 3D* aus der Symbolleiste *Features*. Ziehen Sie sie einfach in den Editor – weg sind sie.
- Wechseln Sie zur Registerkarte *Befehle*, Kategorie *Features*. Ziehen Sie dann der Reihe nach die Bilder/Schaltflächen *Linear ausgetragener Aufsatz, Linear ausgetragener Schnitt, Aufsatz/Basis rotiert* und *Rotierter Schnitt* oben in die Symbolleiste *Features* hinein (Bild 1.11, Kästen).

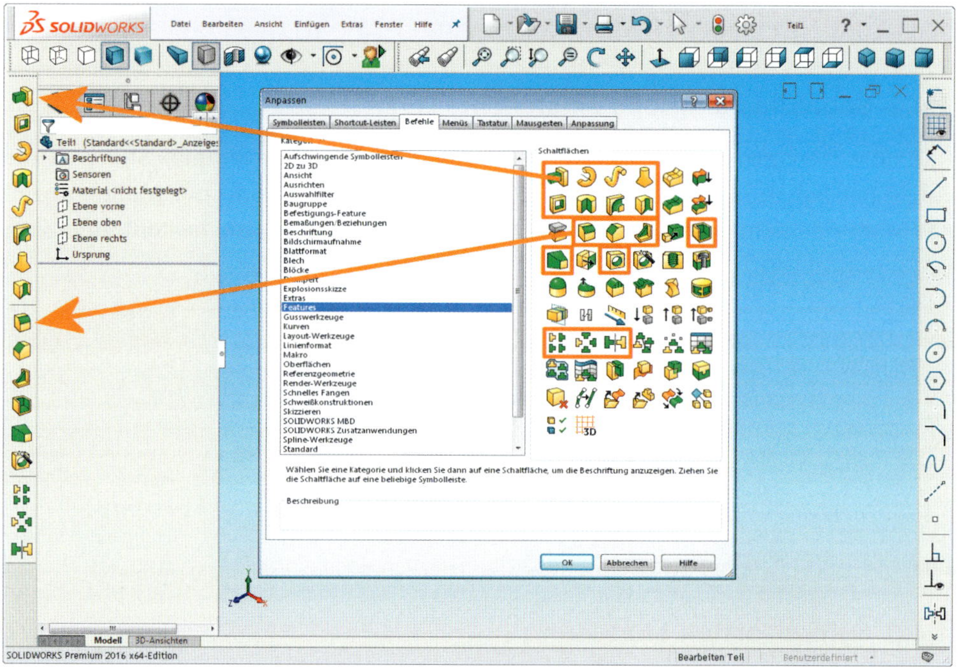

Bild 1.11: Ein Befehl pro Schaltfläche – so waren Symbolleisten ursprünglich gemeint!

- Ersetzen Sie ebenso das Flyout *Verrundung* durch die Schaltflächen *Verrundung* und *Fase*.

Auch die Symbolleiste *Skizze* können Sie entrümpeln. Die zugehörigen Befehle finden Sie unter der Kategorie *Skizzieren:*

- Legen Sie die Schaltflächen *Skizze, Gitter anzeigen, Intelligente Bemaßung, Linie, Ecken-Rechteck, Kreis, Mittelpunktbogen, Tangentialer Kreisbogen, 3-Punkt-Kreisbogen, Ellipse, Polygon, Skizzenverrundung, Fase skizzieren, Spline, Mittellinie, Punkt, Beziehung hinzufügen, Beziehungen anzeigen/löschen, Elemente spiegeln,*

Elemente übernehmen, Schnittkurve, Offset Elemente, Elemente verlängern, Elemente trimmen, Teilen und Kreismuster in diese Leiste; löschen Sie dann die Flyout-Doubletten (Bild 1.12).

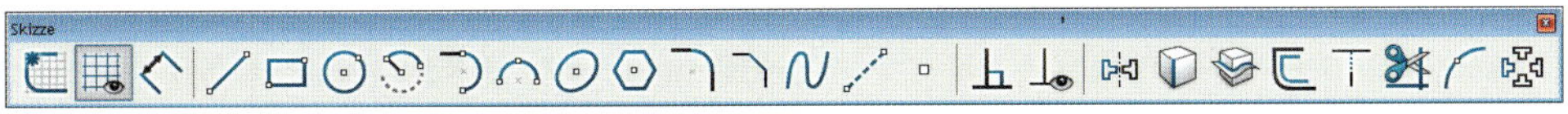

Bild 1.12: Die neue Symbolleiste *Skizze*

Eines der gelöschten Flyouts werden Sie jedoch oft benötigen, und zwar die Referenzgeometrie:

- Wechseln Sie zur Registerkarte *Symbolleisten,* aktivieren Sie dort die Symbolleiste *Referenzgeometrie* und fügen Sie sie unter den *Features* an (Bild 1.13).

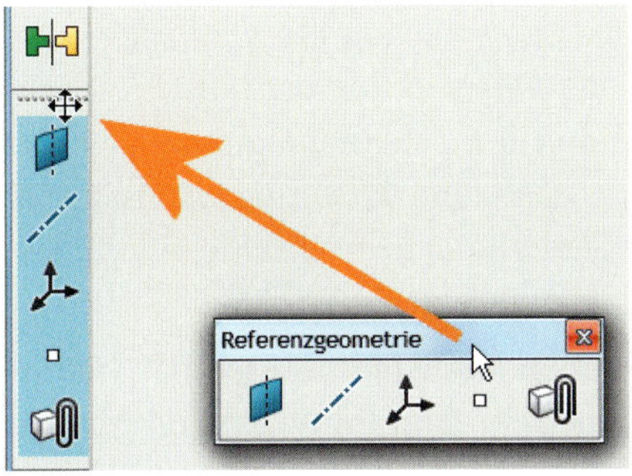

Bild 1.13: Ziehen einer Symbolleiste an den Fensterrand. Alle Flyouts stehen auch als separate Symbolleisten zur Verfügung

> Hinweis: Falls Sie Sehnsucht kriegen: Die Flyouts finden Sie auf der Registerkarte *Befehle* unter der Kategorie *Aufschwingende Symbolleisten.*

Wenn Sie SolidWorks nun schließen und wieder öffnen, bemerken Sie, dass die neue Konfiguration erhalten bleibt (vgl. Bild 1.15).

- Sichern Sie auch diese Konfiguration als Datei, indem Sie den *Assistent zum Kopieren von Einstellungen* aufrufen (vgl. Abschnitt 1.3, *Einstellungen sichern* auf S. 4).

1.5 Orientierung in 3D

Bevor wir anfangen zu bauen, möchte ich Sie noch eben durch die virtuelle Werkstatt führen. Es beginnt mit einer Überraschung.

Wie beim Technischen Zeichnen auch arbeiten Sie im **Mechanical CAD** mit Hilfe von Projektionen des Raums auf die Ebene – Sie bearbeiten Ihre Bauteile also stets nur in zwei von drei Dimensionen. Das muss auch so sein, denn Bildschirm und Maus sind als zweidimensionale Aus- und Eingabegeräte anzusehen: Sie haben keine Möglichkeit, mit nur einem einzigen Klick einen Punkt im Raum zu definieren.

Daher erstellen Sie virtuelle Körper – **Bauteile** – mit Hilfe ebener Querschnitte, die Sie dann durch Extrusion, Rotation, Austragung oder Ausformung ins Räumliche ziehen. In der Tat lassen sich die meisten technischen Körper auf diese vier Operationen zurückführen, und die meisten hiervon wiederum auf die ersten beiden. Die durch diese Verfahren entstehenden Körper und Oberflächen werden auch als **Regelobjekte** bezeichnet. Sie stellen das Pendant zu **Freiformflächen** dar.

Zur Praxis: Im *FeatureManager* – *Feature* bedeutet u. a. „Merkmal" – eines neuen Dokuments befinden sich immer schon ein paar Elemente, hier etwa die *Beschriftung,* die *Sensoren* und das *Material* des Bauteils. Und drei Ebenen, deren Namen Ihnen, falls Sie vom Technischen Zeichnen kommen, alarmierend bekannt vorkommen: *Ebene vorne, Ebene oben* und *Ebene rechts* sind nichts anderes als Vorderansicht, Draufsicht und Seitenansicht. Wenn Sie eine Ebene anklicken, wird sie als farbiger Umriss im Editor angezeigt.

- Machen Sie die drei Ebenen ruhig einmal sichtbar, indem Sie über deren *Kontext-Symbolleiste* – Linksklick über dem Eintrag im *FeatureManager* oder Rechtsklick, **oberer Kasten** – *Einblenden* wählen, das Auge in Bild 1.14.

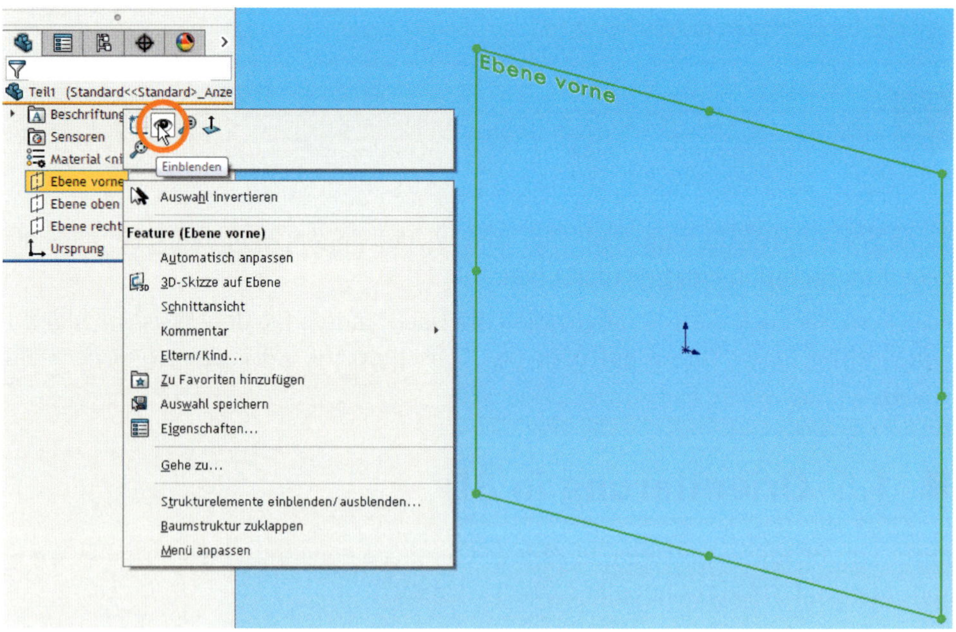

Bild 1.14: Die Arbeitsebenen lassen sich sichtbar machen

TIPP: Mit Linksklick, Strg+Klick bzw. Shift+Klick können Sie in Explorer-Manier mehrere gleichartige Objekte auf einmal konfigurieren – wie in diesem Fall die drei Ebenen.

Daraufhin werden die drei Ebenen im Editor eingeblendet. Experimentieren Sie nun mit den *Ansichten* und den *Standardansichten* der gleichnamigen Symbolleisten (Bild 1.15).

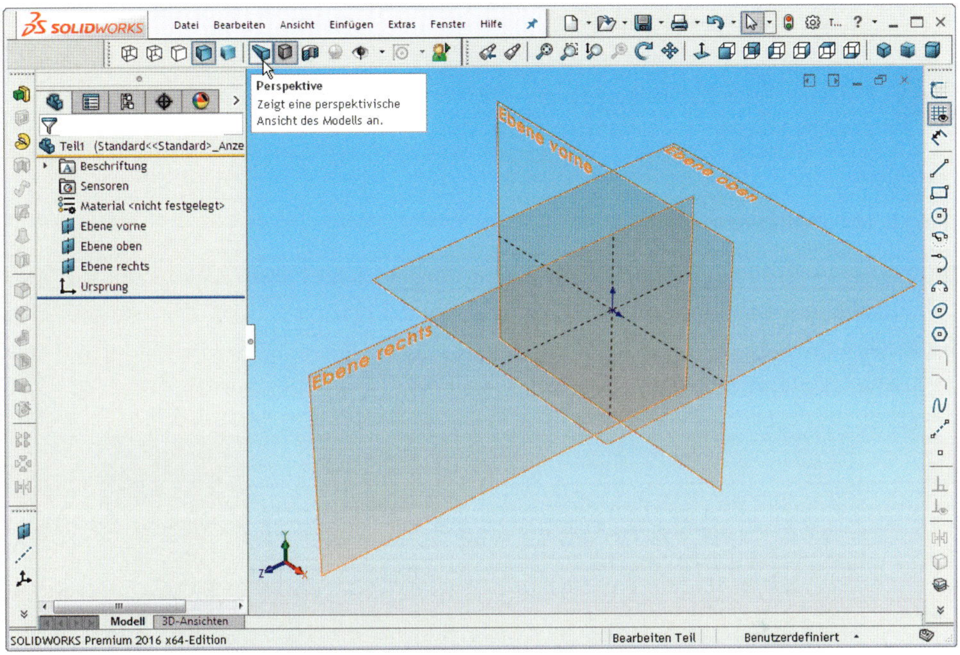

Bild 1.15: Die drei Hauptebenen im Raum. Praktisch: Die Symbolleisten säumen den Editor

■ 1.6 Der Skizzenmodus

Die einfachsten Bauteile basieren auf linearer Streckung – oder **Extrusion** – eines Querschnitts lotrecht zu seiner Ebene. Die wiederum einfachste Art, eine Extrusion zu erzeugen, ist in SolidWorks die Schaltfläche *Linear ausgetragener Aufsatz,* die oberste in der Symbolleiste *Features.* Obschon der Weg zum Volumenkörper – dem *Solid,* wie man ihn auf Englisch nennt – stets über mindestens zwei Schritte führt, können Extrusion und Rotation in einem Arbeitsgang erstellt werden:

- Aktivieren Sie die *Ebene vorne.* Klicken Sie dann auf *Linear ausgetragener Aufsatz.*

Achtung: Die Anwahl einer Arbeits- oder Modellebene ist Voraussetzung für das Erstellen einer Skizze.

Der Blickvektor wird normal zur aktuellen Ebene ausgerichtet und diese formatfüllend herangezoomt. Anstelle des blauen Koordinatenursprungs ist jetzt der rote **Skizzenursprung** zu sehen. Die Symbolleiste *Skizze* ist voll aktiviert: Wir befinden uns im **Skizziermodus**.

Die anderen beiden Ebenen im Editor sind jetzt durch je einen ockerfarbenen und einen braunen Strich dargestellt. Ocker markiert den positiven Halbraum, Braun den negativen – erscheint etwa die *Ebene Vorne* braun, so blicken Sie „von hinten" dagegen, wie in Bild 1.15.

- Machen Sie die Ebenen *rechts* und *oben* jetzt unsichtbar.

Hinweis: Die Schaltfläche *Normal auf* (*Standardansichten*) und Strg+8 schalten zwischen diesen Ansichten um.

1.6.1 Interaktives Zeichnen

- Aktivieren Sie nun in der Symbolleiste *Skizze* den Befehl *Ecken-Rechteck*. Der Mauszeiger wird durch einen Stift mit Rechteck ersetzt.
- Führen Sie den „Stift" zum Ursprung, so wird dieser hervorgehoben und das Symbol *Deckungsgleich* eingeblendet (Bild 1.16, links unten).

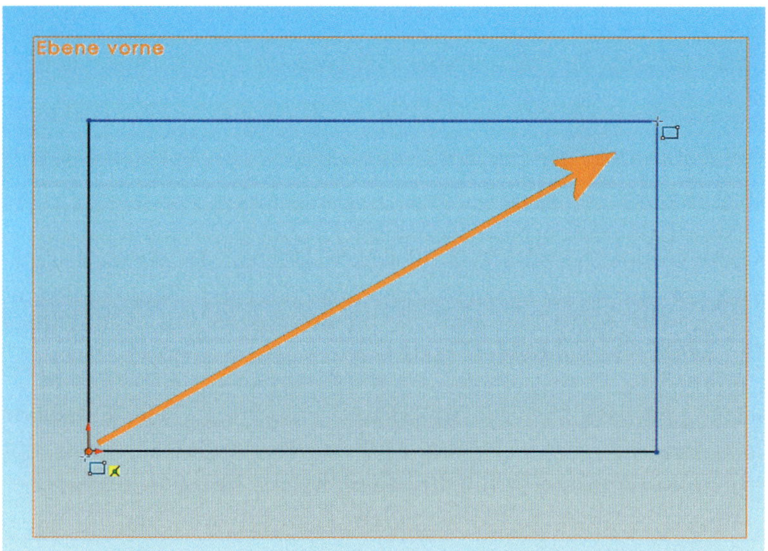

Bild 1.16: Beim Skizzieren kann man präzise an bestehende Objekte anknüpfen

Hinweis: Sollte das Symbol *Deckungsgleich* bei Ihnen **weiß** statt **gelb** unterlegt sein, aktivieren Sie bitte unter *Extras, Skizzeneinstellungen* die Checkbox *automatische Beziehungen*. So wird jeder gefangene Punkt zugleich durch eine Skizzenbeziehung mit dem Ziel verknüpft.

Dies bedeutet, dass der Cursor sich in der Nähe eines „fangbaren" Grafikelements befindet.

- Ein Klick, und Sie haben den ersten Punkt des Rechtecks gesetzt.

Das Rechteck wird in **dünnen** blauen Linien aufgespannt. Eine Maßanzeige informiert Sie über die Größe des Objekts. Um die Genauigkeit kümmern wir uns aber erst im nächsten Schritt.

- Klicken Sie nun einen zweiten Punkt rechts oben vom ersten an.

Damit ist die Erstellung abgeschlossen.

- Noch aber ist der Rechteck-Cursor und damit die Funktion aktiv. Mit Esc oder Rechtsklick, *Auswählen* beenden Sie diesen – und auch jeden anderen – Befehl.

1.6.2 Skizzenelemente einblenden

Sobald Sie den zweiten Punkt gesetzt hatten, erschien das Rechteck in **dicken** blauen und schwarzen Linien. Wenn Ihre Skizze ausschließlich dicke Linien enthält, dann haben Sie eine gültige Skizze, denn diese besteht aus einem oder mehreren **geschlossenen Querschnitten**.

Achtung: Sind auch nach der Erstellung dünne, durchgezogene Linien zu sehen, so gehören diese zu einem doppelten oder offenen Kurvenzug – einer Schleife oder Selbstüberschneidung –, was bei den nachfolgenden Operationen bestenfalls zu Fragen und ansonsten zu Fehlermeldungen führt.
Halten wir also fest: Querschnittskizzen, die für Solid-Operationen verwendet werden, **müssen geschlossen** und **sollen** (vorerst!) **einteilig** sein!

Um jedoch zu ergründen, warum einige Linien blau und andere schwarz gezeichnet werden,

- aktivieren Sie die *Anzeige* der *Skizzenbeziehungen* im Flyout *Elemente einblenden/ausblenden* der Symbolleiste *Ansicht* (Bild 1.17).

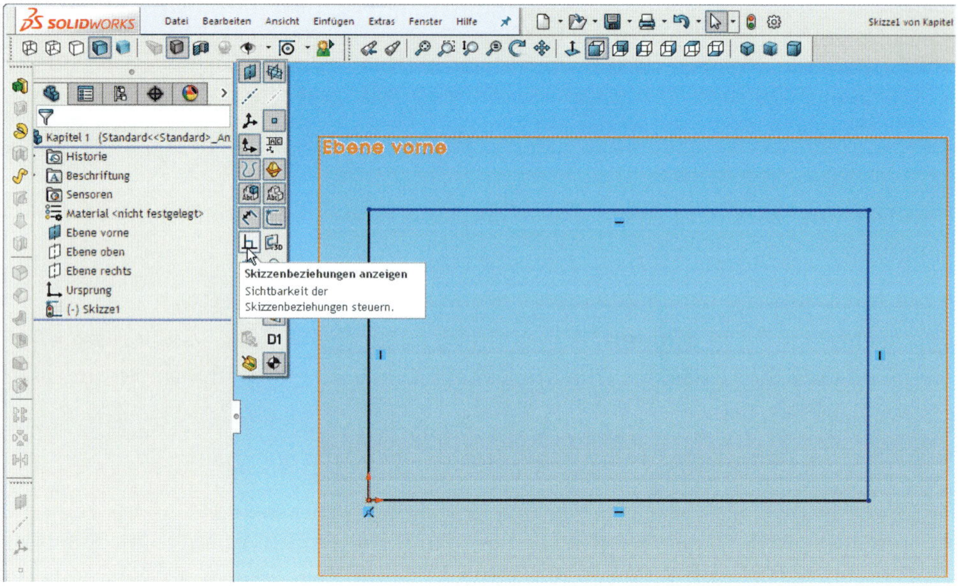

Bild 1.17: Zeichensprache à la SolidWorks: Die Beziehungssymbole geben Auskunft über die Verknüpfungen der Elemente miteinander

1.6.3 Skizzenbeziehungen

An den Linien und am Ursprung der Skizze befinden sich einfache, kleine Symbole mit blauem Hintergrund. Mit diesen Symbolen kennzeichnet SolidWorks die geometrischen Eigenschaften der Skizzenobjekte und auch ihre Beziehungen zueinander. Zusammenfassend bezeichnen wir sie als **Zwangsbedingungen** oder **Skizzenbeziehungen**.

- Sie können diese Beziehungen bearbeiten, indem Sie in der Symbolleiste *Skizze* auf *Beziehungen anzeigen/löschen* klicken.

Der *FeatureManager* wird durch den *PropertyManager* ersetzt. *Property* bedeutet „Eigenschaft“, und dies war auch der alte deutsche Name in früheren Versionen.

- Im obersten Listenfeld, unter *Beziehungen,* wählen Sie den Punkt *Alle in dieser Skizze* (Bild 1.18).

> Hinweis: Links neben dem Editor befindet sich nicht also nicht einfach nur ein Palettenfenster, sondern mindestens deren **vier**: Der *FeatureManager*, der *PropertyManager,* der *ConfigurationManager* und der *DisplayManager*. Sie werden über ihre Registerkarten-Reiter gewählt. Je nach Zusatzanwendung können Reiter hinzukommen, etwa für *DimXpert,* für *PhotoView360 oder* die CAE-Module.

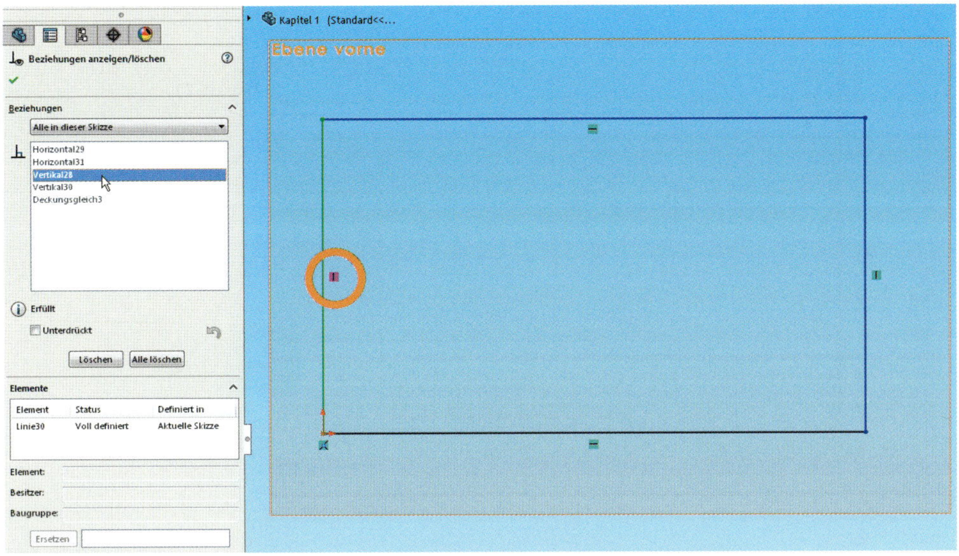

Bild 1.18: Der *PropertyManager* mit den gesamten Skizzenbeziehungen

Demnach haben wir im Augenblick fünf Beziehungen in der Skizze:

- Die beiden senkrechten Linien besitzen die Eigenschaft *Vertikal*,
- die Waagerechten sind zwanghaft *Horizontal* und
- der linke untere Punkt ist *Deckungsgleich* mit dem Ursprung verknüpft.

Wenn Sie einen der Einträge anwählen, so wird das korrespondierende Symbol in der Skizze in Magenta unterlegt. Dies funktioniert auch umgekehrt, allerdings schaltet der Anzeigemodus dann auf *Ausgewählte* um – die anderen Einträge werden ausgeblendet.

Im unteren Bereich, *Elemente*, sehen Sie, welche Skizzenobjekte an der gewählten Beziehung beteiligt sind. Die vier Linienbeziehungen stehen für sich alleine. Nur die Beziehung *Deckungsgleich* zeigt zwei Elemente, die hier zur Deckung gebracht wurden. Doch dazu später mehr. Viel mehr.

- Beenden Sie den PropertyManager mit *OK* bzw. mit dem grünen Häkchen.

Was heißt das alles? Nun, erstens ist die MCAD-Skizze offenbar mehr als eine normale Vektorzeichnung. Die Linien besitzen – und behalten – bestimmte geometrische Eigenschaften:

- Wenn Sie die rechte obere Ecke wegziehen, so wird die Änderung ausgeführt, doch lassen sich die Seiten nicht etwa auch schräg stellen – das Rechteck behält seine Horizontalen und Vertikalen bei und damit auch seine Rechtwinkligkeit (Bild 1.19).

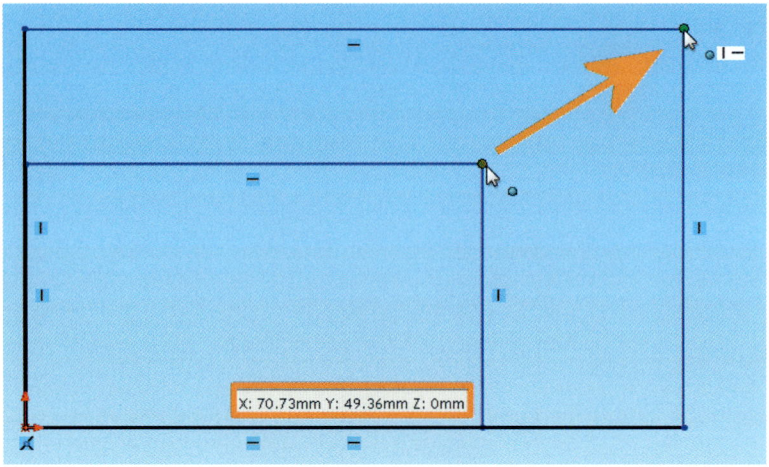

Bild 1.19: Die Folgen der Skizzenbeziehungen *Horizontal* und *Vertikal:* Rechtecke bleiben rechteckig

- Ziehen Sie das Rechteck auf eine Breite **X** von etwa **70** mm und auf eine Höhe **Y** von etwa **50** mm. Beachten Sie dazu die Statusleiste mit den Koordinaten (Kasten).

Die linke untere Ecke ist auf dem Ursprung fixiert, denn Sie hatten die beiden ja eben *deckungsgleich* miteinander verknüpft. Durch die vorgeschriebene Ausrichtung und gleichzeitige Fixierung eines der Endpunkte sind die angrenzenden Seiten ebenfalls festgelegt – Sie können zwar noch deren Länge ändern, ihren Schnittpunkt jedoch nicht mehr verschieben.

Solche geometrisch bestimmten Elemente gelten in SolidWorks als **voll definiert** und werden daher in Schwarz angezeigt.

- Klicken Sie die linke Vertikale an, so wird diese Eigenschaft im *PropertyManager* unterhalb des Listenfeldes *Bestehende Beziehungen* vermerkt: *Voll definiert* heißt es da (Bild 1.20).

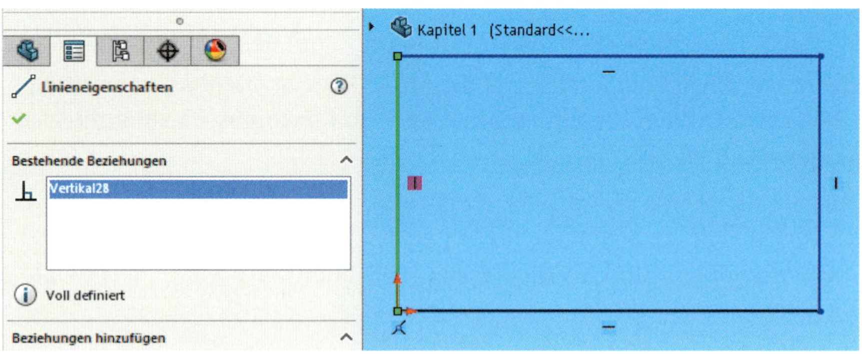

Bild 1.20: Der Blick weitet sich: Alle Informationen über das aktive Objekt werden im *PropertyManager* angezeigt

> Hinweis: Eine der Maximen im MCAD lautet, grundsätzlich voll definierte Skizzen zu verwenden. Denn nur dann sind auch die resultierenden Körper harmonisch durchkonstruiert, geometrisch stabil und ...
> Aber ich greife vor.

Preisfrage: Was müssten wir im einfachsten Falle tun, um die gesamte Skizze „voll zu definieren“? Rechteck, eine Ecke fixiert?

Richtig! Wir könnten einfach die gegenüberliegende Ecke fixieren:

- Klicken Sie sie einmal an (Bild 1.21, rechts oben). Sie bemerken, dass der *PropertyManager* unter *Beziehungen hinzufügen* diesmal nur eine Option bietet, nämlich *Fix* (linker Kasten).

> Hinweis: Die Liste *Beziehungen hinzufügen* ist variabel. Je nach Art und Anzahl der gewählten Elemente kann hier leicht ein halbes Dutzend Skizzenbeziehungen und mehr zur Auswahl stehen!

- Klicken Sie auf diese Schaltfläche, so wird die Beziehung *Fixiert* für den Eckpunkt festgelegt und im Listenfeld *Bestehende Beziehungen* angezeigt (Bild 1.21, Kasten rechts unten).

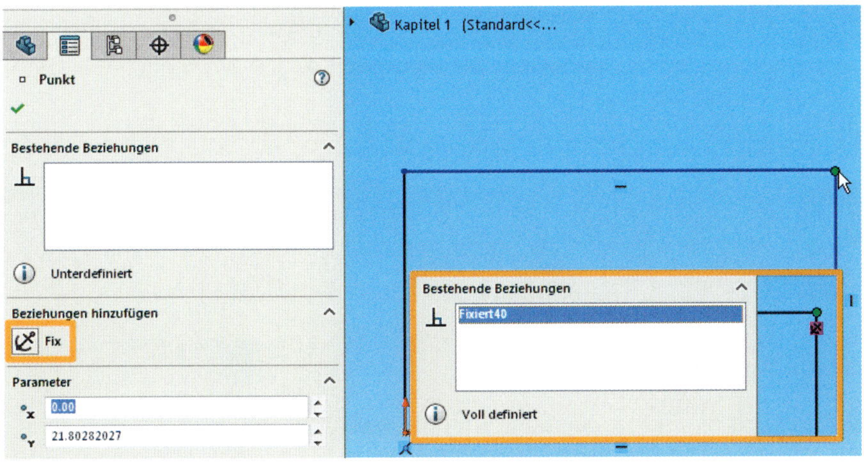

Bild 1.21: Geometrischer Kurzschluss: Zwei fixierte, gegenüberliegende Ecken genügen zur vollständigen Definition eines Rechtecks

Das Rechteck ist komplett schwarz, und das bedeutet: Die Skizze ist voll definiert. Voll definiert
Dies wird auch unten rechts in der Statuszeile von SolidWorks angezeigt, und zwar durch den Schriftzug *Voll definiert*.

Achtung: Bei dieser feinmotorischen Arbeit wird es immer wieder zu Fehlklicks kommen. Wenn bei der Definition von Skizzenbeziehungen Fehlermeldungen erscheinen und Listeneinträge im PropertyManager rot unterlegt sind, so markieren Sie dort einfach den jüngsten Eintrag und löschen ihn mit Entf, oder Sie machen die letzte Aktion – wie immer mit Strg+Z – rückgängig.

Nach diesem kleinen Exkurs zu künftigen Baustellen können Sie die Extrusion fertig stellen: Klicken Sie auf *Skizze beenden*, und zwar

- entweder in der rechten oberen Ecke des Editors, dem so genannten *Bestätigungs-Eckfeld* (Bild 1.22)...

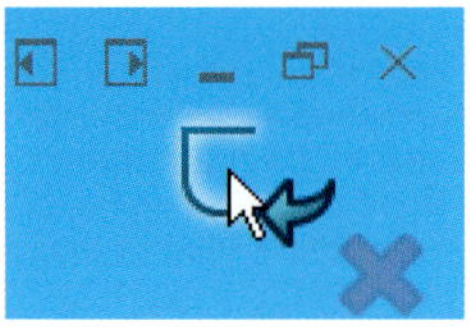

Bild 1.22: Das Bestätigungs-Eckfeld in SolidWorks, hier zur Steuerung des Skizzenmodus

- oder mit *Skizze beenden* ganz oben in der Symbolleiste *Skizze* (Bild 1.23).

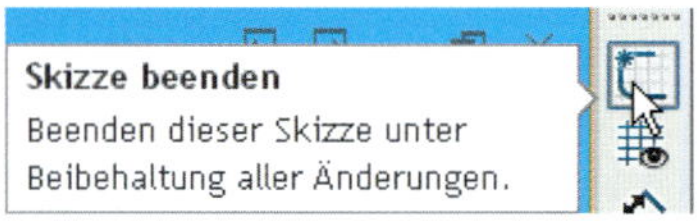

Bild 1.23: Die Schaltfläche *Skizze/Skizze beenden* ist eine Toggle-Schaltfläche

Hinweis: Eine Schaltfläche, die zwei Zustände beherrscht, wie hier *Skizze* und *Skizze beenden,* wird als **Toggle** bezeichnet. (*toggle:* (eng.) Kippschalter, Umschalttaste).

1.6.4 Ein Feature

Daraufhin wird die Skizze beendet, und Sie befinden sich im *Feature*-Modus, falls Sie die Skizze wie beschrieben vom *Linear ausgetragenen Aufsatz* aus gestartet haben. Falls nicht,

- Klicken Sie in der Symbolleiste *Features* auf *Linear ausgetragener Aufsatz.*
- Jetzt werden Sie aufgefordert, die *Tiefe* der Extrusion anzugeben (Bild 1.24). Sie können diese entweder im *PropertyManager* der Extrusion als Längenangabe **30** eintippen (Kasten) oder im Editor interaktiv am grauen – dann roten – Pfeil ziehen.

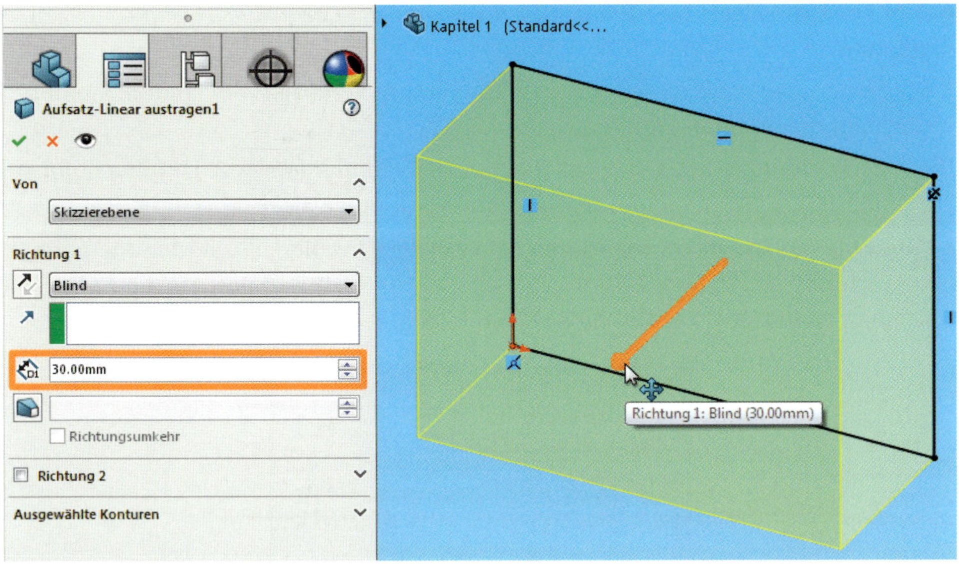

Bild 1.24: Extrusion: Die dritte Dimension wird in Form eines Features verwaltet

1.6.5 Bauteil-Hierarchie

- Klicken Sie dann auch hier auf *OK* – den grünen Haken –, und Sie haben Ihr erstes Solid erzeugt.

Im *FeatureManager* ist ein neuer Eintrag zu sehen (Bild 1.25), und zwar bestehend aus

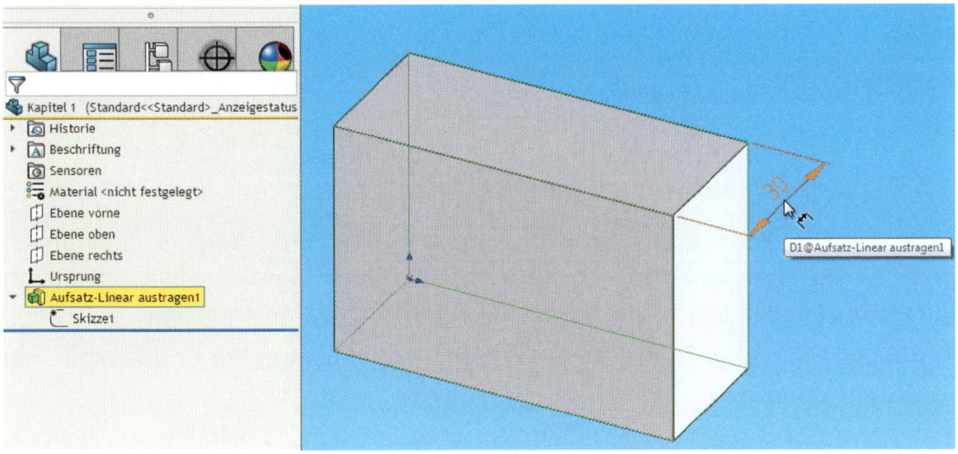

Bild 1.25: Eine Extrusion im Editor und im *FeatureManager*. Skizze und Feature werden getrennt behandelt

- dem Feature selbst, hier automatisch mit *Aufsatz-Linear austragen<n>* bezeichnet, und
- der Skizze – hier *Skizze<n>*, die sich im Feature versteckt. Sie können sie durch Klick auf den kleinen Pfeil anzeigen.

Die Verschachtelung zeigt an, dass die Skizze nicht mit dem Feature verschmolzen ist, sondern ihm lediglich hierarchisch unterordnet wurde. Und richtig:

- Wenn Sie die Extrusion markieren und mit Entf löschen, so werden Sie gefragt, ob auch das *absorbierte Feature* gelöscht werden soll – damit ist die *Skizze<n>* gemeint (Bild 1.26). Lassen Sie das Optionsfeld leer und bestätigen Sie.

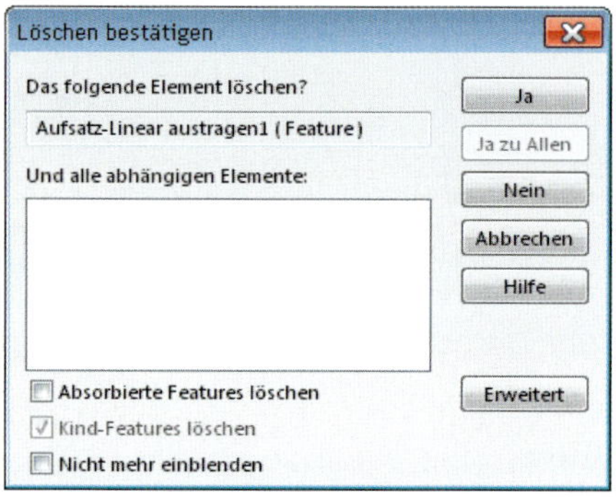

Bild 1.26: Standardmäßig abgewählt: Feature und Skizze lassen sich separat löschen

Ergebnis: Die Skizze bleibt allein im FeatureManager zurück, wobei sie auf ihre alte Hierarchieebene zurückkehrt.

TIPP: Diesen Sachverhalt macht auch die Bezeichnung *Hierarchiebaum* bzw. *Historienbaum* deutlich, die in anderen MCAD-Programmen für den FeatureManager gebraucht wird.

1.6.6 Extrusion auf normalem Weg

Die Erzeugung der Skizze vom Feature aus war die Kurzfassung des Bauteil-Werdegangs. Der allgemeine Weg ist, zunächst eine Ebene zu wählen, dann die Skizze darauf zu erstellen und darauf wiederum ein 3D-Feature anzuwenden:

- Wählen Sie nochmals die *Skizze<n>* im FeatureManager und klicken Sie auf *Linear ausgetragener Aufsatz.*
- Wieder erscheint der PropertyManager nach Bild 1.24, in dem Sie nur noch die *Tiefe* von **30** mm definieren müssen, um das Solid zu erstellen. Und auch hier wird die Skizze wieder vom Feature absorbiert (vgl. Bild 1.25).

1.6.7 Historie und Parametrik

Sie werden jetzt fragen, was dieser ganze Aufwand eigentlich bringen soll, besonders wenn Sie schon mit Direkt-Modellierern wie *Rhino* oder *CoCreate* gearbeitet haben. Nun, die Antwort ist einfach: **Totale Kontrolle**, zu jedem Zeitpunkt, in jedem Stadium. Zumindest *möchten Sie* das gerne.

Alles in SolidWorks wird

- erstens sequenziell im FeatureManager – dem **Historienbaum** – aufgeführt und
- zweitens durch **Parameter** gesteuert. Das Wort bedeutet *Beiwert* und stellt das griechische Äquivalent für die lateinische *Variable* dar. Ein Parameter verbindet also einen Wert mit einem Namen und ist explizit gegeben. Daher heißt das Zauberwort *Parametrik:*

> Hinweis: **SolidWorks ist ein parametrisch-historienbasiertes 3D-CAD-System.** Die Kurzfassung dieses Monsters heißt **Mechanical CAD** oder noch kürzer **MCAD.**

Angenommen also, Sie wollen den Querschnitt des soeben erstellten Quaders nachträglich ändern. Dann tun Sie folgendes:

- Blenden Sie im FeatureManager den Eintrag der Skizze ein (Bild 1.27).

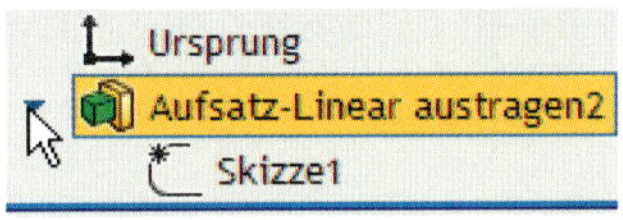

Bild 1.27: Hierarchie wird in SolidWorks durch Einrückung dargestellt

- Führen Sie einen Rechtsklick aus und wählen Sie aus der Kontext-Symbolleiste – dem oberen Menü – *Skizze bearbeiten.*
- Sie können auch einen Linksklick **über dem Symbol der Skizze** ausführen und die Kontext-Symbolleiste alleine einblenden (Bild 1.28).

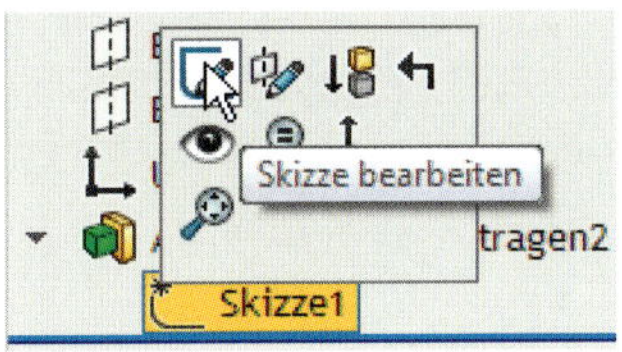

Bild 1.28: Die Kontext-Symbolleiste

Die dritte Art, eine Skizze zur Bearbeitung zu öffnen, besteht darin, einfach eines ihrer Elemente im Editor anzuklicken.

- Auch hier erscheint die Kontext-Symbolleiste mit dem Befehl *Skizze bearbeiten* (Bild 1.29).

Bild 1.29: Nicht die einzige Art, Skizzen zu öffnen

Mit *Normal auf* aus der Symbolleiste *Standardansichten* oder Strg+8 wechseln Sie in die Draufsicht.

1.6.8 Steuernde Bemaßungen

Daraufhin wird die Skizze geöffnet. Nun wird klar, dass unsere vorige Lösung mit den beiden fixierten Ecken nicht gerade elegant war, denn damit verschenkten wir unter anderem gerade den Vorteil der Kontrolle: Wenn wir die Skizze schon parametrisch steuern **können**, dann sollten wir das vielleicht auch tun:

- Klicken Sie die obere rechte Ecke an und löschen Sie den Eintrag *Fixiert<n>* mit Entf aus dem Listenfeld des PropertyManagers. Alternativ dazu können Sie auch einfach das Ankersymbol im Editor anklicken und es mit Entf löschen.

Die beiden angrenzenden Seiten der Ecke werden wieder blau gezeichnet.

- Wählen Sie aus der Symbolleiste *Skizzieren* die *Intelligente Bemaßung*.
- Klicken Sie die rechte Vertikale an (Bild 1.30).

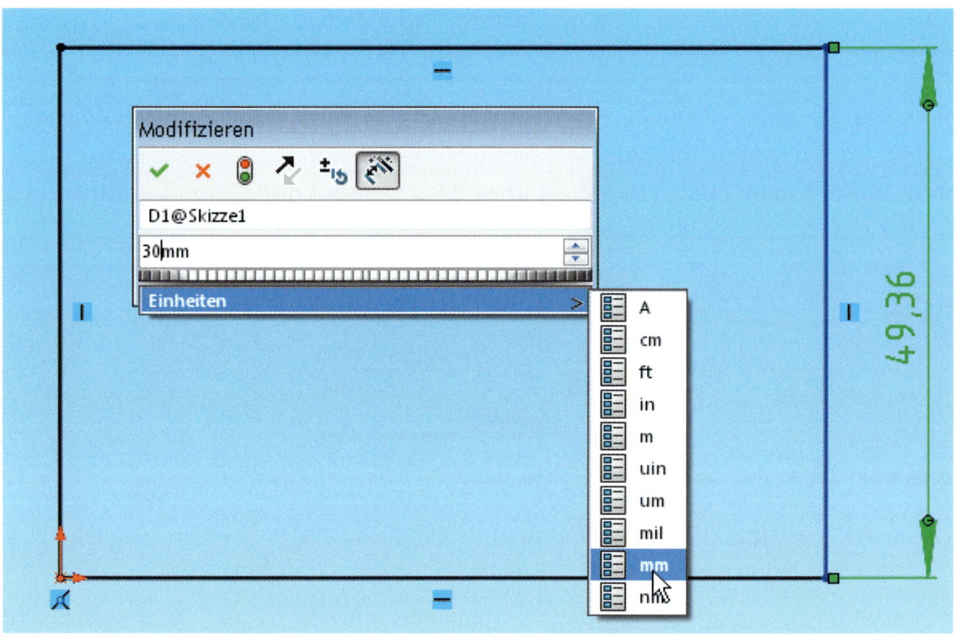

Bild 1.30: Punkt und Komma: Der Werdegang einer steuernden Bemaßung

Daraufhin erkennt SolidWorks die Seitenlänge als gewünschten Parameter und bringt ein Vertikalmaß an.

- Ziehen Sie das Maß mit einem zweiten Klick aus der Kontur heraus, ganz wie in einer Technischen Zeichnung.

Nach dem zweiten Klick erscheint das kleine Dialogfeld *Modifizieren* mit der aktuellen Länge.

- Tragen Sie hier **30** ein und bestätigen Sie mit dem grünen Haken oder einfach mit Eingabe.

Hinweis: SolidWorks bietet unter *Optionen, Dokumentoptionen, Einheiten* die Wahl von Standard-Maßeinheiten an, die Längenmaße sind ab Werk auf *Millimeter* eingestellt. Sie brauchen diese Default-Einheit also nicht eigens zu wählen.

Die Kontur folgt dem neuen Maß. Die obere Horizontale wird schwarz eingetragen, denn sie kann nun nicht mehr verschoben werden. Sie ist festgelegt oder *voll definiert.*

Sie sehen: Während beim CAD eine Bemaßung der Geometrie folgt, ist es hier genau umgekehrt – die Bemaßung *steuert* die Geometrie. Daher wird dieses Verfahren allgemein als **Steuernde Bemaßung** bezeichnet – eine weitere Domäne des MCAD.

- Bemaßen Sie die Horizontale mit **50** mm.
- Wieder ändert sich die Skizze. Der Querschnitt sollte jetzt vollständig schwarz und damit *voll definiert* sein. Beenden Sie dann den Skizzenmodus.

Unser Quader wird mit den geänderten Abmaßen neu aufgebaut (Bild 1.31).

In SolidWorks können Sie die Maße aber auch ganz ohne Skizziermodus ändern:

- Führen Sie im FeatureManager einen Doppelklick auf das Symbol der Skizze aus – nicht den Text! –, und die Maßzahlen erscheinen wie in Bild 1.31.

TIPP: Gleiches funktioniert auch für das Symbol der Features.

- Ein Doppelklick auf das Breitenmaß, und die Maßzahl wird wieder zum Modifizieren angeboten. Tragen Sie **70** mm ein und bestätigen Sie.
- Ändern Sie dann auch das Höhenmaß auf **70** mm. Bestätigen Sie und ...

Super. Nichts tut sich.

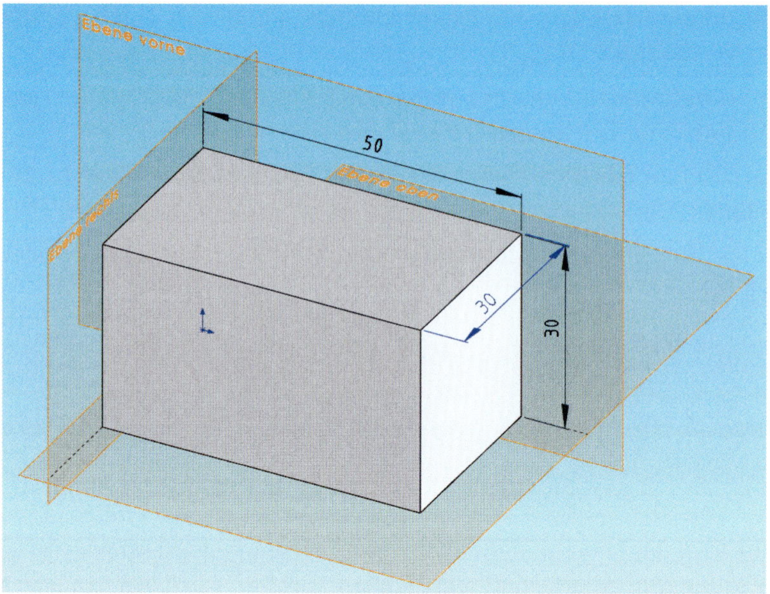

Bild 1.31: Die Skizze folgt dem Maß, der Körper der Skizze. Hier wurden die Bemaßungen eingeblendet

1.6.9 Modell neu aufbauen

Haben wir was vergessen? Nein, nur im Gegensatz zur Bearbeitung von Skizzenmodus erfordert die Direktbearbeitung einen weiteren Schritt: Wir müssen das Modell *regenerieren.*

Hierzu dient die „Ampel“, die Sie wahrscheinlich schon entdeckt haben, der Modellneuaufbau. Sie befindet sich jeweils in der Symbolleiste *Standard* und – sehr praktisch zum Experimentieren – im Dialogfeld *Modifizieren:* So können Sie Änderungen im Voraus beurteilen und das Ganze notfalls abbrechen (Bild 1.32).

- Durch einen Klick auf *Modellneuaufbau* werden die neuen Maße auf das Modell übertragen.
- Führen Sie nun noch einen Doppelklick auf das Feature *Aufsatz-Linear austragen<n>* aus, so dass die Tiefe **30** mm der Extrusion angezeigt wird. Ändern Sie die in gleicher Weise auf **60** mm und *regenerieren* Sie wieder das Modell.

In Bild 1.32 sehen Sie die aktuellen Abmaße unseres Quaders. Skizzenmaße sind schwarz, Maße von Features dagegen in Blau eingetragen.

Hinweis: Mit dem beschriebenen Trick können Sie nur bestehende Maße ändern, nicht jedoch neue hinzufügen.

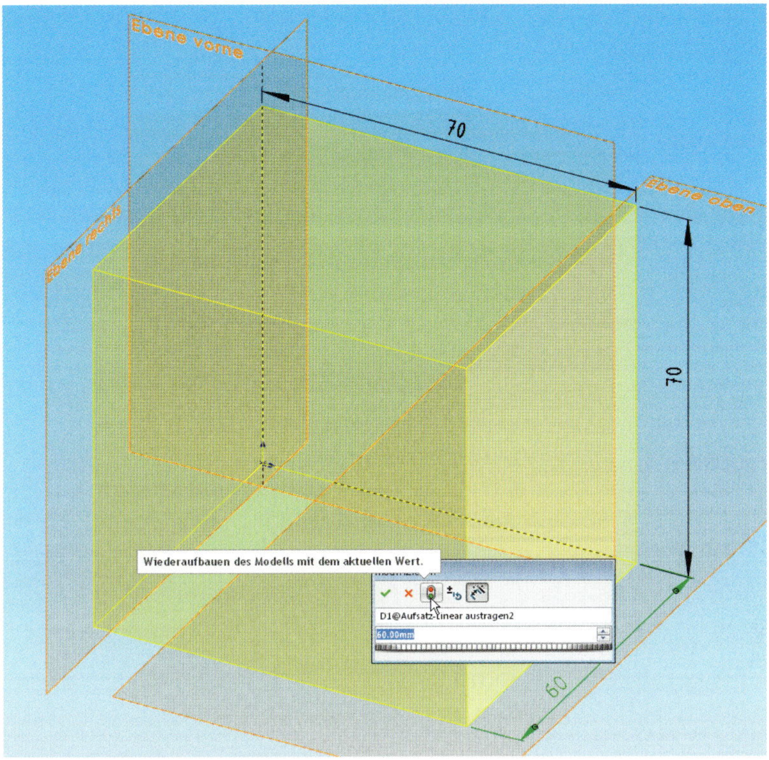

Bild 1.32: Sind die Änderungen numerischer Art, so können Sie sie auch im Direktmodus einpflegen

■ 1.7 SolidWorks konfigurieren

Der große Vorteil dieser analytischen Arbeitsweise ist, dass Sie zu jeder Zeit Änderungen im und am Modell vornehmen können. Zum Beispiel können Sie wie ein Holzschnitzer Schrägen und Nuten …

Später! Zunächst passen wir die Oberfläche weiter an.

1.7.1 Farben und Icons

Seit SolidWorks 2016 befinden sich Oberfläche und Icons in ständiger Überarbeitung. SolidWorks könnte mit dem nächsten *Service Pack* also schon wieder etwas anders aussehen als in diesem Buch, das sich auf dem Stand von SP 3.0 befindet. Die Schaltflächen und Menüpunkte befinden sich jedoch stets an der gleichen Stelle, behalten ihre Namen und auch ihr Aussehen – lediglich die Farben ändern sich. Um die Symbolfarben umzuschalten,

- Öffnen Sie über die Kopfleiste die *Optionen* oder rufen Sie *Extras, Optionen* auf. Wählen Sie auf der Registerkarte *Systemoptionen* die Rubrik *Farbe* (Bild 1.33).

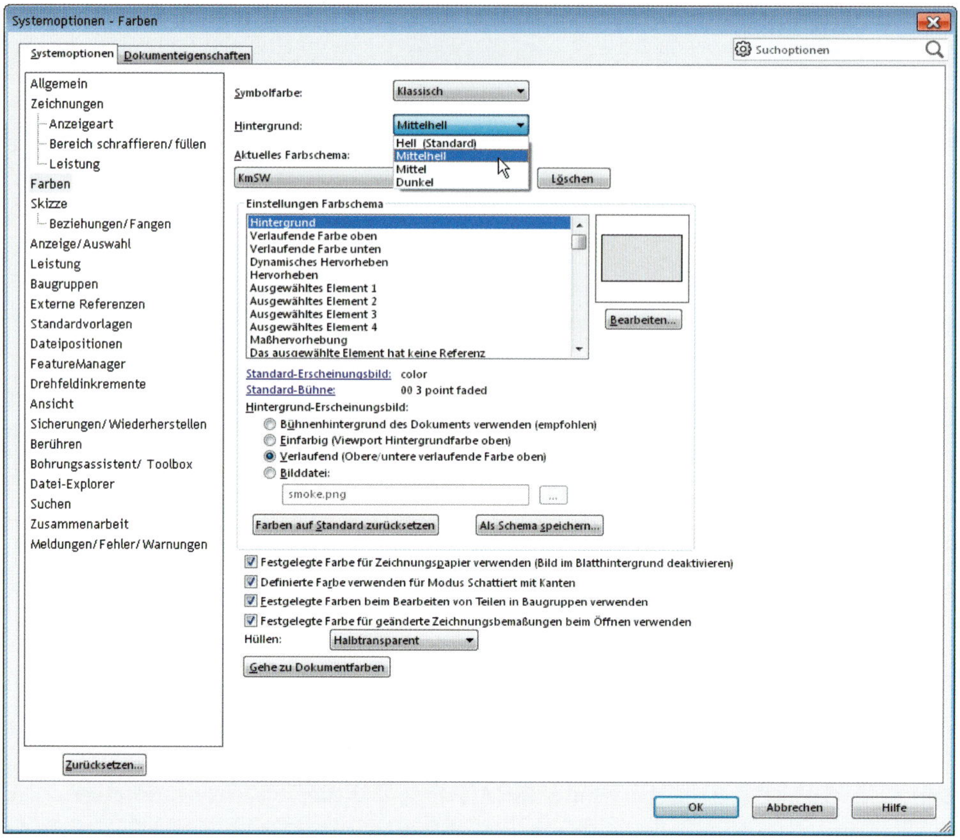

Bild 1.33: Die Systemoptionen enthalten auch Einstellungen für die *Farben* der Oberfläche

- Wählen Sie aus dem obersten Listenmenü, *Symbolfarbe,* die Option *Klassisch.*
- Hierzu passt ein heller oder mittlerer *Hintergrund.* Diesen stellen Sie über das zweite Listenmenü ein.

Hier können Sie noch eine Vielzahl weiterer Einstellungen vornehmen. Um z.B. den Farbverlauf wie in den Abbildungen zu erreichen,

- stellen Sie im Listenfeld *Einstellungen Farbschema* die *Verlaufende Farbe oben* auf ein helles Blau und die *Verlaufende Farbe unten* auf ein helles Grau ein. Wählen Sie dann unter den vier Optionsfeldern der Gruppe *Hintergrund-Erscheinungsbild* die Option *Verlaufend.*
- Diese und alle anderen Farbeinstellungen sichern Sie dann mit Hilfe der Schaltfläche *Als Schema speichern,* so dass Sie sie oben im Listenmenü *Aktuelles Farbschema* jederzeit aufrufen können.
- Bestätigen Sie diese Dialogbox dann mit *OK,*

so haben Sie wieder die freundlichen grün-gelb-rot-orangefarbenen Icons bisheriger Versionen vor neutralem Grau.

1.7.2 Skizzenbearbeitung konfigurieren

Mit jeder Version kommen neue Funktionen und Eigenschaften hinzu, die die Arbeit erleichtern und beschleunigen sollen. Wer mit SolidWorks anfängt, ist davon allerdings leicht überfordert. Räumen wir also die Skizzenbearbeitung ein wenig auf:

- In *Extras, Optionen, Systemoptionen* finden Sie die Rubrik *Skizze* (Bild 1.34).

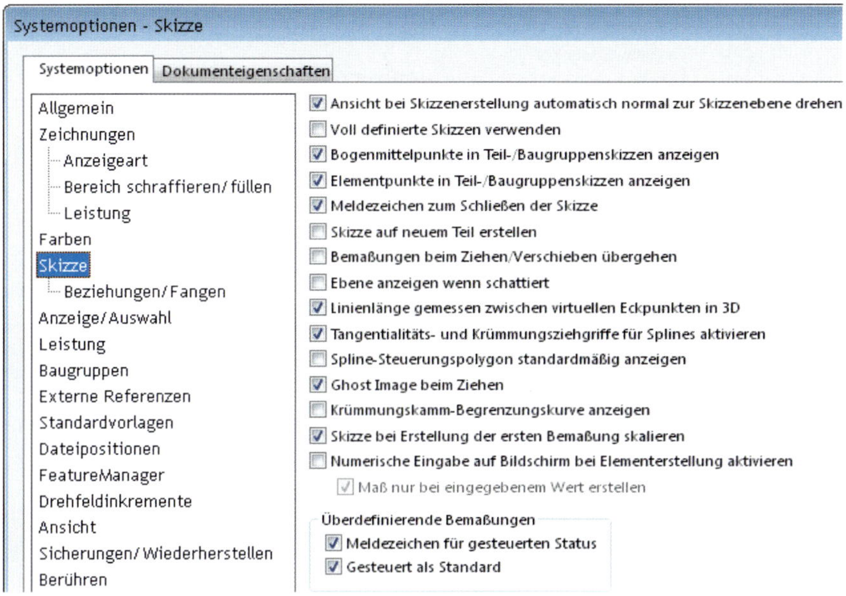

Bild 1.34: Die Skizzenbearbeitung lässt sich mit diesen Optionen verschlanken

- Deaktivieren Sie die viertletzte Option, *Numerische Eingabe auf Bildschirm [...]*, sodass die Zahleneingabe beim Zeichnen verschwindet (vgl. Bild 1.37, Mitte).

Die Dialogbox *Modifizieren*, die bei Bemaßungen erscheint, wird hiervon nicht berührt.

- Stellen Sie Ihre Optionen ansonsten entsprechend Bild 1.34 ein.

> Hinweis: Keine Sorge, das war nicht alles! Wir werden noch öfter in die Optionen zurückkehren. Versprochen.

1.7.3 Zeichengitter konfigurieren

Wie in jedem CAD-Programm gibt es auch in SolidWorks ein Zeichenraster mit Fangfunktion. Sie können also ein gleichmäßiges Gitter zu ähnlichen Zwecken verwenden wie ein Geodreieck beim Zeichnen. Um dieses Gitter zu konfigurieren,

- Rufen Sie nochmals *Extras, Optionen* auf oder klicken Sie auf die gleichnamige Schaltfläche in der Standard-Symbolleiste.

- Wechseln Sie auf die Registerkarte *Dokumenteigenschaften* und wählen Sie den Listenpunkt *Gitter/Fangen* (Bild 1.35).

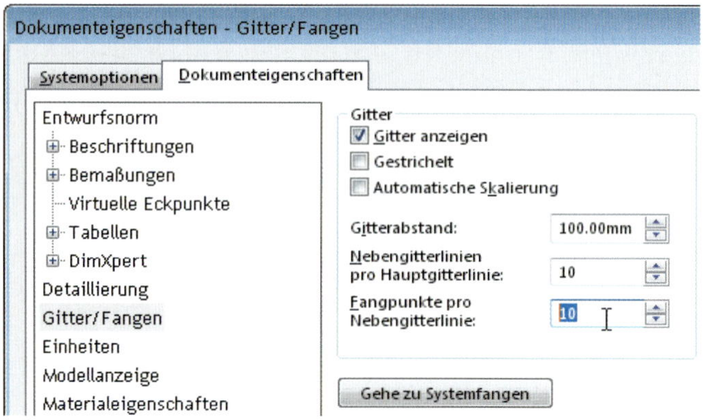

Bild 1.35: Die Einstellungen des Zeichengitters

- Aktivieren Sie zunächst *Gitter anzeigen*. Deaktivieren Sie die Optionen *Gestrichelt* und *Automatische Skalierung*.
- Den *Gitterabstand* – die Breite des Gitters insgesamt – legen Sie auf **100** mm fest.
- Die unteren beiden Werte – **10** *Nebengitterlinien* und **10** *Fangpunkte* – richten sich nach dieser Einstellung. So entsteht ein Fangraster im Millimeterabstand.
- Wechseln Sie über die praktische Schaltfläche zum *Systemfangen* oder gehen Sie über die Registerkarte *Systemoptionen, Skizze* zur Rubrik *Beziehungen/Fangen*. Aktivieren Sie hier alle Optionen, auch die beiden für das *Gitter* (Bild 1.36).

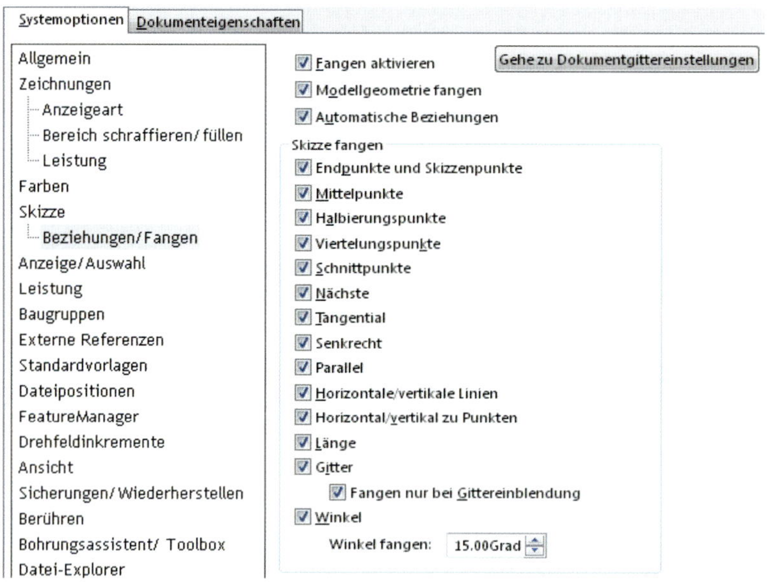

Bild 1.36: So fängt man Gitterpunkte nur dann, wenn das Gitter auch zu sehen ist!

- Die Gitterfarbe stellen Sie wiederum unter *Systemoptionen, Farben, Gitterlinien klein* bzw. *Gitterlinien Groß* ein.

> Achtung: Denken Sie daran, dass die *Systemoptionen* der Optionsbox zwar resident sind, die *Dokumenteigenschaften* sich jedoch mit jedem Dokument ändern. Dauerhaftigkeit erreichen Sie hier nur, wenn Sie die Dokument-Optionen in der **Dokumentvorlage** festlegen. Mehr zu Vorlagendateien erfahren Sie in Kapitel 8.

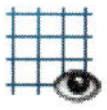

- Um das Gitter zu toggeln, betätigen Sie einfach die Schaltfläche *Gitter anzeigen* in der Symbolleiste *Skizzieren.*

1.7.4 Eingebaute Symmetrie

Die folgenden Modifikationen führen zu einer symmetrischen Skizze: Wir zeichnen lediglich eine Hälfte und spiegeln die andere. Diese Spiegelung bleibt als Skizzenbeziehung erhalten, sorgt also auch künftig für Symmetrie. Zunächst die Symmetrielinie selbst:

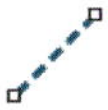

- Öffnen Sie die Skizze *zur Bearbeitung* und klicken Sie in *Standardansichten* auf *Normal auf.* Schalten Sie die drei Hauptebenen und das Gitter aus.
- Wählen Sie aus der Symbolleiste *Skizze Mittellinie.* Aktivieren Sie im *Property-Manager* die Option *Vertikal.* Sobald Sie etwas Übung haben, können Sie diese Option weglassen.
- **Zeigen** Sie mit dem Cursor auf eine Stelle unter der unteren Horizontalen, links von der Mitte (Bild 1.37, links).

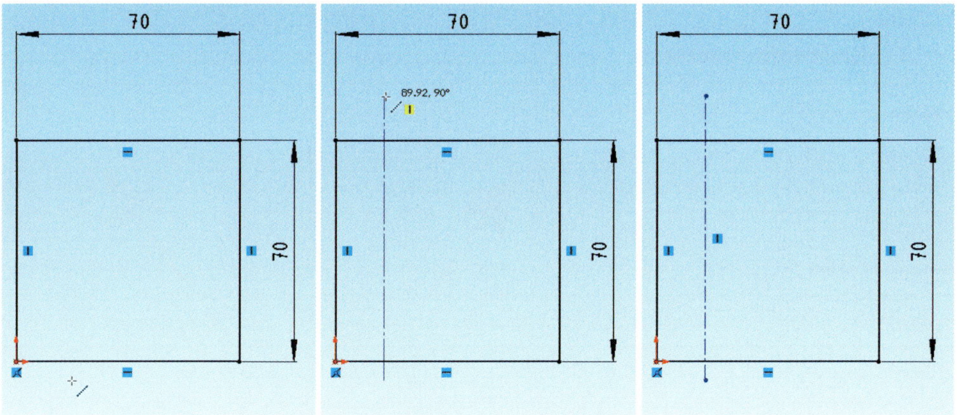

Bild 1.37: Das Einzeichnen einer Mittellinie mit Hilfe der Fangoptionen

- Klicken Sie den ersten Punkt an und einen zweiten oberhalb der Skizze (Mitte).
- Beenden Sie die Funktion mit Esc.

Die Symmetrielinie wird strichpunktiert eingezeichnet (Bild 1.37, rechts). Da wir sie nicht deckungsgleich mit der Horizontalen verknüpft haben, können wir sie immer noch verschieben. Dies verhindern wir mit einer Skizzenbeziehung namens *Symmetrie*. Wir benötigen dazu noch zwei Referenzelemente:

- Klicken Sie die Mittellinie an, dann mit gedrückter Strg-Taste die linke und die rechte Vertikale des Querschnitts, sodass nun drei Elemente gewählt sind (Bild 1.38, Pfeile).

Der PropertyManager bietet Ihnen daraufhin eine ganze Reihe optionaler Skizzenbeziehungen an:

- Klicken Sie auf *Symmetrisch*. Der Eintrag erscheint im Listenfeld, drei Symmetriesymbole erscheinen in der Skizze.

TIPP: Falls nicht, aktivieren Sie *Ansicht, Ausblenden/Einblenden, Skizzenbeziehungen*.

Die Symmetriebeziehung hat weitreichende Folgen. Wenn Sie etwa probehalber die Breite *70* ändern oder vorübergehend das Maß löschen und eine der Ecken ziehen, so folgt die Mittellinie der veränderten Breite auf dem Fuße. Skizzenbeziehungen haben die Aufgabe, Skizzen zu automatisieren. Genau darin liegt aber auch das Problem ihrer gezielten Anwendung.

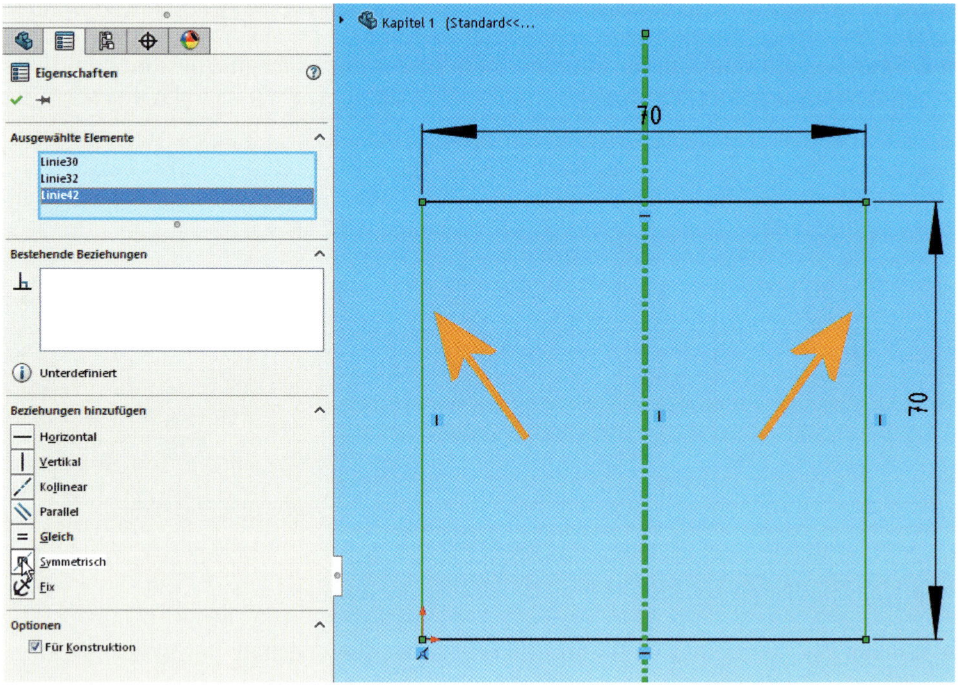

Bild 1.38: Diese drei Elemente sind symmetrisch miteinander verknüpft – und bleiben es auch!

1.7.5 Konstruktionsgeometrie

Nun haben wir der Skizze also eine Mittellinie hinzugefügt. Wenn Sie den Skizzenmodus beenden, hat das jedoch keinerlei Auswirkungen auf den Volumenkörper. Es liegt an der Eigenschaft *Für Konstruktion*, die Sie der Mittellinie automatisch mitgegeben hatten: Konstruktionsgeometrie bildet keine Querschnitte – ebenso wenig offene Querschnitte oder Schleifen: Hier ist alles erlaubt!

> TIPP: Wenn Sie sich einmal nicht sicher sind, welche der rasch an Zahl zunehmenden Symbole in der Skizze zu welchen Elementen gehören, so zeigen Sie einfach mit dem Mauszeiger darauf. Sofort werden alle beteiligten Elemente rot unterlegt.

Verwandeln wir also die Skizze unseres Quaders in Konstruktionsgeometrie für etwas Komplexeres:

- Markieren Sie mit Strg+Klicken die beiden Vertikalen und die obere Horizontale der Skizze und bestimmen Sie sie im PropertyManager *Für Konstruktion*.
- Schalten Sie dann das Gitter ein. Aktivieren Sie das Skizzierwerkzeug *Linie* und klicken Sie, beim Ursprung anfangend, ungefähr den fünfteiligen Linienzug nach Bild 1.39 nach. Präzision kommt im MCAD später.

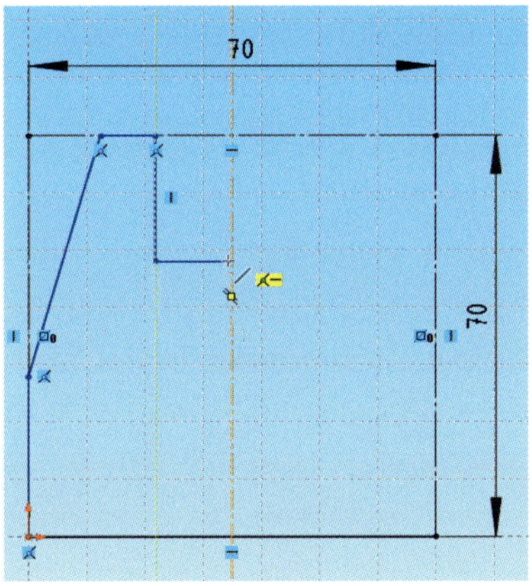

Bild 1.39: Ein neuer Querschnitt entsteht. Die linke Vertikale und das obere Querstück wurden der Deutlichkeit halber blau hervorgehoben. In Wirklichkeit sind sie wegen Deckungsgleichheit schwarz

- Achten Sie jedoch darauf, stets und ausschließlich *vertikale, horizontale* und *deckungsgleiche* Verknüpfungen mit anderen Linien zu erzeugen. Dies erreichen Sie wie immer durch genaues Zielen mit dem Cursor und Abwarten des gelben Indikators, bevor Sie loslassen.
- Beenden Sie den Zug *deckungsgleich* auf der Mittellinie. Mit Esc beenden Sie die Linienfunktion. Blenden Sie dann auch das Gitter wieder aus.

- Bis auf die große Schräge sollen alle Linien *vertikal* bzw. *horizontal* beschränkt sein. Überzeugen Sie sich davon durch Prüfen der Symbole jeder Linie. Wenn eine Skizzenbeziehung nicht gebildet wurde, holen Sie es über den Property-Manager oder die Kontext-Symbolleiste nach (Bild 1.40).

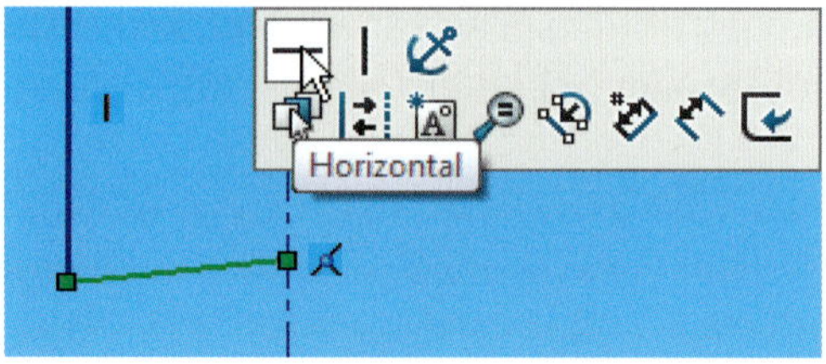

Bild 1.40: *Horizontale* Beschränkung: In SolidWorks lässt sich praktisch alles nachholen!

1.7.6 Spiegeln

Nachdem das Rechteck zur Unterkonstruktion degradiert wurde, müssen wir die Skizze erneut bestimmen:

- Markieren Sie die fünf Elemente und aktivieren Sie *Elemente spiegeln*.
- Aktivieren Sie das Optionsfeld *Kopieren* (Bild 1.41).
- Nun fehlt noch die Spiegel-Achse. Klicken Sie in das Auswahlfeld *Spiegeln um* und anschließend auf die Mittellinie.

Ein gelber Linienzug zeigt eine Vorschau des Ergebnisses – aus gutem Grund: Wenn die Operation erst vollendet ist, können Sie nichts mehr daran ändern – außer natürlich durch das allgegenwärtige *Rückgängig* oder Strg+Z. Selbst die Parametrik von SolidWorks hat also ihre Grenzen.

- Bestätigen Sie die Spiegelung, wenn das Ergebnis Bild 1.41 ähnelt.

Die Spiegelung führte automatisch zu lauter einzelnen Symmetrie-Verknüpfungen, was Sie leicht an den vielen neuen Symbolen in der Skizze erkennen.

Achtung: Sie erkennen bereits ein Muster: Es gibt Skizzenbeziehungen, die automatisch erstellt werden und solche, die Sie manuell definieren. Über die *Automatischen Beziehungen (Optionen, Systemoptionen, Skizze, Beziehungen/Fangen)* sollten Sie sich jederzeit im Klaren sein. Kopierbefehle, Reihen, Spiegelungen und viele andere Skizzenfunktionen erzeugen automatische Beziehungen. Sie werden noch sehen, inwiefern Ihnen die das Leben so richtig schwer machen können...

- Falls es Ihnen jetzt auch etwas zu voll wird im Editor, so können Sie die kleinen Skizzensymbole über *Ansicht, Elemente einblenden/ausblenden, Skizzenbeziehungen* abschalten.

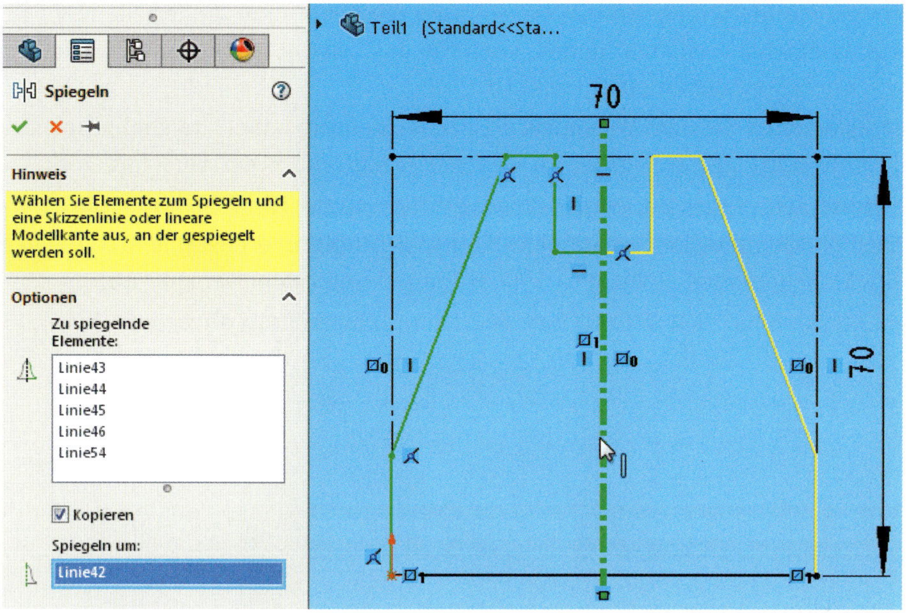

Bild 1.41: Spiegeln von Skizzenelementen

1.7.7 Beweglich und doch wieder nicht

Probieren Sie ruhig aus, wie sich die Symmetrie auf die einzelnen Elemente der Skizze auswirkt (Bild 1.42):

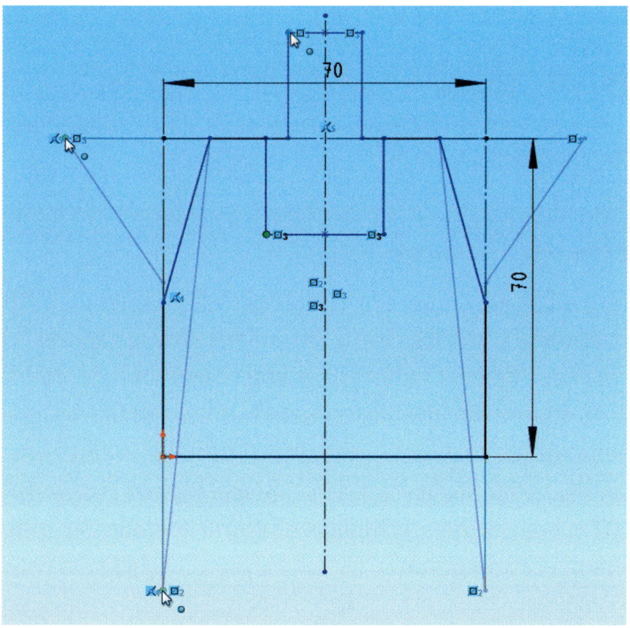

Bild 1.42: Die Auswirkungen der Symmetrie auf die Skizze

- Ziehen Sie die Linien, drehen Sie sie über die Eckpunkte, finden Sie mehr über das Symmetrieverhalten heraus, loten Sie aus, wo die Skizze frei beweglich und wo ihre Bewegung eingeschränkt ist.

Nur so kommen Sie dem Wesen der Skizzenbeziehung näher: Im englischen Original nennt man sie *constraints*, zu Deutsch *Beschränkungen*. Verschaffen Sie sich unbedingt ein Gefühl für das Verhalten eingeschränkter Elemente!

- Machen Sie diese Deformationen dann rückgängig und bestätigen/beenden Sie den Skizzenmodus. Speichern Sie das Bauteil unter dem Namen TEIL1.

Die Extrusion hat sich unterdessen dem neuen Querschnitt angepasst (Bild 1.43).

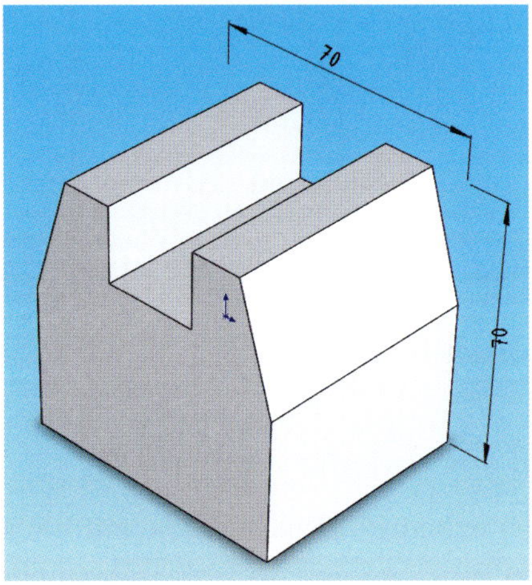

Bild 1.43: Pri(s)ma: Aus dem groben Klotz ist ein grober Keil geworden!

> TIPP: Drücken Sie im Editor mal die Taste G. Die Lupe, die Sie mit dem Mausrad einstellen können, ist perfekt für Detailarbeit. Ziehen durch Bewegen, zurück mit Linksklick daneben.

1.7.8 Der Name der Features

Natürlich sind Sie nicht gezwungen, sich mit der nichtssagenden Nomenklatur von SolidWorks abzufinden – im Gegenteil: Sie sollten sich sogar von Anfang an daran gewöhnen, *allem* – unter Umständen sogar einer Bemaßung – einen **sprechenden Namen** zu geben, und zwar am Besten gleich mit System! Ansonsten wird es in Ihrem Historienbaum nämlich bald sehr ungemütlich:

- Klicken Sie im FeatureManager auf den Eintrag *Aufsatz-Linear austragen<n>* und drücken Sie F2. Genau wie im Windows-Explorer können Sie nun einen anderen Namen eingeben, etwa **Prisma**.

- Benennen Sie dann auch gleich die Skizze um, und zwar in **Skizze Prisma** oder kurz **Sk Prisma**. Speichern Sie das Teil dann (Bild 1.44).

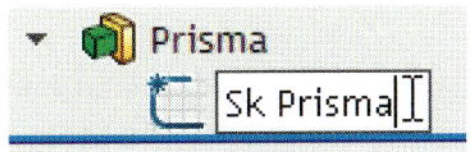

Bild 1.44: Im FeatureManager kann fast jede Einheit umbenannt werden

> Hinweis: Mit einem Minuszeichen vor dem Skizzennamen „(-)“ deutet der FeatureManager eine nicht voll definierte Skizze an.

1.8 Die Ansichtssteuerung

Da wir nun rasch zu komplexeren Bauteilen fortschreiten, benötigen wir das vollständige Wissen über die Ansichtskontrolle: **Wie orientiere ich mich im virtuellen Raum?** Zunächst eine Definition:

> Hinweis: Als **Ansicht** bezeichnen wir eine Kombination aus Bildausschnitt, Zoomfaktor und Blickwinkel.

Die Grundoperationen Zoomen, Drehen und Verschieben finden Sie in der Symbolleiste *Ansicht (Head-Up)*, die Sie allerdings vorhin ausgeblendet hatten.

- Komplettieren wir also die Symbolleiste *Standardansichten*, die Sie zunächst bitte in den Editor ziehen, um ihre Überschrift sehen zu können (Bild 1.45).

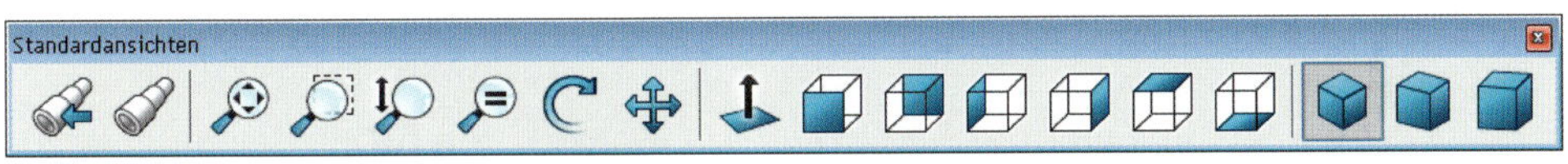

Bild 1.45: Die Symbolleiste *Standardansichten* wird erweitert

- Über Menü *Extras, Anpassen*, Registerkarte *Befehle*, Kategorie *Ansicht* kommen Sie an die gesuchten Schaltflächen heran.
- Links platzieren Sie die Schaltfläche *Vorherige Ansicht*, mit der Sie die zehn letzten Ansichten aufrufen können. 
- Darauf folgt *Ausrichtung Ansicht*. Dazu gleich mehr. 

Dann kommt die Zoom-Gruppe mit den vier Funktionen

- *In Fenster zoomen*, also sämtliche Elemente im Editor formatfüllend darstellen. Diese eignet sich gut, um verlorene Objekte wiederzufinden. Der Shortcut für diese praktische Funktion lautet F. 

- *Ausschnitt vergrößern*, also Zoomen eines durch Ziehen definierten Rahmens. In den meisten Zeichenprogrammen wird diese Spielart als „Zoom, Fenster" bezeichnet.

- *Vergrößern/Verkleinern*, Zoomen durch Ziehen mit der Maus – diese Funktion liegt auch auf Shift + mittlerer Maustaste. Schließlich haben wir noch die praktische Funktion

- *Zoomen auf Auswahl*, hiermit zoomen Sie formatfüllend alle gewählten Objekte. Das aber können Körper, Flächen, Kanten und sogar einzelne Punkte sein!

> TIPP: Zoomen können Sie außerdem mit dem Mausrad, und zwar mit dem aktuellen Ort des Cursors als Mittelpunkt – eine raffinierte Funktion, die Zoomen und Verschieben in Einem bedeutet.
> Wollen Sie mal die *ganz schnelle* Methode ausprobieren? Dann drücken Sie im Editor die Taste G. Mausrad inklusive. Zurück mit Esc.

Dann folgen Drehen und Verschieben der Ansicht:

- *Ansicht drehen* bedeutet genauer, dass sich der Beobachter um das Objekt herum dreht. Darum wird diese Funktion in manchen Programmen treffend als „Orbit" bezeichnet. Sie liegt auch auf der mittleren Maustaste.

- Mit *Verschieben* bewegen Sie einfach nur den Bildausschnitt, ähnlich wie bei einem Mikrofilm unterm Betrachter. Er liegt auf Strg + mittlerer Maustaste.

> TIPP: Sie können diese Schaltflächen also komplett vergessen, wenn Sie sich angewöhnen, mit dem Mausrad und der mittleren Maustaste zu arbeiten.
> Oder eben mit dem 6-Achsen-Manipulator. Der Vorteil liegt darin, dass dies auch während eines laufenden Befehls funktioniert.

- Dann setzen Sie die Schaltfläche *Normal auf* (Strg+8). Sie tut nichts anderes, als den Blick frontal auf eine zuvor gewählte Ebene zu richten und diese Ebene formatfüllend zu vergrößern. Sie können sie bei allen Skizzenoperationen gut gebrauchen.

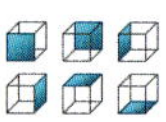

- Dann folgen die sechs Hauptansichten – Strg+1 … Strg+6 – , die Sie vom Technischen Zeichnen her kennen, und zwar *Vorderseite* und *Rückseite, Links* und *Rechts, Oben* und *Unten*. Sie beziehen sich auf das feste Koordinatensystem des Bauteils, also die so genannte *Referenztriade unten* links.

- Die folgenden drei stellen axonometrische Ansichten in Bezug auf die Referenztriade dar, und zwar *Iso-* (Strg+7), *Tri-* und *Dimetrisch*.
- Schließen Sie den Dialog *Anpassen* mit *OK*. Stellen Sie die Symbolleiste wieder an ihren Platz.

1.8.1 Benannte Ansichten

Die zweite Schaltfläche unserer neuen Konfiguration könnte man leicht mit *Vorherige Ansicht* verwechseln.

In Wahrheit öffnen Sie mit *Ausrichtung Ansicht* oder der Leertaste ein Dialogfeld, in dem nicht nur die vorgegebenen Ansichten des Bauteils verzeichnet sind, sondern auch Ihre selbstdefinierten. Mit der Schaltfläche *Dialogfeld feststecken/loslösen*, der kleinen Stecknadel, bleibt es geöffnet (Bild 1.46).

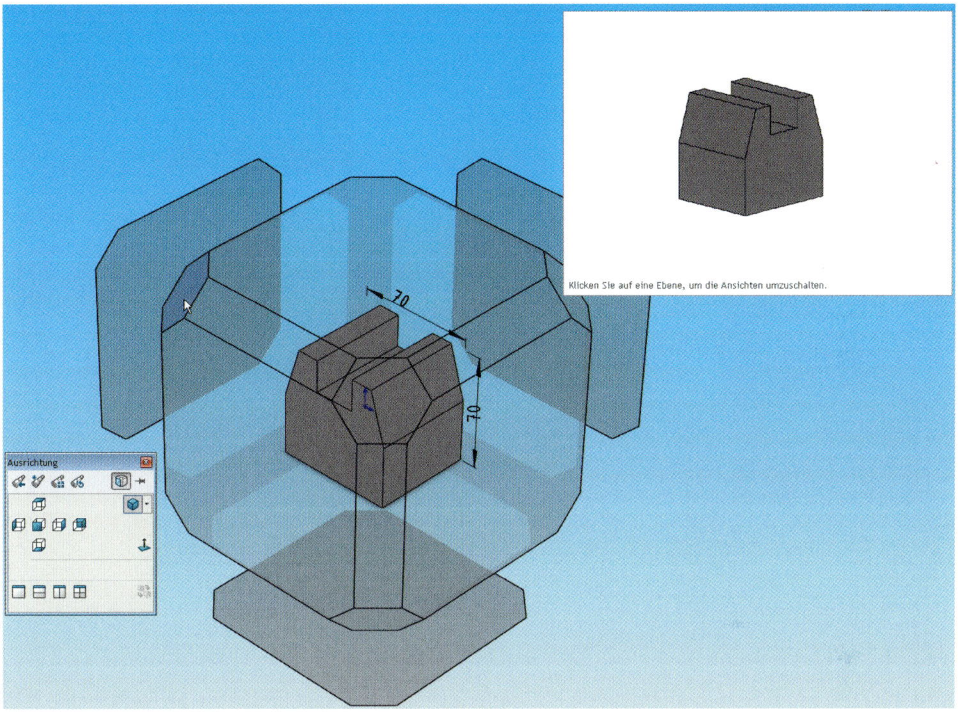

Bild 1.46: Das Dialogfeld *Ausrichtung* erlaubt das Speichern komplexer Ansichtskonfigurationen

Hier haben Sie die Auswahl, ob Sie lieber mit den Schaltflächen des Dialogfeldes oder mit den Flächen des rodierten Würfels arbeiten wollen, der jetzt das gesamte Modell umgibt und das Ganze aussehen lässt wie einen ganzseitigen *pane* aus einem Comic-Heft:

- Zeigen Sie einfach auf die Flächen, Ecken und Fasen des Würfels, so wird in einer Vorschau das Ergebnis dargestellt (Bild 1.46, rechts oben). Ist das Gewünschte erreicht, klicken Sie. Sie können auch die drei achteckigen Extra-Flächen ansteuern, die die abgewandten Seiten des Würfels darstellen und die eine Drehung der Ansicht um mehr als 90° erlauben.

- Mit den Schaltflächen des Dialogfeldes funktioniert es ähnlich, nur sind hier die Haupt- und die axonometrischen Ansichten getrennt voneinander aufgeführt. Zusätzlich können Sie den Editor teilen, indem Sie eine der vier Schaltflächen unten im Dialogfeld betätigen (Bild 1.47).

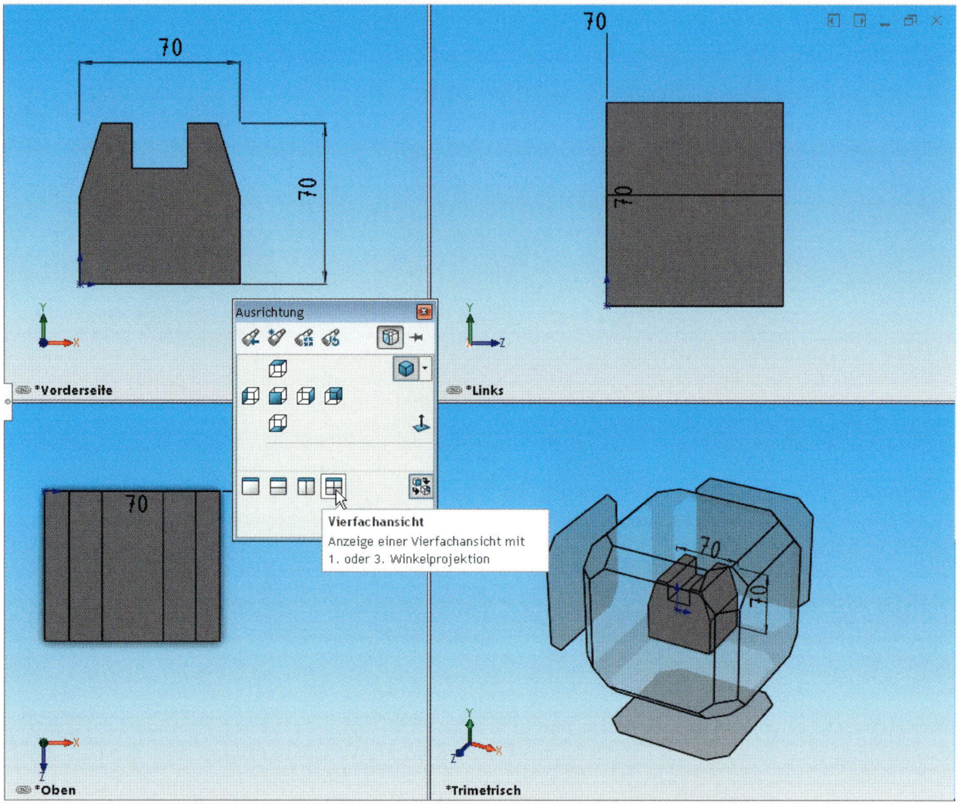

Bild 1.47: Drei Ansichten und Isometrie: SolidWorks macht Zugeständnisse an Technische Zeichner

> TIPP: Wenn Sie den interaktiven Würfel ausschalten wollen, deaktivieren Sie die Schaltfläche *Ansichtenauswahl,* die zweite von rechts ganz oben im Dialogfeld.

1.8.2 Benannte Ansichten speichern

Aber auch das Modell selbst können Sie zur Ansichtssteuerung nutzen:

- Wenn Sie eine der Schrägen des Prismas anklicken und *Normal auf* ausführen, so wird die Ansicht gedreht und erwartungsgemäß frontal auf die Schräge gerichtet.

- Klicken Sie auf die zweite der vier kleinen Schaltflächen oben im Dialogfeld, *Neue Ansicht*. In das Dialogfeld *Benannte Ansicht* geben Sie nun den Namen ein, etwa *Schräge Rechts* (Bild 1.48).

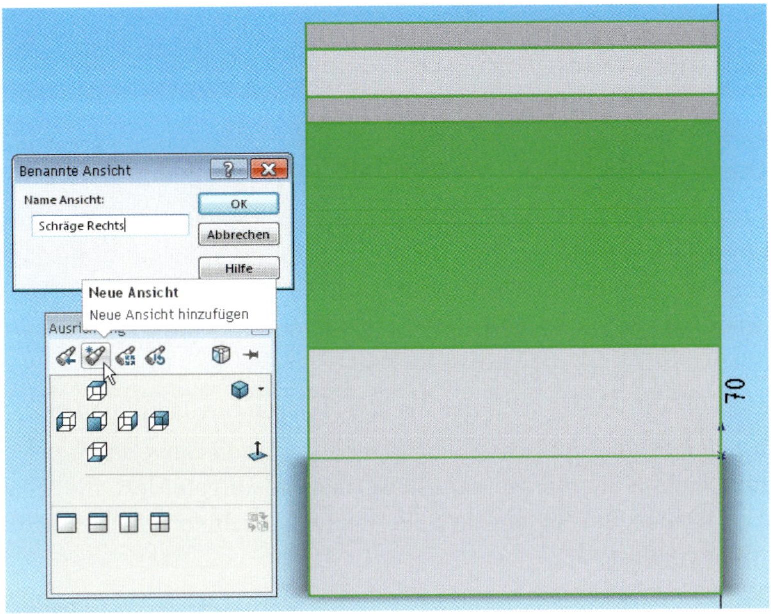

Bild 1.48: Benennen und Speichern einer Ansicht

Sobald Sie bestätigt haben, wird der Eintrag in einer Liste unterhalb der Hauptansichten angezeigt (Bild 1.49).

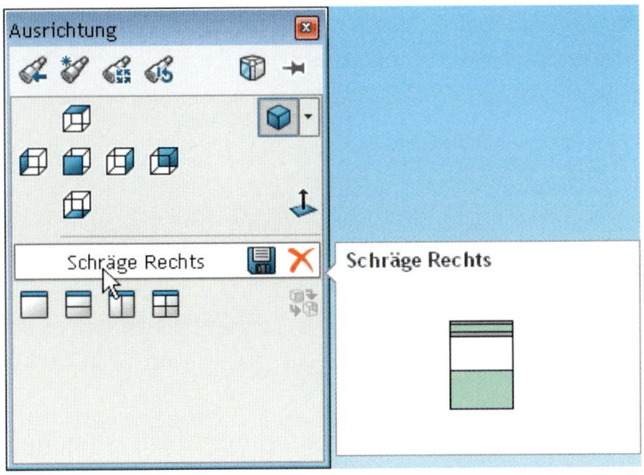

Bild 1.49: Eine *Benannte Ansicht* kann mit einem einzigen Klick wiederhergestellt werden!

Jetzt können Sie beliebig zwischen den Ansichten hin- und herschalten, ohne dass eine verloren geht. Und wenn Sie das Bauteil speichern, werden auch die hier **benannten Ansichten** verewigt.

> TIPP: Benannte Ansichten können Sie auch in einer Vorlage speichern – so stehen sie dann jedem neuen Modell zur Verfügung!

1.8.3 Das Ansichts-Koordinatensystem drehen

Vorhin wurde gesagt, dass die neun vorgefertigten Ansichten nicht verändert werden könnten. Aber das ist nur zum Teil richtig. Könnten Sie etwa die aktuelle Ansicht *Schräge Rechts* als Draufsicht definieren, so müsste doch logischerweise das gesamte Ebenensystem inklusive der Perspektiven mitgedreht werden. Und genau so ist es:

- Aktivieren Sie die Ansicht *Schräge Rechts*. Fixieren Sie das Dialogfeld.

- Klicken Sie dann auf die dritte Schaltfläche – *Aktualisieren der Standardansichten* – und bejahen Sie die Abfrage, so werden Sie aufgefordert, diejenige Hauptansicht zu wählen, der Sie die aktuelle Ansicht zuordnen wollen. Klicken Sie auf *Rechts* (Bild 1.50).

Bild 1.50: Drehen des Ansichts-Koordinatensystems

Dadurch wird das Ansichtskoordinatensystem auf diese Ansicht ausgerichtet. Alle Hauptansichten gehen von dieser neuen Einstellung aus, wovon Sie sich leicht überzeugen können,

- indem Sie auf *Vorderseite* klicken (Bild 1.51).

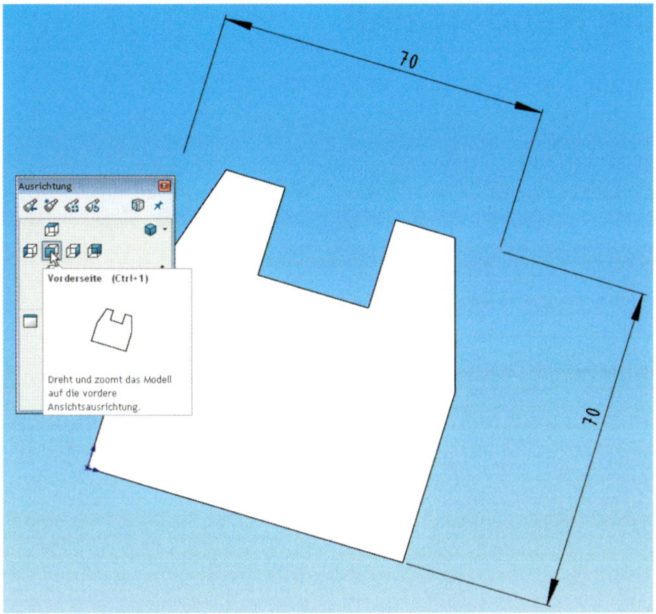

Bild 1.51: Versch(r)obene Ansichten: Die Hauptansichten wirken nicht mehr sehr ordentlich…

Diese Möglichkeit ist äußerst nützlich für komplexe Objekte, wenn Sie auf einer beliebig gedrehten Ebene Skizzen zeichnen – etwa, um in die *Schräge rechts* ein dazu normales Loch bohren wollen.

- Mit der vierten Schaltfläche drehen Sie die Standardansichten wieder normal zu den Hauptebenen. Die gespeicherten Ansichten bleiben aber trotzdem erhalten.

Sie können natürlich nicht nur benannte, sondern jede beliebige Ansicht zum Ausgangspunkt einer Koordinatendrehung machen.

- Die erste der kleinen Schaltflächen, *Vorherige Ansicht,* kennen Sie schon von der Konfiguration der Symbolleiste *Standardansichten*. Sie stellt die zehn zuletzt eingestellten Ansichten wieder her.

TIPP: Wenn Sie beim 3D-Konstruieren nur eine Hand benutzen, warum werden Sie dann nicht stolzer Besitzer eines 6-Achsen-Manipulators? Mit solch einem Gerät steuern Sie Bildausschnitt, Zoom und Drehwinkel mit einer einzigen Bewegung der linken Hand, während die rechte Hand auf Modellflächen oder in Dialogboxen herumklickt. Oder eben umgekehrt. Einstiegsmodelle wie der *SpaceNavigator* von *3DConnexion* kosten weniger als eine gute Maus, und die Investition lohnt sich, wenn Sie viel modellieren. Ihre Handgelenke werden es Ihnen danken!

1.9 Die Rendermodi

Weiter geht's mit der Symbolleiste *Ansicht* (Bild 1.52).

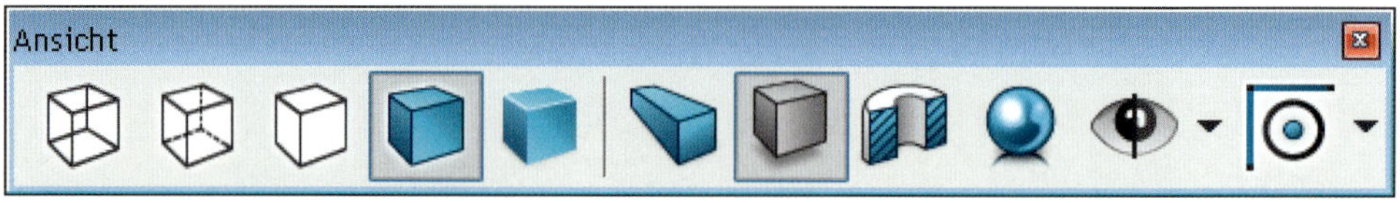

Bild 1.52: Die Symbolleiste *Ansicht*

1.9.1 Darstellungs-Praxis

Die fünf Rendermodi sind lediglich für die Darstellung der Volumenkörper im Editor verantwortlich – wir sprechen also nicht vom *Rendern* für die Präsentation an sich:

- *Drahtdarstellung* stellt Objekte als Drahtmodelle dar, also ohne gefüllte Flächen. Man blickt einfach durch die Geometrie hindurch. Dieser Modus ist nur für besondere Situationen geeignet – die Orientierung in 3D auf einem flachen Bildschirm ist schon schwer genug!

- *Verdeckte Kanten sichtbar* blendet unsichtbare Kanten grau gestrichelt ein, die Flächen bleiben durchsichtig. Diesen und den folgenden Modus können Sie gut für die 2D-Zeichnungsableitung gebrauchen.

- Der dritte Modus, *Verdeckte Kanten ausgeblendet,* entspricht der klassischen *Hidden-Line*-Darstellung: Rückseitige Kanten werden ausgeblendet, Sie erhalten einen plastischen Eindruck des Modells.

- *Schattiert mit Kanten* stellt die Körper so dar, wie wir sie im Allgemeinen wahrnehmen: opak, mit Schatten und Schattierungen – und vor allem in Farbe. Aber auch mit stark artikulierten Kanten und Ecken.

- *Schattiert* entspricht dem vorigen Modus, nur ohne die hervorgehobenen Kanten und Ecken.

Es gibt eine praktische Verwendung der fünf Rendermodi: Sie können jeweils die ersten beiden und den Rest **unabhängig voneinander** mit der Eigenschaft ausstatten, dass Sie verdeckte Kanten und Ecken auswählen können. Durch bloßes Umschalten des Rendermodus bestimmen Sie so, ob Sie Elemente „durch das Modell hindurch" auswählen können oder nicht (Bild 1.53).

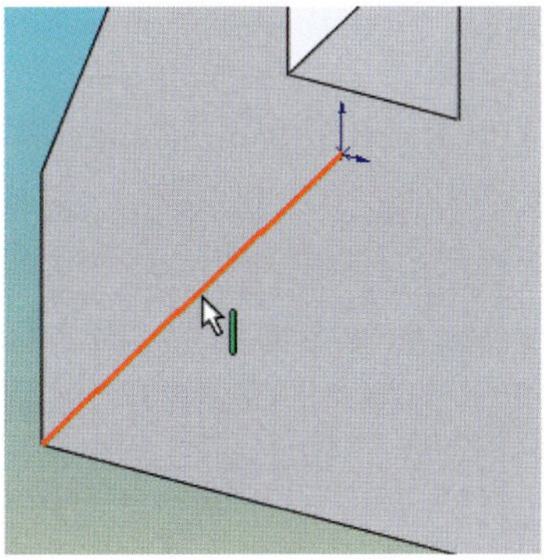

Bild 1.53: Die Möglichkeit, unsichtbare Kanten zu wählen, spart das Drehen, führt aber auch leicht zu Verwechslungen

- Sie konfigurieren das unter *Optionen, Systemoptionen, Anzeige/Auswahl* im Gruppenfeld *Auswahl von verdeckten Kanten* (Bild 1.54).

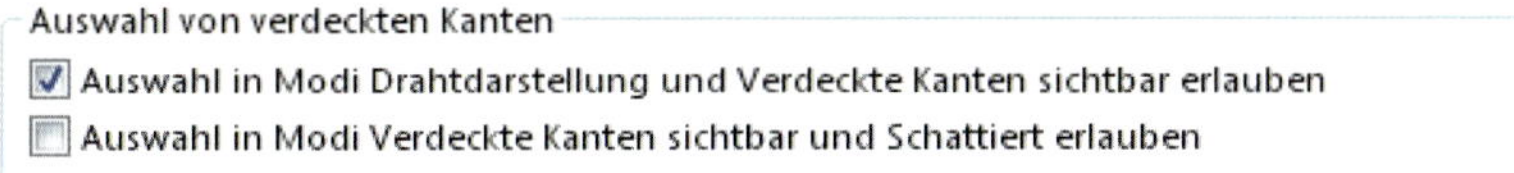

Bild 1.54: Auswahl von verdeckten Kanten, abhängig vom Rendermodus

1.9.2 Schatten, Schnitt und RealView

- Mit der *Perspektive* können Sie die augenfreundliche Einpunktperspektive einschalten, um das Vorne und Hinten eines Körpers, seine Dimensionierung, Parallelität usw. besser zu erkennen.

- Die Schaltfläche *Schatten im Modus Schattiert* versieht das Modell an der momentanen Unterseite mit einem Schattensaum.

Wohlgemerkt: Es handelt es sich nicht um einen gerenderten Schatten. Das Gimmick dient Ihnen nur zur besseren Orientierung im virtuellen Raum. Wenn Sie zum Beispiel die Schatten-Funktion einschalten und dann von der *Isometrie* in die Ansicht *Oben* wechseln, so wird – je nach *ServicePack* – der Schatten gelegentlich verschwinden – Sie müssen die Funktion aus- und wieder einschalten, um ihn zurückzuholen.

- Mit der Schaltfläche *Schnittansicht* befassen wir uns etwas später – wenn wir spannendere Bauteile herstellen. Doch wenn einmal ein Bauteil vollständig verschwinden sollte, werfen Sie einen Blick auf diese Schaltfläche. Ist der Toggle eingeschaltet, deaktivieren Sie ihn.

- *RealView Graphics* können Sie **angeblich** nur dann nutzen, wenn Sie über eine der unterstützten – und meist überteuerten – High-End-Grafikkarten verfügen, etwa eine *NVidia Quadro* oder eine *ATI FirePro*.

Dann aber kann SolidWorks ein Modell, dem Sie ein Material verliehen haben, mit dem Hardware-Texturing der Grafikkarte rendern – und zwar in Echtzeit! Hierdurch entstehen Textureffekte wie Reflexion, Dellen, Rost, Farbanstriche usw. im Editor, so dass Sie sie nicht erst rendern müssen.

- *Elemente einblenden/ausblenden* kennen Sie bereits. Hierüber toggeln Sie ganze Elementgruppen, etwa Ebenen, Skizzen, Bemaßungen, Bemaßungsnamen und Skizzenbeziehungen.

- Die letzte Option heißt *Schnelles Fangen*. Sie funktioniert nur im Skizzenmodus und auch dort nur, wenn eine Zeichenfunktion aktiv ist. Diese Fangfunktionen für Objekte sind Standard in SolidWorks. Doch hiermit **priorisieren** Sie bestimmte Fangmodi, etwa das Punktefangen, wenn jede Menge Linien die Sicht behindern (Bild 1.55).

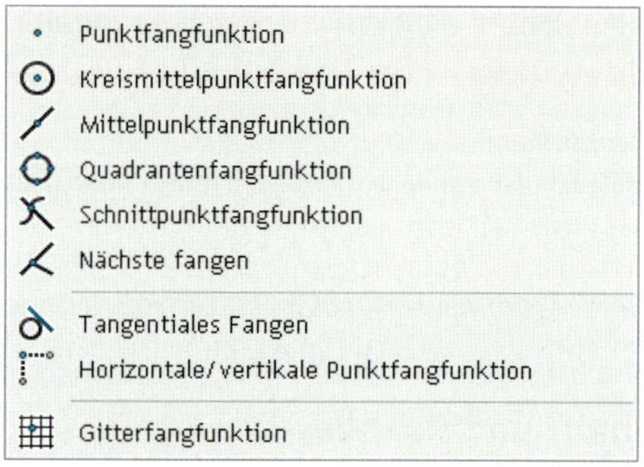

Bild 1.55: Das Menü unter *Schnelles Fangen*

> Hinweis: Die fertigen Symbolleisten finden Sie auf der DVD; Sie können sie über den *Assistent zur Kopie der Anwendereinstellungen* importieren.

2 Kombiniere: Bauteile entstehen aus einfachen Formen

Bei unserem symmetrischen Bauteil hatten wir noch vergessen, die Skizze zu bemaßen – bis jetzt ist nur die Konstruktionsgeometrie definiert. Holen wir dies also zunächst nach:

- Öffnen Sie TEIL1 und dort die Skizze *Sk Prisma* zur Bearbeitung und stellen Sie mit Hilfe von *Normal auf* eine frontale Ansicht her.
- Setzen Sie dann die Bemaßungen jeweils auf die drei Linien und ziehen Sie sie aus der Kontur heraus: kleine Maße innen, große außen (Bild 2.1).

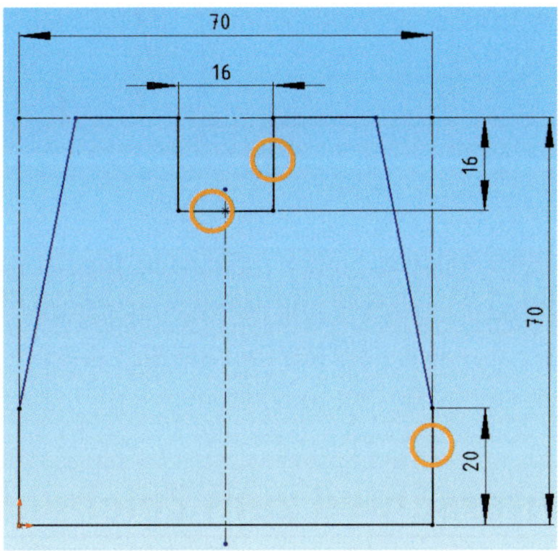

Bild 2.1: Bemaßen einfacher Strecken

> TIPP: Das Sortieren der Bemaßungen ist in einer MCAD-Skizze eigentlich noch nicht nötig, Sie haben freie Hand. Aber erstens finden Sie diese Maße in etwa der gleichen Anordnung später in der Zeichnungsableitung wieder, und zweitens: Wenn sich Ihr Auge an die Ordnung einer technischen Zeichnung gewöhnt hat, sollten Sie das zur Fehlervermeidung nutzen.

Etwas aufwendiger wird es, wenn Sie die beiden Schrägen bemaßen wollen.

- Hier klicken Sie nur auf die Eckpunkte, die „Aufhänger“ unserer Bemaßung (Bild 2.2, Kreise unten).

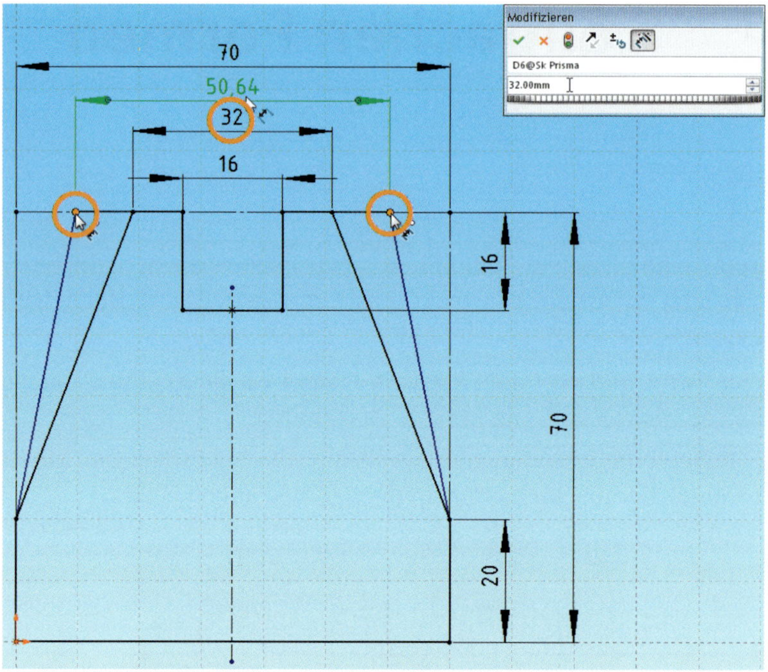

Bild 2.2: Definieren einer Bemaßung mit Hilfe von Punkten

SolidWorks erkennt Ihre Absicht – *oder nicht*, und fügt einen Winkel ein. Dann trinken Sie einen Schluck Zielwasser und versuchen es erneut.

- Korrigieren Sie den Zahlenwert auf **32**, und die Skizze ist in vollständig schwarz oder *voll definiert*. Beenden Sie den Skizzenmodus und speichern Sie.

2.1 Im Unterschied zum Zeichnen

Wie Sie sehen, haben Sie die Skizze mit nur wenigen Maßen voll bestimmt – ähnlich sparsam würden Sie auch eine Handzeichnung bemaßen. Das ist ja auch genau der Sinn der Skizzenbeziehungen: Dinge, die ein Mensch beim Lesen einer technischen Zeichnung quasi „hineinliest“, etwa, dass der Querschnitt doch rechtwinklig sein müsste, und die Form? *„Na ja, irgendwie symmetrisch, oder?“*

Solche Dinge müssen wir SolidWorks immer erst Stück für Stück beibringen. Hier liegt das eigentliche Problem der Skizzenbeziehung, der ersten Hürde beim Mechanical CAD: Offensichtliches auszusprechen.

Und zwar deutlich.

2.1.1 Skizzen-Tricks

Bisher ist unsere Form noch leicht zu verstehen: Ein Querschnitt wird zum Prisma ausgezogen. Was aber, wenn wir vom Prismatischen abweichen, wenn das Modell nicht nur in Laufrichtung, sondern auch quer zur Extrusion Details aufweisen soll?

Hier kommen wir mit unserer „2.5D-Technik" nicht weiter. Solch einen Einschnitt müssen wir durch eine zweite Skizze definieren, die orthogonal zur ersten liegt. Nun, wir haben ja noch ein paar Ebenen übrig:

- Drehen Sie das Modell so, dass die Ecke mit dem blauen Skizzenursprung Ihnen zugewandt ist und auf der linken Seite liegt. Wenn Sie die **Analogie eines Hauses** zu Hilfe nehmen, wäre das die linke Seitenwand in der *Isometrieansicht*.
- Klicken Sie die *Ebene rechts* im FeatureManager an und blenden Sie sie ein. In Bild 2.3 ist sie braun gefärbt, Sie betrachten also ihre negative Seite.

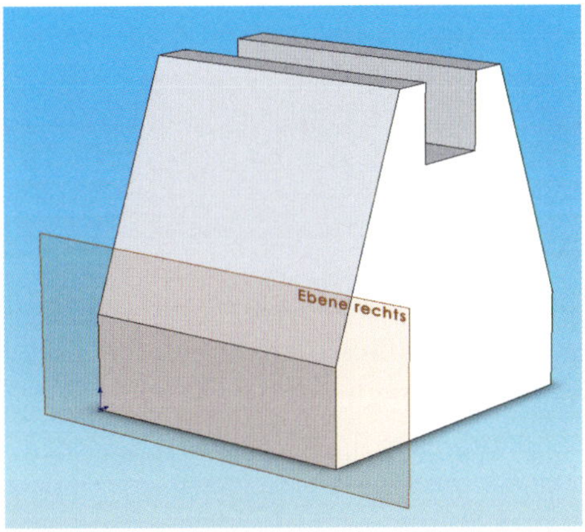

Bild 2.3: Die *Ebene rechts,* von links gesehen

- Erstellen Sie eine neue *Skizze* auf der *Ebene rechts.*
- Wenn Sie jetzt *Normal auf* anklicken, blicken Sie allerdings auf die positive, orangefarbene Seite. Drehen Sie die Ansicht etwas, und Sie bemerken, dass Sie „durchs Haus" auf die *Ebene Rechts* blicken, und der Ursprung der ersten Skizze befindet sich rechts. Das ist aber nicht, was wir wollen.
- Klicken Sie ein zweites Mal auf *Normal auf* (Bild 2.4).

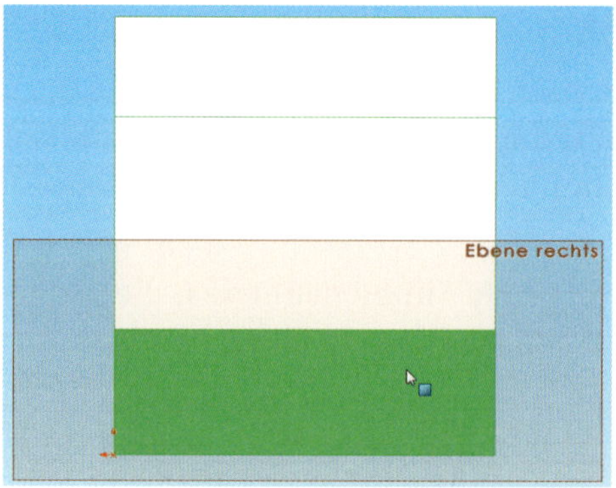

Bild 2.4: Die Ansicht wird auf die Außenseite ausgerichtet. Wir zeichnen also „von hinten“ auf die Ebene

> TIPP: Falls ich Sie jetzt „abgehängt“ habe, drehen Sie nochmals das Modell in die Isometrie und drehen Sie das Modell ungefähr so, dass Sie auf die linke Seitenwand blicken. Aktivieren Sie diese durch Anklicken und wählen Sie *Normal auf*. Den Grund für den ganzen Umstand erkläre ich Ihnen, unüblich, erst *nach der* Operation.

Die *Referenztriade* – das Dreibein am linken unteren Rand des Editors – zeigt Ihnen, dass Sie auf die ZY-Ebene blicken. Nun befindet sich der Ursprung der ersten Skizze links unten. Von hier beginnen Sie zu skizzieren:

- Aktivieren Sie die *Linie*. Wählen Sie im PropertyManager unter *Ausrichtung* die Option *Wie skizziert*.
- Zeichnen Sie dann, am Ursprung beginnend, im Uhrzeigersinn die **geschlossene** Kontur nach Bild 2.5. Wenn ein Punkt auf einer Ecke oder Kante des Modells liegt, achten Sie auf die gelben Indikatoren der automatischen Beziehungen, um die beiden *deckungsgleich* zu verknüpfen.

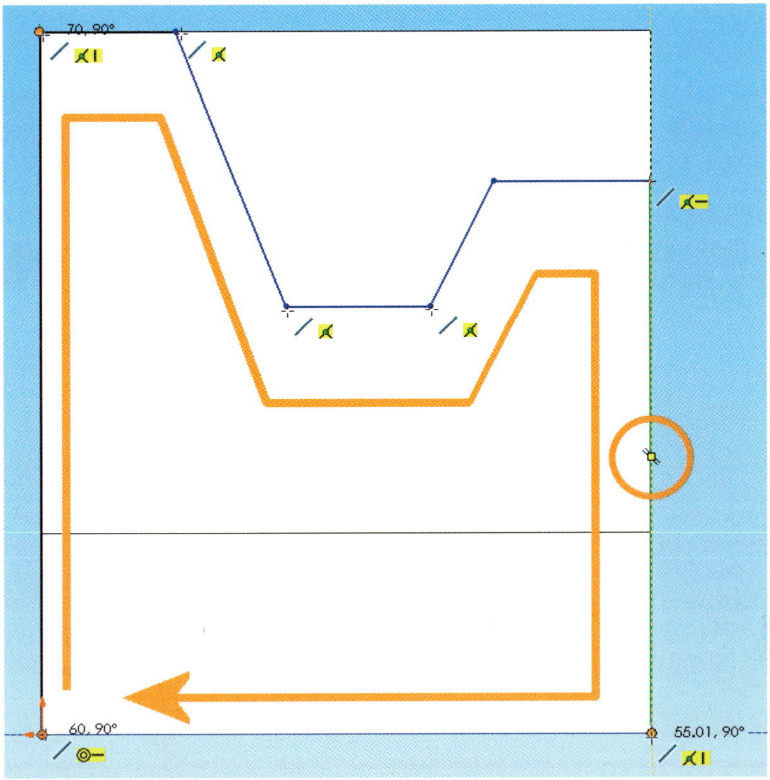

Bild 2.5: Schon ein wenig anspruchsvoller: Die zweite Skizze bezieht sich auf die erste und den Modellkörper

2.1.2 Skizzen-Polare

Sie bemerken beim Zeichnen, dass immer nach dem Anklicken eines Punktes ein Fadenkreuz aus gelben Strichlinien erscheint. SolidWorks hilft Ihnen mit diesen **Polaren**, im rechten Winkel zum letzten Segment weiter zu zeichnen. Das wird besonders bei den Schrägen deutlich.

- Vermeiden Sie, beim Zeichnen auf die Kantenmittelpunkte (Kreis in Bild 2.5) zu klicken. Sie erzeugen sonst *automatisch unerwünschte* Skizzenbeziehungen. In der fertigen Kontur sollten nur die Linien auf Modellkanten festgelegt – also schwarz – sein.

2.1.3 Symmetrische Gebäude

Um diese Skizze festzulegen, definieren wir zunächst wieder die nötigen Skizzenbeziehungen. Wenn Sie sich das Endergebnis ansehen, erkennen Sie, dass es bei diesem Bauteil um die beiden „Böcke“ geht – die Aussparung selbst ist eigentlich nebensächlich. Definieren wir sie also als symmetrisch, so muss zuvor ihre Symmetrielinie definiert werden:

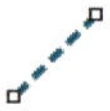

- Zeichnen Sie eine vertikale *Mittellinie* ein. Sie sollte etwas über die Silhouette der Skizze hinausragen – es ist kein Schade, wenn Sie Ihre Gewohnheiten vom Technischen Zeichnen beibehalten!

- Legen Sie die Mittellinie dann mit Hilfe der beiden Außenseiten als *symmetrisch* fest (Bild 2.6). Eine Auswahl mehrer Elemente erreichen Sie durch Strg + Anklicken. Wählen Sie danach alle Elemente durch „Danebenklicken" oder Esc ab.

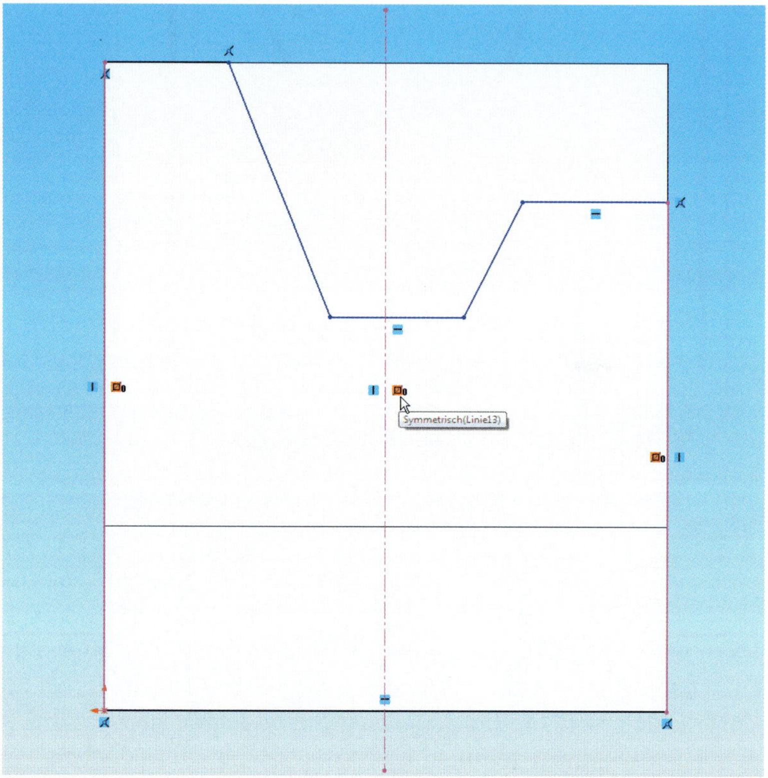

Bild 2.6: Bevor die Mittellinie als Stütze der Symmetrie dienen kann, muss sie erst selbst verankert sein

- Wählen Sie die beiden Endpunkte (Bild 2.7, Kreise) des kurzen, horizontalen Linienstückes – nicht das Linienstück selbst! – sowie die Symmetrielinie und definieren Sie eine zweite *Symmetrie*. Das kurze Stück liegt nun stets *symmetrisch* zur Mittellinie.

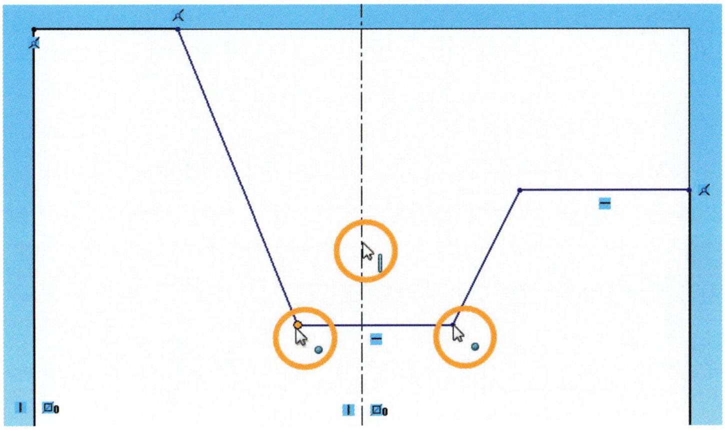

Bild 2.7: Die Endpunkte des horizontalen Mittelstücks liegen symmetrisch im Querschnitt

Die Reihenfolge bei der Erstellung dieser beiden Symmetrien ist irrelevant, wie fast immer beim Bilden von Beziehungen. Aber – probieren Sie's aus:

- Löschen Sie die beiden Einträge *Symmetrisch<n>* im PropertyManager und definieren Sie sie in der entgegengesetzten Reihenfolge.

Das Ergebnis: Kein Unterschied.

2.1.4 Der patentierte Siemens-Lufthaken!

Der nächste Schritt verlangt etwas Abstraktionsvermögen: Wir müssen einen Punkt regelrecht aus der Luft greifen. Denn wir wollen auch die beiden oberen Konturpunkte der Aussparung als symmetrisch definieren (vgl. Bild 2.7).

Versuchen Sie folgendes:

- Wählen Sie die beiden Schrägen und die Mittellinie und verknüpfen Sie sie *symmetrisch* (Bild 2.8).

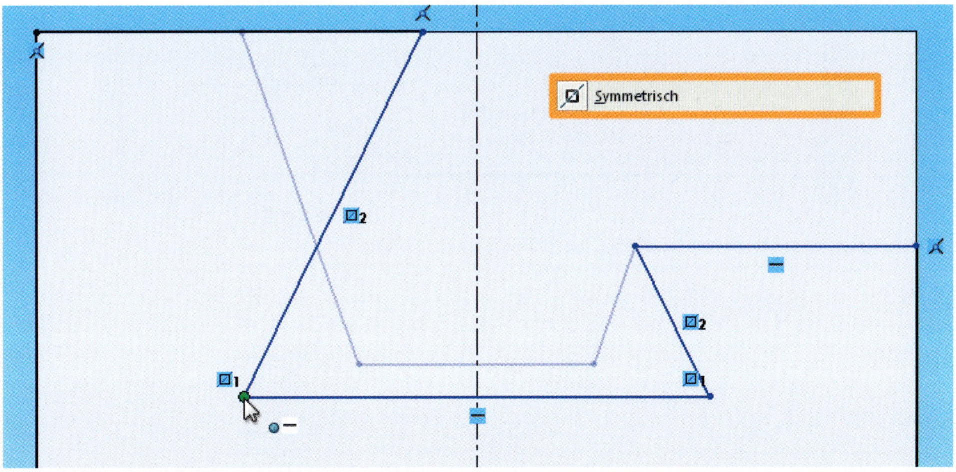

Bild 2.8: Wie erwartet: Die beiden Schrägen neigen sich stets symmetrisch zur Mittellinie

Perfekt. Nur leider soll statt des Winkels die lichte Weite der Aussparung bemaßt werden, und dazu brauchen wir die Endpunkte. Die aber befinden sich in unterschiedlichen Höhen, so dass wir hier nicht weiterkommen. Wir behelfen uns mit einer konstruktiven Finte:

- Ziehen Sie eine *Mittellinie deckungsgleich* vom Eckpunkt nach Bild 2.9 zur oberen Modellkante – wieder *deckungsgleich*. Wenn Sie sie exakt genug führen, bietet SolidWorks bereits hier eine *kollineare* Beziehung an (Kreis).

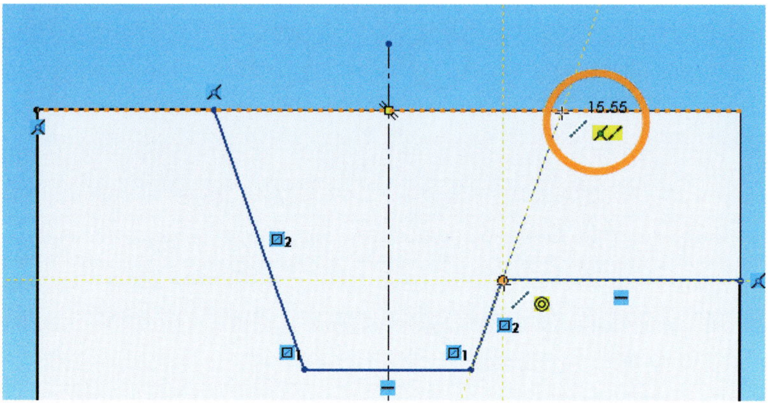

Bild 2.9: Mit Hilfe eines solchen Hebels steuern Sie die Geometrie indirekt

- Überprüfen Sie die korrekte Anknüpfung, indem Sie die Endpunkte der Linie bewegen (Bild 2.10).

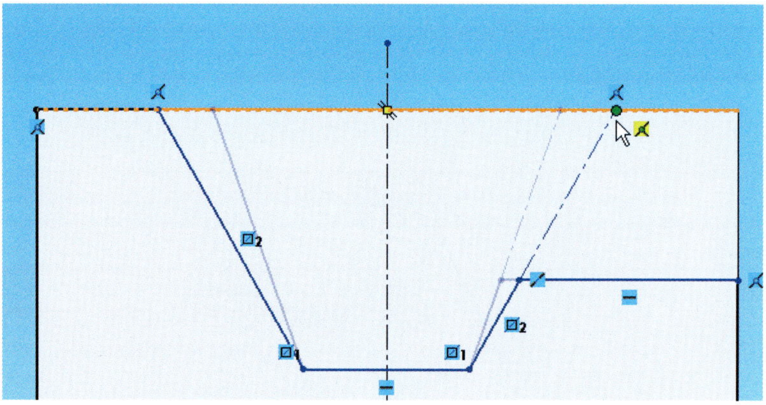

Bild 2.10: Die kollineare Beziehung wurde korrekt erstellt

Falls Sie die Kollinear-Beziehung nicht *on-the-fly erstellen* konnten:

- Markieren Sie die kurze Schräge und die angeknüpfte Konstruktionslinie und aktivieren Sie in der Kontextleiste *Kollinear* (Bild 2.11). Alternativ können Sie das natürlich auch über den PropertyManager erledigen.

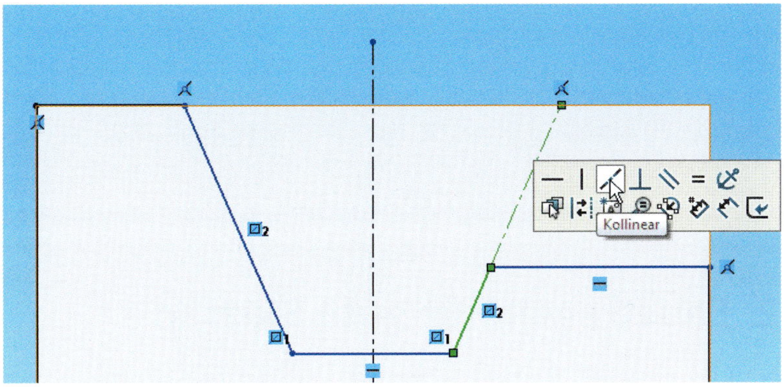

Bild 2.11: Auch die Kontextleiste bietet die relevanten Beziehungen an

Die Linien werden ausgerichtet. Wenn Sie jetzt die Endpunkte der neuen Linie hin und her ziehen, so wird die Schräge der Kontur mitgeführt, denn wir hatten die Schrägen ja schon weiter vorne symmetrisch miteinander verknüpft.

- Wenn Sie nun probehalber die Mittellinie anklicken, so zeigt der PropertyManager einen Eintrag *Vertikal* und drei Symmetriebeziehungen an. Die Schrägen der Skizze sollten sich jetzt bei jeder Verschiebung symmetrisch verhalten.

Nach dieser Vorarbeit können Sie die Skizze mit nur vier Maßen festlegen:

- Setzen Sie die beiden horizontalen Durchmesser der Aussparung und die senkrechten Abstände für die beiden Höhenniveaus (Bild 2.12).

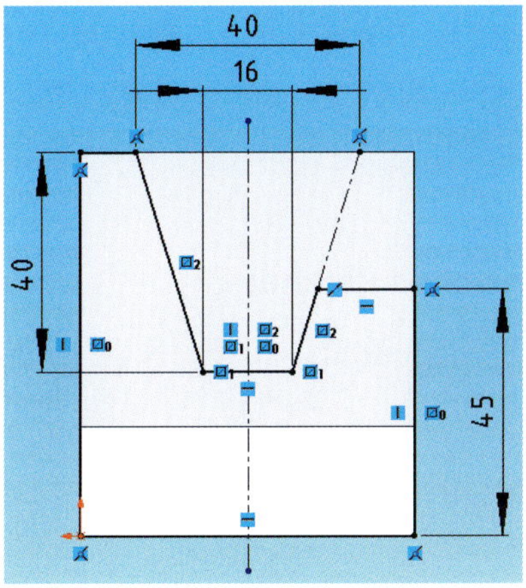

Bild 2.12: Die vollständig festgelegte Skizze *Sk Schnitt Quer*

- Beenden Sie den Skizzenmodus, nennen Sie die Skizze **Sk Schnitt Quer** und speichern Sie die Datei.

Damit ist auch diese Skizze fertig.

TIPP: Sie brauchen bei der Bemaßung der Höhen nicht unbedingt mit den Endpunkten zu arbeiten, sondern können ruhig die ganze Linie wählen - ein Klick weniger! Machen Sie SolidWorks dann einfach nur klar, welche Art von Bemaßung Sie wünschen, indem Sie den Cursor beim Platzieren der Maßzahl in die entsprechende Richtung bewegen - hier also horizontal für ein Vertikalmaß.

2.2 Faustregeln für gute Skizzen

Da Sie im Skizzieren schon ein paar Erfahrungen gesammelt haben und es jetzt sicher mal ohne mich versuchen wollen, hier noch rasch ein paar Tipps.

2.2.1 Definieren geht vor Nummerieren

Vor den Maßen stehen die Skizzenbeziehungen, und zwar so, dass Sie mit der minimalen Anzahl von Maßen auskommen. Anfangs eine harte Geduldsprobe, werden Ihnen die Skizzenbeziehungen nach einiger Zeit selbstverständlich, logisch und sehr hilfreich erscheinen.

2.2.2 Die Großen zuerst

Auch bei den steuernden Bemaßungen gibt es eine Regel: **Von groß nach klein.** Die erste Bemaßung **skaliert die gesamte Skizze**, wenn Sie *Optionen, Systemoptionen, Skizze, Skizze bei Erstellen der ersten Bemaßung skalieren* aktivieren. Fangen Sie also immer mit dem größten Maßwert an, um eine übermäßige Verformung der Skizze zu verhindern. Falls dies trotzdem passiert, ziehen Sie die Kontur einfach wieder in Form.

2.2.3 Analogon Technisches Zeichnen

Wenn Sie sich die Skizze noch einmal ansehen, so stellen Sie fest, dass sie ausschließlich Hauptmaße enthält - frei nach dem Motto: **Bemaßt wird nur das Allerwichtigste!** Wenn Ihre Skizzen in ihrer Nicht-Redundanz technischen Zeichnungen ähneln, dann sind Sie auf dem richtigen Weg.

2.2.4 Taten und Untaten beim Skizzieren

- Drehen Sie nun die Ansicht so, dass Sie Skizze und Modell räumlich sehen.

So können Sie feststellen, mit welchen Elementen genau die Beziehungen der Skizze *Sk Schnitt Quer* geknüpft wurden:

- Öffnen Sie die Skizze *Sk Schnitt Quer*. Zeigen Sie auf den oberen linken Eckpunkt bzw. dessen *Deckungsgleich*-Symbol (Bild 2.13).

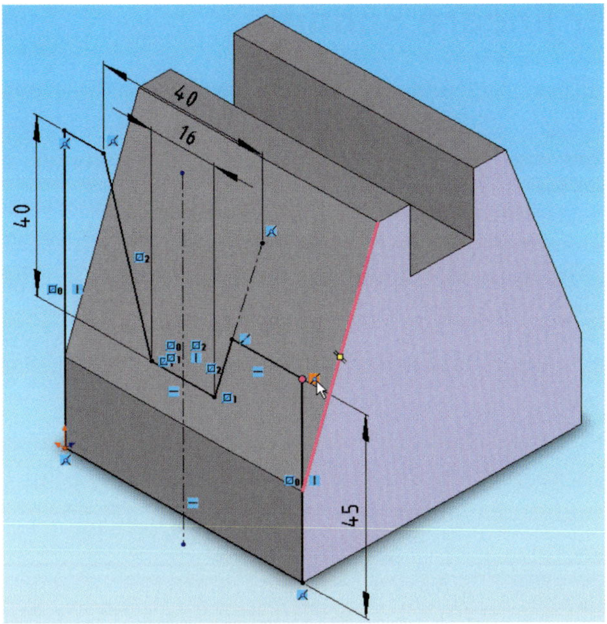

Bild 2.13: Nicht *comme il faut:* Die Skizzenbeziehungen wurden mit Kanten und Ecken der Extrusion verknüpft

So wird der Partner dieser Beziehung hervorgehoben. Es zeigt sich, dass der obere rechte Eckpunkt der Skizze mit der dahinterliegenden Kante des Solids verknüpft wurde. Und das gilt für die meisten Skizzenpunkte von *Sk Schnitt Quer.*

Dies ist nicht schlimm bei einem so einfachen Bauteil. Normalerweise jedoch sollten Skizzenbeziehungen nicht mit Modellkanten, -flächen oder -punkten verknüpft werden, weil diese auf indirekte Art entstehen. Das ganze rechte Ende des Prismas ist das Ergebnis der Extrusion einer Skizze: Seine Ecken, Kanten und Flächen sind **abgeleitete Geometrie**. Eine kleine Veränderung der Parameter des Austragungs-Features genügt, und die ganze Skizze *Sk Schnitt Quer* könnte ungültig werden – etwa dann, wenn das Prisma mit *Formschräge* versehen wird. Halten wir das für die Zukunft fest.

Achtung: **Binden Sie Skizzengeometrie immer an andere Skizzen, nie an Solids.**

- Führen Sie diese Probe nun für alle Punkte der Skizze durch.
- Beenden Sie dann den Skizzenmodus.

2.3 Der lineare Schnitt

Nun geht es an die Aussparung selbst. Hierfür verwenden wir ein neues Feature, den *linear ausgetragenen Schnitt*. Im Grunde handelt es sich um eine negative Extrusion, ähnlich wie eine Bohrung einen negativen Zylinder im Material darstellt.

Deshalb sind auch die Regeln in etwa dieselben wie beim Extrudieren – bis auf eine Ausnahme: Wir müssen wählen, was übrig bleibt. Doch der Reihe nach:

- Wählen Sie im *FeatureManager* den Eintrag *Sk Schnitt Quer*.

- Aktivieren Sie in der Symbolleiste *Features* die zweite Schaltfläche, *Linear ausgetragener Schnitt*.

Der *PropertyManager* erscheint mit den Optionen des Schnittfeatures. Zugleich wird im Editor ein gelblich durchscheinendes Volumen angezeigt, das das Schnittvolumen repräsentiert. Es ändert sich interaktiv bzw. mit unseren Einstellungen (Bild 2.14):

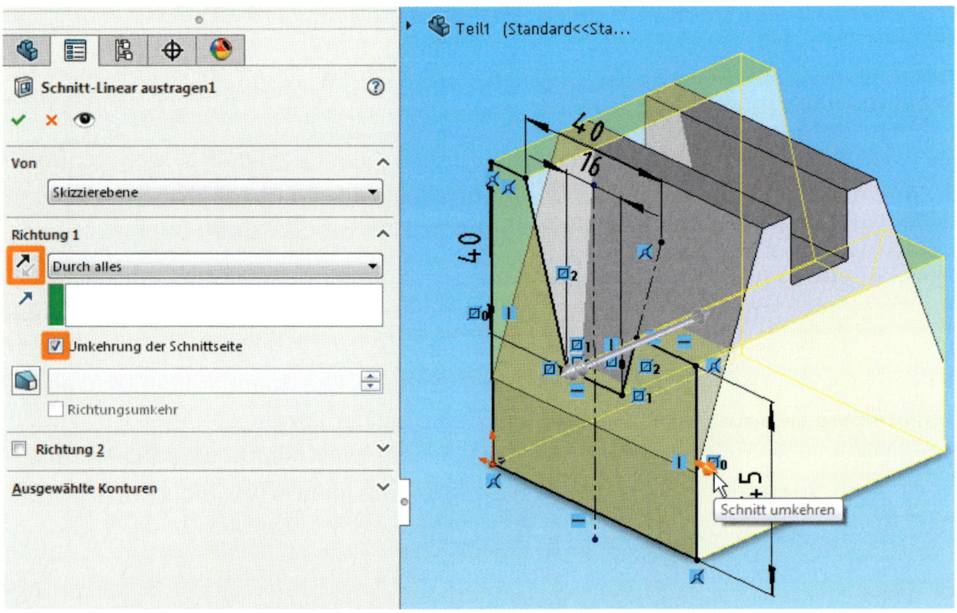

Bild 2.14: Einstellungen eines ausgetragenen Schnitts

- Das oberste Listenfeld *Von* gibt den Startpunkt des Schnittes an. Default ist die *Skizzierebene*, die Ebene also, auf der auch die Skizze liegt. Da der Startpunkt unseres Schnitts auf der Skizzierebene liegt, behalten Sie diese Einstellung bei.

Im Gruppenfeld *Richtung 1* definieren Sie die erste – und hier einzige – Schnittrichtung. Das erste Listenfeld heißt *Endbedingung*. Hier legen Sie das Ende des Schnittes fest. Default ist hier *Blind*, das bedeutet, Sie müssen eine feste Schnittlänge angeben. Das wollen wir hier jedoch nicht, denn der Schnitt soll ja von Seitenfläche zu Seitenfläche unseres „Häuschens“ reichen, egal wie groß die Entfernung dazwischen ist – oder wird.

- Also wählen wir hier zunächst die Option *Durch alles*. Sie bedeutet, dass der Schnitt alles schneidet, was er bei seiner „Reise“ entlang des Schnittvektors antrifft.
- Da wir auf der negativen Seite der Ebene gezeichnet haben, zeigt auch der Schnitt in die falsche Richtung. Aktivieren Sie die Option *Umkehrung der Schnittseite* (Kleiner Kasten).

Allerdings wird noch das falsche Volumen angezeigt, denn die Aussparung soll einen V-förmigen Querschnitt an der Oberseite bilden:

- Aktivieren Sie das Optionskästchen *Richtung umkehren* (Bild 2.14, großer Kasten). In der Darstellung des Editors finden Sie am Rand der Skizze noch einen zweiten Pfeil, mit dem Sie die gleiche Umstellung vornehmen.
- Das „Auge“ unter dem Titel des Features bietet Ihnen eine *Detaillierte Vorschau* des Ergebnisses. Hiermit prüfen Sie, ob Sie die richtigen Einstellungen getroffen haben (Bild 2.15).

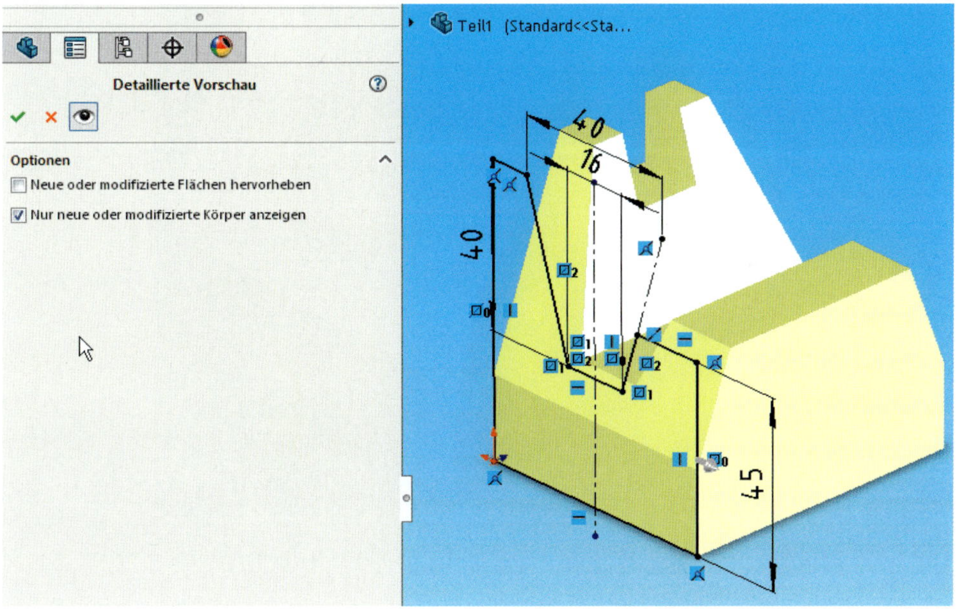

Bild 2.15: Die *Detaillierte Vorschau* ist bei komplexen Vorgängen hilfreich

- Geänderte Flächen werden dabei in unerträglichem Pink angezeigt. Deaktivieren Sie die erste Option, sehen Sie eine richtige Modellvorschau. Klicken Sie nochmals auf das Auge, so kehrt der *PropertyManager* wieder.
- Mit *OK* schließen Sie die Operation ab. Nennen Sie das Feature *Schnitt Quer*.

TIPP: Wenn Sie die Rauchglas-Optik der Skizzierebene im schattierten Modus stört, können Sie dies über *Optionen, Systemoptionen, Skizze, Ebene anzeigen wenn schattiert* abstellen.

2.3.1 Skizzen auf Modellflächen

Nun bleibt noch eine kleine Änderung: In den kleineren Bock soll eine V-Nut eingebracht werden. Dies bewerkstelligen wir wieder mit einem Schnitt. Da Position und Tiefe der Nut allein vom Bock abhängen, beziehen wir auch deren Skizze darauf:

- Stellen Sie zunächst die Isometrieansicht wieder her. Klicken Sie dann auf die niedrige Giebelseite des „Häuschens" (Bild 2.16).

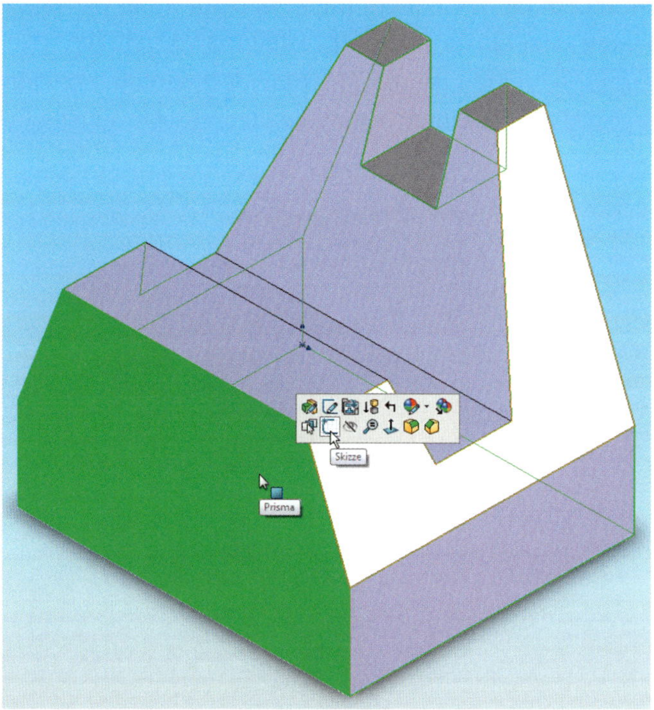

Bild 2.16: Skizzen lassen sich nicht nur auf Ebenen, sondern auch auf Modellflächen definieren

- Erstellen Sie auf dieser Ebene eine *Skizze* und wechseln Sie – wie immer – in die Normalansicht.

2.3.1.1 Skizzenelemente übernehmen

Da wir das Bauteil bereits in *Sk Prisma* symmetrisch definiert hatten, übernehmen wir nun die Mittellinie von dort, um die Skizzen logisch miteinander zu verknüpfen:

- Blenden Sie über den FeatureManager die Skizze *Sk Prisma* ein.

> Hinweis: Falls die Skizze auch dann noch nicht zu sehen ist, toggeln Sie über *Ansicht, Ausblenden/Einblenden* die Anzeige der *Skizzen*. Dies gilt für alle Objekte.

Die Elemente der inaktiven Skizze werden in Grau angezeigt. Sie können sie zwar nicht editieren, wohl aber deren Fangpunkte nutzen:

- Zeichnen Sie neben die vertikale Mittellinie eine weitere. Achten Sie auf die Skizzenbeziehung *Vertikal*.
- Wählen Sie beide Linien und verknüpfen Sie sie durch die Beziehung *Kollinear* (Bild 2.17). Blenden Sie *Sk Prisma* dann wieder aus.

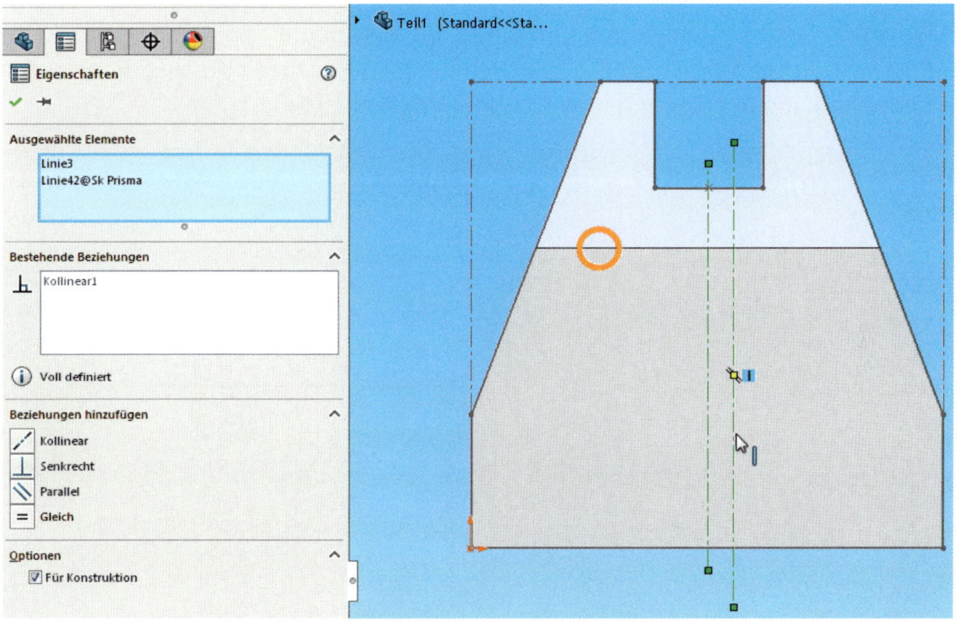

Bild 2.17: Festlegen der Mittellinie mit Hilfe einer anderen Skizze

Die Linie erscheint schwarz und ist festgelegt.

2.3.1.2 Skizzenbeziehung *Auf Kante*

- Klicken Sie jetzt die obere horizontale Kante des Bocks an (Bild 2.17, Kreis).

- Betätigen Sie *Elemente übernehmen* in der Symbolleiste *Skizze*. Die Kante wird in die Skizze kopiert und erscheint voll definiert. Sie kann nicht verschoben werden.

Wenn Sie sie anklicken, erscheint im PropertyManager die Skizzenbeziehung *Auf Kante*. Objekte mit dieser Beziehung sind exakte Doppel der Bezugselemente, sie werden nach Form, Lage und Länge nachgeführt, wenn jene geändert werden. Einziger Nachteil: Diese Verknüpfung kann nicht manuell wiederhergestellt oder einem Element nachträglich verliehen werden.

> Hinweis: Auf gleiche Weise hätten wir eben die Mittellinie übernehmen können. Das Doppel hätte dann nur noch *zur Konstruktion* deklariert werden müssen. Aber Sie sollen auf den Skizzenwerkzeugen Klavierspielen lernen.

Nun haben wir ein Kreuz aus Mittellinie und Kante in der Skizze - genug, um das Feature fertig zu stellen:

- Zeichnen Sie zwei Linien von der Kante zur Mittellinie und wieder zurück, so dass eine Art rechtwinkliges „V“ entsteht. Achten Sie auf *Deckungsgleichheit* der Endpunkte mit der Kante und der Mittellinie (Bild 2.18).

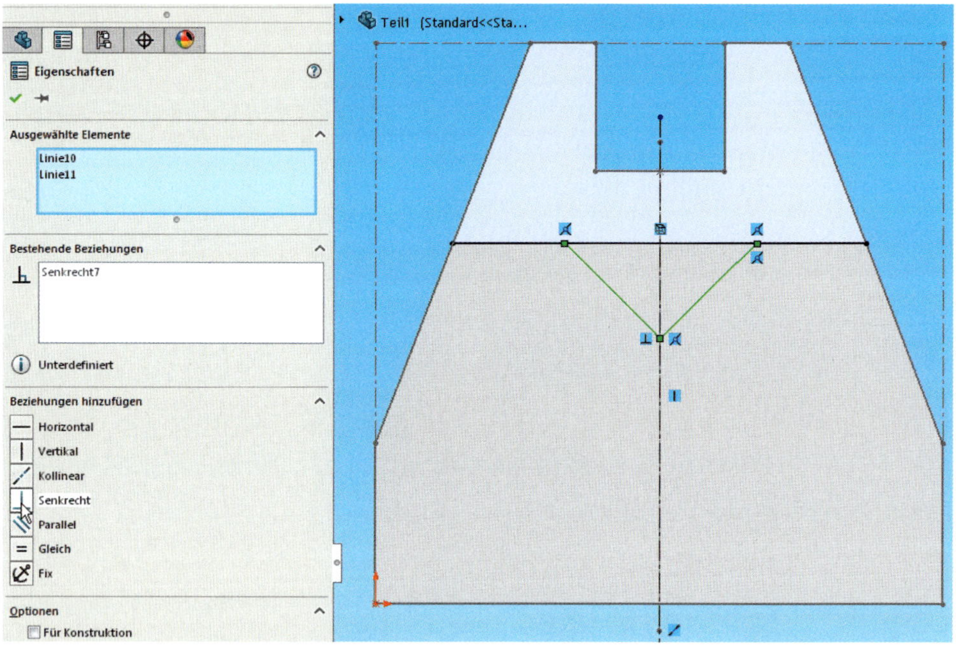

Bild 2.18: Zeichnen des V-Nutquerschnitts

2.3.1.3 Skizzenbeziehung *Senkrecht*

- Falls Sie die Polaren der Linienfunktion nicht nutzen, können Sie auch nachträglich die beiden Linien wählen und im *PropertyManager* die Skizzenbeziehung *Senkrecht* definieren.

2.3.2 Studienobjekt V-Nut

Interessant ist es, das Verhalten dieses Winkels zu beobachten:

- Wenn Sie einen Endpunkt verschieben, wird die Figur unter Einhaltung der Rechtwinkligkeit und der Endpunktverknüpfung gedreht – auch über das Ende der Bezugskante hinaus. Eine gestrichelte Kante deutet dies an (Bild 2.19).

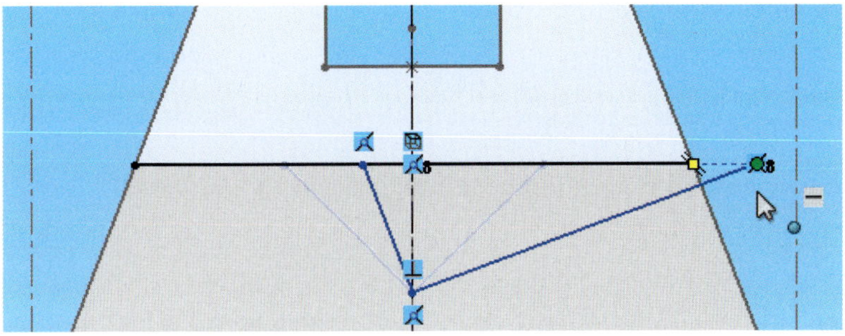

Bild 2.19: 2D-Projektion: Die Deckungsgleichheit wird auch auf Elemente angewandt, die eigentlich „zu kurz“ sind

Definieren Sie nun zwischen den Endpunkten des „V“ und der Mittellinie *Symmetrie.*

Auch jetzt lässt sich die Figur noch verschieben – Drehen ist allerdings nicht mehr möglich (Bild 2.20).

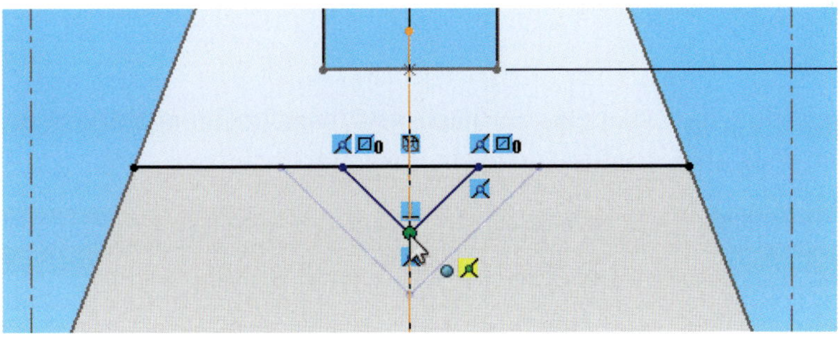

Bild 2.20: Die Symmetriebedingung schaltet die Drehung aus. Die Figur kann nur noch in Vertikalrichtung verändert werden

Um auch diese letzte „Fluchtmöglichkeit“ zu beseitigen, setzen Sie ein Vertikalmaß von **10** mm. Damit ist die Skizze voll definiert (Bild 2.21).

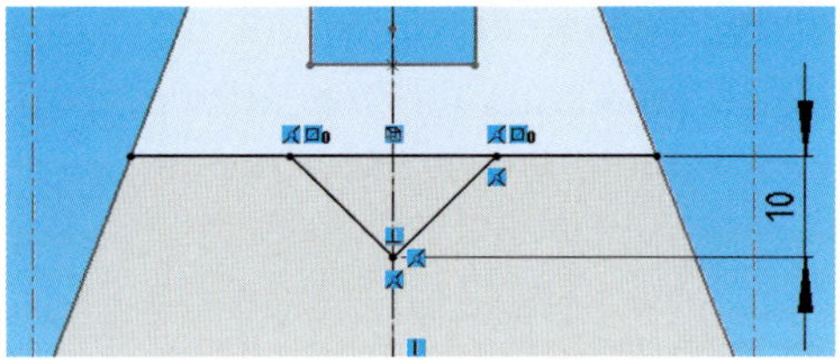

Bild 2.21: Rekord: Volle Definition durch ein einziges Maß!

2.3.2.1 Überstehende Enden stutzen

Die Kopie unserer Kante – eine Linie – steht an beiden Seiten weit über die V-Form hinaus – die Kontur ist also nicht geschlossen, was wir weiter oben als Grundbedingung eines Solid-Features erkannt hatten. Aber auch dafür bietet SolidWorks Lösungen:

- Aktivieren Sie in der Symbolleiste Skizze *Elemente trimmen* (gemeint ist „stutzen").
- Belassen Sie es bei der Defaulteinstellung *Intelligentes Trimmen*.

Sie haben damit zwei Möglichkeiten, eines oder mehrere überstehende Enden zu stutzen:

Sie „malen" mit dem Mauscursor über die zu stutzenden Enden hinweg (Klicken und Ziehen), wie es in Bild 2.22 dargestellt ist.

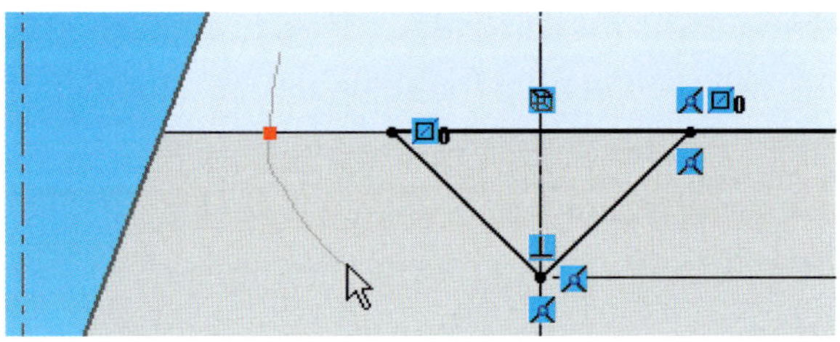

Bild 2.22: Stutzen durch Ziehen

SolidWorks stutzt das Objekt bis zur nächsten Überschneidung mit einem anderen Objekt und zeigt an der Schnittstelle eine rote Markierung an.

> **!** Achtung: Das Dumme an dieser Methode ist, dass auch die Mittellinie gestutzt wird, wenn Sie nicht aufpassen. Mit Strg+Z stellen Sie sie wieder her.

Die andere Möglichkeit ist die klassische. Sie gewährt Ihnen auch mehr Kontrolle über das Endergebnis:

- Machen Sie die Schnitte mit Strg+Z rückgängig. Wählen Sie dann die letzte Option, *Zu nächstem Element trimmen*.

- Zeigen Sie auf das zu stutzende Ende. SolidWorks unterlegt die gefundene Abteilung Orange (Bild 2.23).

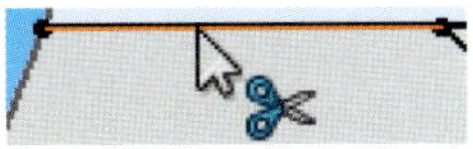

Bild 2.23: Vorschau des Trimmens zum nächsten Element

- Klicken Sie dann das zu stutzende Objekt an. Wiederholen Sie den Vorgang auf der rechten Seite. Das Ergebnis sollte Bild 2.24 entsprechen.

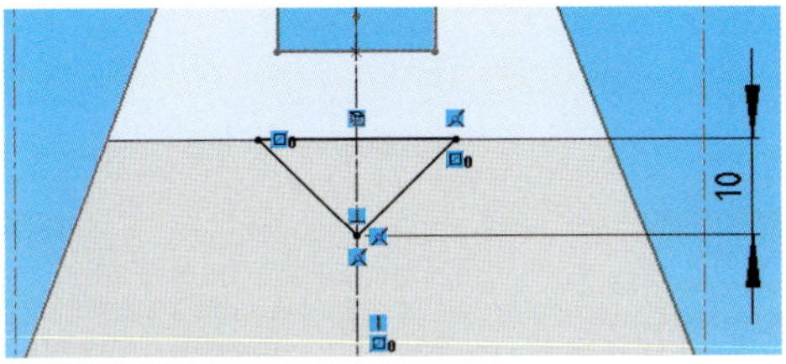

Bild 2.24: Stutzen gegen Objektgrenzen

Am Ende soll ein gleichschenkliges Dreieck übrig bleiben, die Skizze voll bestimmt sein.

- Beenden Sie die Skizze und nennen Sie sie **Sk Schnitt V-Nut**.
- Wechseln Sie in die *isometrische* Darstellung. Wählen Sie die Skizze und führen Sie einen weiteren *linear ausgetragenen Schnitt* in Bauteilrichtung mit der Endbedingung *Bis nächste* aus.

Ergebnis: Die V-Nut wird bis zur nächsten Fläche in den niedrigen Bock eingeschnitten (Bild 2.25).

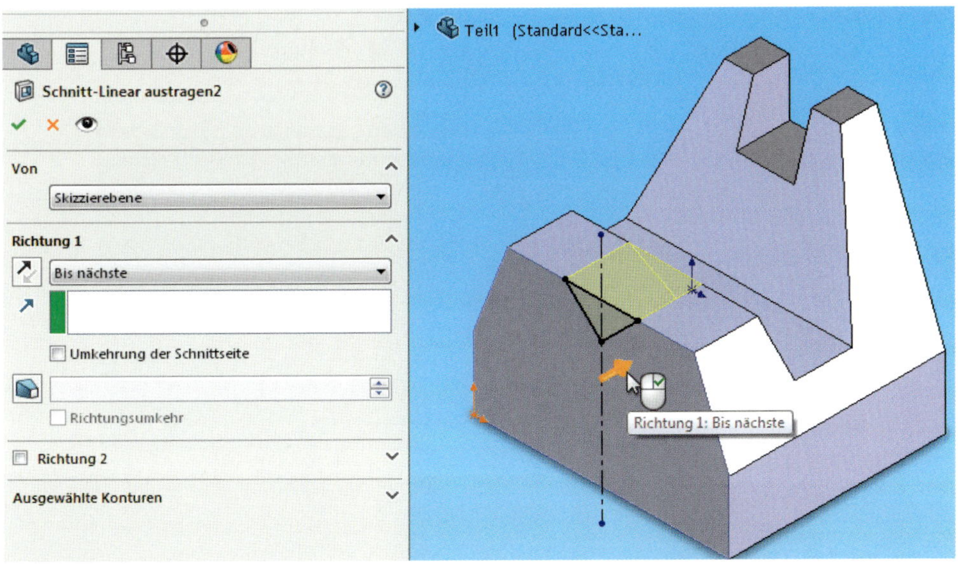

Bild 2.25: Mit dem Schnittfeature wird die V-Nut gefräst

- Nennen Sie das Feature **Schnitt V-Nut** und speichern Sie dann das Bauteil (Bild 2.26).

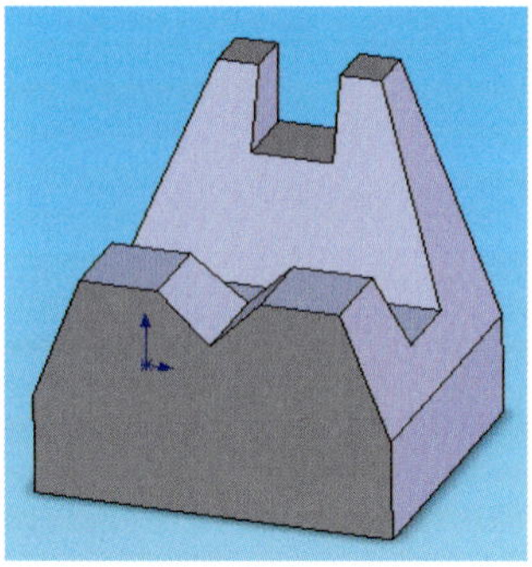

Bild 2.26: Das fertig geschnittene Bauteil

TIPP: Im Bild 2.25 sehen Sie auch eine weitere Möglichkeit, Feature-Operationen abzuschließen: mit der rechten Maustaste.

2.3.2.2 Endbedingung *Bis nächste*

Wir haben hier auf die Endbedingung *Durch alles* verzichtet, denn wir wollten ja nur den niedrigen Bock einkerben. Mit „nächste" ist die nächste Oberfläche gemeint, auf die das Schnittfeature stößt. Dabei ist allerdings die volle Abdeckung der Schnittskizze erforderlich.

- Wie das gemeint ist, erfahren Sie, indem Sie probehalber das Höhenmaß *10 mm* auf **16** mm erhöhen (Bild 2.27, s. a. folgender Abschnitt).

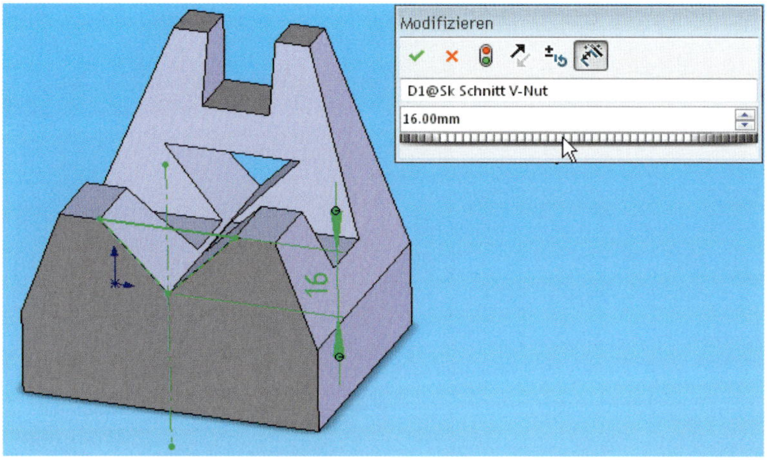

Bild 2.27: Die „nächste Fläche" muss die Skizze in Projektionsrichtung vollständig abdecken

- Bei dieser Gelegenheit können Sie mit dem „Stellrad“ und der Ampel im Dialogfeld *Modifizieren* experimentieren. Brechen Sie das Dialogfeld ab, so wird der alte Wert wiederhergestellt.

Stellen Sie die *Drehfeldinkremente* unter *Optionen, Systemoptionen* auf **1** mm bzw. **1°** ein. Das Stellrad und die Pfeilschaltflächen in SolidWorks reagieren künftig darauf.

2.3.3 Das Dialogfeld *Modifizieren*

Nun wird es Zeit, sich das viel benutzte Dialogfeld *Modifizieren* einmal näher anzusehen:

Dieser kleine Dialog dient der Änderung von Bemaßungen. Er bildet auch sonst eine Ausnahme: Während alle anderen Elemente im PropertyManager bearbeitet werden können, ist der Bemaßungswert nur über das Dialogfeld *Modifizieren* einzustellen, wenn Sie die Tabellen außer Acht lassen (Bild 2.28).

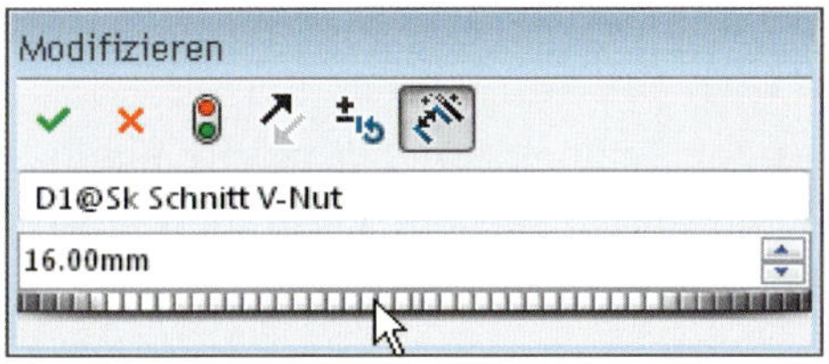

Bild 2.28: Das Dialogfeld *Modifizieren* ist in SolidWorks allgegenwärtig

- Sie können die Länge des Fensters ändern – dies ist sinnvoll, wenn Texte doch einmal zu lang sind.

In der oberen Reihe finden Sie die – umständlich und wortreich benannten – Schaltflächen

- *Speichern[...]* und *Wiederherstellen[...]*, die das Dialogfeld *mit* bzw. *ohne* Speicherung der Änderungen beenden, dann
- *Wiederaufbauen des Modells mit dem aktuellem Wert* – die provisorische Ampel,
- *Bemaßungsinhalt umkehren,* die eigentlich nur einen Vorzeichenwechsel des Zahlenwerts bewirkt,
- *Zurücksetzen des Drehfeldinkrementwerts,* die aber eigentlich eine kleine Dialogbox mit der **Einstellung** des Inkrementwerts aufruft, sowie
- *Bemaßung, die in eine Zeichnung importiert werden soll, markieren.* Diese Toggle-Schaltfläche bewirkt, falls gedrückt, den Import der betreffenden Bemaßung in die Zeichnungsableitung.
- Darunter finden Sie das Eingabefeld für Variablen- oder Parameter-**Namen**, denn auch die Parameter selbst können anständig benannt werden. Wir werden diese Möglichkeit bei der Tabellenfunktion in Kapitel 6 nutzen.

- Das Eingabefeld darunter kennen Sie bereits, es ist der Eingabe des Variablen- oder Parameter-**Wertes** vorbehalten.
- Es wird durch ein Stellrad namens *Abstand*, zwei Pfeilschaltflächen und ein Auswahlmenü für die Maßeinheit ergänzt.

> Hinweis: Hier können noch weitere Bedienelemente erscheinen, etwa die Konfigurationssteuerung, die Sie ebenfalls in Kapitel 6 kennenlernen.

2.4 Skizzenorientiert: Ein Sockel

Fügen wir dem Bauteil noch eine Grundplatte hinzu. Die soll stets symmetrisch zum Grundriss liegen, und wir nutzen die Gelegenheit, das oben erwähnte Prinzip der Beziehung auf Skizzen- statt Körperelemente auszutesten. Hierzu benötigen wir die Mittellinien der beiden Skizzen *Sk Prisma* und *Sk Schnitt Quer*. Zudem gibt es noch eine kleine Vorarbeit:

- Öffnen Sie *Sk Schnitt Quer* zur Bearbeitung.
- Wählen Sie *Punkt* aus der Symbolleiste *Skizze* und fügen Sie einen Punkt an der Überschneidung der Mittellinie mit der unteren Waagerechten ein, rechts vom Skizzenursprung (Bild 2.29).

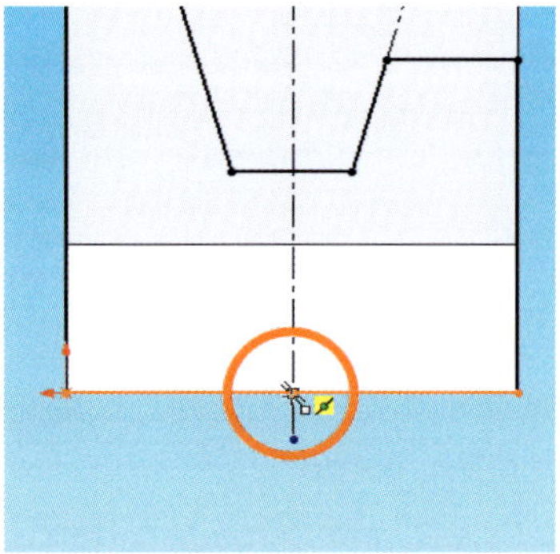

Bild 2.29: Ein Punkt markiert den Schnittpunkt der Mittellinie mit der Grundlinie

2.4.1 Skizzenbeziehung *Schnittpunkt*

Als Fangpunkt wird uns leider nur der Mittelpunkt der Körperkante angeboten. Wir jedoch wollten ja nur noch **Skizzenelemente** wählen.

- Die Definition verwerfen Sie, indem Sie den Punktmodus beenden, den Punkt anklicken und im PropertyManager die Skizzenbeziehung *Mittelpunkt* löschen (Bild 2.30).

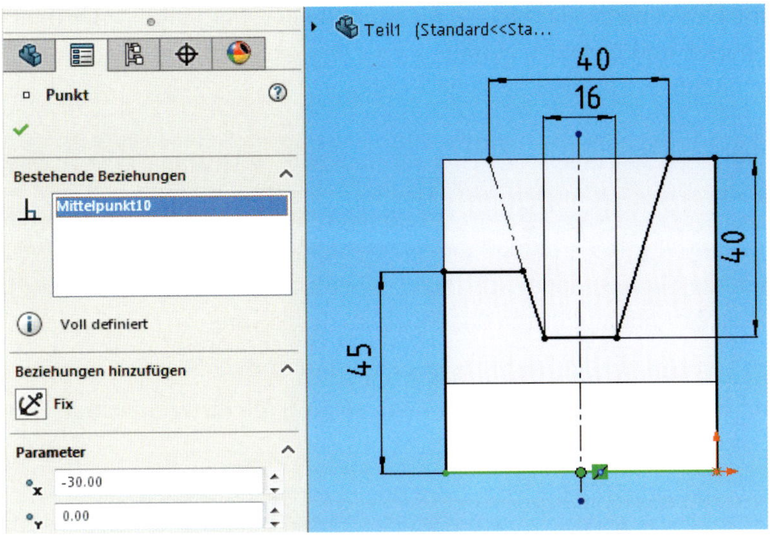

Bild 2.30: Entfernen einer Beziehung

- Der Punkt selbst ist noch gewählt. Markieren Sie zusätzlich die Mittellinie und die Waagerechte, kontrollieren Sie diese **drei** Elemente über das Auswahlfeld – **nur Linien**, keine Kanten dürfen gewählt sein! –, so wird im PropertyManager die Skizzenbeziehung *Schnittpunkt* angeboten. Aktivieren Sie sie (Bild 2.31).

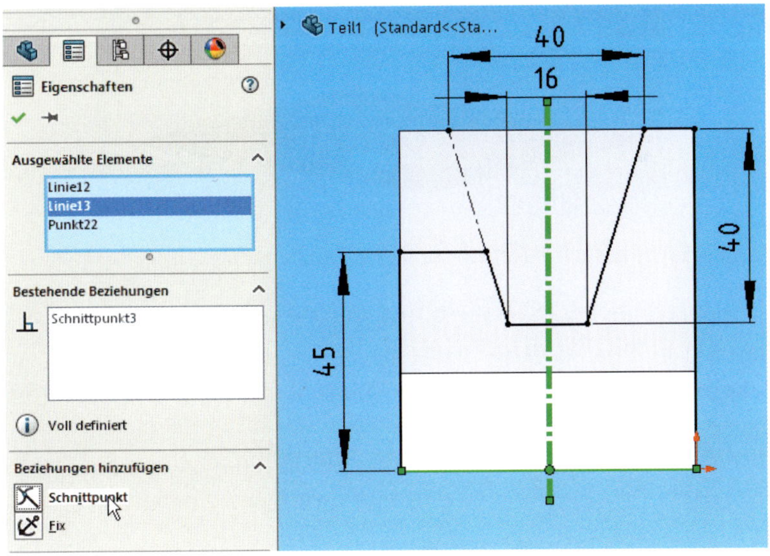

Bild 2.31: Setzen eines Skizzenpunktes als Referenz für weitere Skizzenbeziehungen. Auch die Skizzenbeziehung *Schnittpunkt* erwartet drei Elemente, genau wie *Symmetrie*

- Sollte auch dies nicht klappen, so blenden Sie den Volumenkörper über den FeatureManager und das Kontextmenü von *Prisma* vorübergehend aus: Jetzt **können** *Sie* nur noch Skizzenelemente wählen!

TIPP: Wenn Sie probehalber den Punkt **neben** dem Schnittpunkt platzieren, so können Sie die Wirkung von *Schnittpunkt* studieren.

Sie können die Skizze wieder schließen. Die Skizze des Prismas enthält ja bereits einen Punkt: Er entstand durch das Spiegeln der Skizze.

- Blenden Sie nun die beiden Skizzen *Sk Prisma* und *Sk Schnitt Quer* ein.
- Drehen Sie das Modell in die Untersicht, so dass Sie die rechteckige Grundfläche sehen. Aktivieren Sie sie (Bild 2.32).

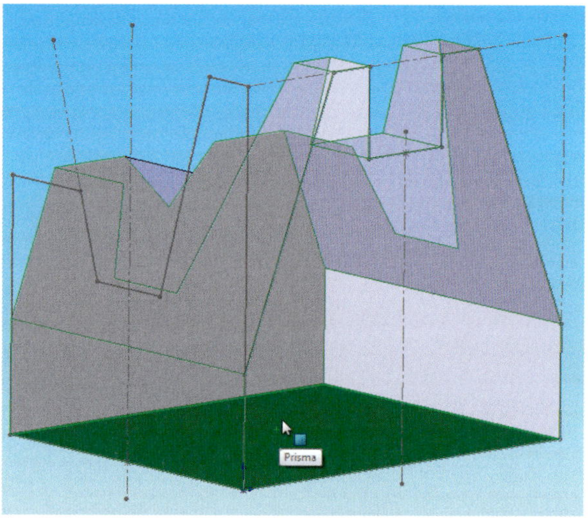

Bild 2.32: Eine Skizze auf der negativen Seite der XZ-Ebene

- Fügen Sie dort eine *neue Skizze* ein und wechseln Sie in deren Draufsicht.
- Zeichnen Sie je eine *vertikale* und eine *horizontale* Mittellinie ein. Achten Sie darauf, **keine anderen** automatischen Skizzenbeziehungen zu generieren.

TIPP: Sie können einen Befehl mit **1x** Eingabe beenden und mit **2x** Eingabe neu starten. Die Linienfunktion indessen ist ein Makro. Die beenden Sie durch **2x** Eingabe – unterm Strich also **3x** Eingabe. Zählen Sie besser mit.

- Wählen Sie dann die vertikale Linie und den Punkt von *Sk Prisma* und verknüpfen Sie sie *deckungsgleich*. Verfahren Sie entsprechend mit der Horizontalen und *Sk Schnitt Quer* (Bild 2.33, Kreise).

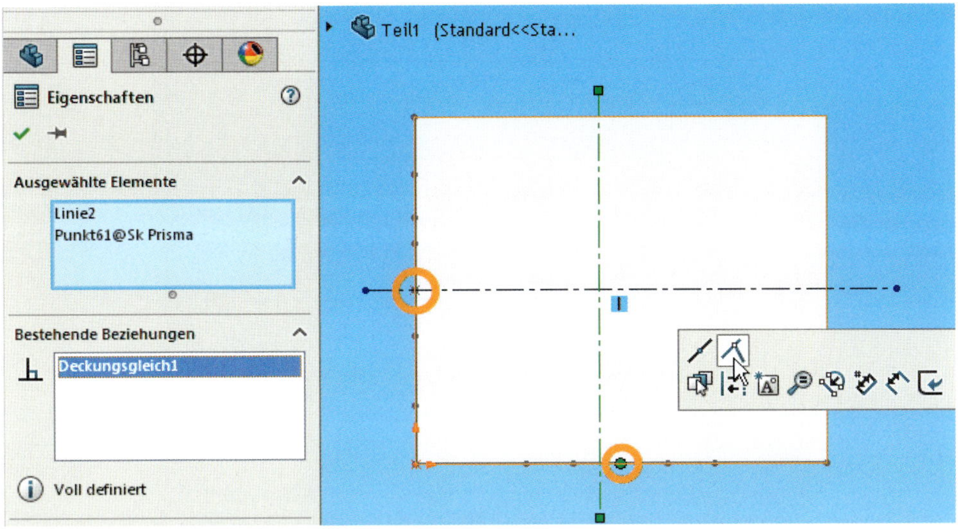

Bild 2.33: Das Fundament der neuen Skizze basiert auf den beiden vorhandenen. Auch die Ursprünge sind identisch

Somit haben wir den Mittelpunkt der neuen Kontur abhängig von bestehenden Skizzen definiert. Auf diese Art umgehen wir Beziehungen zur Geometrie des Volumenkörpers, also Ecken, Kanten und Flächen. Wir werden im weiteren Verlauf immer wieder sehen, was der Grund für diese Vorsichtsmaßnahme ist.

Hinweis: Sie haben sicher schon bemerkt, wozu die zusätzlichen Punkte gut sind: Mit den anderen Elementen der inaktiven Skizzen können Sie keine Schnittpunktbeziehung erzeugen.

- Ziehen Sie nun ein *Rechteck* außen um die Grundfläche herum (Bild 2.34).
- Definieren Sie *Symmetrie* für die zwei Horizontalen des Rechtecks und die waagerechte Mittellinie.
- Verfahren Sie entsprechend mit den Vertikalen.

Hinweis: Sie bemerken, dass die Länge der Symmetrielinien im Modellierstadium belanglos ist, etwa, ob sie über die bezogenen Elemente hinausragen oder nicht. Erst bei der Zeichnungsableitung wird dies interessant.

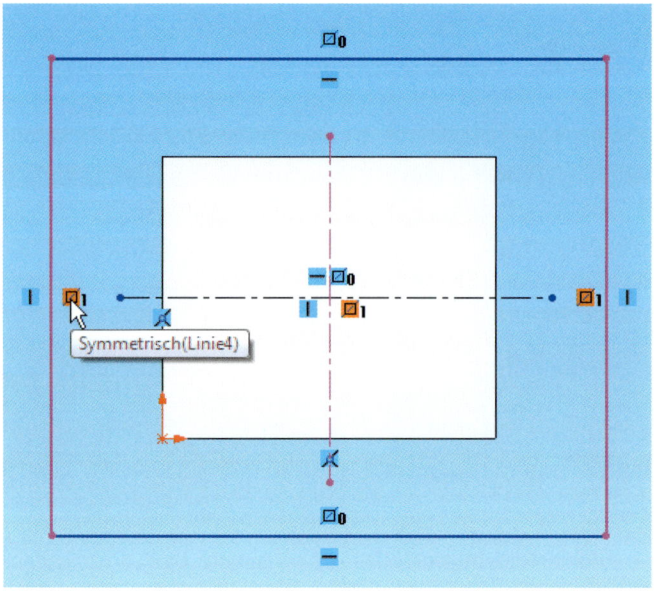

Bild 2.34: Die Rechteckseiten werden paarweise symmetrisch zur Mitte definiert

Damit ist das Rechteck auf der Grundfläche zentriert. Jetzt fehlen nur noch zwei Maße:

- Bemaßen Sie die Horizontale mit **90** mm und die Vertikale mit **70** mm (Bild 2.35).

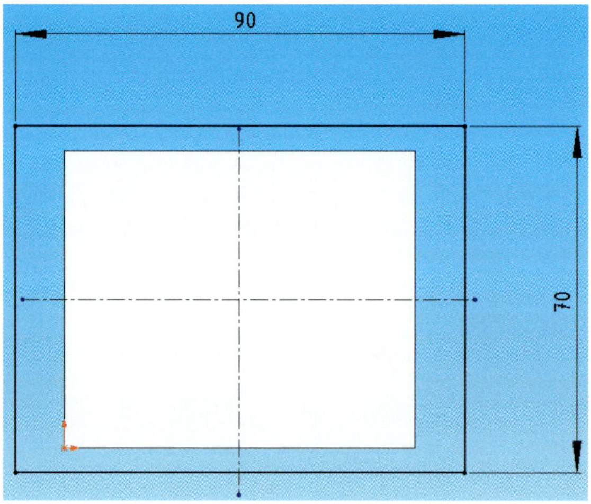

Bild 2.35: Segen der Skizzenbeziehung: Zwei Maße genügen zur vollständigen Definition

- Damit ist auch diese Skizze definiert. Nennen Sie sie **Sk Grundplatte**. Blenden Sie die beiden inaktiven Skizzen wieder aus.

2.4.2 Die Normale von „Normal auf“

- Wenn Sie diese Skizze nun mit einem *Linear ausgetragenen Aufsatz* erheben, so befindet sich dieser auf der falschen Seite: Er zeigt nach unten. Die Höhe soll jedoch nicht verändert werden.

Dies liegt an der Ausrichtung der Skizze. Wir hatten ja beim Erstellen von unten gegen das Modell geblickt. Diese Richtung – der Normalenvektor der Schaltfläche *Normal auf* – wird als Blick von der positiven Seite aus gewertet. Die Lösung ist die gleiche wie vorhin beim *Schnitt Quer:*

- Aktivieren Sie im PropertyManager die Schaltfläche *Richtung umkehren*, links neben dem Listenfeld *Endbedingung* (Bild 2.36).

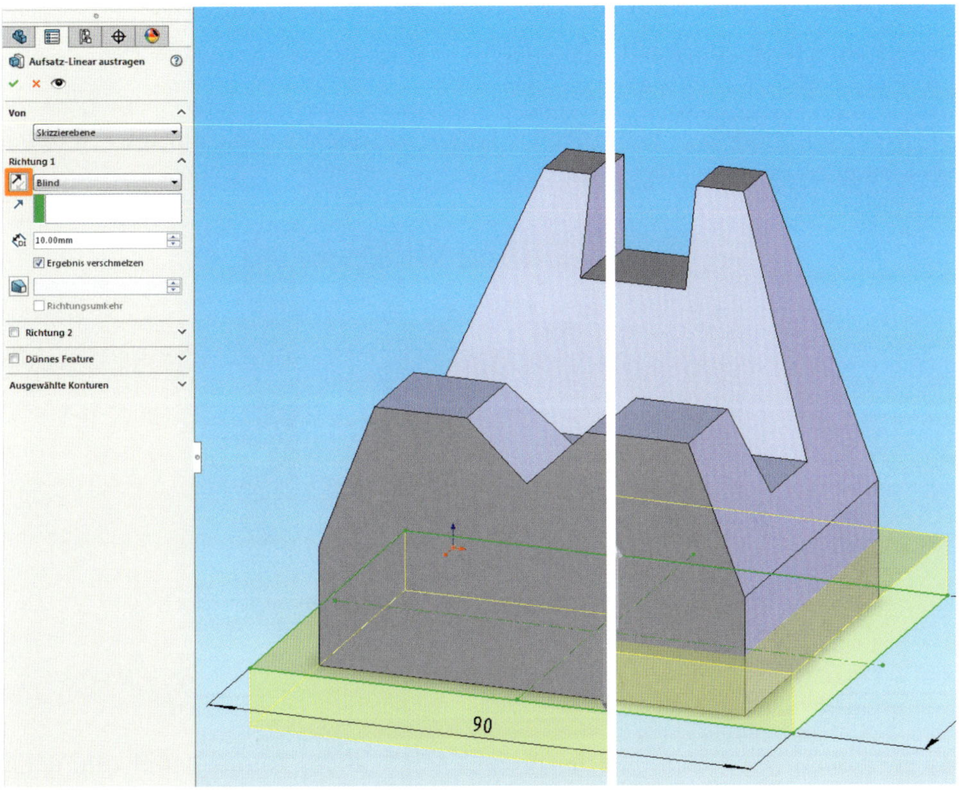

Bild 2.36: Die Erstellungsrichtung kann bei allen Features beeinflusst werden

Alternativ dazu können Sie auch am dicken Pfeil im Editor ziehen. Ein Fähnchen zeigt den aktuellen Längenwert an.

- Stellen Sie die *Endbedingung* auf *Blind* und die *Tiefe* auf **10** mm ein.
- Nennen Sie das Feature **Grundplatte**.

2.4.3 Features miteinander verschmelzen

Außerdem sehen Sie in der Abbildung noch ein Optionsfeld, das erst dann erscheint, wenn sich mehrere Aufsätze im Modell befinden: die Option *Ergebnis verschmelzen*. Hierdurch werden auch nicht zusammenhängende Volumina als ein einziger Körper behandelt.

- Aktivieren Sie *Ergebnis verschmelzen*.

Der Hintergrund dieser Einstellung ist die Möglichkeit, mehrere Bauteile in einer Bauteildatei zu erstellen, eine Neuerung, die als **Mehrkörperbauteil** in SolidWorks 2004 eingeführt wurde.

2.4.4 Intelligent bemaßen

Betrachten wir unser Bauteil von oben, so erweist sich der Saum der Grundplatte rund ums „Häuschen" als unregelmäßig:

Die Breite differiert mit (90-70)/2 oder 10 mm von der Höhe, die nur mit (70-60)/2 oder 5 mm zu Buche schlägt (Bild 2.37).

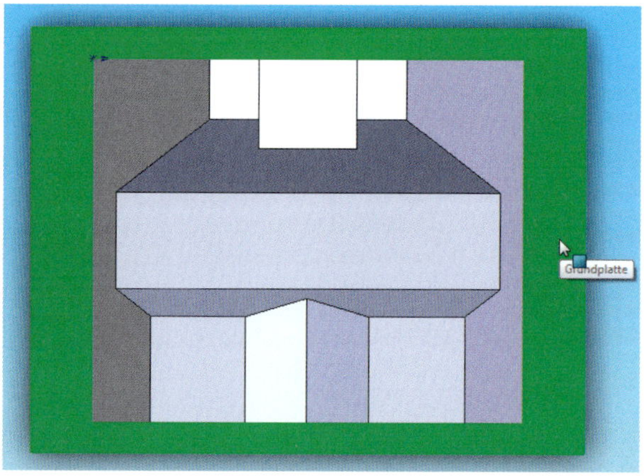

Bild 2.37: Ums Dorf: Weil die Maße der Grundplatte unabhängig von denjenigen des Prismas definiert wurden, ist der Abgleich der Saumbreiten mit Kopfrechnen verbunden

Angenommen, wir wollen gleiche Breite und Höhe des Saums definieren, dann müssen wir die Maße zunächst etwas handlicher machen. Um statt der Seitenbreite nur die Saumbreite zu definieren, verfahren Sie folgendermaßen:

Öffnen Sie *Sk Grundplatte*. Löschen Sie die beiden Maße einfach durch Anklicken und Entf.

- Erstellen Sie zwei neue Maße, die jeweils vom **Ursprung** der Skizze – nicht von einer Körperkante! – zur nächstgelegenen Seite führen. Zur Not können Sie den Volumenkörper ausblenden (Bild 2.38).

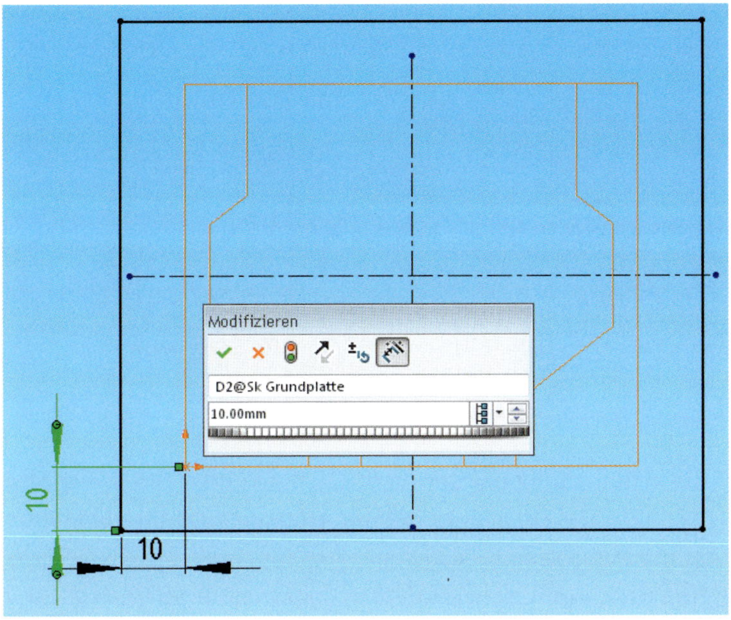

Bild 2.38: Skizzenbeziehungen sind von der Bemaßung unabhängig. Daher wird das Rechteck auch bei dieser Variante *symmetrisch* verbreitert

Damit erhalten Sie die Maße *10 mm* für die Breite und *5 mm* für die Höhe sozusagen im Klartext. Sonst hat sich nichts geändert, denn die Skizzenbeziehungen bleiben von der Art der Bemaßung unbeeinflusst.

- Ändern Sie nun das Vertikalmaß *5* mm in **10** mm.

Ergebnis: Die Höhe der Skizze wird symmetrisch geändert.

2.4.5 Werte verknüpfen

Der Saum ist nun allseitig gleich breit – und er soll es auch bleiben. Doch wir haben dann das Problem zweier unabhängiger Werte. SolidWorks bietet die Möglichkeit, Maße miteinander zu verknüpfen:

- Ein Rechtsklick über dem Breitenmaß bietet im Kontextmenü den Punkt *Werte verknüpfen*. Betätigen Sie ihn. Das Dialogfeld *Gemeinsame Werte* erscheint (Bild 2.39).
- Das Listenmenü *Name* ist noch leer. Tragen Sie hier **Breite** ein und bestätigen Sie.

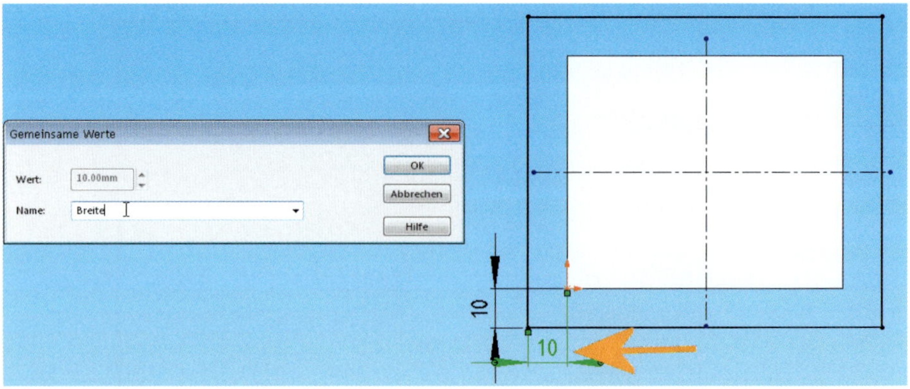

Bild 2.39: Bemaßungen sind Variable – sie haben nicht nur Werte, sondern auch Namen!

Damit wird diese Bemaßung mit der intrinsisch neu erschaffenen **Globalen Variable** *Breite* verknüpft. Das Gleiche ziehen Sie jetzt auch für die Höhe durch:

- Wählen Sie über das Kontextmenü des Höhenmaßes wiederum *Werte verknüpfen*. Auch hier erscheint das Dialogfeld *Gemeinsame Werte* (Bild 2.40).

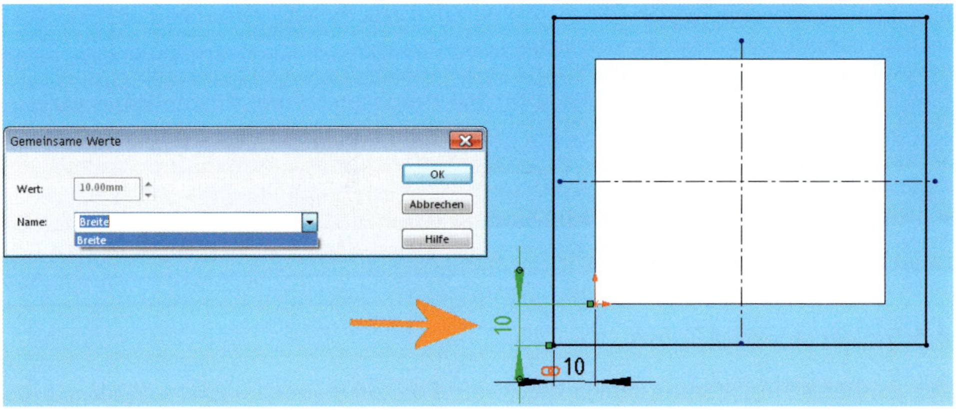

Bild 2.40: Die Denkart von SolidWorks: zwei Werte werden verknüpft, indem man sie mit dem gleichen Namen versieht

- Wählen Sie aus dem Listenfeld *Name* den einzigen Punkt *Breite* und bestätigen Sie.

Die beiden Bemaßungen zeigen jetzt ein Verknüpfungssymbol in Form zweier Ringe oder eines Kettengliedes an.

- Dieses Symbol finden Sie auch im Dialogfeld *Modifizieren*, wenn Sie einen Doppelklick auf eine der Bemaßungen ausführen. Ein Klick auf das Symbol, und statt des Wertes wird nur der Name angezeigt (Bild 2.41).
- Den Effekt dieser Operation finden Sie heraus, indem Sie probehalber eine der beiden Zahlen ändern.

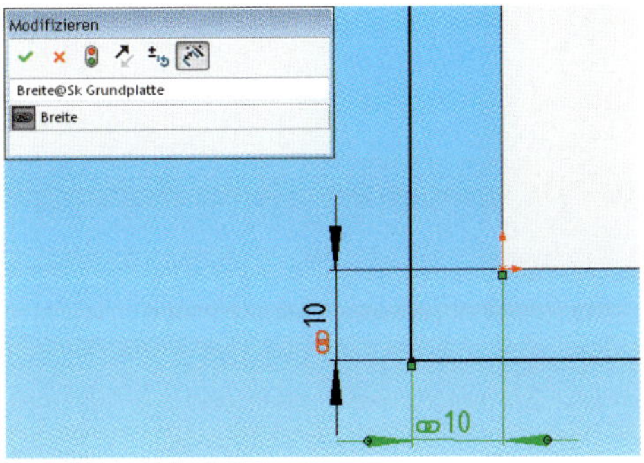

Bild 2.41: Statt eines Maßwertes lassen sich auch Variable und (später!) Gleichungen verwenden

Das Schöne an dieser Methode der **Automation** – es gibt noch weitere! – ist, dass die verknüpften Maße gleichberechtigt sind: Sie können weiterhin jedes von ihnen bearbeiten. Die anderen passen sich dann automatisch an.

Unterdessen ist im FeatureManager eine neue Kategorie hinzugekommen: die *Gleichungen* mit einer neuen *Globalen Variablen* – daher die Erdkugel – namens *Breite* (Bild 2.42).

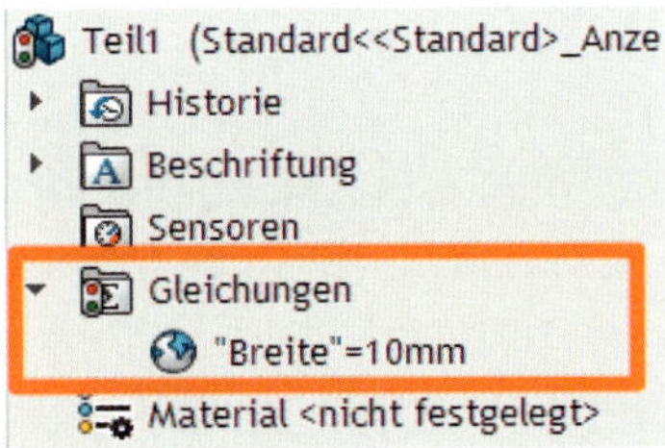

Bild 2.42: Globale Variable werden unter der Rubrik *Gleichungen* geführt. Dort werden sie auch bearbeitet

2.4.6 Verknüpfungen aufheben

Eine Sache haben wir die ganze Zeit über vernachlässigt: Es ist das Kontextmenü, das stets die wichtigsten Optionen der aktiven Funktion anbietet. Es ist Ihr Anlaufpunkt, wenn Ihnen der mitunter lange Pfad zu einem Befehl einmal entfallen sollte:

- Wenn Sie beispielsweise über einem verknüpften Maß rechtsklicken, so erscheint die Option *Verknüpfung von Wert aufheben* auch dort (Bild 2.43).

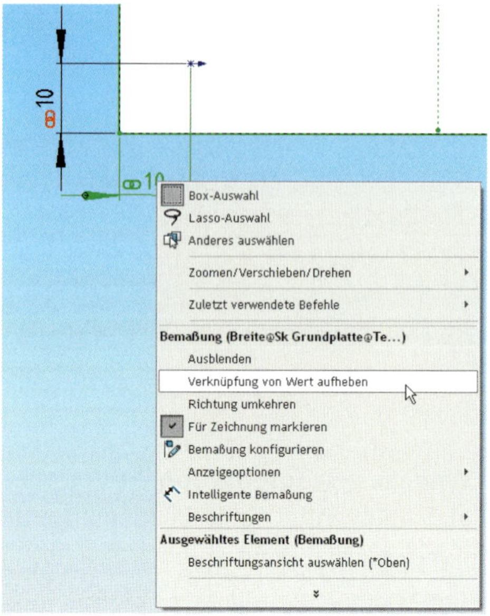

Bild 2.43: Das Kontextmenü erspart die ergebnisarme Suche nach dem Verknüpfungsaufhebungsbefehl

Testen Sie das Kontextmenü nur gründlich aus. Es ist meist sogar nach Sparten geordnet:

- Wenn Sie das Kontextmenü über einer Modellfläche aufrufen, finden Sie neben den Standards *(Anderes) auswählen,* der Ansichtssteuerung und den *zuletzt verwendeten Befehlen* die Haupteinträge *Fläche, Feature, Körper.* Hierunter befinden sich die wesentlichen Funktionen dieser Objekte.

Wenn Sie wollen, können Sie von hier aus direkt eine neue Skizze auf der Fläche einfügen, die Skizze und das Feature der Fläche bearbeiten oder auch unterdrücken oder schließlich den gesamten Modellkörper editieren.

Besonders beim Skizzieren finden Sie hier nützliche Optionen beispielsweise das Beenden der aktuellen Funktion *(Auswählen)* – ich meine, natürlich nur, falls Sie vergessen haben, dass so etwas allgemein mit der Escape- oder der Eingabe-Taste gemacht wird.

TIPP: Ein Blick ins Kontextmenü lohnt sich in beinahe jeder Lebenslage.
Entschuldigung.
In **jeder** Lebenslage!

2.4.7 Bemaßung = Variable (= Parameter)

Im letzten Abschnitt hatten wir der Höhe und der Breite von *Sk Grundplatte* einen Namen gegeben …

Haben Sie gesehen? Schon falsch.

Wir haben ihn bloß **geändert**, er war schon vorhanden, von Anfang an. Denn in SolidWorks hat **jede** Bemaßung – und übrigens auch jede Skizzenbeziehung – einen Namen. Davon können Sie sich leicht überzeugen,

- indem Sie im Menü *Ansicht, Elemente ausblenden/einblenden, Bemaßungsnamen* aktivieren.
- Klappen Sie dann eines der Features im PropertyManager auf und doppelklicken Sie auf die Skizze. Außer dem Wert steht da jetzt auch ein Name, meist *D1, D2, D3* usw., nur die Abmaße der Grundplatte heißen beide *Breite*. (Bild 2.44).

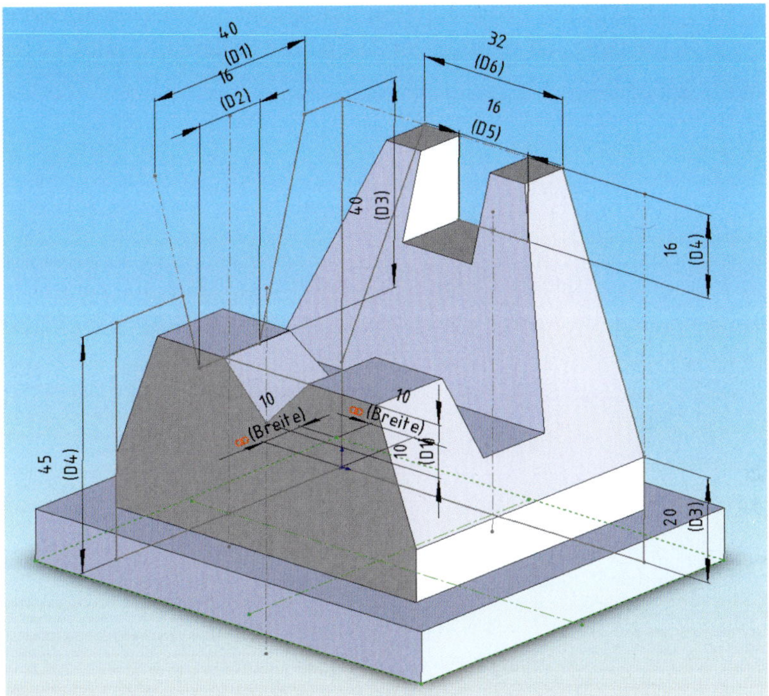

Bild 2.44: Überraschung: In SolidWorks hat jede Bemaßung einen Namen. Dadurch wird sie zur Variablen – ein winziges Detail von ungeahnter Reichweite!

Hinweis: Später sehen Sie, dass Bemaßungen nicht nur Name und Adresse, sondern sogar e-Mail haben: *D1@Sk Schnitt Quer*. Den Sinn davon erfahren Sie in Kapitel 6.

Diese Eigenschaft der MCAD-Bemaßungen, nämlich, einen Wert mit einem Namen zu verknüpfen, macht sie zu **Variablen** – ein völlig anderes Konzept als in 2D-Zeichnungen! Denn wenn ein Wert einen eindeutigen Namen hat, so kann man diesen benutzen, um den Wert an anderer Stelle „anzusprechen", was wir als **Referenzieren** bezeichnen.

Wenn Sie aber die Maßwerte in SolidWorks referenzieren können, so wie Sie es gerade beim Bemaßen der Sockelplatte getan haben, so können Sie damit auch algebraische Gleichungen aufstellen.

Sie kennen noch den Pythagoras: $a^2 + b^2 = c^2$, oder auf SolidWorks: *Mach' die Höhe so groß wie die Breite*, oder auch: *Die Höhe der Rechtecknut in* Sk Prisma *sei gleich der Breite von* Sk Schnitt Quer *durch den Sinus des Winkels der Schrägen in Radiant plus zwo Pi mal, Klammer auf, die Tiefe* von Sk V-Nut *geteilt durchs heutige Datum plus 19 % Märchensteuer. Klammer zu.*

Steuerung und Automation von Modellen, Baugruppen und Zeichnungen kennen damit absolut keine Grenzen mehr. Aber das ist ein anderes Kapitel.

(Wie gesagt: Kapitel Sechs.)

3 Das Einmaleins der Rotation

Neben der Extrusion und dem extrudierten Schnitt zur Erzeugung prismatischer Objekte und Schnitte kennen wir auch ein Basisverfahren zur Erzeugung von Drehteilen: die **Rotation**. Hierzu erzeugen wir einen Halbquerschnitt, den wir um eine Mittellinie rotieren, womit wir sein Volumen umschreiben.

Wir werden von hier an Stück für Stück eine Schleifspindel für Werkzeugmaschinen konstruieren. Sie wird aus zwölf einzelnen Teilen – ergo Bauteildateien – bestehen, von denen die meisten für die Drehbank bestimmt sind – ideale Kandidaten also für das Rotationsverfahren. Die Teile sind nach steigendem Schwierigkeitsgrad geordnet.

3.1 Eine Dokumentvorlage für Bauteile

Sie haben gelernt, dass es in der Dialogbox *Optionen* Einstellungen gibt, die **systemweit** und für alle Zeiten gelten, aber auch solche, die nur fürs aktuelle **Dokument** gültig sind. Um diese Dokument-Einstellungen für Ihre Bauteile nicht ständig wiederholen zu müssen, erstellen wir rasch eine Dokumentvorlage, die Sie dann für alle zukünftigen Bauteile nutzen:

- Öffnen Sie ein neues *Teil* und speichern es unter dem **Dateityp** *Part Templates (*.prtdot),* so wechselt SolidWorks automatisch ins Vorlagen-Verzeichnis. Nennen Sie die Vorlage TEIL BUCH und bestätigen Sie (Bild 3.1).

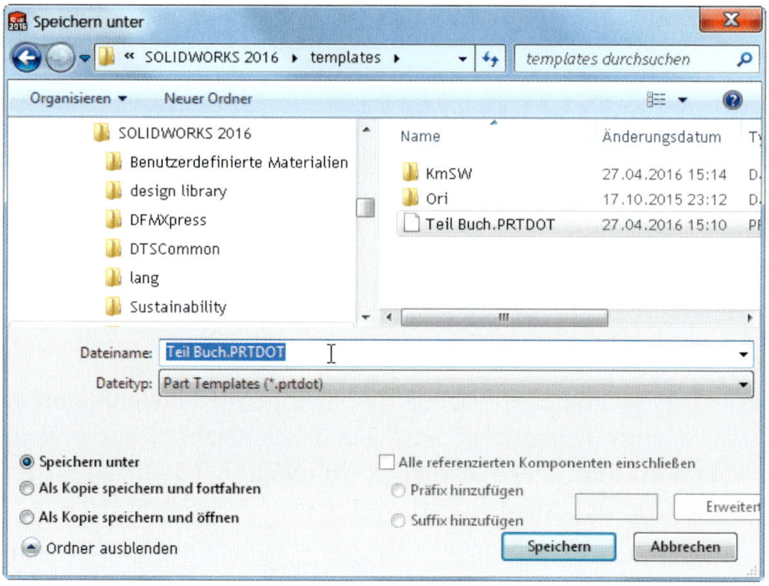

Bild 3.1: Fünf Minuten Arbeit ersparen endlose Besuche bei der Dialogbox *Optionen*

Die Vorlage wird geöffnet. Sie sieht aus wie jedes normale Bauteil. Sie könnten hier also auch beliebige Geometrie hinterlegen, etwa Mittellinien für Rotationsteile.

- Öffnen Sie die Dialogbox *Optionen*. Wechseln Sie zur Registerkarte *Dokumenteigenschaften*.
- Wählen Sie unter der Rubrik *Entwurfsnorm DIN*. Dadurch werden beispielsweise die Einheiten und die Toleranzen aufs korrekte Format umgeschaltet.
- Wenn Sie die Normschrift ISOCPEUR.TTF besitzen oder über *Google* gefunden und in Windows installiert haben, so setzen Sie sie jeweils bei den Unterpunkten *Beschriftungen*, *Bemaßungen*, *Tabellen* und *Detaillierung* ein (Bild 3.2).

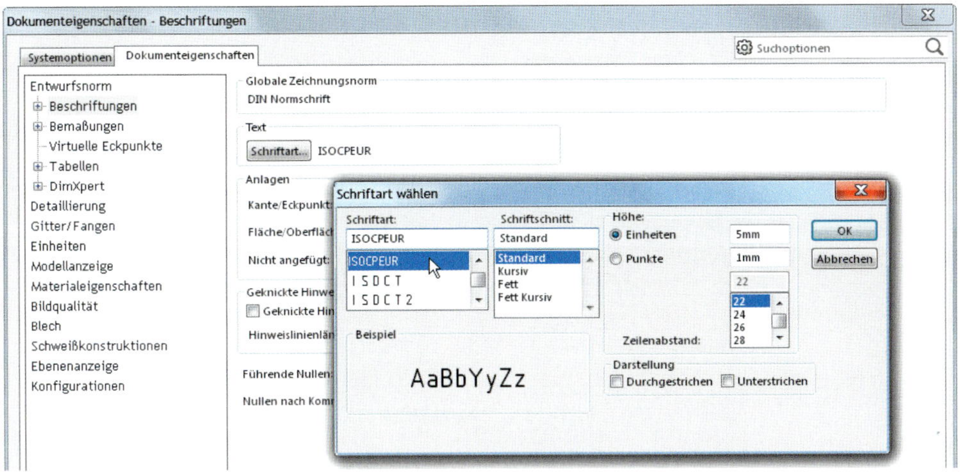

Bild 3.2: Die Schriftart-Dialogbox in SolidWorks lässt sich nach Millimetern einstellen

Dies wird zwar erst im Zeichnungskapitel richtig interessant, aber der Font unter *Bemaßungen* ist der gleiche, den Sie auch in den Skizzen sehen.

- Bei den *Virtuellen Eckpunkten* stellen Sie das *Pluszeichen* oder den *Stern* ein (Bild 3.3).

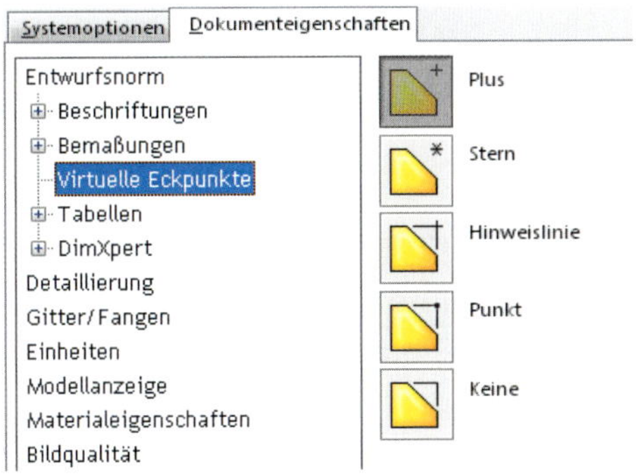

Bild 3.3: Die Scheitelpunkt-Symbole werden bei bemaßten, verrundeten Ecken in der Skizze angezeigt

- Unter *Gitter/Fangen* stellen Sie wieder **100, 10, 10** ein.
- Die Rubrik Einheiten beherbergt die Maßeinheiten, die Sie für *Längen, Alternativlängen, Winkel, Massen* und *Zeiten* benutzen. Stellen Sie *Millimeter, Grad, Gramm* und *Sekunde* ein und setzen Sie die Zahl der *Nachkommastellen* jeweils auf die Einstellungen nach Bild 3.4.

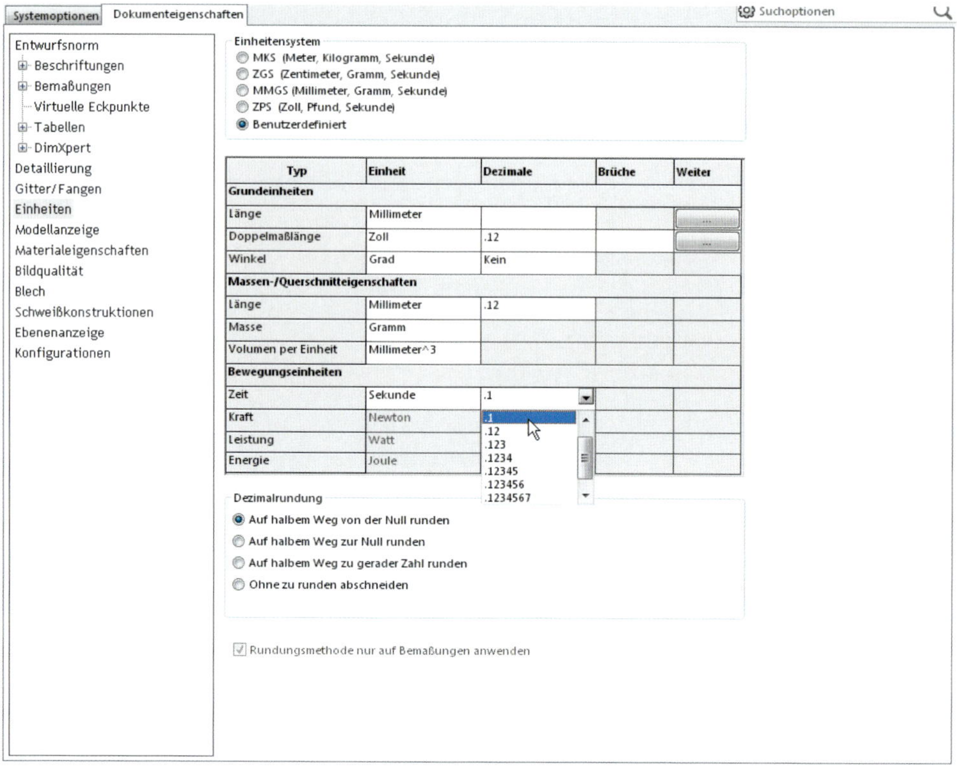

Bild 3.4: Konfiguration der Maßeinheiten

- Stellen Sie die Dezimalrundung auf die erste Option ein. Somit wird bis zur Ziffer 5 abgerundet, sonst aufgerundet.
- Beenden Sie dann die Optionen und *speichern* Sie die Vorlage.

Nun bleibt noch, diese Vorlage als Standard für jedes neue Bauteil einzusetzen:

- Öffnen Sie nochmals die *Optionen* und wechseln Sie unter den *Systemoptionen* zur Rubrik *Standardvorlagen* (Bild 3.5).
- Klicken Sie hinter dem Editierfeld *Teile* auf die Pfad-Schaltfläche – die mit den drei Punkten – und wählen Sie hier die Vorlage *Teil Buch*. Bestätigen Sie beide Dialogboxen mit *OK*.

Damit wird jedes Mal, wenn Sie in der Dialogbox *Neues SolidWorks-Dokument* auf *Teil* klicken, die Vorlage TEIL BUCH.PRTDOT geladen.

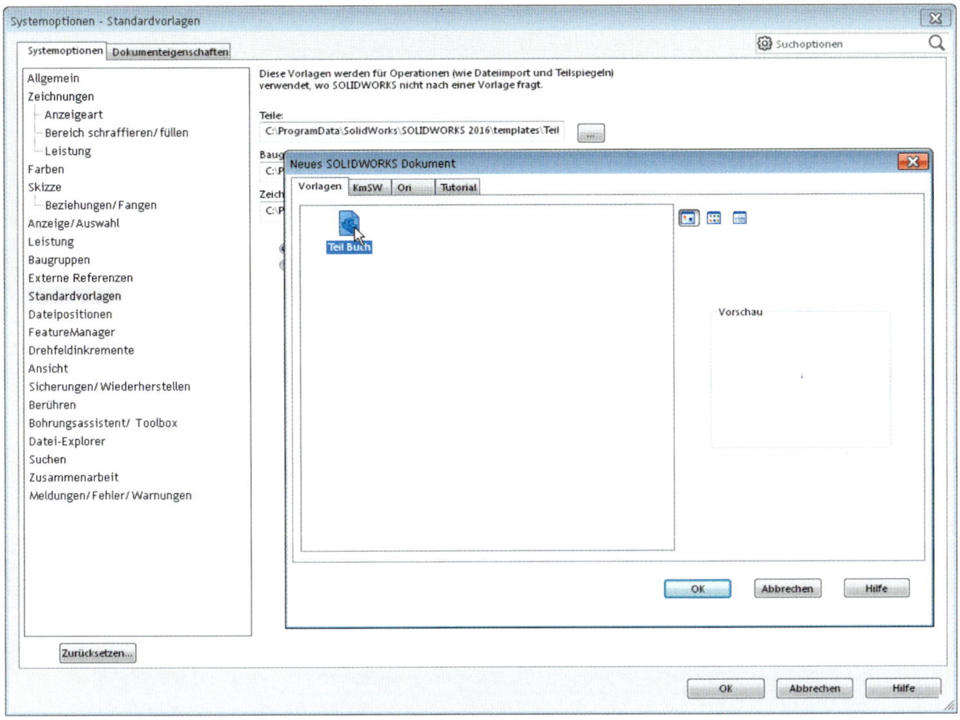

Bild 3.5: Einstellung der Standardvorlage für Bauteile

> **!** Achtung: Wenn Sie das nächste Bauteil speichern, achten Sie auf das Verzeichnis – es könnte immer noch das Vorlagenverzeichnis sein! Leider gibt es kein Standardverzeichnis für Teile, Baugruppen und Zeichnungen in SolidWorks. So traurig das klingt.

3.2 Die Schleifscheibe

Beginnen wir mit dem einfachsten Teil, der Schleifscheibe:

- Erzeugen Sie ein neues Bauteil und speichern Sie es unter dem Namen SCHLEIFSCHEIBE **in Ihrem Projektverzeichnis** ab. SolidWorks ergänzt selbsttätig die Dateinamenerweiterung .SLDPRT.
- Erzeugen Sie eine neue *Skizze* auf der *Ebene vorne*.
- Zeichnen Sie eine waagerechte *Mittellinie* durch den Skizzenursprung. Sie soll durch Deckungsgleichheit mit dem Ursprung festgelegt sein. Nutzen Sie hierzu die Option *Mittelpunktlinie,* können Sie den Mittelpunkt der Linie mit dem Ursprung mit dem ersten Klick verknüpfen (Bild 3.6).

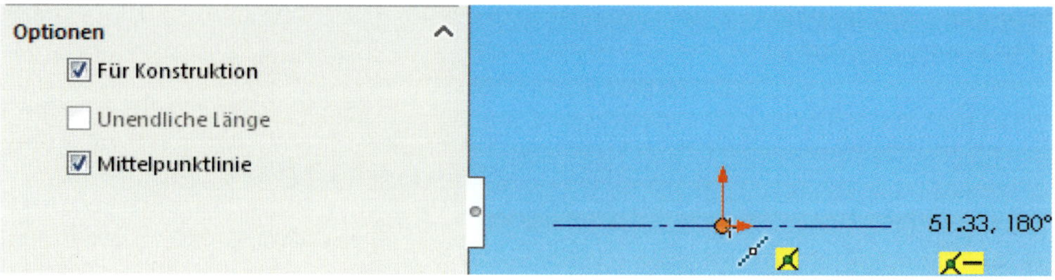

Bild 3.6: Die Mittelpunktlinie eignet sich besonders für Symmetrielinien

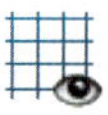

- Zoomen Sie das Editorfenster mit Hilfe des *Gitters* auf einen Ausschnitt von etwa 100 × 100 mm. Die aktuelle Cursorposition können Sie zudem in der Statusleiste ablesen (Bild 3.7).

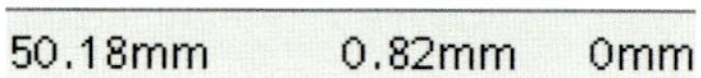

Bild 3.7: Die Koordinatenanzeige in der Reihenfolge X, Y, Z der Statusleiste

- Zeichnen Sie, mit der linken, unteren Ecke anfangend, mit *Linie* den geschlossenen Querschnitt nach Bild 3.8 (vgl. a. Bild 3.9).

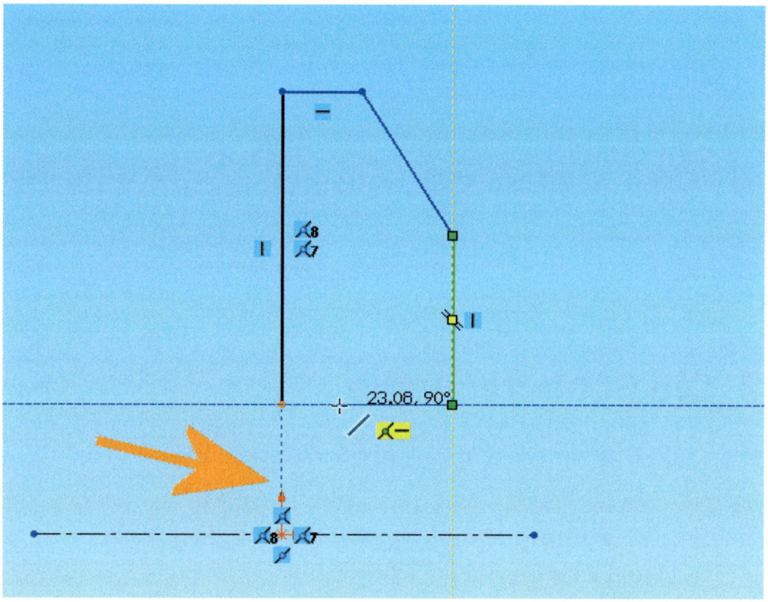

Bild 3.8: Die Skizze eines Rotationskörpers enthält stets eine Mittellinie

- Der erste Punkt befindet sich *vertikal* **über** – nicht auf – dem Skizzenursprung, was durch die gestrichelte blaue *Leitlinie* angezeigt wird (Pfeil). Aktuelle Objektdaten wie hier Linienlänge und Neigung werden beim Skizzieren ständig eingeblendet.

Wenn die Linie daraufhin schwarz gezeichnet wird, ist die Operation gelungen. Falls nicht,

- verknüpfen Sie die linke, untere Ecke *deckungsgleich* mit dem Ursprung. Hierzu wählen Sie die **ganze Linie** und den Punkt. Die Ecke soll vertikal auf Distanz bleiben.

> Hinweis: In SolidWorks kennen wir zwei Arten von Leitlinien: Ist die Linie **blau**, so wird das neue Objekt temporär am alten ausgerichtet. Ist sie hingegen **gelb** – wie im Bild rechts daneben – so wird automatisch eine Skizzenbeziehung gebildet, was auch die gelb unterlegten Labels suggerieren.

- Bemaßen Sie dann die Skizze nach Bild 3.9. Die untere Breite beträgt **8** mm, die obere **2** mm.

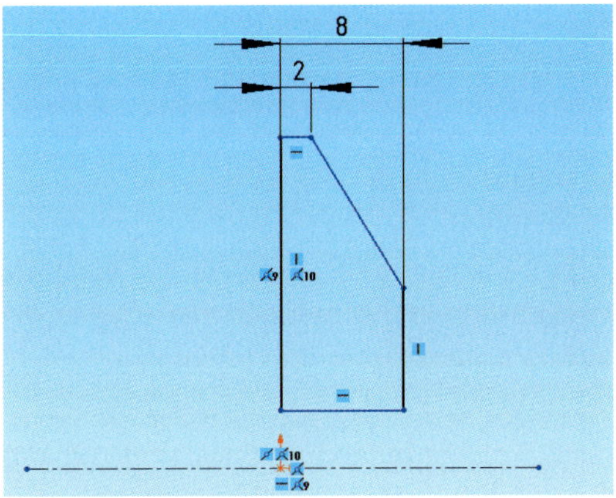

Bild 3.9: Eintragen der Horizontalmaße

> TIPP: Wenn sich die Skizze dabei verzerrt, unterbrechen Sie das Bemaßen und ziehen die betreffende Ecke grob in Position. Achten Sie bei der Schrägen aber darauf, nicht aus Versehen eine vertikale Beziehung zu schaffen.

3.2.1 Durchmesser bemaßen

Mit der *intelligenten Bemaßung* können Sie interaktiv alle Formen der Bemaßung realisieren. Wir hatten dies bereits bei den ausgerichteten Bemaßungen gesehen. Einen Durchmesser „im Profil“ definieren Sie mit einem kleinen Trick:

- Klicken Sie den gewünschten Durchmesserpunkt an, hier ist es der untere Endpunkt der Schräge (Bild 3.10, oben).

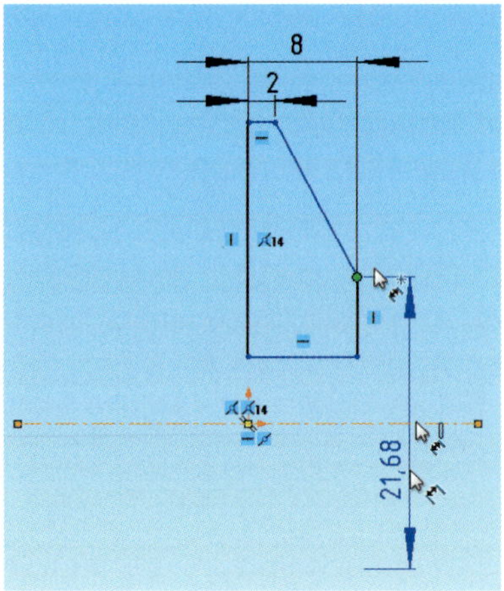

Bild 3.10: Erzeugen einer Durchmesserbemaßung. Die Breite 8 wurde der Übersichtlichkeit halber nach oben gezogen

- Klicken Sie dann die Mittellinie an (Mitte). SolidWorks erkennt eine sogenannte *Abstandsbemaßung*.
- Klicken Sie auf die andere Seite der Mittellinie, hier also unterhalb, so wird ein Durchmesser erkannt (unten).

Der Vorteil dieses Verfahrens ist erstens, dass Sie – wie im Technischen Zeichnen üblich – mit Halbquerschnitten und Durchmessern arbeiten können und zweitens, dass in der 2D-Ableitung automatisch ein Durchmesserzeichen vor diesem Maß erscheint.

- Bemaßen Sie auf diese Art den Innendurchmesser mit **20** mm, den mittleren mit **70** mm und den Außendurchmesser mit **150** mm. Damit ist die Skizze voll definiert (Bild 3.11).
- Beenden Sie die Skizze und nennen Sie sie **Sk Scheibe**.

- Wählen Sie nun erst die Skizze, dann *Aufsatz/Basis rotiert* aus der Symbolleiste *Features*.

Die Einstellungen sind schnell vorgenommen, da das Rotationsfeature die Mittellinie findet und sie automatisch als Rotationsachse im PropertyManager einträgt.

- Sollte dies nicht der Fall sein, so aktivieren Sie das Auswahlfeld *Rotationsachse* und klicken die Mittellinie an.

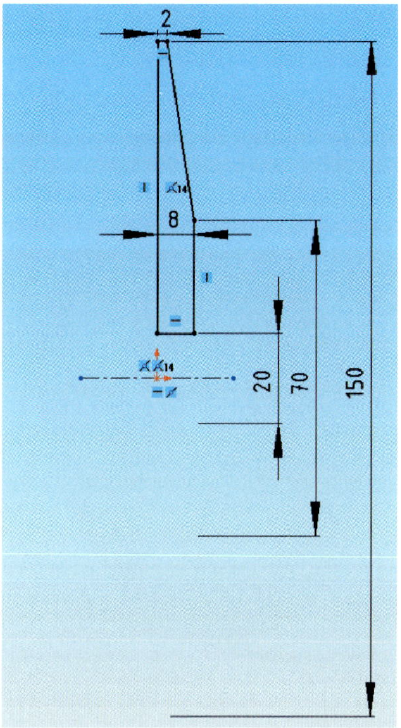

Bild 3.11: Die fertige Skizze der Schleifscheibe

Auch eine Vollrotation von **360°** wird per Default angenommen. Als Ergebnis sollte das Objekt nach Bild 3.12 in der Vorschau erscheinen.

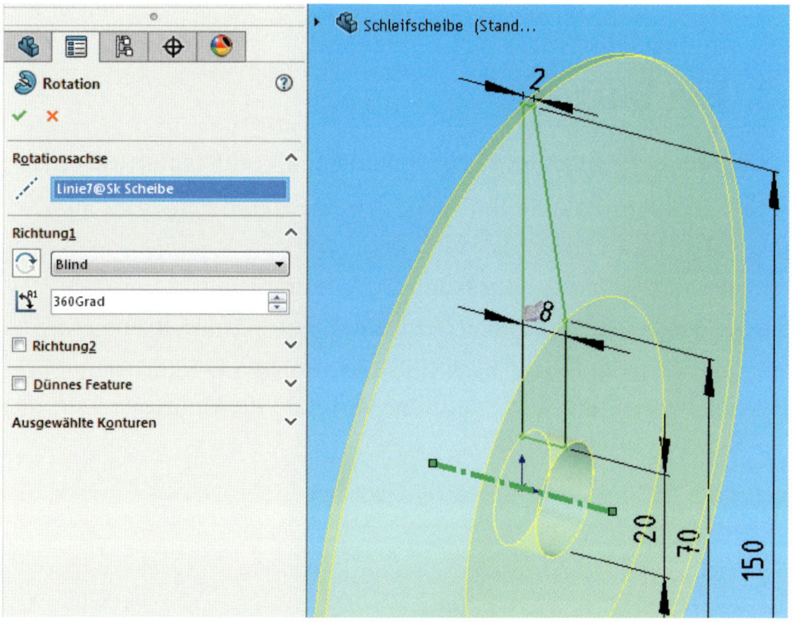

Bild 3.12: Erzeugen eines Rotations-Features

- Bestätigen Sie und nennen Sie das Rotationsfeature **Schleifscheibe**.
- Speichern Sie das Bauteil und schließen Sie es.

In Bild 3.13 sehen Sie das fertige Modell *Schleifscheibe* mit grauer Siliziumkarbid-Textur. Texturbilder finden Sie bei den Erscheinungsbildern im Modus *Erweitert*.

Bild 3.13: Die fertige Schleifscheibe

TIPP: Wenn Sie ein neues Bauteil künftig direkt mit geöffneter Skizze auf der *Ebene vorne* erstellen möchten, aktivieren Sie in den *Optionen, Systemoptionen, Skizze* die Option *Skizze auf neuem Teil erstellen.*

3.3 Ein Bolzen

Das nächste Bauteil ist schon etwas aufwendiger, allerdings nur wegen der Skizze:

- Öffnen Sie ein neues Bauteil und speichern Sie es unter BOLZEN ab.
- Erstellen Sie auf der *Ebene vorne* eine neue Skizze und platzieren Sie wie vorhin eine horizontale Mittellinie durch den Skizzenursprung.
- Zoomen Sie das Fenster auf einen Ausschnitt von 120 mm Breite.
- Zeichnen Sie dann die Skizze nach Bild 3.14, wobei Sie 1. die Grundlinie auf die Mittellinie zeichnen und 2. die mittlere Vertikale *deckungsgleich* mit dem Skizzenursprung verknüpfen (Kreis).

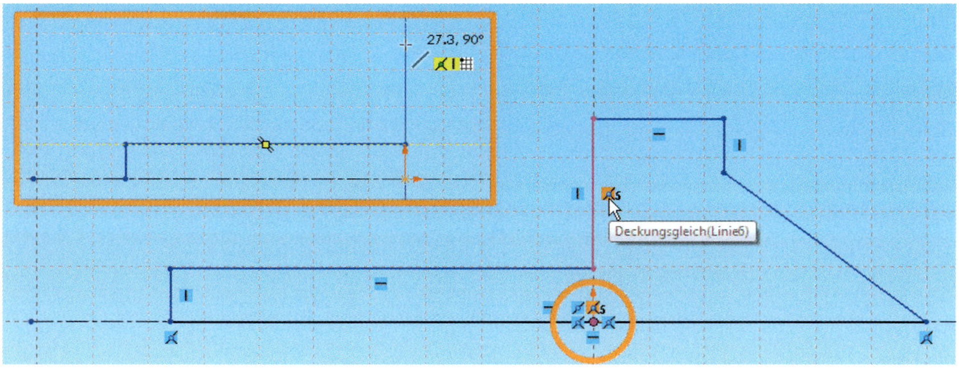

Bild 3.14: Die Skizze des Bolzens in erster Näherung

3.3.1 Skizzenelemente teilen

Wir haben vergessen, der Schrägen noch einen vertikalen Abschluss hinzuzufügen – mit anderen Worten, wir wollen keinen Kegel, sondern einen Kegelstumpf modellieren. Der Kegel soll außerdem einen Ansatz erhalten, sodass uns noch zwei Linienstücke am rechten Ende fehlen. Derartige Fehler können Sie rasch beheben,

- indem Sie in der Symbolleiste *Skizze* die Funktion *Teilen* aufrufen.
- Klicken Sie die Schräge an zwei Punkten im oberen und unteren Viertel an (Bild 3.15). Bestätigen Sie mit *OK*.

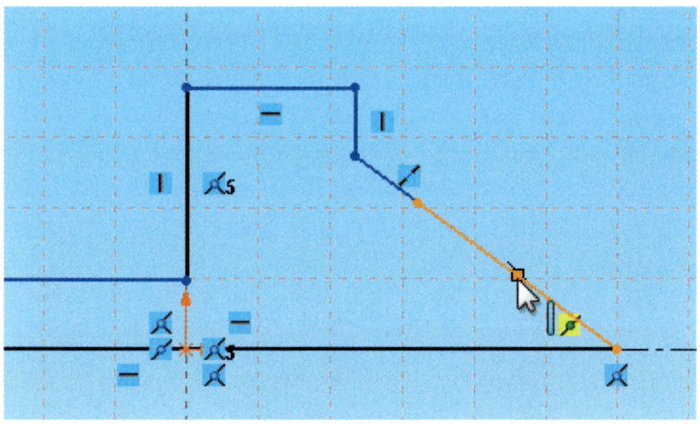

Bild 3.15: Teilen der Schräge an zwei Stellen

Die neu hinzugekommenen Knoten belegen, dass die Schräge nunmehr aus drei Stücken besteht. Allerdings wurden sie automatisch *kollinear* verknüpft, was wir nicht wollen. Hier eine schnelle Methode zur Beseitigung von Beziehungen:

- Wählen Sie mit Strg die beiden *Kollinear*-Symbole und entfernen Sie sie mit Entf (Bild 3.16).

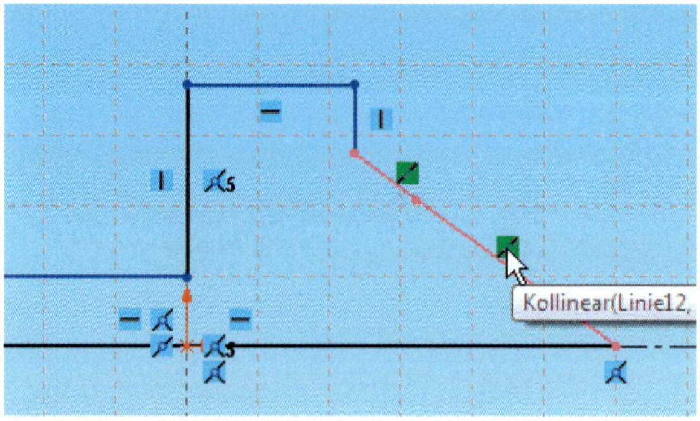

Bild 3.16: Löschen der automatischen *Kollinear*-Verknüpfungen

- Nun können Sie das oberste Linienstück *Horizontal* und das untere *Vertikal* ausrichten. Dies erreichen Sie wie immer durch Anklicken der Linie und der entsprechenden Skizzenbeziehung in der Kontext-Symbolleiste (Bild 3.17).

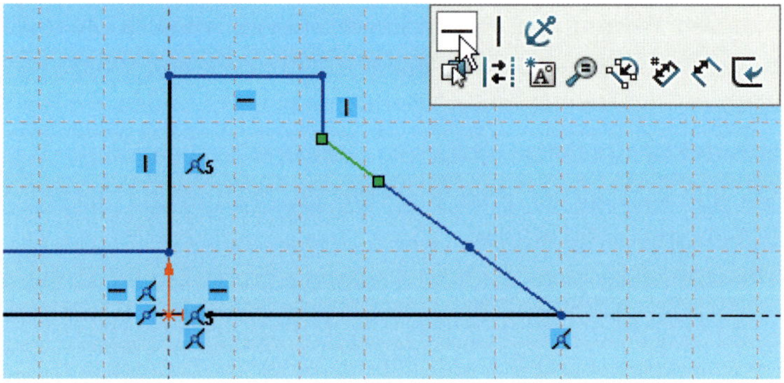

Bild 3.17: Nachtragen der Skizzenbeziehungen *Horizontal* und *Vertikal*

- Stellen Sie allerdings das untere Stück auf gleiche Art *vertikal,* so passiert ein kleines Unglück (Bild 3.18)!

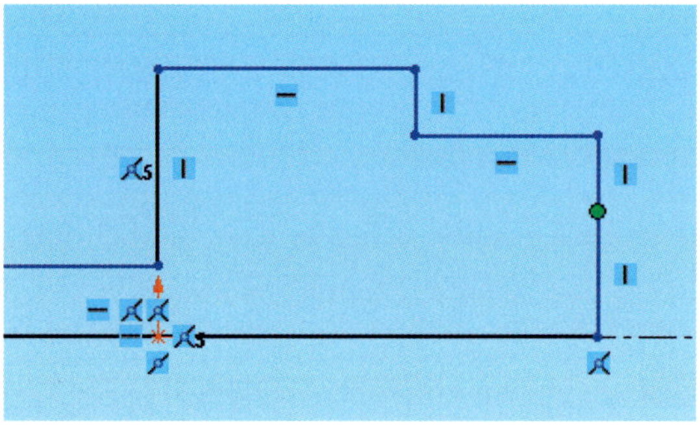

Bild 3.18: Nicht jede Reaktion von SolidWorks ist unbedingt logisch

Denn hier wird die Schräge nicht nur vertikal gestellt, sie wird auch *vertikal* verknüpft! Und das ist Unsinn.

- Mit Strg+Z machen Sie die Aktion ungeschehen.
- Ziehen Sie dagegen das untere Stück am Knotenpunkt erst ungefähr in die Vertikale, sodass sich ein Winkel zur Schrägen ergibt (Bild 3.19 links), so lässt sich dieses Stück auch problemlos vertikal verknüpfen (rechts).

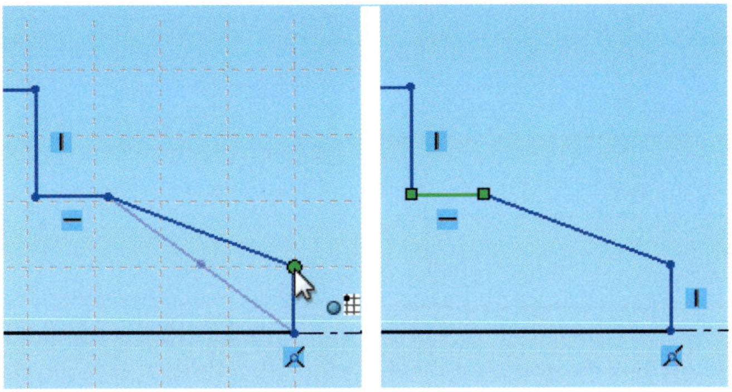

Bild 3.19: Manchmal muss man SolidWorks die Richtung vorgeben

Hinweis: Die Methode ist sehr viel handlicher als sie sich liest. Probieren Sie ruhig ein wenig damit herum. Den Umgang mit den Skizzenbeziehungen können Sie ohnehin nicht oft genug üben!

3.3.2 Winkelbemaßung

- Tragen Sie dann die Maße wie in Bild 3.20 ab. Achten Sie darauf, dass Durchmesser nur über **Mittellinien**, nicht jedoch über Konturlinien erkannt werden. Dies erreichen Sie am leichtesten, indem Sie stets die Mittellinie anklicken, um die *Abstandsbemaßung* auszulösen.

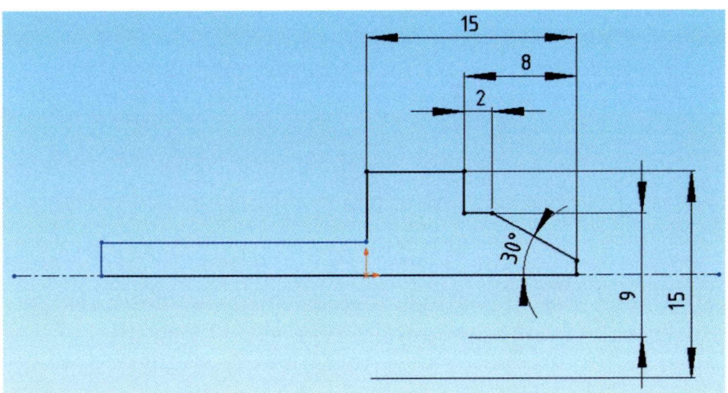

Bild 3.20: Die Bemaßung des Kopfteils

- Beginnen Sie bei den Breitenmaßen, setzen Sie das Winkelmaß und vollenden Sie das Ganze dann mit den zwei Durchmessern.
- Fügen Sie dann noch das Längenmaß und den Durchmesser des Schaftes hinzu (Bild 3.21).

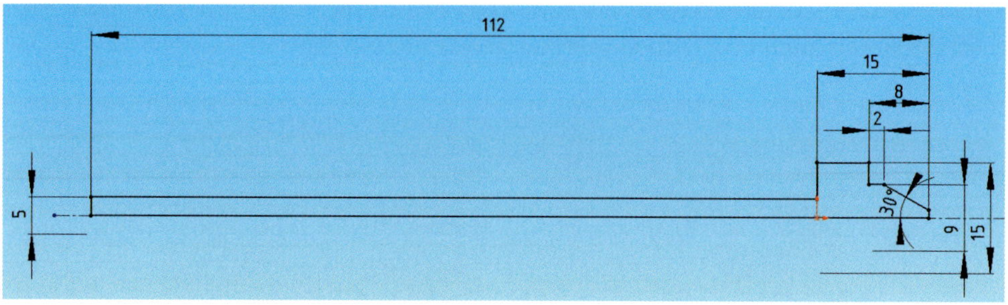

Bild 3.21: Hier wird die Problematik überlanger Bauteile deutlich

Das zieht das Bauteil sehr in die Länge. Wir werden Probleme haben, es in der Gesamtansicht zu bearbeiten, außerdem sind die Maßzahlen entweder zu dicht beisammen oder zu weit voneinander entfernt. Aber SolidWorks schafft hier Abhilfe.

3.3.3 Ansichtsfenster: Der Wellen-Modus

Wie in einem 2D-CAD-Programm können Sie bis zu vier simultane Ansichten definieren:

- Wählen Sie im Menü *Fenster, Viewport, Doppelansicht - Vertikal* (Bild 3.22).

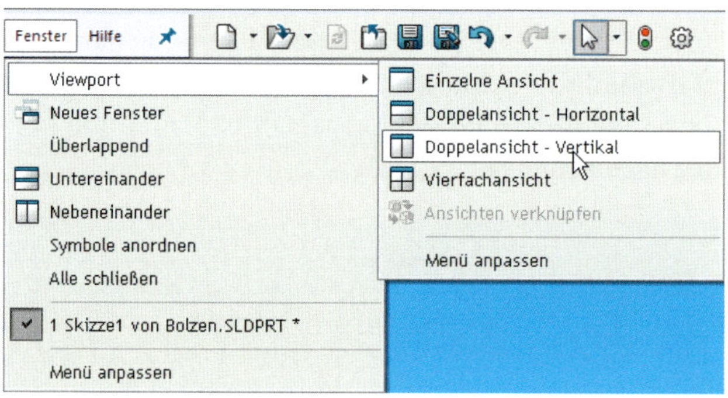

Bild 3.22: Etwas versteckt liegen die Fensterteiler

- Stellen Sie beide Ansichten auf *Vorderseite* ein, indem Sie nacheinander in jedes Fenster klicken und Strg+1 drücken. Platzieren Sie dann die Skizze so, dass Sie links das hintere und rechts das vordere Ende der Skizze sehen.

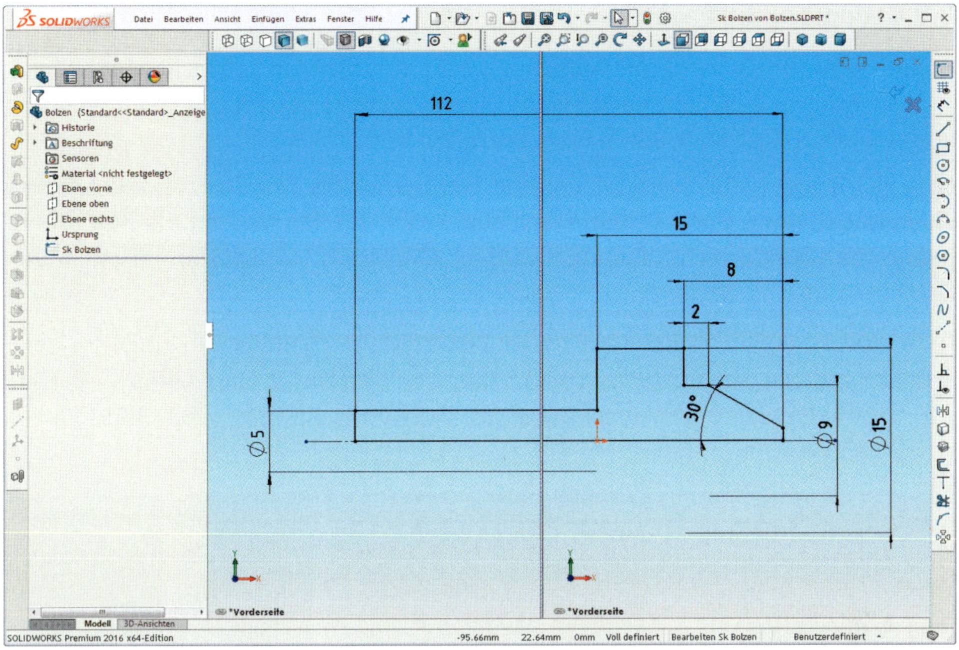

Bild 3.23: Geteilte Ansichten: Mit der Verknüpfung der Fenster bewegen sich die Linien synchron

- Rufen Sie im gleichen Untermenü die jetzt aktive Option *Ansichten verknüpfen* auf, so werden die beiden Teilfenster gekoppelt – jede Einstellung einer Ansicht bewirkt automatisch auch die der anderen (Bild 3.24).

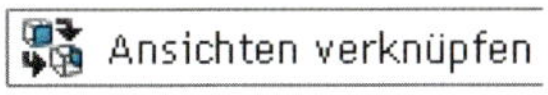

Bild 3.24: Verknüpfen von Ansichten

- Wenn Sie es leichter haben wollen, können Sie natürlich auch die *Standardansichten* um die vier Schaltflächen aus der gleichnamigen Rubrik in *Extras, Anpassen, Befehle,* erweitern (Bild 3.25).

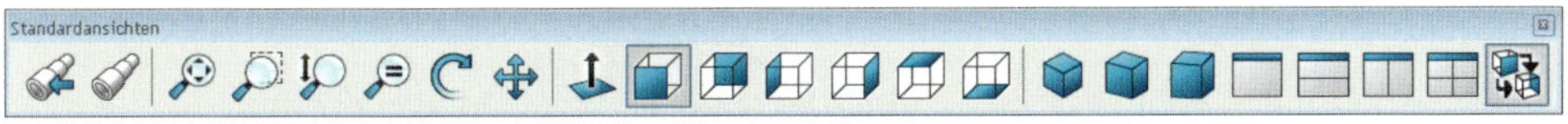

Bild 3.25: Geteilte Ansichten in der Symbolleiste *Standardansichten*

- Um zur normalen einteiligen Ansicht zurückzukehren, klicken Sie einfach auf die erste Schaltfläche namens *Einzelne Ansicht.*

3.3.4 Radien und Fasen

Damit ist die Skizze nicht nur vollständig definiert, sondern auch vollständig handhabbar. Allerdings fehlen noch einige Details: zwei Fasen am größten Durchmesser, eine am linken Ende sowie eine Ausrundung.

Natürlich bietet SolidWorks Radien und Fasen auch als Features, und Sie werden sie kennenlernen. Doch Features verbrauchen mehr Ressourcen als Skizzenelemente, die resultierenden Bauteile werden „langsamer" als sie sein müssten. Verfahren wir also ökonomisch:

- Rufen Sie aus der Symbolleiste *Skizze* die *Skizzenverrundung* auf.
- Definieren Sie einen *Radius* von **1.5** mm und lassen Sie die Option *Ecken mit Zwangsbedingungen beibehalten* aktiviert. Verfahren Sie dann nach Bild 3.26 von links nach rechts.

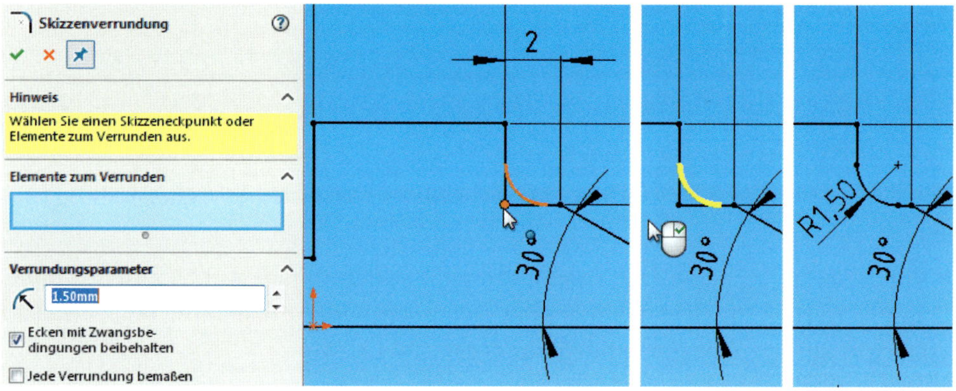

Bild 3.26: Hinzufügen einer Skizzenverrundung

Der Hintergrund der Option *Zwangsbedingungen …* – gemeint sind **Skizzenbeziehungen** – ist, dass jenen unter Umständen die Grundlage entzogen wird, je nachdem wie Sie sie definiert hatten. Wenn Sie eine Ecke verrunden, können dort angeheftete Bemaßungen oder Skizzenbeziehungen verloren gehen. Sie werden allerdings vorher gefragt, ob Sie das auch wollen.

> Hinweis: Ein mit *Skizzenverrundung* definierter Radius wird nicht über den PropertyManager, sondern durch Doppelklick auf das Radienmaß geändert. Verrunden Sie mehrere Ecken in einem Arbeitsgang (Stecknadel in Bild 3.26), so werden diese Radien automatisch mit der Skizzenbeziehung *Gleich* verknüpft.

- Rufen Sie dann in der Symbolleiste *Skizze* die Funktion *Fase skizzieren* auf.
- Wählen Sie *Winkel-Abstand* und stellen Sie **1** mm und **45°** ein. Klicken Sie dann auf die linke und rechte Ecke des größten Durchmessers (Bild 3.27).

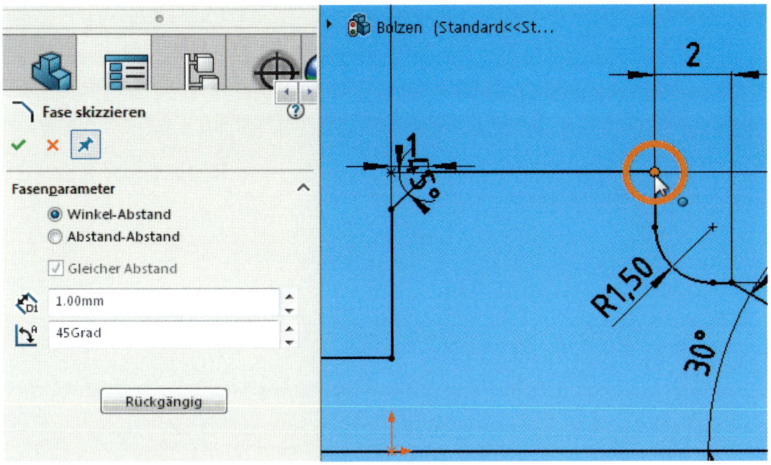

Bild 3.27: Die Skizzen-Fase mit der Option *Winkel-Abstand*

Die Ecken werden angefast. Dabei kann allerdings die Bemaßung des Durchmessers Schaden nehmen – der Erhalt der Zwangsbedingungen für Fasen ist offenbar nicht vorgesehen. Sie können dies aber umgehen,

- indem Sie bereits **beim Bemaßen** nicht die Eckpunkte, sondern die ganze Seite wählen oder
- indem Sie Fasen und Abrundungen anbringen, **bevor** Sie die Skizze bemaßen. Das lässt sich natürlich nicht immer vorhersehen. Andererseits sind fehlende Maße auch flugs wiederhergestellt.
- Fasen Sie nun auch das linke Ende des Bolzens an (Bild 3.28).

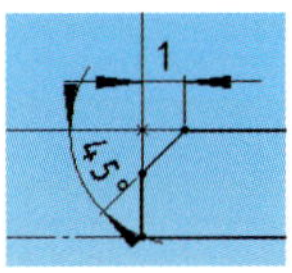

Bild 3.28: Die letzte Fase am Bauteil

- Schließen Sie die Skizze und nennen Sie sie **Sk Bolzen**.

In Bild 3.29 ist die vollständige Skizze im Fensterteiler dargestellt.

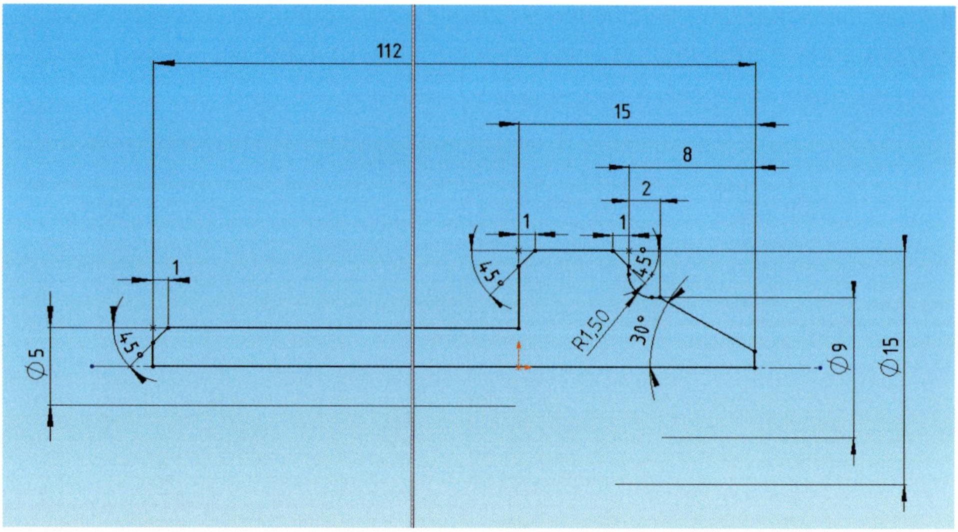

Bild 3.29: Die Skizze ist vollendet

- Mit *Aufsatz/Basis rotiert* erzeugen Sie daraus das Feature **Bolzen** (Bild 3.30).

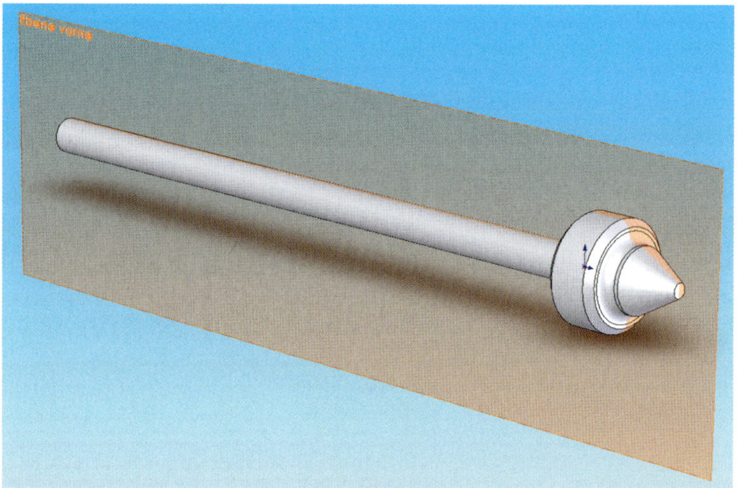

Bild 3.30: Der fast fertige Bolzen, hier mit der *Ebene vorne*

3.3.5 Manche Dinge ändern sich: Parametrik

Nun fällt uns ein, dass auf das lange Ende ein Gewinde M5 geschnitten werden soll. Dazu brauchen wir nach DIN eine Fase 0,7 mm. Editieren wir also die Skizze:

- Öffnen Sie das Fasen-Maß am linken Ende – oder die Skizze – und ändern Sie den Abstand in **0.7 x 45°** (Bild 3.31).

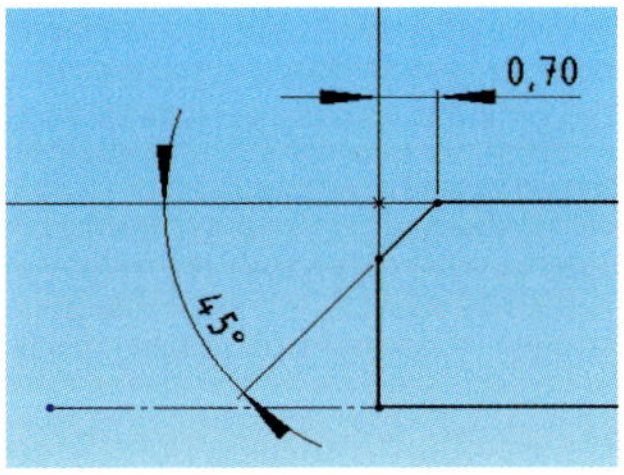

Bild 3.31: Nachtrag: eine Fase für das Gewinde

- Sobald Sie bestätigen bzw. die Skizze schließen, wird die Änderung ins Solid übernommen.

3.3.6 Gewinde

Zum Schluss bringen wir das Gewinde am Befestigungsbolzen an. SolidWorks bietet im Großen und Ganzen zwei vorgefertigte Lösungen.

3.3.6.1 Gewindedarstellung

Zum Einen gibt es eine Art Skizzen-Feature, allerdings an ungewöhnlicher Stelle:

- Rufen Sie *Einfügen, Beschriftungen, Gewindedarstellung* auf. Der PropertyManager erscheint mit den Parametern (Bild 3.32).

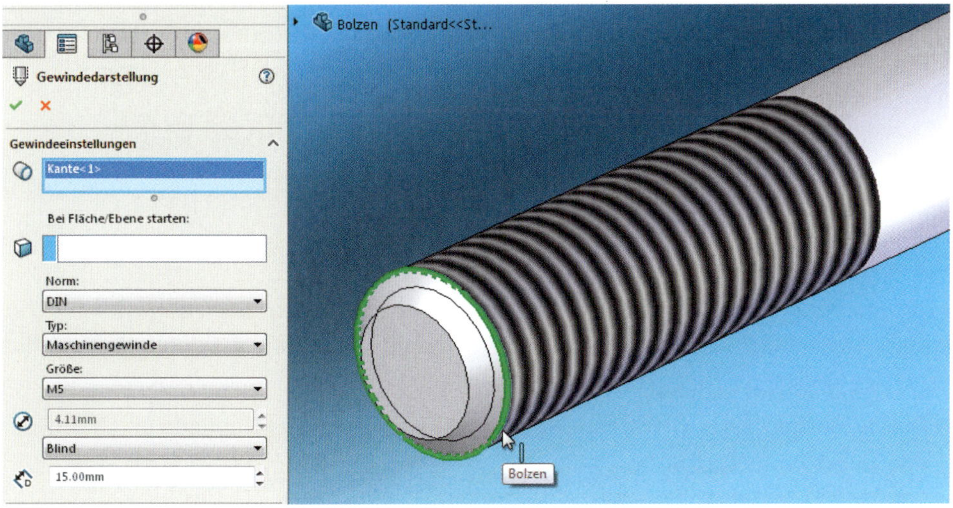

Bild 3.32: Das Gewinde ist kein geometrisches Feature, sondern nur ein aufgemapptes Bild *(Decal)*. Allerdings wird das Gewinde in der Zeichnungsableitung angezeigt

- Klicken Sie für die *Runde Kante* die äußere der beiden Fasenkanten an. *Norm* ist *DIN*, *Typ* ist *Maschinengewinde*. SolidWorks wählt ein M5-Gewinde.
- Wählen Sie bei der *Endbedingung* wie vorhin bei der Extrusion, *Blind,* und bemessen Sie die *Tiefe* zu **15** mm.

SolidWorks trägt bei DIN den unveränderlichen Kerndurchmesser **4.11** ein.

- Bestätigen Sie und ändern Sie den Namen der Skizze in **M5x15**. Diesen Namen werden Sie in der 2D-Zeichnung wiedersehen.

Nun erscheint das Gewinde als sogenanntes *mapping* auf dem Zylinderkörper des Bolzens. Das Feature *Bolzen* im PropertyManager bekommt unterdessen einen zweiten Skizzen-Eintrag (Bild 3.33).

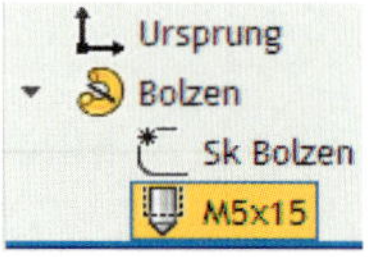

Bild 3.33: Das Gewindefeature lässt sich bearbeiten und umbenennen

- *Unterdrücken* Sie diesen Eintrag über die Kontext-Symbolleiste, *Unterdrücken*, da im nächsten Abschnitt ein konkurrierendes Feature hinzukommt (Bild 3.34).

Bild 3.34: Features und Skizzen lassen sich unterdrücken

Hinweis: *Unterdrücken* bedeutet nicht *Ausblenden:* Denn während auch ein ausgeblendetes Feature noch alle definierten Auswirkungen auf das Modell hat, ist dies beim Unterdrücken nicht der Fall. Unterdrückte Features sind praktisch nicht vorhanden. Der Sinn des Unterdrückens ist, Alternativen ins Modell einzubauen und diese bei Bedarf an- und abzuschalten.

3.3.6.2 Modellierte Gewinde

Mit Version 2016 gibt es Gewinde auch als echtes 3D-Feature. Hier wird der Gewindegang tatsächlich aus dem Modell geschnitten. Natürlich bedeutet dies auch erhöhten Bedarf an Rechenleistung für das Modell:

- Rufen Sie *Einfügen, Features, Gewinde* auf. Der PropertyManager erscheint mit den Einstellungen (Bild 3.35).

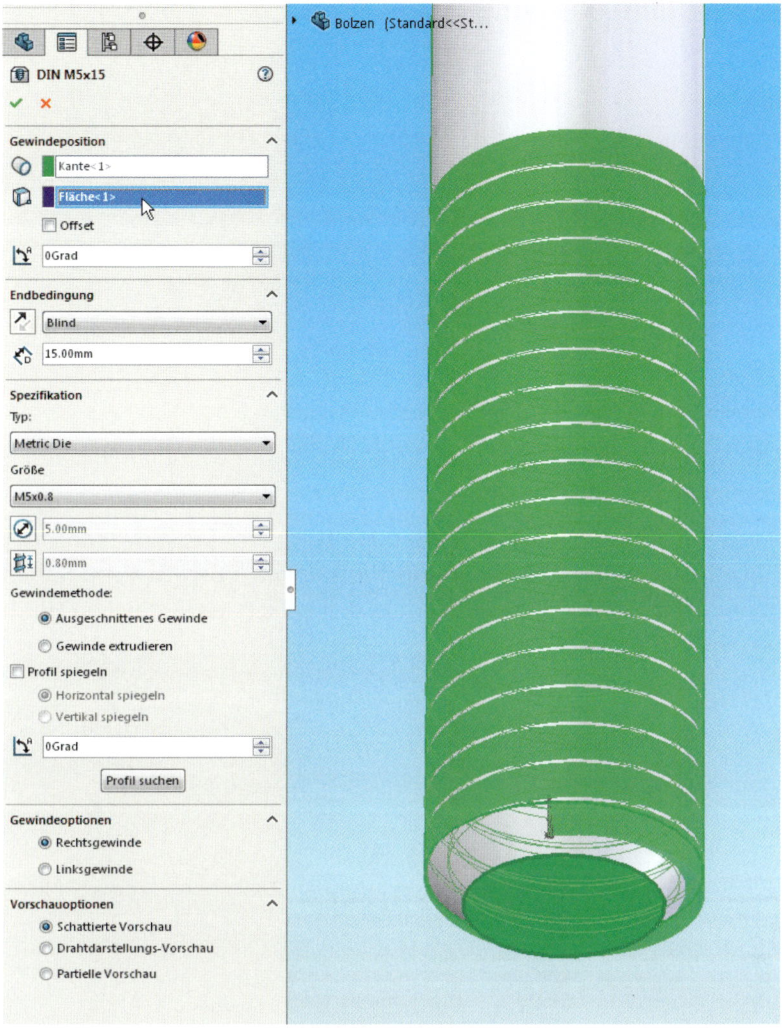

Bild 3.35: Das Gewinde-Feature ist eigentlich ein Makro mit *Ausgetragenem Schnitt*

- Wählen Sie als *Kante* wieder die größere der beiden Fasenkanten. Als *Fläche* klicken Sie auf den Zylinder des Bolzens.
- Setzen Sie als Bedingung *Blind* und als Länge **15** mm ein. *Metric Die* ist der englische Ausdruck für ein eingeschnittenes metrisches Gewinde, die *Größe* lautet *M5x0,8*. Wählen Sie ein *ausgeschnittenes Gewinde*. Bestätigen Sie.

Das Gewinde ist wirklichkeitsgetreu, bis auf die beiden Gewindeausläufe. Ein Gewinde wird meist gerollt, d. h. Walzen prägen die Gewindeform mit großer Kraft in den Stahl, wodurch zugleich eine Kaltverfestigung erreicht wird. Ein Gewinde wie in Bild 3.36 wird nicht einmal funktionieren.

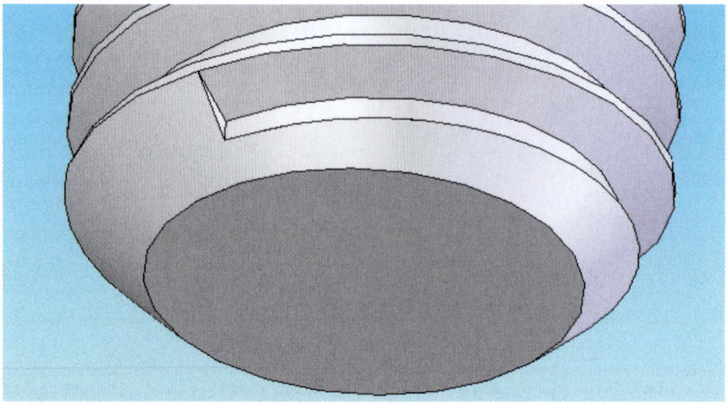

Bild 3.36: Erstes Ergebnis: Ein Gewinde für Nichtmuttern

Um dies zu beheben, nutzen wir den Offset, um das Gewinde außerhalb des Zylinders beginnen zu lassen:

- Aktivieren Sie die Option *Offset*, stellen Sie **1** mm ein. Das Gewinde rutscht noch weiter hoch, also aktivieren Sie die *Richtungsumkehr*. Aktivieren Sie außerdem die Option *Gewindelänge beibehalten*, um den Offset auszugleichen (Bild 3.37).

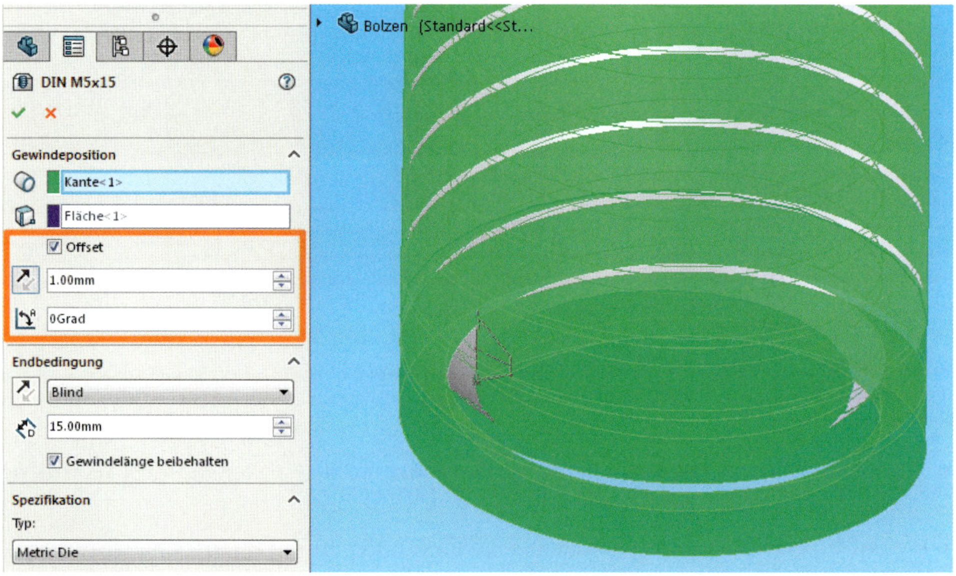

Bild 3.37: Der Gewindeauslauf am Ende wird korrigiert

- Nachdem Sie bestätigt haben, sieht das Gewinde genau so aus wie auf jeder handelsüblichen Schraube (Bild 3.38).

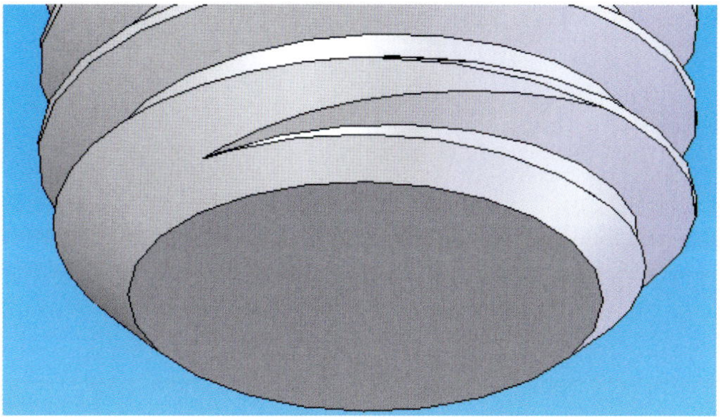

Bild 3.38: Auf diesen Bolzen kann man jetzt Muttern aufschrauben

Für den Auslauf am oberen Ende können wir leider nicht viel tun. Nun, ja. Vielleicht mit der nächsten Version.

- Unterdrücken Sie nun das Gewinde-Feature und *heben* Sie die *Unterdrückung* für das Skizzen-Feature *M5x15* wieder *auf*.

3.4 Der Klemmring

Das dritte Bauteil ist einfach, enthält aber eine Neuerung: Wir setzen eine radiale Bohrung:

- Öffnen Sie ein neues Teil und speichern Sie es unter KLEMMRING.
- Erstellen Sie auf der *Ebene vorne* wieder eine liegende *Mittellinie*.

- Zoomen Sie den Bildausschnitt auf etwa 20 mm Höhe.
- Zeichnen Sie dann ein *Rechteck* über die Mittellinie. Die linke Vertikale soll *deckungsgleich* mit dem Ursprung verknüpft sein. Bemaßen Sie es nach Bild 3.39.

> Hinweis: Erstellen Sie das Breitenmaß nicht mit den Eckpunkten, sondern mit den vertikalen Seiten. Die Höhenmaße sind wieder Durchmesser und werden über die Mittellinie definiert.

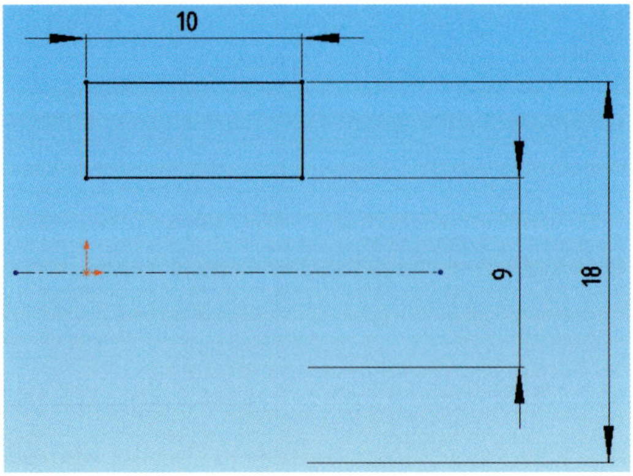

Bild 3.39: Der Halbquerschnitt des Klemmrings

Auch hier sind Fasen an den Außenkanten anzubringen:

- Fügen Sie eine *Fase* ein und wählen Sie die Option *Winkel-Abstand*. Stellen Sie dort **1** mm x **45°** ein.
- Fasen Sie die oberen – von der Mittellinie abgewandten – Ecken an. Stellen Sie eventuell verlorengegangene Maße wieder her (Bild 3.40).

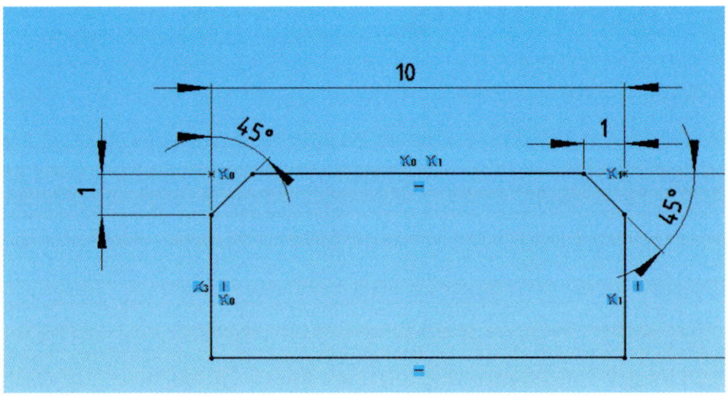

Bild 3.40: Noch zwei Fasen 1x45°, und die Skizze ist komplett

- Nennen Sie die Skizze **Sk Klemmring** und rotieren Sie sie mit *Aufsatz/Basis rotiert* um die Mittellinie.
- Nennen Sie das Feature **Klemmring**.

In Bild 3.41 sehen Sie den *Klemmring* mit der eingeblendeten Skizze und der Skizzierebene.

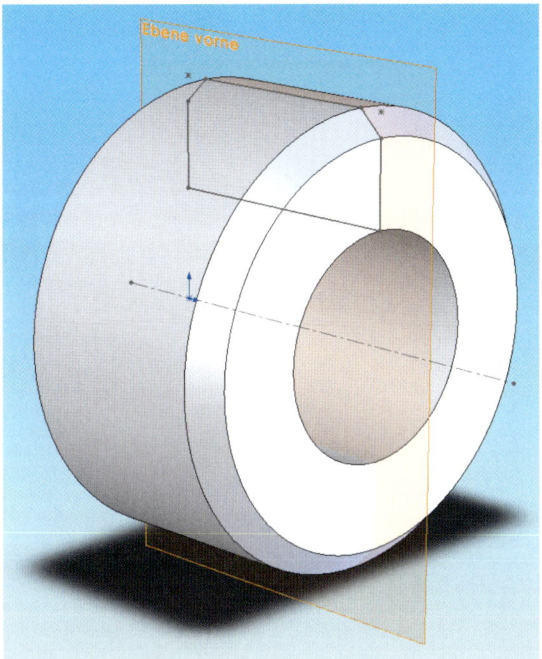

Bild 3.41: Eine radiale Bohrung

Damit der Klemmring später fixiert werden kann, versehen wir ihn mit einer Bohrung für einen Passstift. Da wir radial zum Ring bohren, brauchen wir eine neue Skizze:

- Fügen Sie auf der *Ebene oben* - nicht *vorne!* - eine neue Skizze ein.

Damit sich unsere Bohrung stets in der Mittelebene des Rings befindet, kopieren wir die breitere der beiden Kanten in die Skizze:

- Blenden Sie *Sk Klemmring* ein, markieren Sie deren untere Linie und klicken Sie auf *Elemente übernehmen*. Wenn Sie sicher gehen wollen, **welches** der Segmente übernommen wird, drehen Sie die Ansicht ein wenig (Bild 3.42).

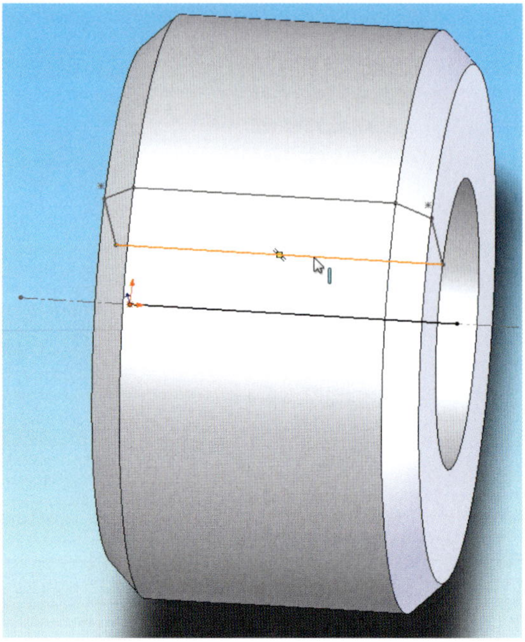

Bild 3.42: Wie gehabt: Konturkante übernehmen

- Blenden Sie Skizze und Ebenen wieder aus, um freie Sicht zu haben. Gehen Sie in die Draufsicht.
- Markieren Sie die übernommene Linie und deklarieren Sie sie im PropertyManager *Für Konstruktion*.

- Wechseln Sie in die Normalansicht und zeichnen Sie **irgendwo** einen *Kreis* ein.

Sie haben bessere Kontrolle über die Skizzenbeziehungen, wenn Sie ihnen bei der Arbeit zusehen.

- Markieren Sie das Kreiszentrum und die Konstruktionslinie und setzen Sie die Skizzenbeziehung *Mittelpunkt*.

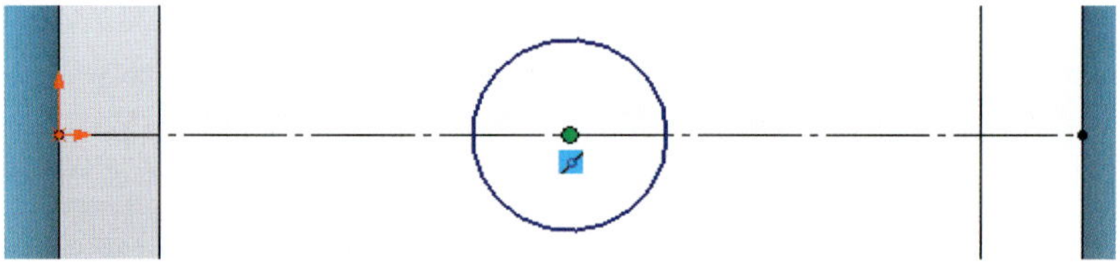

Bild 3.43: Mittelpunkt definieren

Dies können wir, weil die übernommene Kante, hier Konstruktionslinie, stets die Breite des Rings bestimmen wird – ihr Mittelpunkt ist also auch stets derjenige des Klemmrings.

- Bemaßen Sie den Durchmesser des Kreises mit **3** mm (Bild 3.44).

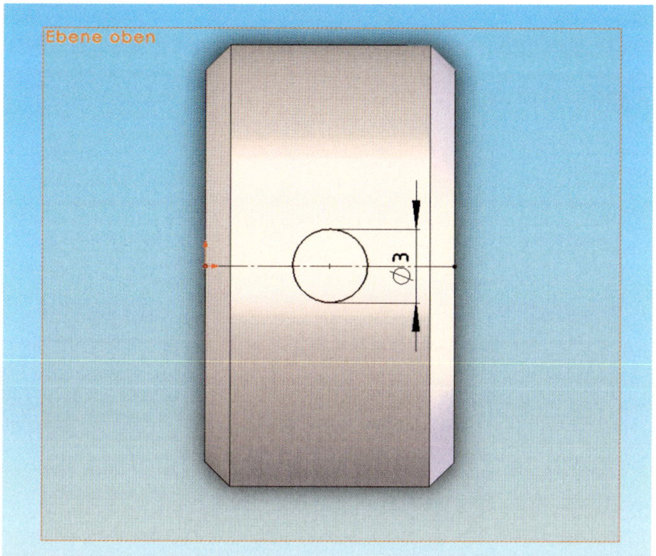

Bild 3.44: Durchmesser festlegen

Erst jetzt ist die Skizze voll definiert.

- Schließen Sie sie und nennen Sie sie **Sk Bohrung**.
- Tragen Sie die Skizze mit einem *Linear ausgetragenen Schnitt* mit der Endbedingung *Bis nächste* nach oben aus. Dazu müssen Sie wieder die *Richtung umkehren* (Bild 3.45).

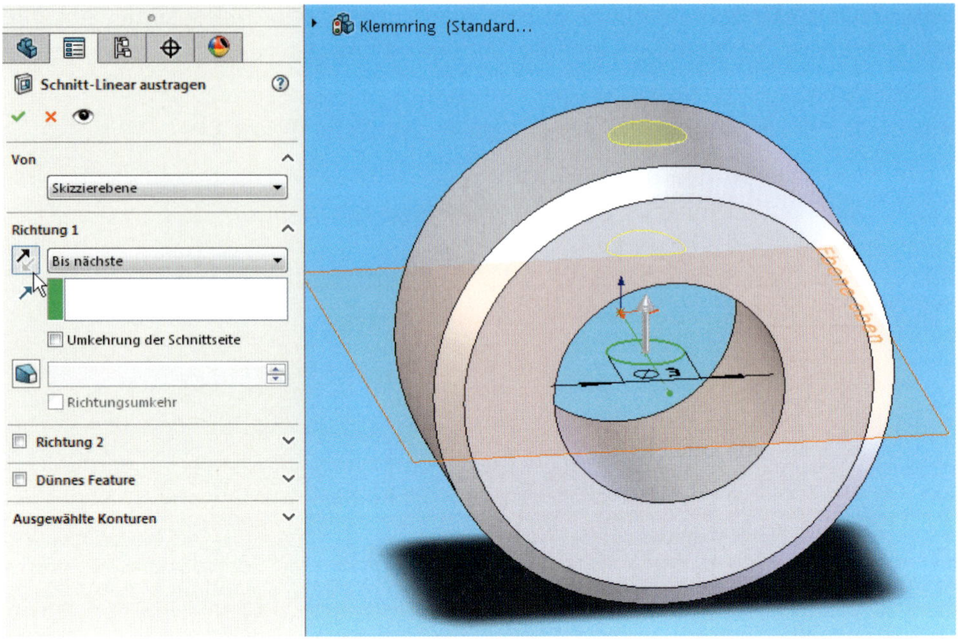

Bild 3.45: Mit dem Schnittfeature wird der Ring gebohrt

- Nennen Sie das Feature **Bohrung**.

Damit ist auch der Ring soweit fertig gestellt.

In Bild 3.46 ist noch einmal der FeatureManager des Klemmrings abgebildet.

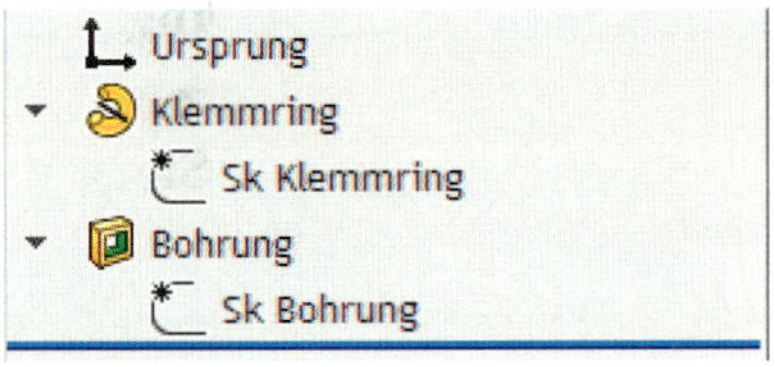

Bild 3.46: Die Features des Klemmrings

Hinweis: Der Hintergrund der aufwendigen Bohrungskonstruktion ist folgender: Wenn Sie die Breite des Rings verändern, bleibt die Bohrung stets in der Mittelebene des Rings, weil wir den Kreis auf den **Mittelpunkt** der Skizzenbreite bezogen hatten. Der Umstand, dass es sich um eine **übernommene** Kante handelt, sorgt für das automatische Verhalten dieses Features.

- Testen Sie die Funktion der Bohrung, indem Sie im FeatureManager auf den Eintrag *Sk Klemmring* doppelklicken und das Maß *10 mm* erhöhen und erniedrigen. Die Bohrung sollte immer in der Mitte des Zylinders stehen (Bild 3.47).

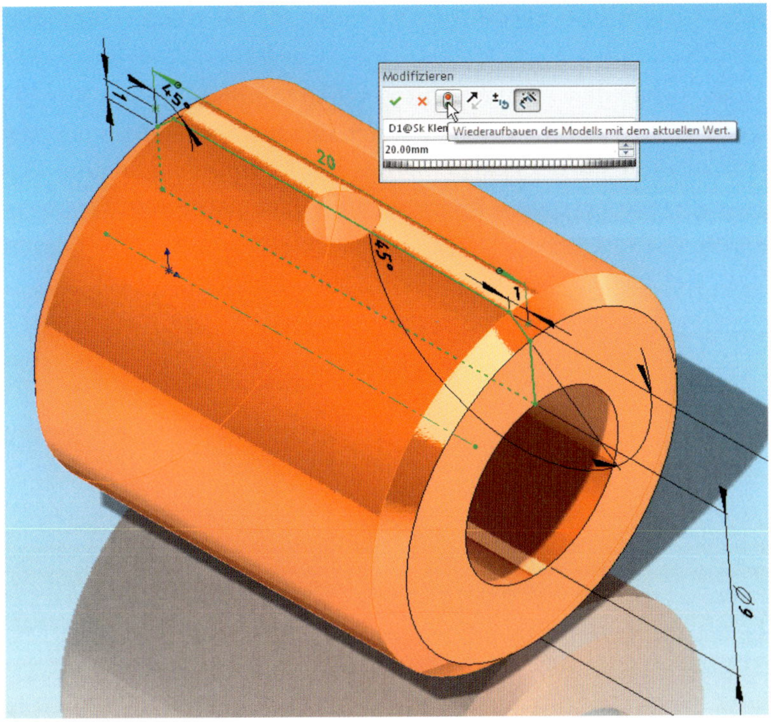

Bild 3.47: Unser erstes „intelligentes Bauteil“: der fertige Klemmring

- Stellen Sie das Maß dann wieder auf **10** mm zurück.

3.4.1 Erscheinungsbilder: Farben bei Bauteilen

Wenn auch Sie bunte Bauteile mögen – natürlich nur, weil Baugruppen dadurch wesentlich übersichtlicher werden! –, dann können Sie sie einfärben wie Ostereier. Dabei können Sie einzelne Flächen, Features und Volumenkörper, aber auch das ganze Bauteil und selbst eine komplette Baugruppe auf einmal einfärben.

- Die Wege dorthin sind Legion, aber ich klicke immer auf das erste Feature und wähle in der Kontext-Symbolleiste, *Erscheinungsbilder*, die letzte Position, hier also das *Bauteil Klemmring* selbst (Bild 3.48).

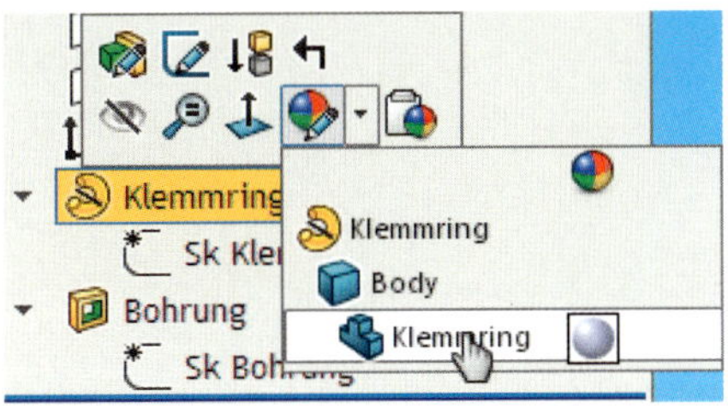

Bild 3.48: Etwas umständlich fällt die Bearbeitung der Texturen aus

Aber vielleicht ist es doch übersichtlicher, wenn Sie über den FeatureManager arbeiten:

- Oben rechts, neben den Tabellenreitern, sehen Sie einen Pfeil (Bild 3.49, Kasten). Klicken Sie darauf, so öffnet sich eine Art Tabelle, über die Sie die *Sichtbarkeit*, den *Rendermodus* (nur Baugruppen!), das *Erscheinungsbild* und die *Transparenz* aller Komponenten verwalten können – sofern sie existieren: Es gibt z. B. keine Texturen für Skizzen.

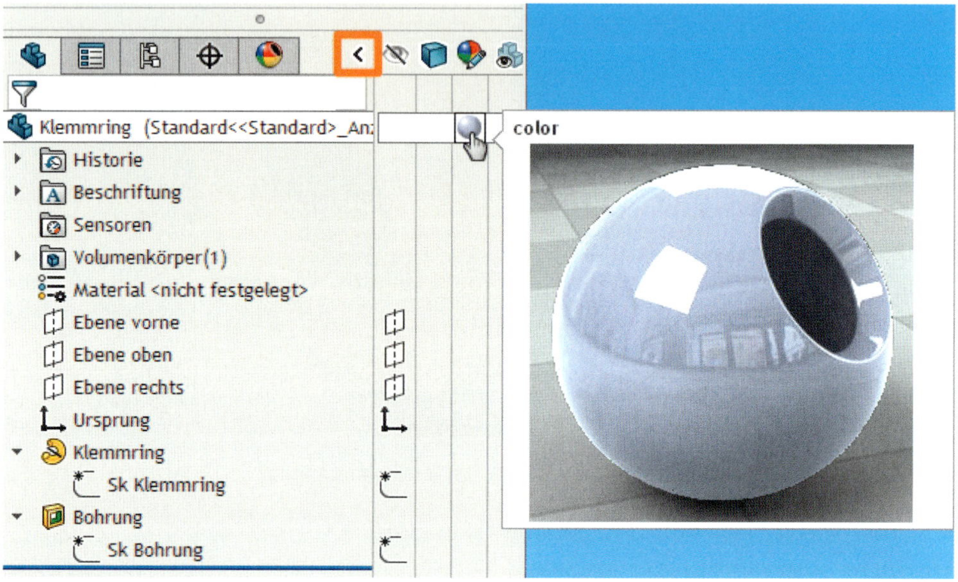

Bild 3.49: Diese Tabellenansicht ist die übersichtlichste Art, Feature-Eigenschaften zu verwalten

Unter *Sichtbarkeit* können Sie z. B. mit einem einfachen Klick einzelne Skizzen und Ebenen ein- und ausblenden. Einzelne Features können Sie hingegen mit der letzten Spalte, *Transparenz*, ein- und ausblenden: Dies ist wesentlich praktischer als die ewige Klickerei mit der Kontext-Symbolleiste.

- Sie können auch neben dem Eintrag *Klemmring* an erster Stelle in die Spalte *Erscheinungsbild* klicken. Dadurch wird die Textur des gesamten Bauteils geöffnet (Bild 3.50).

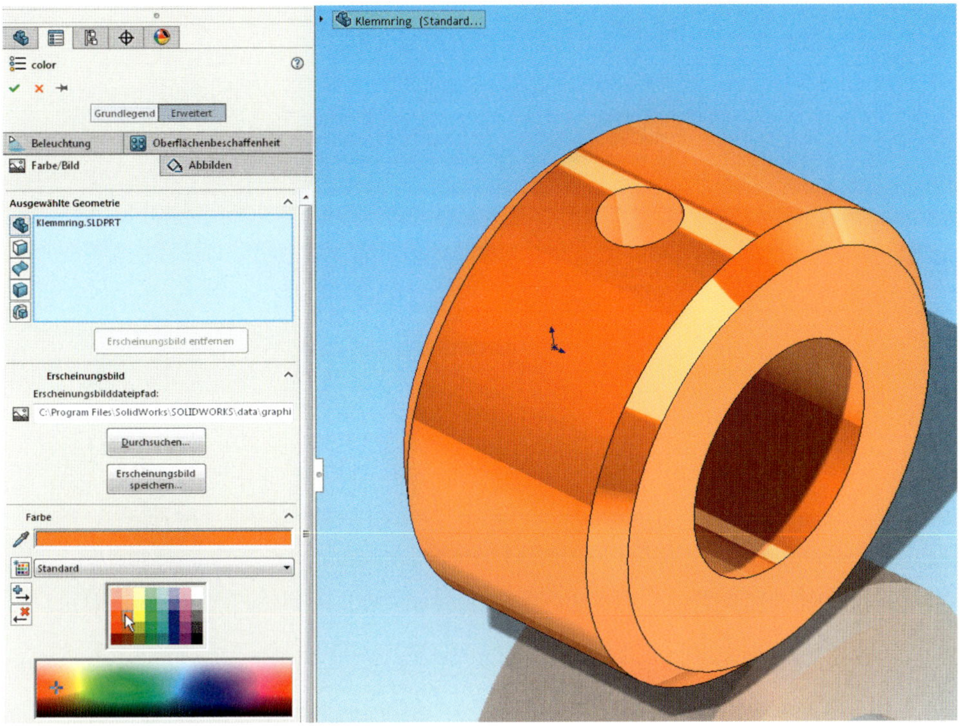

Bild 3.50: Einstellen der Textur eines Bauteils

- Unter *Ausgewählte Geometrie* sehen Sie hier KLEMMRING.SLDPRT, also die gesamte Datei – globaler geht's nimmer. Stellen Sie unter Farbe z. B. ein sattes Orange ein.

Wenn Ihr Rechner eine Grafikkarte hat, die *RealView* erlaubt, fügen Sie noch eine Oberflächenbeschaffenheit hinzu – andernfalls müssen Sie sich eben bis zum Rendern in *PhotoView360* gedulden:

- Schalten Sie um auf den Modus *Erweitert* und wählen Sie die Registerkarte *Oberflächenbeschaffenheit*. Wählen Sie z. B. *Maschinell bearbeitet* (Bild 3.51).

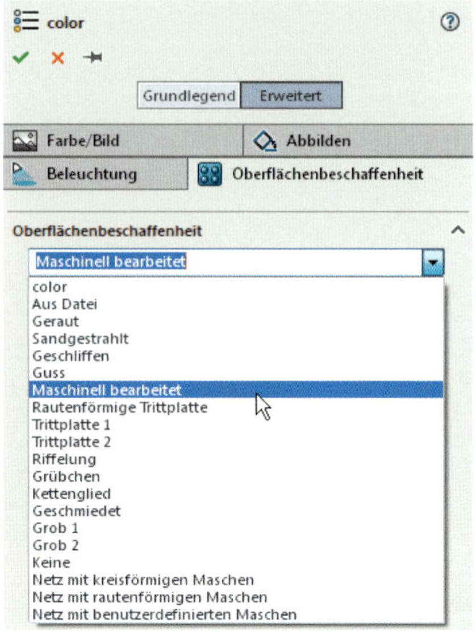

Bild 3.51: Auch die Oberflächen können etwas realistischer gestaltet werden

- Wenn Sie jetzt bestätigen, so wird das neue Material neben *Klemmring* angezeigt (Bild 3.52).

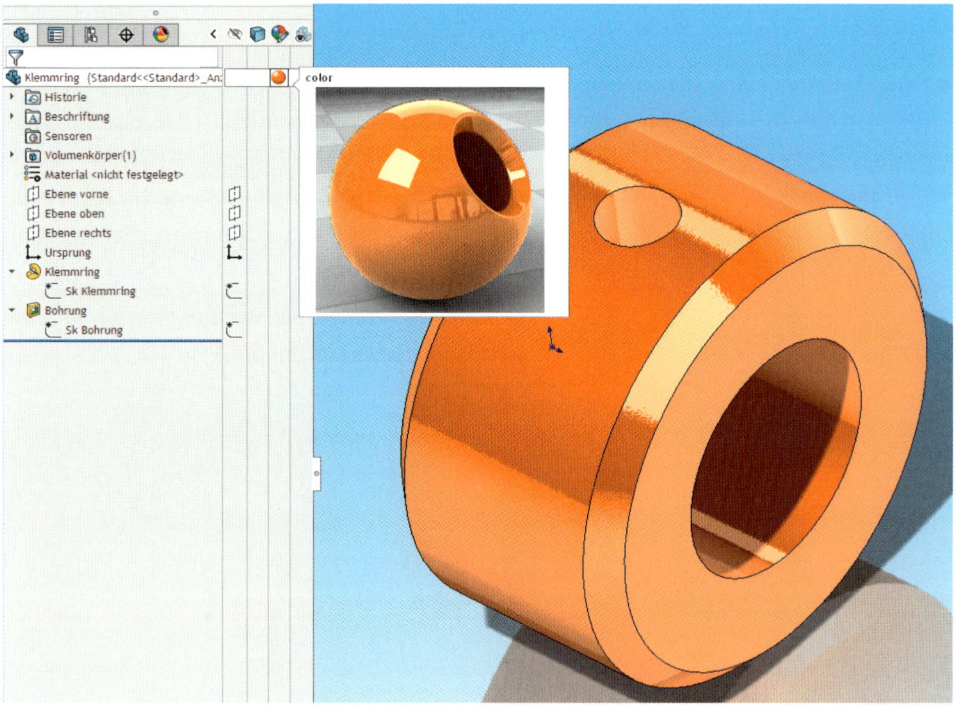

Bild 3.52: Das fertige Material und das Ergebnis

- Speichern und schließen Sie dann das Bauteil.

> TIPP: Erscheinungsbilder können Sie leicht kopieren, auf andere Teile übertragen und wieder entfernen, indem Sie das Kontextmenü des Materials durch Anklicken öffnen. Seien Sie aber vorsichtig. Es macht süchtig.

3.5 Der lose Flansch

Die Schleifscheibe muss eingespannt werden, und dazu setzen wir zwei Druckflansche ein. Bauen Sie zunächst den erheblich einfacheren Flansch auf der Befestigungsseite der Spindel:

- Erstellen Sie ein neues Bauteil und speichern Sie es unter FLANSCH LOSE.
- Die fertigen Teile können Sie ruhig alle speichern und schließen, das erhöht die Performance. Das Gleiche gilt umso mehr für überzählige Instanzen von SolidWorks.
- Erstellen Sie auf der *Ebene vorne* eine neue Skizze mit liegender Mittellinie.

3.5.1 Noch genauer skizzieren

- Schalten Sie das *Gitter* ein und zoomen Sie den Ausschnitt auf etwa 40 mm Höhe.
- Zeichnen Sie die Kontur nach Bild 3.53, wobei Sie beim Punkt 0,30 beginnen und links herum zeichnen. Die linke Vertikale schwebe wieder *deckungsgleich* über dem Ursprung.

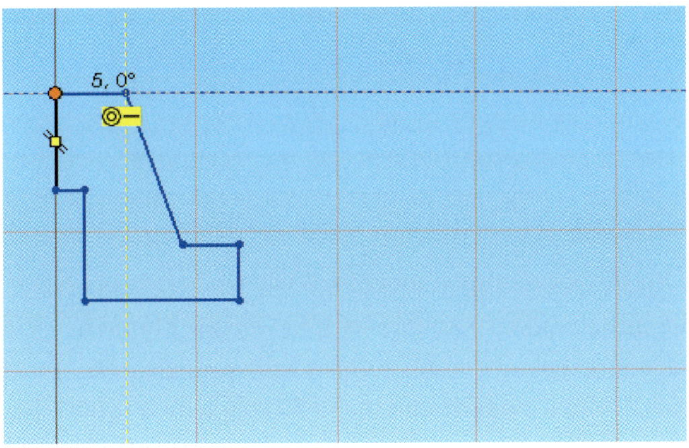

Bild 3.53: Der Entwurf des Flansches

- Bemaßen Sie dann die drei Breiten der Kontur, wobei Sie mit dem kleinen Maß **3** mm anfangen.

- Zeichnen Sie – demonstrationshalber – eine *vertikale* Mittellinie, die *deckungsgleich* mit dem Ursprung verbunden ist und nach oben führt. Tragen Sie dann die vier Durchmesser ein (Bild 3.54).

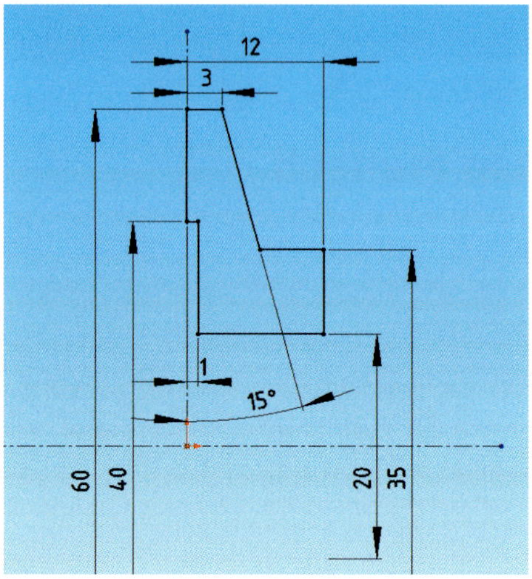

Bild 3.54: Der Winkel wird von der feststehenden Mittellinie abgetragen

- Fügen Sie eine *Skizzenverrundung* von **2** mm sowie eine *Fase* mit **1 x 45°** am rechten Ende hinzu (Bild 3.55).

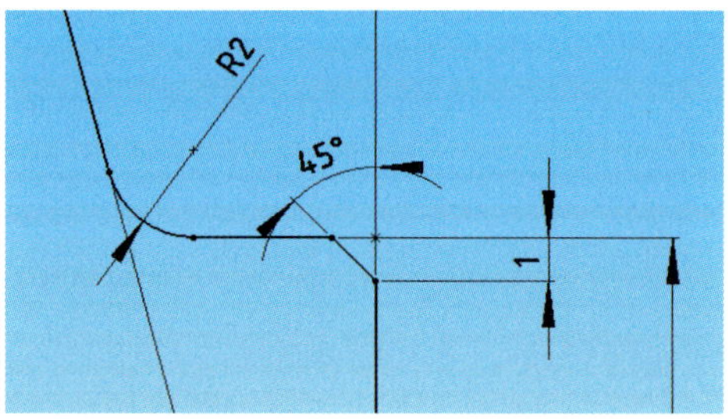

Bild 3.55: Ein Radius und eine Fase, und die Skizze ist vollendet

- Stellen Sie Skizzenbeziehungen und Maße wieder her, falls nötig.
- Schließen Sie nun die Skizze und nennen Sie sie **Sk Flansch**.
- Beim nun folgenden Feature *Aufsatz/Basis rotiert* müssen Sie die Mittellinie auswählen, da Sie diesmal **zwei davon** in der Skizze haben (Bild 3.56, Pfeile).

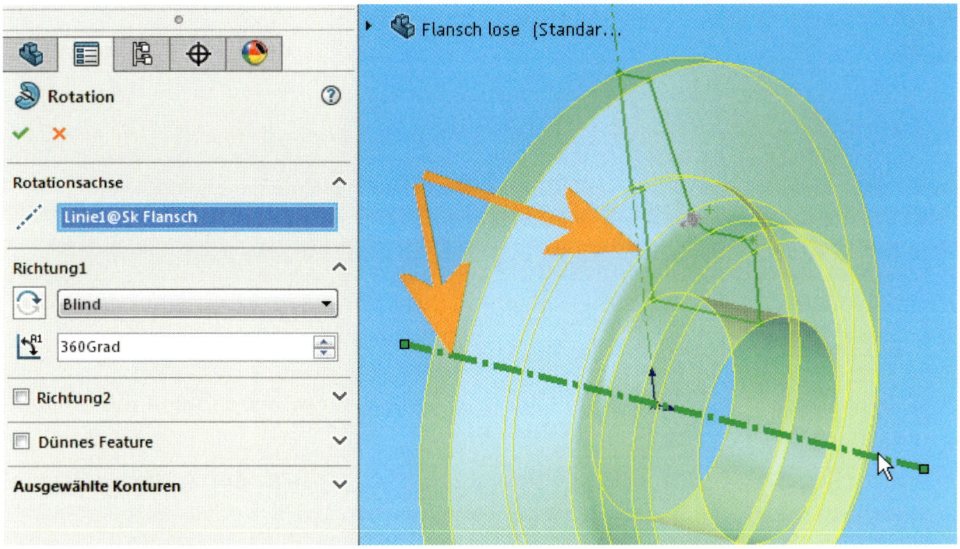

Bild 3.56: Zwei Mittelachsen = Wahlpflicht beim Rotieren!

Damit ist die Scheibe im Wesentlichen fertig, wir brauchen nur noch eine Bohrung anzubringen (Bild 3.57).

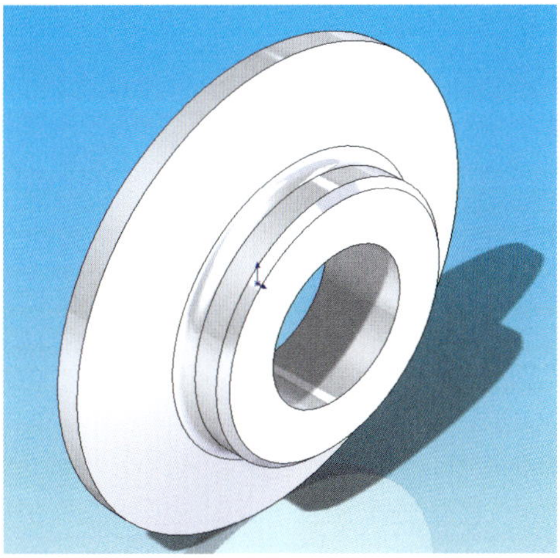

Bild 3.57: Der Flansch, noch ungebohrt

TIPP: Wenn Sie möchten, können Sie die Ansicht mit den Cursortasten bedienen,
und zwar mit Links und Rechts um die X-Achse,
mit Oben und Unten um die Y-Achse und
mit Alt+Links und Alt+Rechts um die Z-Achse.
Zusammen mit Strg und den Cursortasten verschieben Sie die Ansicht, und zusammen mit Shift drehen Sie sie um 90° auf einmal.
Den Winkelbetrag stellen Sie unter *Systemoptionen, Ansicht, Pfeiltasten* ein.

3.5.2 Eine „harmlose" Bohrung

- Erstellen Sie auf der *Ebene oben* eine neue Skizze. Schwenken Sie in die Normalansicht.
- Legen Sie eine horizontale Mittellinie *deckungsgleich* durch den Skizzenursprung.
- Übernehmen Sie die Kante der Lochleibung am rechten Ende der Bohrung *20 mm* mit *Elemente übernehmen*. Markieren Sie die neue Linie dann *Für Konstruktion* (vgl. Bild 3.59, Kreis).
- Zeichnen Sie einen Kreis, verknüpfen Sie ihn *deckungsgleich* mit der Mittellinie und bemaßen Sie ihn mit **4** mm Durchmesser und **4** mm Abstand von der soeben übernommenen Kante (Bild 3.58).

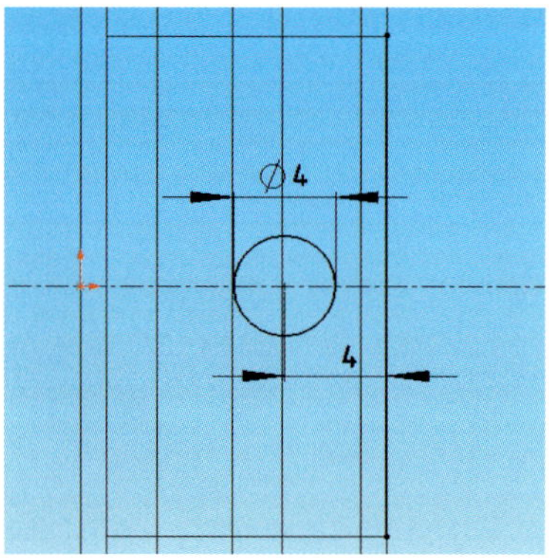

Bild 3.58: Die Bohrung wird skizziert

3.5.3 Räumlich arbeiten

Nutzen Sie für das Vertikalmaß die übernommene Kante, nicht eine der Körperkanten. Das ist natürlich schwierig, weil sich die Kanten gegenseitig verdecken. Wenn Sie es sich zutrauen, können Sie die Arbeitsweise probieren, die in Bild 3.59 dargestellt ist.

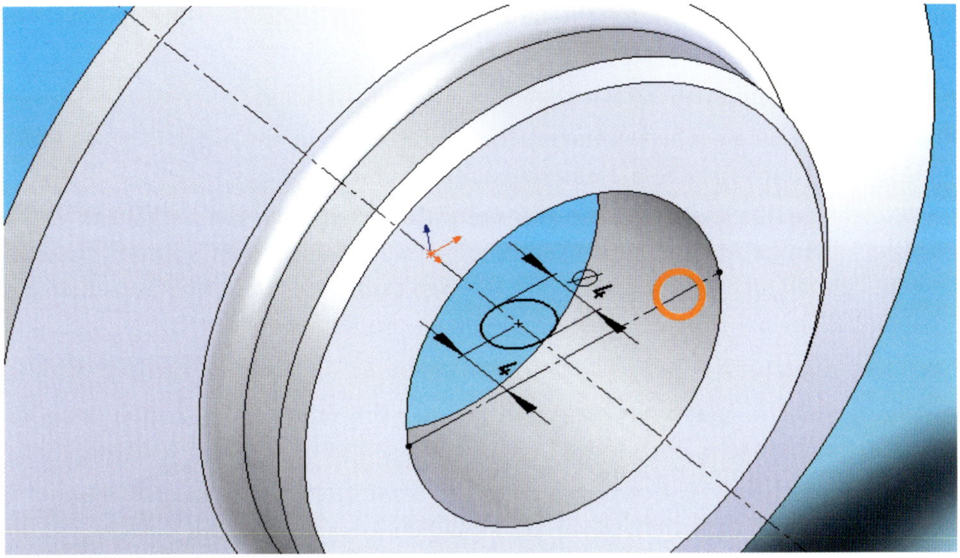

Bild 3.59: Zauberei: Die Werkzeuge funktionieren unabhängig von der Ansicht

- Drehen Sie die Ansicht so, dass Sie die Skizze räumlich sehen. Die Skizzenwerkzeuge funktionieren nun immer noch genau wie vorher, auch Gitter, Fangfunktionen und Bemaßung sind noch exakt dieselben.

Umdenken müssen nur **Sie**, der Anwender: Eine horizontale Bemaßung ist jetzt nicht mehr waagerecht, Kreise sehen wie Ellipsen aus. Auch das Arbeiten mit einer frei schwebenden Skizze ist gewöhnungsbedürftig, zudem haben Sie mehr Freiheitsgrade für Fehler. Doch dafür ist das Auffinden verdeckter Elemente umso leichter.

3.5.4 Auswahl von Elementen

Es gibt aber noch andere Methoden, eine Auswahl zu präzisieren. Sie haben vielleicht schon die Option *Anderes auswählen* in der Kontext-Symbolleiste gesehen (Bild 3.60).

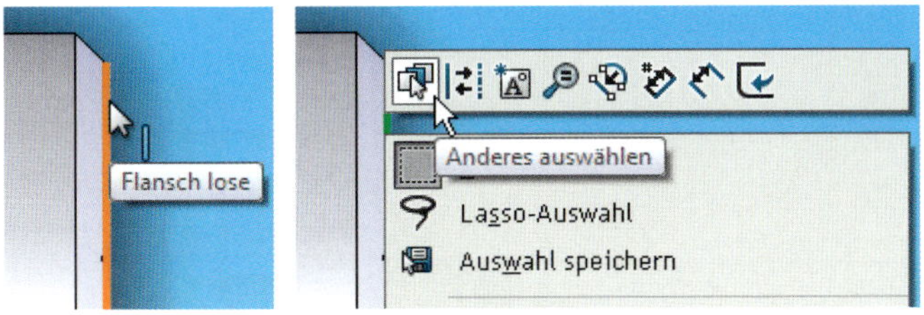

Bild 3.60: *Anderes auswählen* – erste Hilfe für die zweite Wahl

Dahinter verbirgt sich ein ausgeklügeltes System, an verdeckte Objekte heranzukommen:

- Kehren Sie in die Normalansicht zurück.
- Zeigen Sie auf die übernommene Kante: Sie wird in Rot oder je nach Farbeinstellung auch Orange hervorgehoben (Bild 3.60 links).

So werden Objekte angezeigt, die **zur Auswahl bereit** sind: Ein Linksklick wählt das Objekt, ein Rechtsklick öffnet sein Kontextmenü. Je nachdem, worauf *genau Sie* zeigen, können sich aber auch andere Objekte angesprochen fühlen, wie hier die Innenkante der Bohrung *20 mm* oder die innere Kante der Fase.

Doch weiter jetzt mit dem Auswählen von Anderem:

- Führen Sie nun einen Rechtsklick über der übernommenen Kante aus. Das Kontextmenü erscheint (Bild 3.60 rechts). Wählen Sie *Anderes auswählen.*

Daraufhin erscheint eine Auswahlliste mit allen Objekten, also z. B. Punkten, Linien, Kanten und Flächen, die in der aktuellen Ansicht einander überdecken. In Bild 3.61 sind die vier Möglichkeiten in der Zusammenschau zu sehen.

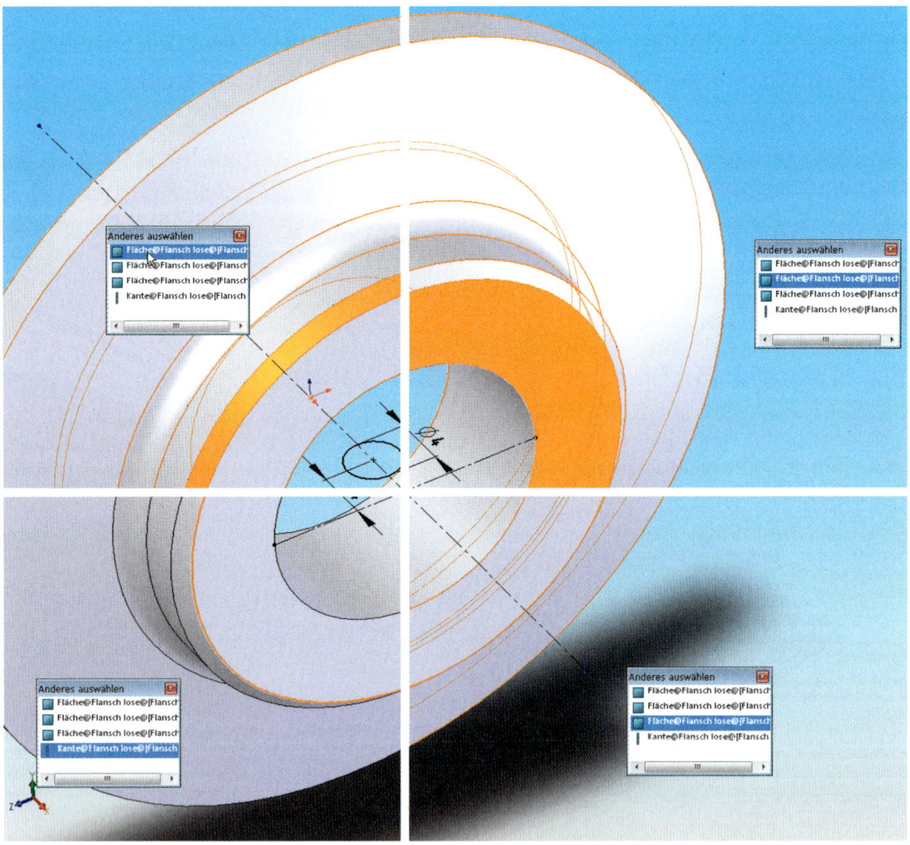

Bild 3.61: *Anderes auswählen* – eine segensreiche Erfindung!

- Außerdem können Sie durch Rechtsklick über den Flächen sukzessive das gesamte Modell ausblenden – zum Beispiel so, dass eine im Inneren liegende Kante übrig bleibt. Der Cursor zeigt eine Maus mit einer Brille auf der rechten Taste.

Die ausgeblendeten Flächen werden in Grau ins Listenfeld eingetragen, so dass sie weiterhin gewählt werden können. Mit Shift + Rechtsklick blenden Sie sie wieder ein (Bild 3.62).

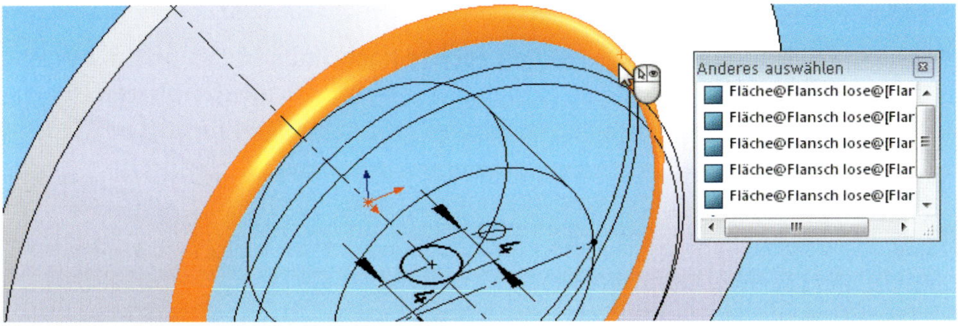

Bild 3.62: Temporäres Ausblenden von Flächen während des Modus *Anderes auswählen*

> Hinweis: Das bedeutet, Sie können auch Objekte erreichen, die ursprünglich **gar nicht in der Liste standen**, zum Beispiel die Zylinderfläche der Aussparung auf der Unterseite. Falls Sie dies grundsätzlich tun wollen, aktivieren Sie unter *Optionen, Systemoptionen, Anzeige/Auswahl* die Option *Auswahl in Modi Drahtdarstellung und Verdeckte Kanten sichtbar erlauben*. Die andere lassen Sie tunlichst inaktiv, sonst kriegen Sie einen Schatten auf die Dauer.

- Sobald Sie die Wahl der übernommenen Kante durch Linksklick vollenden, wird sie gewählt und die ursprüngliche Ansicht wieder hergestellt.

3.5.5 Cursorformen

Der Cursor nimmt unterdessen je nach Objekt und Aufgabe alle möglichen Formen an. In Bild 3.63 sind die Icons für *Ecke, Kante, Fläche, Punkt* und *Kreis* dargestellt.

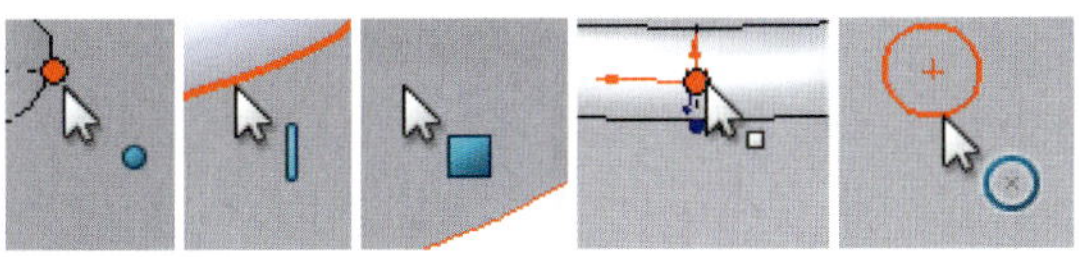

Bild 3.63: Der Cursor variiert je nach dem unterliegenden Objekt

3.5.6 Wahlmodi

Neben dem Anklicken gibt es noch weitere Möglichkeiten, Objekte - und vor allem **mehrere** Objekte auf einmal - zu wählen:

- Mit einer *Rahmenauswahl* schließen Sie alle Objekte ein, die Sie wählen wollen. Der Rahmen wird wie üblich **von links nach rechts** aufgezogen. Objekte, die nicht vollständig im Rahmen sind, bleiben ungewählt. Die Rahmenlinien sind durchgezogen (Bild 3.64 links).
- Ziehen Sie den Rahmen dagegen **von rechts nach links** auf, so treffen Sie eine *Querauswahl*. Das bedeutet, alle enthaltenen und ebenso **alle berührten** Objekte werden gewählt. Der Zugrahmen ist gestrichelt (im Bild 3.64 rechts).

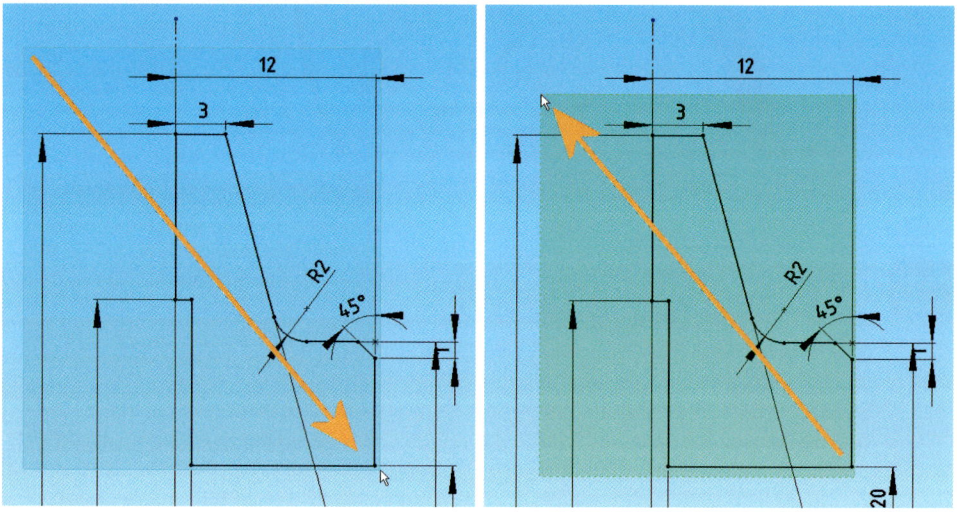

Bild 3.64: Der Unterschied zwischen Rahmen- und Querauswahl

3.5.7 Auswahlfelder

Die gewählten Objekte werden dann üblicherweise in einem so genannten *Auswahlfeld angezeigt*. Dies sind in SolidWorks weitverbreitete Listenfelder, die Sie durch Anklicken aktivieren, wodurch sie blau unterlegt werden (Bild 3.65). Auch die Höhe können Sie verstellen, falls zu viele Elemente enthalten sind.

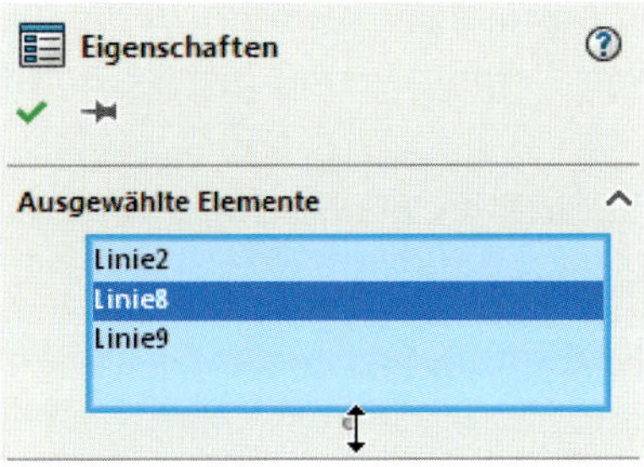

Bild 3.65: Ein Auswahlfeld, höhenverstellbar

- Um Objekte zum Auswahlfeld **hinzuzufügen**, drücken Sie die Strg-Taste, während Sie wählen. Manchmal ist das auch nicht erforderlich – das Programm verhält sich hier etwas inkonsequent.
- **Löschen** können Sie Einträge allerdings bei allen auf die gleiche Art, nämlich, indem Sie den Eintrag markieren und Entf drücken, oder über sein Kontextmenü, *Löschen*.

3.5.8 Auswahlfilter

Bestimmte Arten von Objekten wählen Sie dagegen mit den *Auswahlfiltern*. Die gleichnamige Symbolleiste finden Sie unter *Ansicht, Symbolleiste* (Bild 3.66).

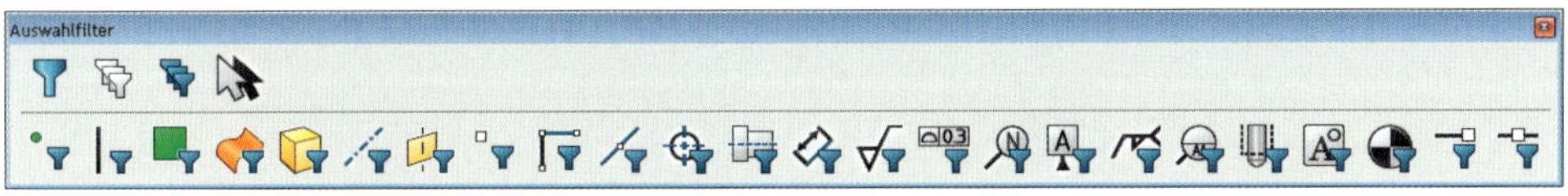

Bild 3.66: Auswahlfilter in reicher Auswahl

Diese Toggle-Schaltflächen dienen dazu, Ihnen in komplexen Modellen, Baugruppen und Zeichnungen eine auf Anhieb richtige Objektauswahl zu ermöglichen. Vertreten sind Modell- und Hilfsobjekte, Skizzen- und Zeichnungselemente.

- Sie können zum Beispiel die Schaltfläche *Filter Kanten* aktivieren (sie bleibt gedrückt), um so ausschließlich Körperkanten im Editor zu wählen. Der Shortcut lautet übrigens E.

- Sie können auch Kombinationen einstellen, indem Sie etwa *Kanten* **und** *Eckpunkte* aktivieren.

- Mit der ersten Schaltfläche der oberen Reihe, *Schalter Auswahlfilter* oder F6 schalten Sie die gesamte Kombination ein und aus, sodass sie nicht gleich wieder verlorengeht.

- Die zweite Schaltfläche *entfernt alle Filter*,

- die dritte dagegen *wählt alle Filter aus.*

- Die vierte Schaltfläche *invertiert die Auswahl* in der Skizze. So können Sie beispielsweise mit dem *Filter Eckpunkte* und *Invertieren* **alles außer** den Eckpunkten wählen.

Vorherige Kombinationen gehen dabei allerdings verloren. Sie können leider auch nicht gespeichert werden.

3.5.9 Weiter im Text

- Schließen Sie die Skizze und nennen Sie sie **Sk Bohrung**.
- Tragen Sie die Skizze dann mit einem *Linear ausgetragenen Schnitt* und der Endbedingung *Bis nächste* zur Bohrung aus. Verwenden Sie wieder die Schaltfläche *Richtung umkehren*, um einen Schnitt nach oben zu erzwingen.
- Nennen Sie das Feature dann **Bohrung**.

Den fertigen Flansch sehen Sie in Bild 3.67. Sehr schön ist die komplexe Form der Lochkante zu sehen, die durch den Schnitt des Bohr-„Zylinders“ mit dem Radius entsteht.

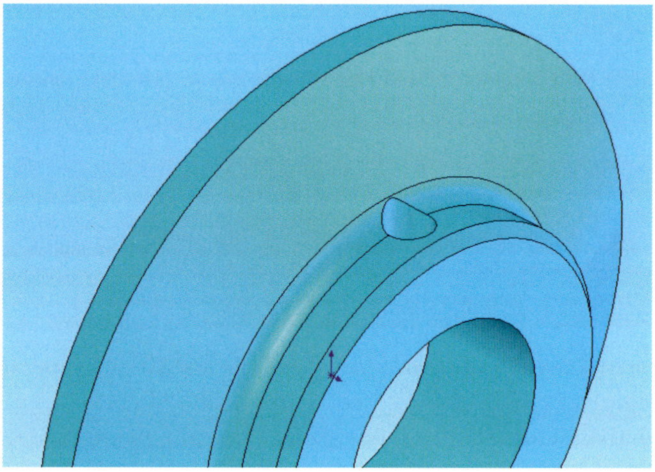

Bild 3.67: Die Bohrung führt durch die Ausrundung

Bild 3.68 zeigt den vollständigen Historienbaum des Flansches.

Bild 3.68: Der Hierarchiebaum von *Flansch lose*

■ 3.6 Die Distanzhülse

Das letzte der kleineren Bauteile besteht in einer Abstandhülse mit einem Bund und einem Gewinde:

- Erstellen Sie ein neues Bauteil und nennen Sie es DISTANZHÜLSE.
- Legen Sie auf der *Ebene vorne* eine Skizze mit liegender Mittellinie an.
- Zoomen Sie mit Hilfe des Gitters auf eine Breite von etwa 90 mm.
- Zeichnen Sie die Kontur nach Bild 3.69. Beachten Sie auch ihre Lage: Der Ursprung liegt an der linken Seite des großen Durchmessers.

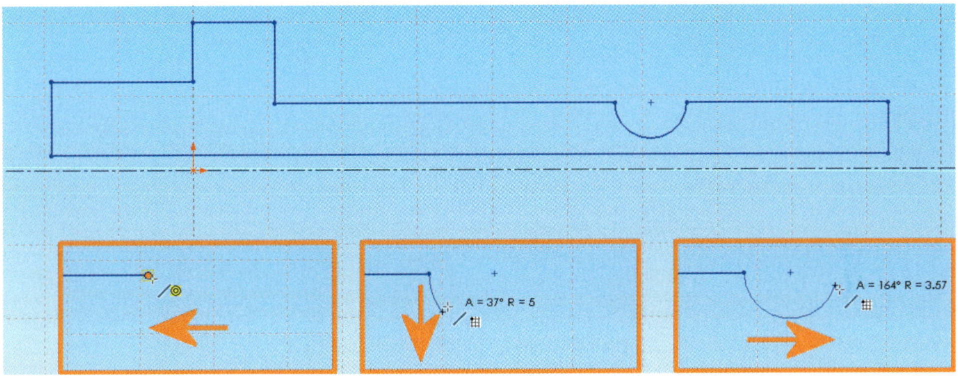

Bild 3.69: Überraschung: Die Linie verfügt über einen eingebauten Bogen

3.6.1 Der Bogenmodus

Manche Funktionen in SolidWorks verfügen über mehrere sogenannte Alternativ-Modi. Diese Modi toggeln Sie mit der Taste A.

Die *Linie* können Sie zum Beispiel auf *Bogen* umschalten, und zwar tangentiale und lotrechte Bogen beiderlei Krümmung, je nachdem, in welche Richtung Sie den Stift vom Anschlusspunkt wegziehen: nach rechts, links, nach oben oder unten. Und jede dieser Richtungen birgt wiederum zwei Krümmungsrichtungen: Uhrzeiger- oder Gegenuhrzeigersinn.

Wenn Sie die ersten drei Linienstücke nach Bild 3.69 gezeichnet haben,

- schalten Sie entweder mit A auf den Bogenmodus um, oder
- Sie ziehen den Stift auf den Anschlusspunkt zurück, wodurch Sie ebenfalls den Bogenmodus einschalten (Kasten links).
- Indem Sie den Cursor vom letzten Punkt nach unten wegziehen, entsteht ein rechtwinklig angesetzter Bogen (Kasten Mitte).
- Setzen Sie dann wie in der Abbildung beschrieben einen Halbbogen an (Kasten rechts). Danach schalten Sie wieder zurück in den Linienmodus und zeichnen den Rest der Kontur.

- Schalten Sie dann das Gitter wieder ab, um sich die Bemaßungsarbeit zu erleichtern.
- Bemaßen Sie zunächst die drei Breiten (Bild 3.70):

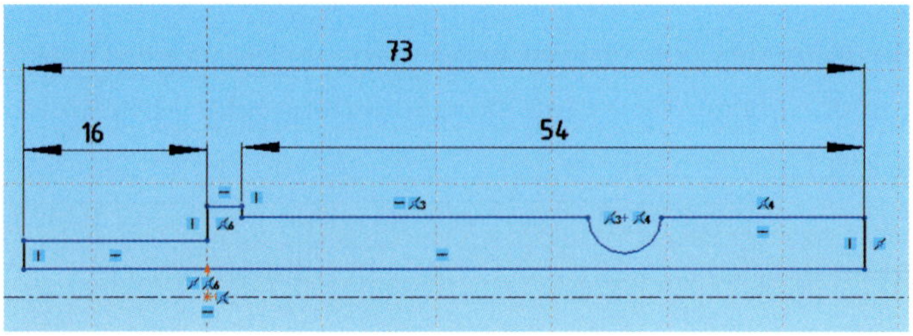

Bild 3.70: Die Breitenmaße

> Hinweis: Schon seit Längerem fällt Ihnen folgendes auf: Wenn Sie das erste Maß ansetzen, verändert sich die Skizze nicht – kein Stück! Falls doch, dann haben Sie die Einstellung *Skizze bei Erstellung der ersten Bemaßung skalieren,* die Sie in den *Optionen, Systemoptionen,* Rubrik *Skizze* finden, noch nicht aktiviert. Sie verhindert ein übermäßiges Verzerren der Skizze bei der Bemaßung. Daher dann auch die Empfehlung, immer mit dem größten Maß anzufangen.

- Bringen Sie zwischen der zweiten Vertikalen von links und dem Ursprung eine Beziehung *Deckungsgleich* an.
- Auf der linken Seite bemaßen Sie zunächst die drei Durchmesser. Setzen Sie an der linken oberen Ecke eine *Fase* **1 x 45°** an.
- Löschen Sie das Maß *1 mm* der Fase und bemaßen Sie die untere Ecke stattdessen über die **Mittellinie** mit einem Durchmesser von **7** mm (Bild 3.71, Kreis).

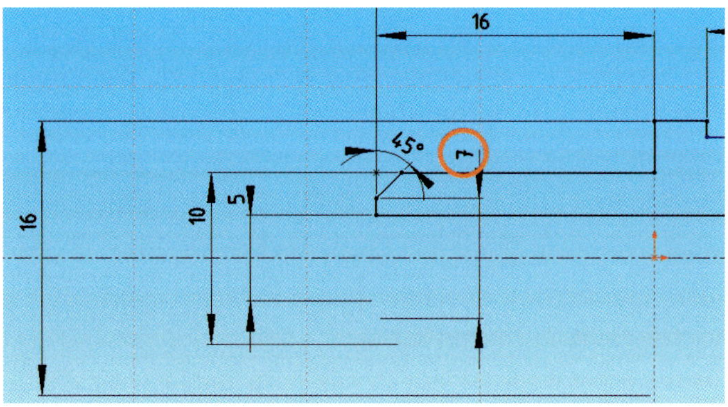

Bild 3.71: Die linke Seite, vollständig bemaßt

Achtung: Sollte das nicht möglich sein, prüfen Sie bitte, ob zwischen dem linken und rechten Endpunkt des Radius bzw. den angrenzenden Horizontalen eine *Kollinear*-Beziehung oder etwas Ähnliches besteht (beide markieren, PropertyManager). Löschen Sie diese Beziehung(en).

Auf der rechten Seite der Skizze sieht es etwas komplexer aus, denn sie hat **zwei** Außendurchmesser:

- Löschen Sie zunächst die Beziehung *Deckungsgleich,* die sich höchstwahrscheinlich zwischen der Linie rechts vom Halbbogen und dessen Zentrum eingenistet hat (Bild 3.72).

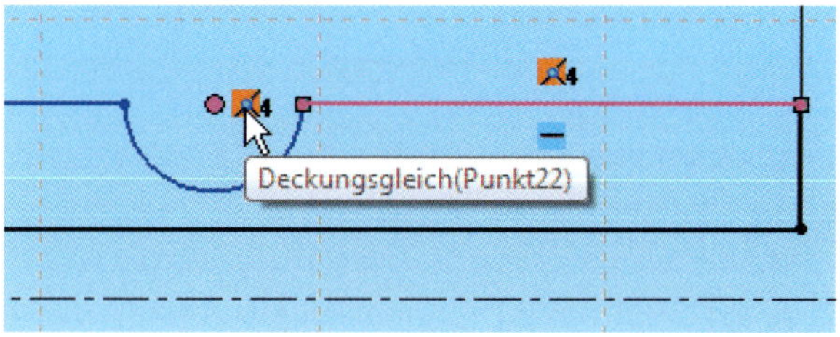

Bild 3.72: Der Nachteil der automatischen Beziehungen ist deren ständige unerwünschte Bildung

- Bemaßen Sie dann die beiden Durchmesser, und zwar die Seite links vom Halbbogen mit **10** mm, die rechte Seite dagegen mit **9** mm (Bild 3.73).

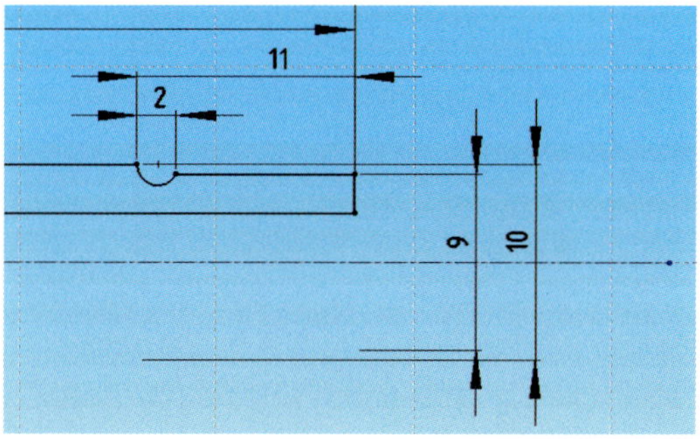

Bild 3.73: Rätselhaft: Die Skizze ist voll bestimmt, obwohl noch ein Maß fehlt

- Bemaßen Sie die Breite des Radius mit **2** mm horizontal, und zwar von Endpunkt zu Endpunkt.
- Der linke Endpunkt erhält dann noch einen Abstand von **11** mm von der rechten Endseite.

Die Skizze scheint nun voll bestimmt, obwohl wir eigentlich noch den Abstand des Radius von der Mittellinie definieren müssten – wir wollen schließlich den Innendurchmesser mitliefern, um den Dreher nicht ins Rotieren zu bringen. Aber wir können eine Bemaßung nicht einfach tangential an einen Bogen ansetzen – wir brauchen einen Fangpunkt:

- Setzen Sie dazu einen *Punkt* auf den Radius, und zwar sowohl *deckungsgleich* als auch *vertikal* unter sein Zentrum – oder einfach auf den unteren Quadranten. **Nicht** auf den Mittelpunkt – achten Sie auf den Indikator (Bild 3.74)!

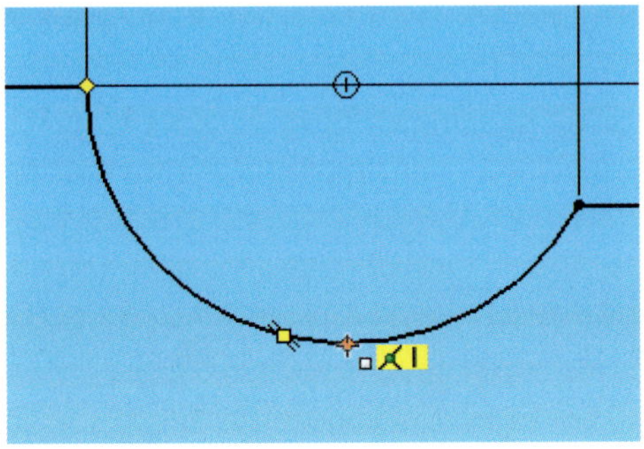

Bild 3.74: Ein Kunstgriff zur Definition des Tangentenmaßes

- Fügen Sie dann eine Durchmesser-Bemaßung ein, indem Sie diesen Punkt fangen…

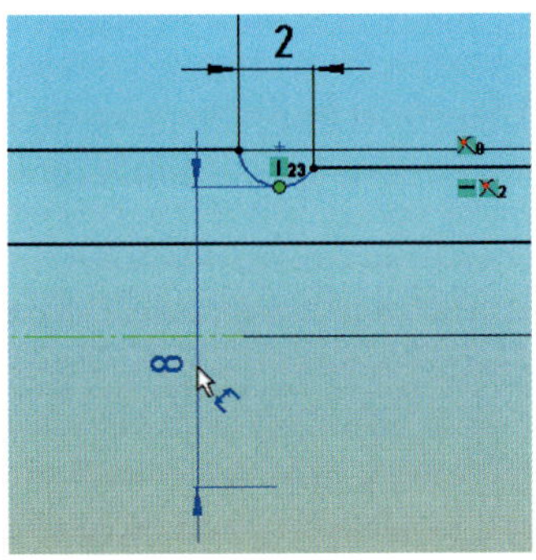

Bild 3.75: Die Tangentenbemaßung führt vom Punktobjekt zur Mittellinie – und darunter

Versuchen Sie trotzdem, nach dem Muster von Bild 3.75 die Tangente des Radius gegen die Mittellinie zu bemaßen – es soll ein Restdurchmesser von **8** mm bleiben – so erleben Sie eine Überraschung.

3.6.2 Überbestimmte Skizzen

SolidWorks meldet sich entweder mit einer Fehlermeldung nach Bild 3.76, die Sie in diesem Fall bitte *abbrechen,* oder der PropertyManager erscheint mit einer langen Liste rot unterlegter Einträge. Löschen Sie dann einfach das zuletzt gesetzte Maß.

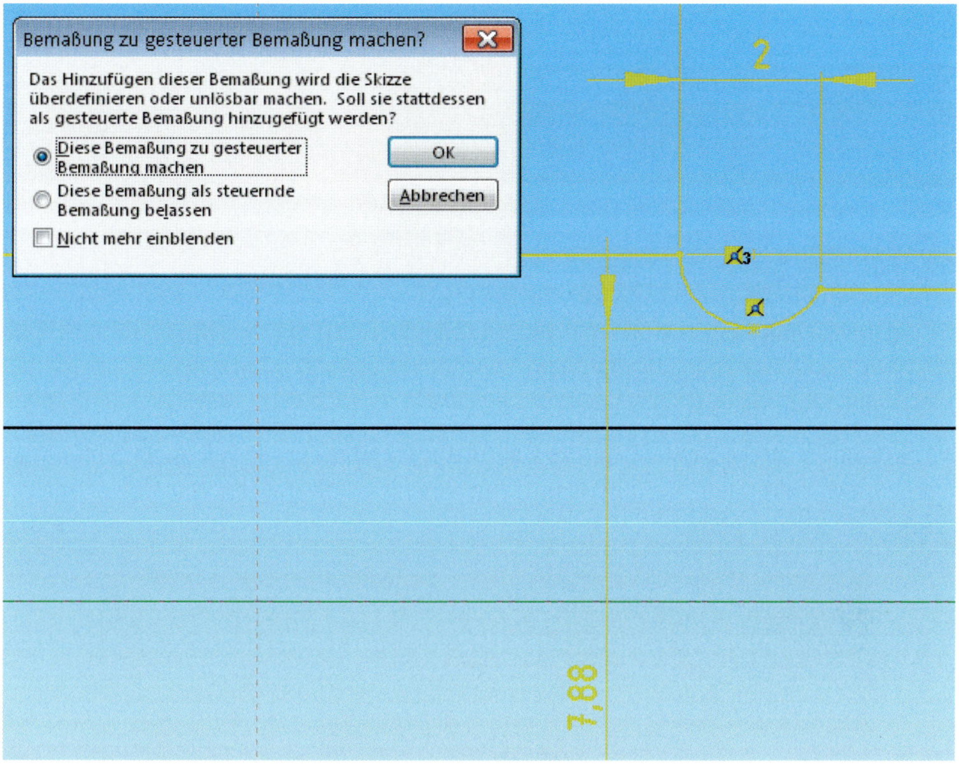

Bild 3.76: Alles gelb: Dieser Durchmesser ist eindeutig einer zu viel

In jedem Fall aber sind einige der Maße ebenfalls gelb eingefärbt – die Farbe für überbestimmte Skizzen. Der Begriff bedeutet schlicht, dass zu viele oder *redundante* Maße in der Skizze sind.

> Hinweis: Mit der Methode der *gesteuerten Bemaßung* können Sie fertigungsrelevante Hilfsmaße erzeugen. Dazu später mehr.

Des Rätsels Lösung sehen Sie, wenn Sie den Mittelpunkt des Radius anklicken. Wenn bei seiner Entstehung die automatischen Skizzenbeziehungen eingeschaltet waren, so wurde der Mittelpunkt möglicherweise nicht nur mit einer der beiden angrenzenden Horizontalen verknüpft, sondern gleich mit beiden (Bild 3.77)!

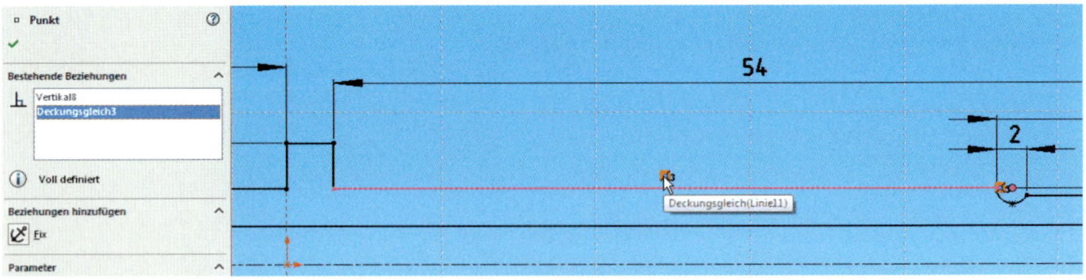

Bild 3.77: Doppelt geklebt: Das Zentrum hängt an der Horizontalen fest

Im vorliegenden Fall ist es die Deckungsgleichheit, die verhindert, dass das Zentrum über die Horizontale steigt, wie es wegen der ungleichen Niveaus der Endpunkte erforderlich ist.

- Löschen Sie diese Beziehung, und SolidWorks wird Ihnen das zusätzliche Maß gestatten. Bemaßen Sie auf **8** mm Durchmesser. Verfahren Sie dabei wie in Bild 3.78 beschrieben.

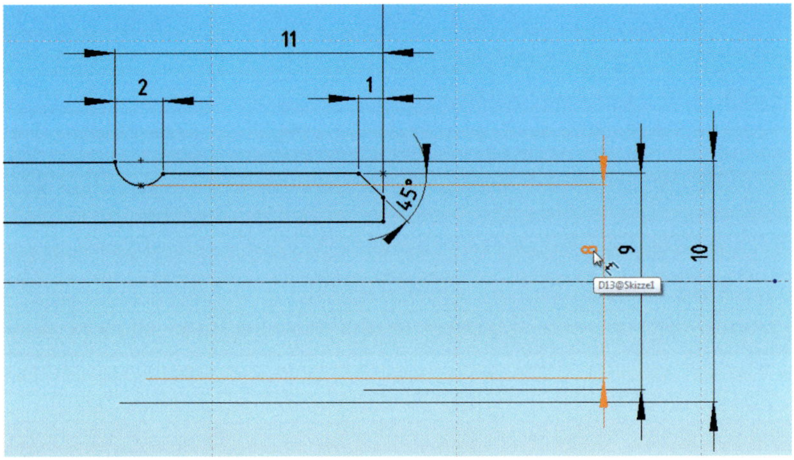

Bild 3.78: Eine kleine Herausforderung: Die rechte Seite

- Bringen Sie dann noch eine *Fase* **1 × 45** am rechten Ende an. Das Maß 54 könnte hierdurch verlorengehen. Definieren Sie es einfach neu.

Der Rest ist einfach:

- Schließen Sie die Skizze, benennen Sie sie mit **Sk Hülse** und rotieren Sie sie mit *Aufsatz/Basis rotiert* um die Mittelachse.
- Nennen Sie das Feature **Distanzhülse**.

Das vorläufige Ergebnis sehen Sie in Bild 3.79.

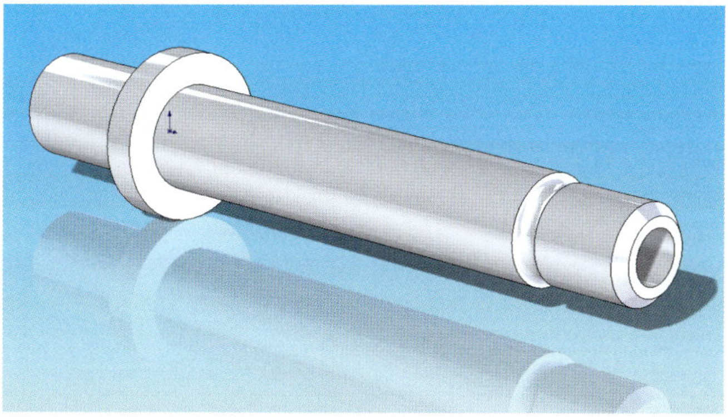

Bild 3.79: Glanzstück: Die Hülse als Rohling

3.6.3 Und wieder: Eine Bohrung

Das folgende Prozedere kennen Sie bereits vom letzten Bauteil, dem losen Flansch:

- Legen Sie auf der *Ebene oben* eine neue Skizze an.
- Legen Sie eine horizontale Mittellinie durch den Skizzenursprung und *übernehmen* Sie die *Kante* der Bohrung auf der rechten Seite *Für Konstruktion* (Bild 3.80).

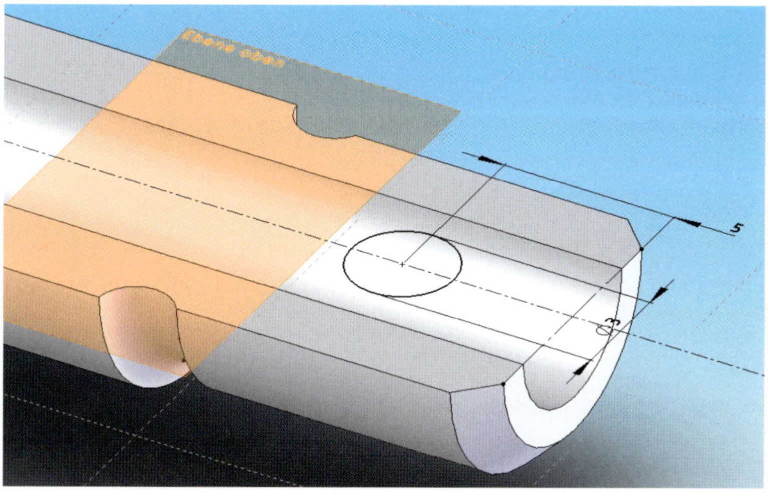

Bild 3.80: Alles wie gehabt: Eine Bohrskizze für das rechte Hülsenende

> TIPP: Das Bild wurde mit der *Schnittansicht* erstellt. Diese sehr praktische Funktion ermöglich Ihnen die Arbeit am Innenleben von Hohlkörpern.

- Zeichnen Sie einen Kreis *deckungsgleich* auf die Mittellinie und bemaßen Sie ihn mit **3** mm.

- Der Abstand von der übernommen Kante beträgt **5** mm.
- Benennen Sie die Skizze **Sk Bohrung**.
- Tragen Sie sie mit einem *Linear ausgetragenen Schnitt* und *Richtung umkehren* durch die positive Hälfte der Hülse (oberhalb von *Ebene oben)*.

In Bild 3.81 sehen Sie Hülse und Bohrung von unten.

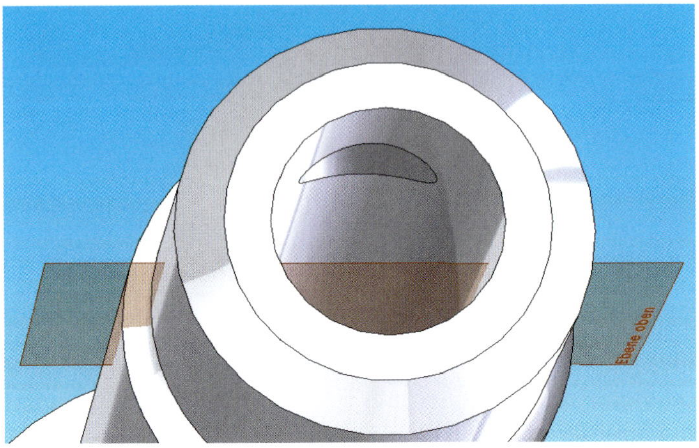

Bild 3.81: Die gebohrte rechte Seite der Hülse

3.6.4 Ein Gewinde M10

Auch die linke Seite versehen wir noch mit einem bekannten Feature: Ein Gewinde ist zu schneiden.

- Rufen Sie *Einfügen, Beschriftung, Gewindedarstellung* auf.
- Klicken Sie für die *runde Kante* auf die Außenkante der Fase. Belassen Sie die Option *Bis nächste* und geben Sie als *Beschreibung* **M10 × 1** ein (Bild 3.82).

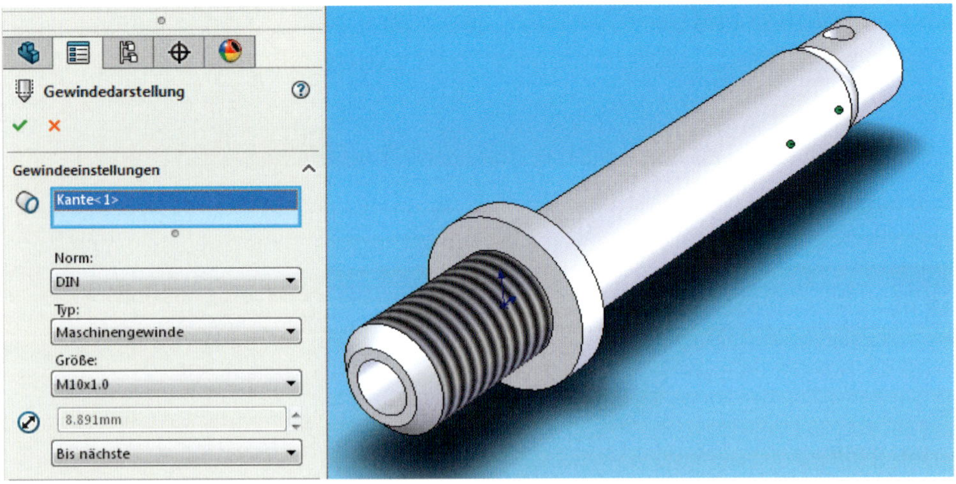

Bild 3.82: Ein Gewinde M10 für die Distanzhülse

- Bestätigen Sie und nennen Sie das Feature **Gewinde M10×1**.

In Bild 3.83 ist noch einmal der vollständige Baum der Distanzhülse abgebildet. Damit ist auch die Distanzhülse fertig.

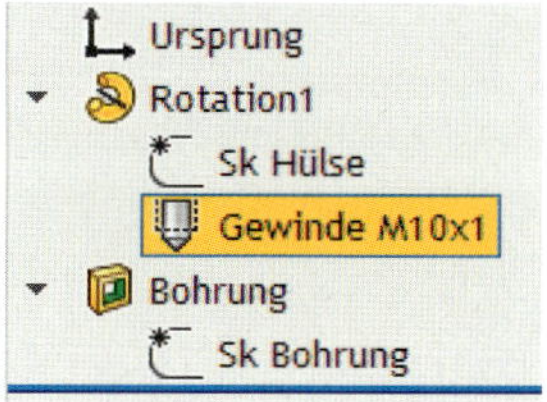

Bild 3.83: Die Hierarchie der Distanzhülse

3.7 Vorbereitung für die Baugruppe

Sie ahnen es schon, diese Bauteile sind Bestandteile eines Ganzen, einer *Baugruppe*. Im nächsten Kapitel werden wir die komplexeren Teile der Spindel realisieren und im darauffolgenden alles zusammenbauen.

Da die Baugruppendatei Verweise auf die Bauteile enthält, ist eine gewisse Ordnung sinnvoll:

- Starten Sie den Windows-Explorer.
- Legen Sie mit *Datei, Neu, Ordner* einen Ordner an. Nennen Sie ihn **Einsatzdorn**. Verschieben Sie die fünf Bauteildateien und alle noch folgenden in diesen Ordner.

4 Gezogen, nicht gedreht

Dass nicht jedes Drehteil unbedingt rotiert werden muss, zeigt die Nutmutter, mit der die Schleifscheibe aufgespannt wird. Die Gründe, die für ein bestimmtes Modellierverfahren sprechen, können vielfältig sein. Aber hier ergibt sich die Extrusion als beste Möglichkeit aus der Tatsache, dass wir damit den Löwenanteil der Modellierung in einer einzigen, leicht verwaltbaren Skizze unterbringen können...

4.1 Die Nutmutter

Wenn Sie das fertige Stück betrachten (Bild 4.40, S. 160), sehen Sie auch, warum das so sein muss: Die höchste Konzentration an skizzierbaren Details finden Sie nicht in der Rotationssymmetrie, sondern in Prismenrichtung – und die können wir nur extrudieren.

- Erzeugen Sie ein neues Bauteil und nennen Sie es NUTMUTTER.
- Zoomen Sie auf einen Ausschnitt von etwa 40 × 40 mm. Legen Sie auf der *Ebene vorne* eine *Skizze* an.
- Zeichnen Sie nun ein Kreuz aus Mittellinien, die beide mit dem Skizzenursprung verknüpft sind (Bild 4.1).

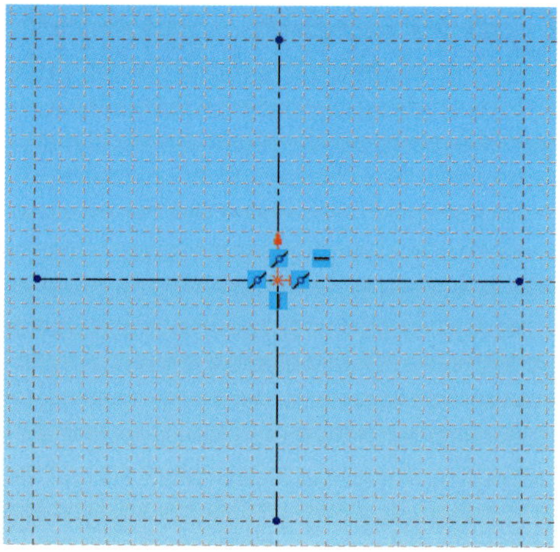

Bild 4.1: Gitter und Mittellinien der Nutmutter

> TIPP: Sie erinnern sich daran, dass Sie den letzten Befehl mit Eingabe wiederholen können? Gut.

- Zeichnen Sie dann einen *Kreis* deckungsgleich mit dem Ursprung und bemaßen Sie ihn mit einem Durchmesser von **41** mm (Bild 4.2).

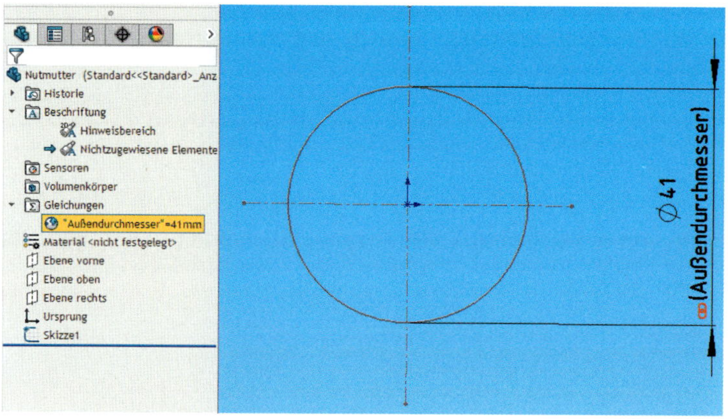

Bild 4.2: Auffrischung: Bilden einer globalen Variablen und Verknüpfen von Maßen

- Benennen Sie dieses Maß über das Kontextmenü, *Wert verknüpfen* mit **Außendurchmesser**. Hierdurch wird zugleich eine Globale Variable gebildet, die im FeatureManager unter *Gleichungen* erscheint.
- Zeichnen Sie dann den L-förmigen Linienzug ein. Er soll den Kreisradius und die Mittellinie deckungsgleich berühren (Bild 4.3).

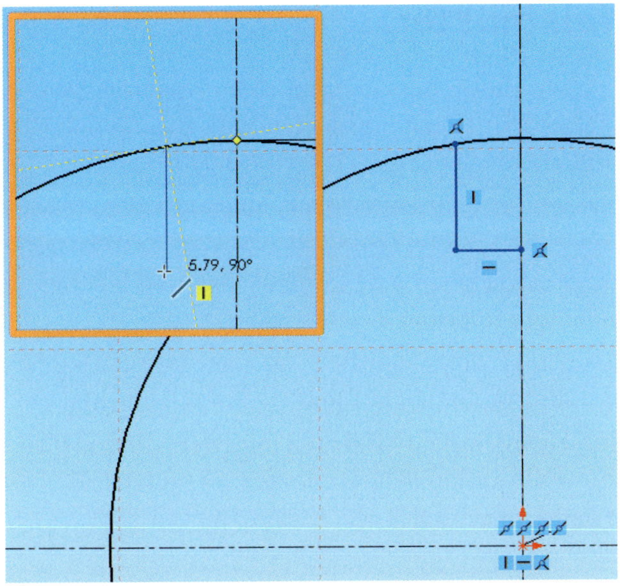

Bild 4.3: Ein mittiger Kreis und die Skizze der Nut. Links verlocken die Polaren ...

Widerstehen Sie dabei dem Vorschlag von SolidWorks, den Polaren zu folgen, also radial zu zeichnen. Zeichnen Sie stattdessen *Vertikal* und *Horizontal*. Achten Sie auf die deckungsgleiche Verknüpfung des Anfangspunktes mit der Kreiskurve und des Endpunktes mit der Mittellinie.

- *Spiegeln* Sie das „L“ dann an der vertikalen Mittellinie, indem Sie die beiden Linien und die Mittellinie wählen (Bild 4.4).

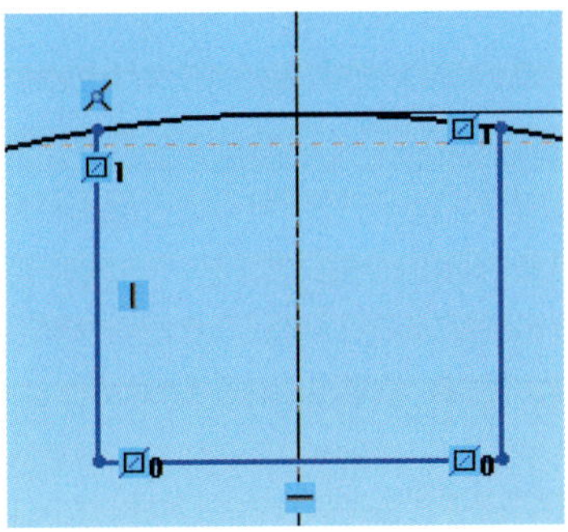

Bild 4.4: Die Skizze der ersten Nut

- Den entstandenen Punkt können Sie löschen, wir brauchen ihn nicht mehr.

■ 4.2 Kreismuster

Die vier Nuten dieser Mutter dienen dazu, einen Nutenschlüssel einzuhaken und die Mutter festzuziehen – sie sind also identisch. Aus diesem Grund können wir sie mit einer Funktion abbilden, die als *Kreismuster* bekannt ist:

- Wählen Sie die drei geraden Linienstücke und aktivieren Sie *Extras, Skizzieren, Kreismuster.*

SolidWorks erkennt normalerweise Ihre Absichten und legt das Zentrum der Anordnung in den Skizzenursprung. Falls nicht,

- ziehen Sie den Punkt unter dem dicken Zentrumspfeil einfach dorthin oder tragen Sie unter *Mitte X* und *Mitte Y* jeweils eine **0** (Null) ein.
- Die *Anzahl* der Elemente beträgt **4**, der *Abstand* – bei gleichem Abstand der Gesamtwinkel – **360** Grad. Setzen Sie die Option *Gleicher Abstand.*

Damit sollte die Reihe so aussehen wie in Bild 4.5.

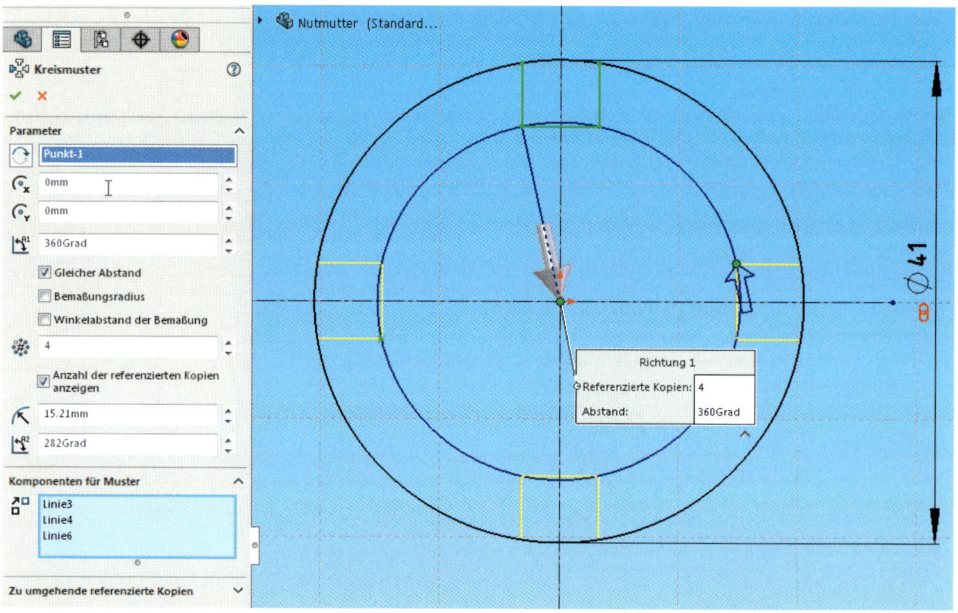

Bild 4.5: Definition eines Kreismusters

Achtung: Die beschriebene Definition von *Bemaßungen* für Abstand und Winkel kann leicht zu falschen, unpraktischen oder überdefinierenden Bemaßungen führen. Dimensionieren Sie die Reihe daher besser nachträglich.

Die vier Nuten sehen sauber aus, doch wenn Sie eine der Kopien bemaßen, die Skizzenbeziehungen einblenden oder probehalber eine Ecke wegziehen, so wird deutlich, dass es hier noch einiger Definitionen bedarf (Bild 4.6).

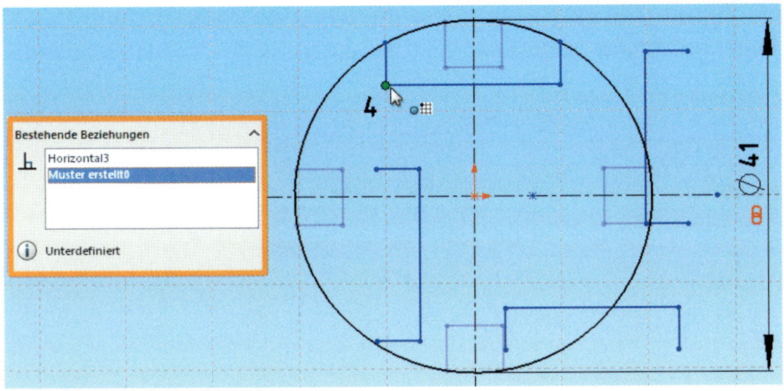

Bild 4.6: Wackelkandidaten: Die Bestandteile des Musters sind eigenwillig...

- Blenden Sie die Skizzenbeziehungen ein.

Offenbar wurden die Skizzenbeziehungen *Deckungsgleich* nicht mitkopiert, nur das Label für *Muster erstellt* ist zu sehen. Um dies zu beheben, müssen wir uns allerdings nur eine der drei **Kopien** vornehmen – eine weitere Folge der strengen MCAD-Logik:

- Verknüpfen Sie beide Endpunkte einer Kopie mit dem Kreis jeweils *deckungsgleich* (vgl. Bild 4.8).
- Damit sollten sich alle vier Elemente korrekt verhalten, in jeder Position mit dem Kreis verbunden bleiben und sich stets symmetrisch zu ihrer Mittelachse platzieren – egal wie heftig Sie daran ziehen (Bild 4.7).

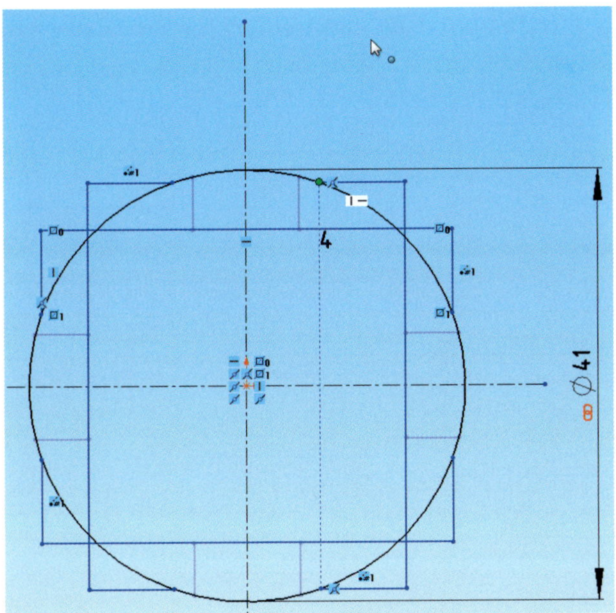

Bild 4.7: *Stresstest:* Das Verknüpfen nur zweier Endpunkte behebt das Problem

- Bemaßen Sie nun die Breite einer Nut mit **6** mm und den Abstand zwischen zwei „Nutböden“ mit **31** mm (Bild 4.8).

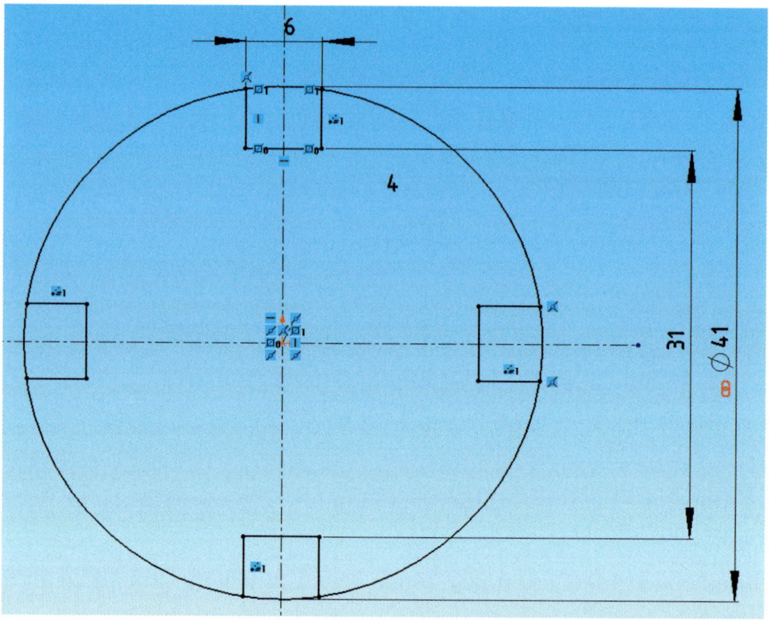

Bild 4.8: Mit zwei Maßen werden alle Nuten definiert

Damit ist die Skizze bereits voll definiert. Bleibt noch, die Kreisstücke in den Nuten herauszuschneiden:

- Aktivieren Sie *Elemente trimmen* und trennen Sie die Segmente aus dem Kreis heraus, sodass nur die Nuten übrigbleiben (Bild 4.9).

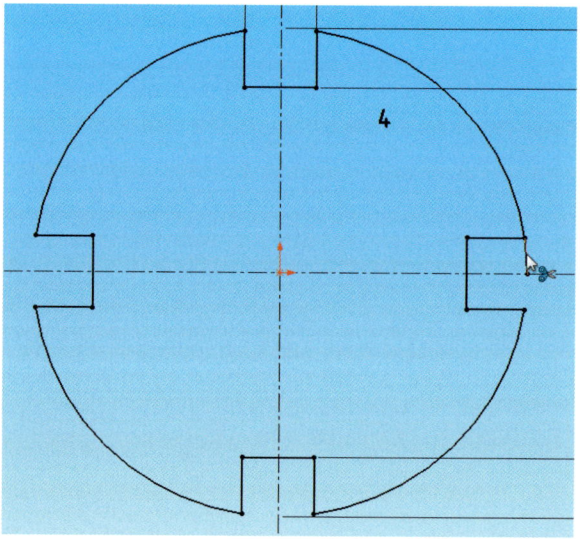

Bild 4.9: Die Nuten werden ausgeschnitten

- Schließen Sie die Skizze und nennen Sie sie **Sk Nutmutter**.
- Tragen Sie sie mit einem *Linear ausgetragenen Aufsatz* und der Endbedingung *Blind* um **9** mm aus (Bild 4.10).

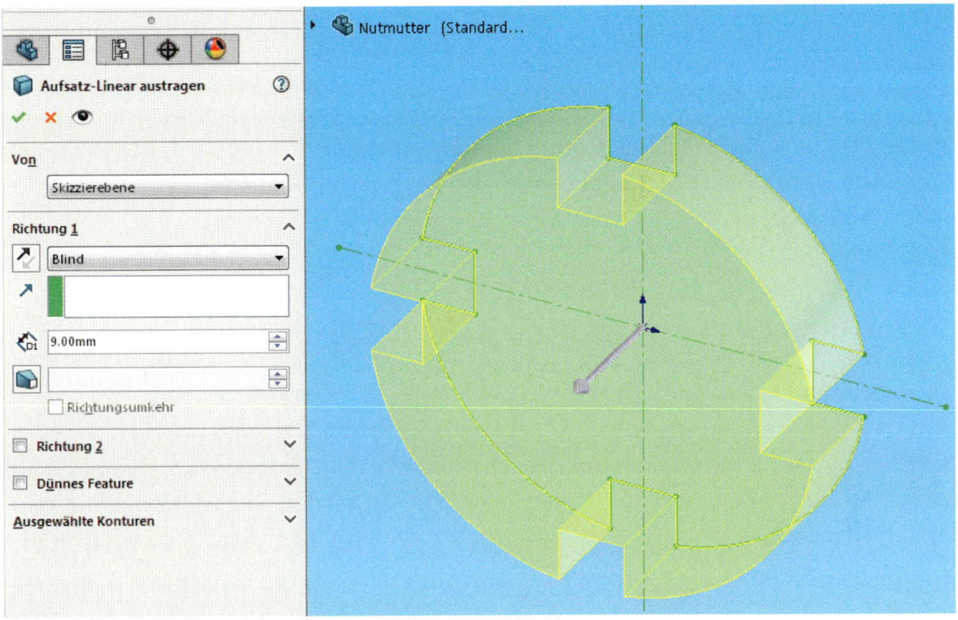

Bild 4.10: Die Nutmutter wird ausgetragen

- Nennen Sie das Feature **Nutmutter**.

Den fertigen Grundkörper sehen Sie in Bild 4.11.

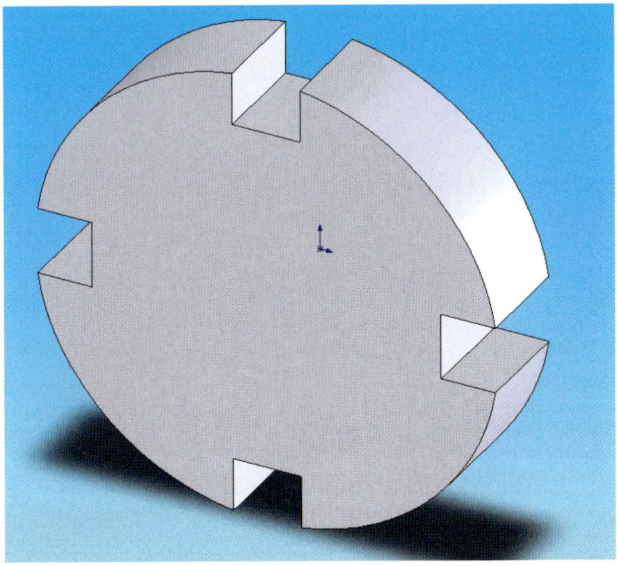

Bild 4.11: Der Grundkörper ist fertig

4.3 Referenzebenen

Die Nutmutter soll nach dem Festziehen auf der Welle zu arretieren sein. Dies erreichen wir, indem wir einen Sägeschnitt parallel zur Grundebene legen. Von ihm sollen allerdings nur zwei der vier Nuten betroffen sein. Der Schnitt muss also gedreht werden.

Das wiederum bedeutet, wir brauchen auch eine zusätzliche, gedrehte Skizzierebene, was in SolidWorks als **Referenzgeometrie** bezeichnet wird. Die Referenzgeometrie ist im MCAD so allgegenwärtig, dass sie eine eigene Symbolleiste besitzt (Bild 4.12).

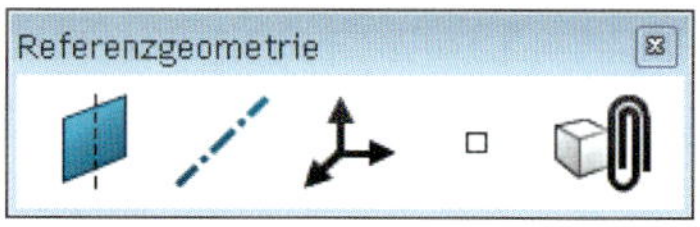

Bild 4.12: Die Symbolleiste *Referenzgeometrie*

Sie sehen, dabei kann es sich um *Ebenen, Achsen, Koordinatensysteme, Punkte* und *Referenzobjekte* handeln. Die Ebenen und Achsen werden Sie allerdings am häufigsten brauchen.

- Wechseln Sie in die isometrische Ansicht und zeigen Sie die *temporären Achsen* an.

Temporäre Achsen erzeugt SolidWorks für zylindrische oder konische Objekte automatisch. Zum Beispiel für die Achse der Nutmutter.

- Wählen Sie die *Ebene oben*. Aktivieren Sie dann in der Symbolleiste *Referenzgeometrie* das Feature *Ebene* (Bild 4.13).

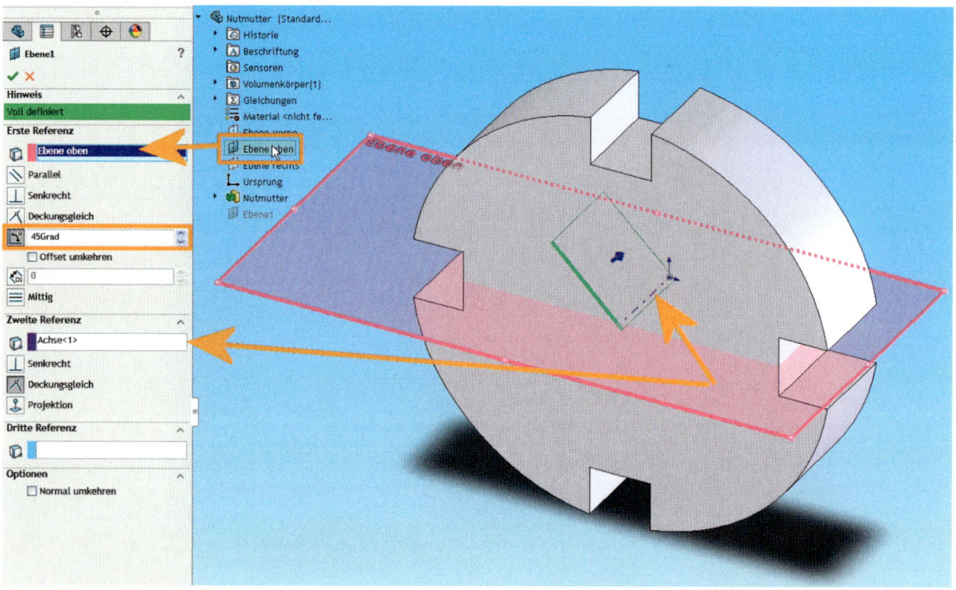

Bild 4.13: Refrenzebenen lassen sich auf vielerlei Arten definieren

Die *Ebene oben* sollte bereits im Auswahlfeld *Referenzelemente* eingetragen sein. Falls nicht,

- aktivieren Sie die Liste unter *Erste Referenz* und wählen die Ebene im Editor oder aus dem sogenannten *Aufschwingenden FeatureManager* (Kasten oben).

Doch das genügt noch nicht, denn zur Definition einer Ebene im Raum gehören laut Geometriebuch entweder

- drei Punkte,
- zwei Punkte und eine Linie,
- zwei nicht kollineare Linien,
- eine Ebene und ein Abstand,
- zwei Ebenen – bzw. eine Ebene plus Achse oder Kante – und ein Winkel,
- eine Kurve auf einer Ebene und ein Punkt oder
- eine geschwungene Fläche und ein Aufpunkt.

Alle diese Konstellationen finden Sie in SolidWorks wieder. Die neue Ebene soll durch die Achse des Zylinderkörpers verlaufen, also sollten wir diese Elemente zur Festlegung nutzen:

- Aktivieren Sie die Liste unter *Zweite Referenz* und klicken Sie auf die temporäre Achse der Nutmutter. Denn die verläuft genau durch den Skizzenursprung (Pfeile).
- Aktivieren Sie die Schaltfläche *Im Winkel* (Kasten unten) und tragen Sie **45°** ein.

Damit sollte die Ebene als grüne Fläche angezeigt werden – das Hinweisfenster bestätigt mit dem Text *Voll definiert*, dass die Indizien ausreichen.

- Bestätigen Sie, und die Ebene wird je nach Einstellung der Optionen eingefärbt und angezeigt (Bild 4.14).

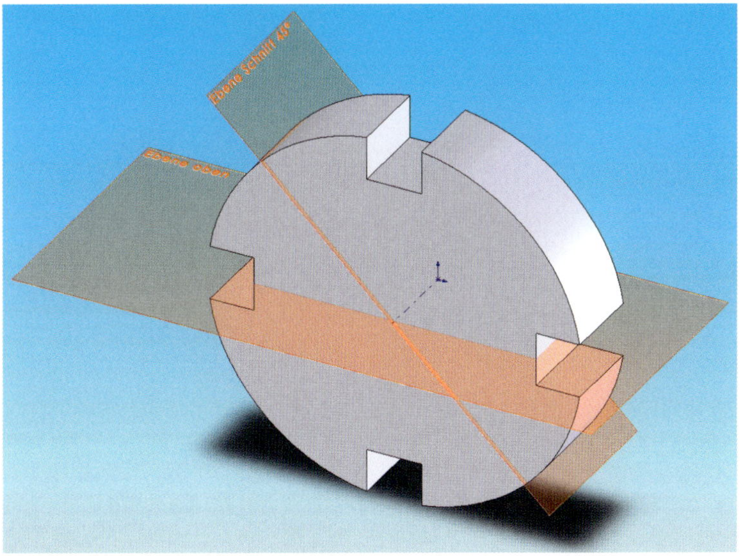

Bild 4.14: Die neue Ebene ist um 45° geneigt

Die Ebene ist ein Feature, hatten wir gesagt, also besitzt sie auch einen Eintrag im FeatureManager. Sie können sie daher auch jederzeit **ändern** oder auch wieder **löschen** (Bild 4.15).

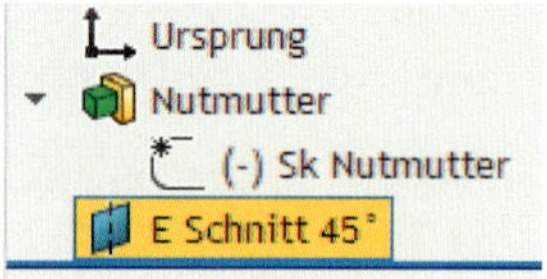

Bild 4.15: Auch Referenzobjekte können benannt und editiert werden

- Nennen Sie sie **Ebene Schnitt 45°** oder kürzer **E Schnitt 45°**.

Hinweis: Sie bemerken, dass der FeatureManager umso übersichtlicher wird, je weniger lesbare Zeichen er enthält. Daher rate ich Ihnen zur Verwendung von Kürzeln, also „Sk“ für Skizze, „S“ für Schnitt, „E“ für Extrusion, „R“ für Rotation und „E“ für Ebene. Mit der Zeit werden Ihnen eigene Kürzel für die verschiedenen Features einfallen. Wichtig daran ist die Konsistenz, denn Sie müssen ein Feature unter Umständen auch **ohne** den FeatureManager und das Icon identifizieren können!

- Wählen Sie nun die neue Ebene und legen Sie eine *Skizze* darauf an. Wechseln Sie in die Normalansicht.
- Zeichnen Sie dann ein Rechteck ein, dessen untere Seite *deckungsgleich* mit der temporären Achse verbunden ist (Bild 4.16).

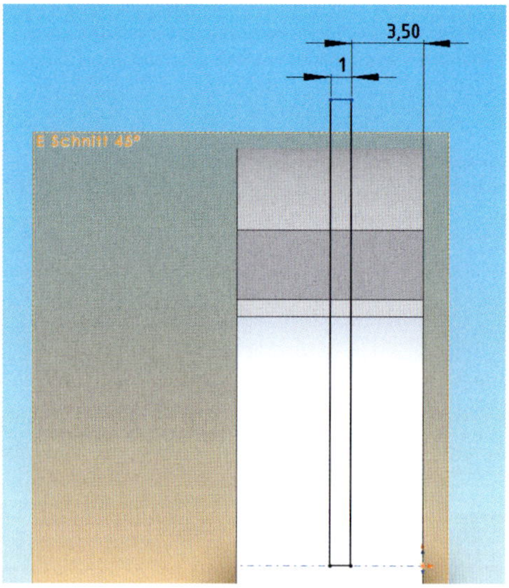

Bild 4.16: Die Schnittskizze: Bisher haben wir nur zwei von drei notwendigen Maßen

- Bemaßen Sie den Abstand vom Ursprung mit **3.5** mm sowie die Breite des Rechtecks mit **1** mm.
- Ziehen Sie die Höhe vorerst einfach nach oben über die Schnittlinie mit der Mutter hinaus. Schließen Sie dann die Skizze und nennen Sie sie **Sk Schnitt.**

4.4 Schnitt in zwei Richtungen

Sie haben es sicher schon bemerkt – und hoffentlich auch schon ein wenig damit gespielt: Die Möglichkeiten, die manche Features bieten, sind schier unübersehbar. Auch der lineare Schnitt ist so ein Fall:

- Markieren Sie *Sk Schnitt* und rufen Sie den *Linear ausgetragenen Schnitt* auf.
- Definieren Sie als Endbedingung *Bis nächste* (Bild 4.17).

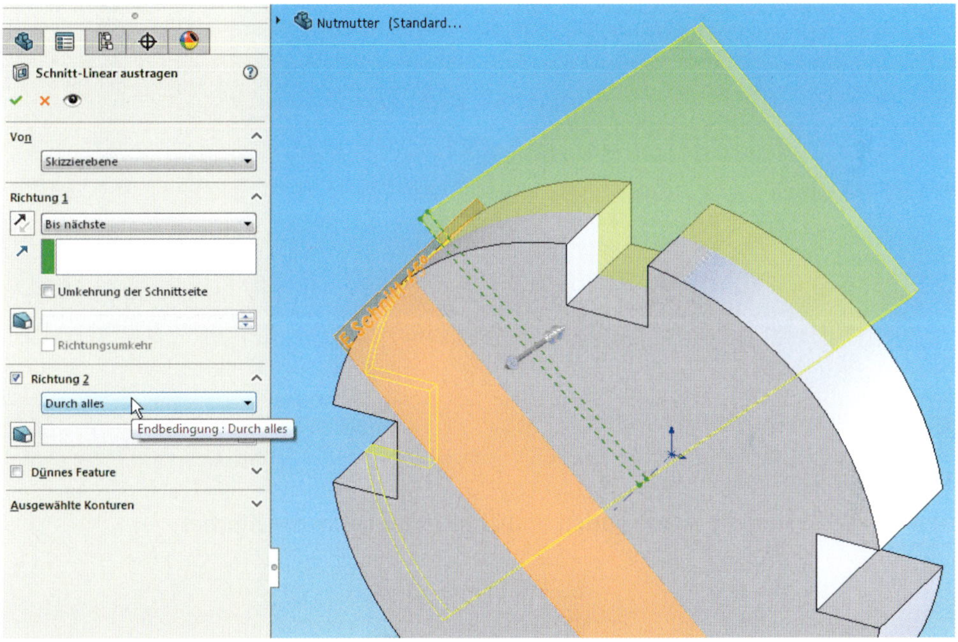

Bild 4.17: Die Grundfeatures sind ausgesprochen vielseitig – es braucht nur eine Weile, sie vollständig zu verstehen

Der Schnitt wird bis zu derjenigen nächsten Fläche angedeutet, die ihn vollständig abdeckt. Das ist in diesem Fall die Randfläche des Grundkörpers. Ändern Sie später dessen Skizze, so wird auch der Schnitt nachgeführt (s. Kapitel 1).

- Aktivieren Sie das Optionsfeld *Richtung 2*. Der PropertyManager wird erweitert, sein Gruppenfeld bietet ähnliche Optionen wie das von *Richtung 1*.
- Stellen Sie hier probehalber die Endbedingung *Durch alles* ein.

Dieser Schnitt wird ganz anders angedeutet: Erstens füllt sein gelbes Volumen die gesamte Skizze aus, zweitens reicht er unendlich weit über den Grundkörper hinaus. Befände sich in seiner Bahn ein anderes Solid, so würde dieses ebenfalls geschnitten, und läge es auf dem Mond.

Sie sehen außerdem, dass der Schnitt zu beiden Seiten der Skizze verläuft. Das Schöne daran: Die beiden Teile sind unabhängig voneinander zu steuern.

- Stellen Sie nun auch die Endbedingung der *2. Richtung* auf *Bis nächste* ein. Bestätigen Sie dann das Feature und nennen Sie es **S Schnitt** (Bild 4.18).

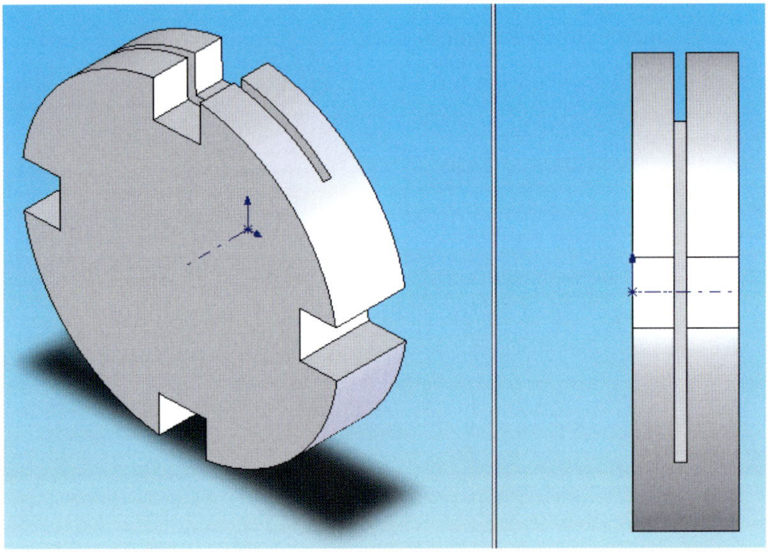

Bild 4.18: Die *Nutmutter* mit *Schnitt*

- Speichern Sie das Bauteil.

In Bild 4.19 sehen Sie noch einmal den Hierarchiebaum bis hierher.

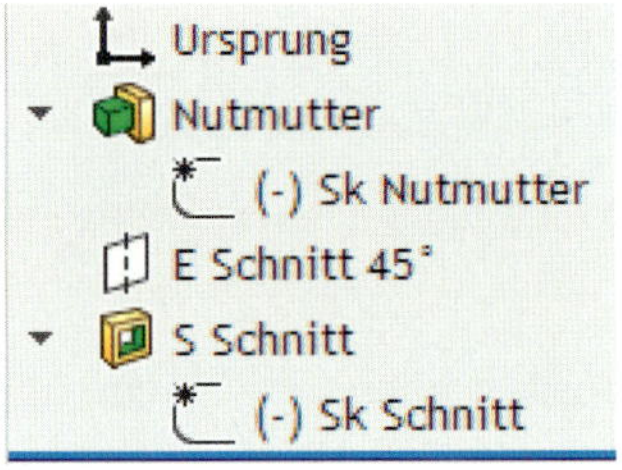

Bild 4.19: Der Baum der Nutmutter

■ 4.5 Die Schnittansicht

Mit der Schnittansicht können Sie sich einen besseren Einblick ins 3D-Modell verschaffen. Besonders interessant ist sie natürlich bei hohlen Werkstücken.

> Hinweis: Diese Funktion schneidet das Bauteil nicht permanent. Sie ist kein Feature, sondern eine Ansichtsfunktion.

Im Fall der Nutmutter beschäftigt uns natürlich vor allem die Form und Natur des Einschnittes. Denn er ist so schmal, dass wir kaum hineinsehen können, um seine korrekte Form und Lage zu überprüfen.

- Wechseln Sie in die *Isometrieansicht*. Klicken Sie die vordere Endfläche der Nutmutter an. Die Fläche wird – zumeist – grün eingefärbt.

- Aktivieren Sie dann *Schnittansicht* aus der Symbolleiste *Ansicht*.

Die Ebene wird **blau** unterlegt. Dies ist die Farbe der *ersten Schnittebene*, die Sie auch im PropertyManager der Schnittansicht sehen und ändern können (Bild 4.20).

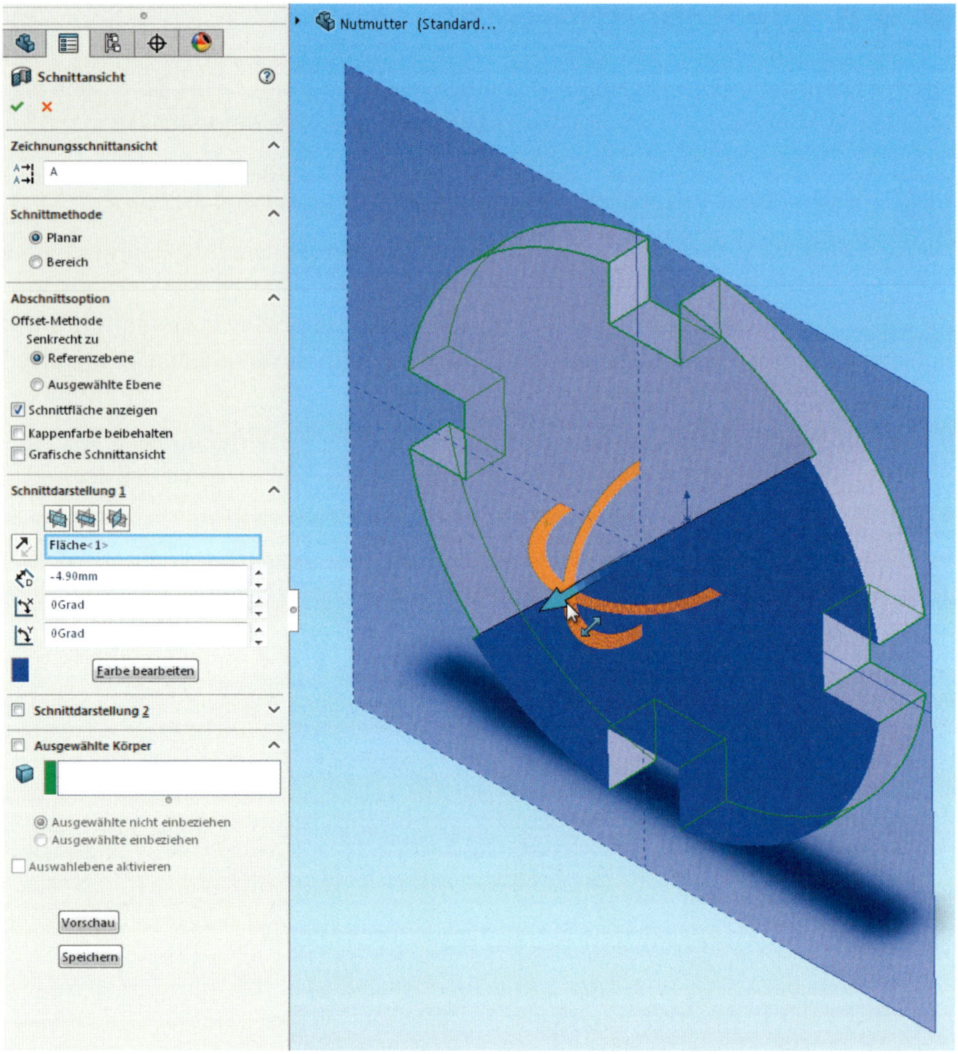

Bild 4.20: Die Einstellungen der Schnittansicht

- Sie können nun die Schnittebene am orangefarbenen Pfeil durch das Werkstück ziehen, ähnlich wie Sie es von den Features her kennen. Mit den orangefarbenen Bogen drehen Sie die Schnittebene.

Sobald Sie auf den *Schnitt* stoßen – also „Luft schneiden" –, verschwindet auch die blaue Schnittfläche an dieser Stelle.

- Wenn Sie die Ansicht bestätigen, so wird das Modell dauerhaft im geschnittenen Zustand angezeigt. Die Schaltfläche *Schnittansicht* erscheint gedrückt (Bild 4.21).

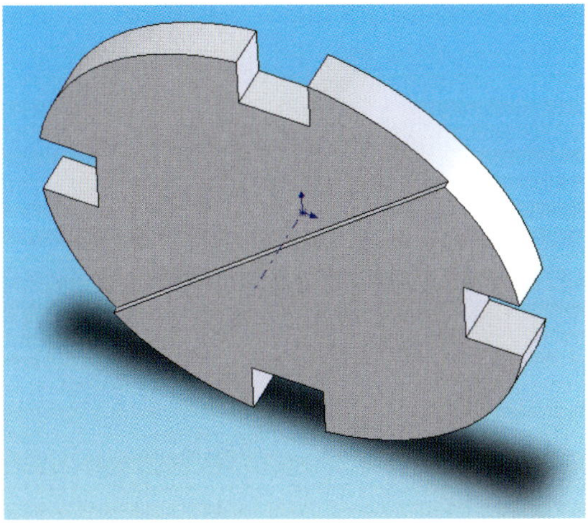

Bild 4.21: Die Nutmutter in der Schnittansicht. Die weiße Fläche ist, da Schnittfläche, nicht wählbar

> Hinweis: Sie können nun wie gewohnt am Modell weiterarbeiten, z. B. um etwas in den dünnen Einschnitt einzubauen. Die Schnittfläche ist von der Bearbeitung ausgeschlossen und auch nicht wählbar, da sie kein Bestandteil des Modells ist.

Wenn Sie die Schnittansicht im Nachhinein ändern wollen,

- rufen Sie über das Kontextmenü der Schnittfläche *Eigenschaften Schnittansicht* auf, oder Sie wählen im Menü *Ansicht, Modifizieren, Schnittansicht* (Bild 4.22).

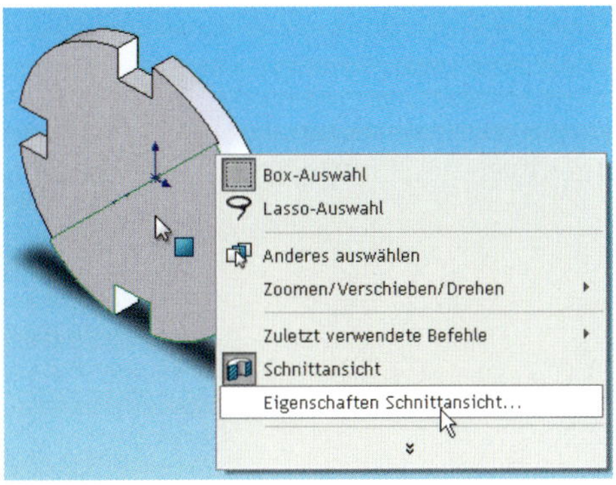

Bild 4.22: Die Schnittansicht ist nicht im FeatureManager zu finden, lässt sich aber trotzdem editieren

- Klicken Sie dagegen nochmals auf die Schaltfläche *Schnittansicht*, so wird die Funktion beendet. Ein erneutes Aktivieren stellt sie mit den letzten Einstellungen wieder her.
- Eine zweite und dritte Schnittebene definieren Sie, indem Sie im PropertyManager die entsprechenden Gruppenfelder *Schnittdarstellung 2* und *3* aktivieren. Die Schnittfarben sind Blau, Grün und Rot (Bild 4.23).

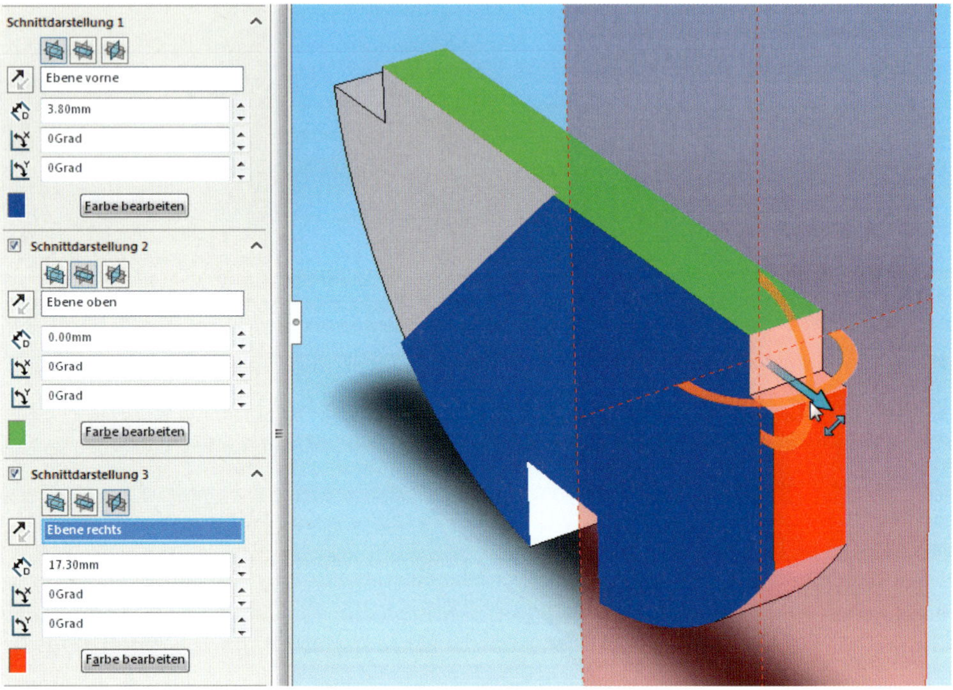

Bild 4.23: Schnittansicht parallel zu drei Hauptebenen

Nachdem Sie sich von der korrekten Lage des Einschnitts überzeugt haben – 45° Neigung und Durchgang durch den Ursprung –, können Sie die Schnittansicht wieder beenden.

4.6 Parametrik für Fortschrittliche

Ein Ende ist noch offen, im wörtlichen wie im übertragenen Sinne: Das obere Ende der Schnittskizze, das wir vorhin einfach über den Außendurchmesser hinausgezogen hatten (Bild 4.24).

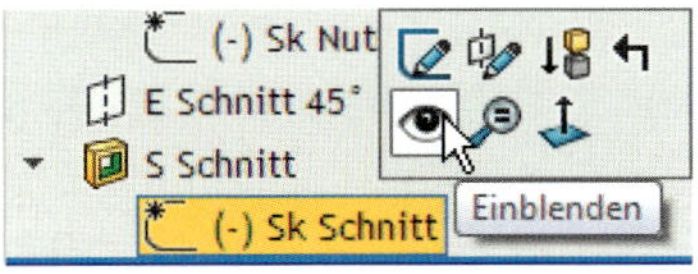

Bild 4.24: Auch absorbierte Elemente lassen sich einblenden

Der Hintergrund ist, dass wir keine passende Geometrie zur Verfügung hatten, um die obere Seite festzulegen (Bild 4.25).

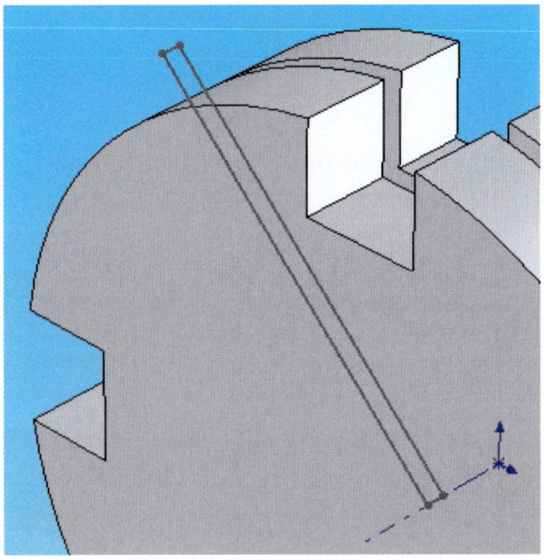

Bild 4.25: Notbehelf: Die Schnittskizze ragt über den Außenzylinder hinaus

4.6.1 Die Chemie geometrischer Operationen

Das Feature *S Schnitt* muss über den Grundkörper hinausragen, um einen offenen Schnitt zu erzeugen. So weit, so gut.

Aber was geschieht, wenn Sie nicht nur diese eine Größe, sondern **alle** Größen und Bauformen der Nutmutter im gleichen Bauteil vereinigen wollen? Man nennt das *Variantenkonstruktion*, wir kommen in Kapitel 6 dazu. Nun, dann wird es natürlich Durchmesser geben, die über die Schnittskizze hinausragen:

- Ein Doppelklick auf *Sk Nutmutter*, und Sie können den Durchmesser *41* auf **51** oder mehr vergrößern. Das Ergebnis ist, sagen wir mal, kontraproduktiv (Bild 4.26, Schnittansicht).

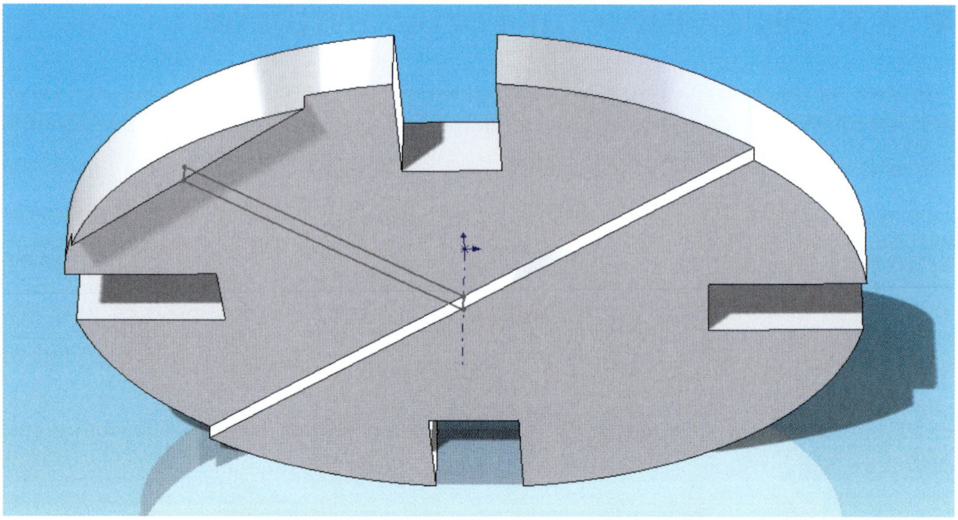

Bild 4.26: Eine ausreichend große Schnittskizze garantiert noch keine Konsistenz

Wenn der Außendurchmesser den Schnitt übersteigt, bleibt ein Restquerschnitt stehen. Wir wollen den Schnitt aber zuverlässig durch die ganze obere Hälfte führen, egal wie groß wir den Außendurchmesser wählen. Man spricht hier von Bauteillogik.

Erste Idee: wir koppeln die Höhe von *Sk Schnitt* an den *Außendurchmesser*. Sie erinnern sich, wir hatten vorhin eine globale Variable gleichen Namens erstellt. Die kommt uns jetzt zugute:

- Öffnen Sie *Sk Schnitt* und ergänzen Sie die fehlende Bemaßung der Höhe.
- Im Dialogfeld *Modifizieren* ersetzen Sie die Maßzahl durch ein Gleichheitszeichen. Hierauf erscheint die Variablenauswahl als kleines Menü unter dem Editierfeld. Wählen Sie *Globale Variablen, Außendurchmesser (52 mm)* und bestätigen Sie (Bild 4.27).

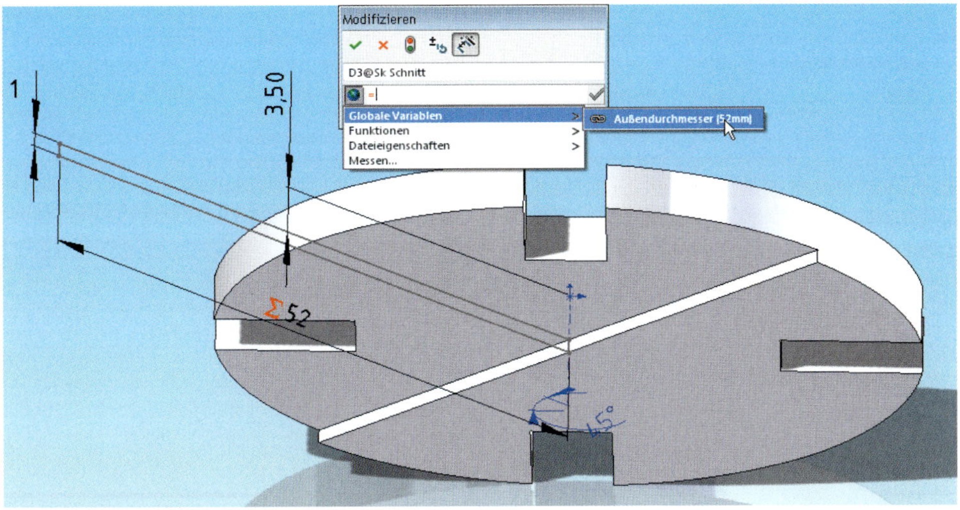

Bild 4.27: Einsatz einer Globalen Variablen als Maßwert

Diese Maßnahme garantiert, dass der Schnitt stets doppelt so hoch sein wird wie der Radius der Mutter. Wir haben unser Bauteil automatisiert.

Ich weiß genau, was Sie jetzt sagen, und vermutlich haben Sie Recht: *„Warum wählen wir nicht einfach Außendurchmesser/2?"*

Nun, eine **Boole'sche Subtraktion** – denn um eine solche handelt es sich hier – stabilisieren Sie nachhaltig, wenn der **Subtrahend** – also *S Schnitt* – den **Minuenden** – das Feature *Nutmutter* – etwas überragt, und zwar für den Fall, dass Sie einen offenen Schnitt erzeugen wollen. Andernfalls erzeugen Sie unendlich dünne Volumina, die **möglicherweise** zu langen Rechenzeiten, unerklärlichen Abstürzen oder schlicht und einfach zu Geometriefehlern führen.

Und das wollen Sie nicht.

4.6.2 Gleichungen, vorgekostet

Sie sehen allerdings auch: Diese Lösung ist nicht sonderlich charmant. Es wäre doch einfacher und eleganter, den Überstand des Schnittes in der Nähe des Durchmessers zu halten. Man müsste doch sagen können: *„Die Höhe des Rechtecks entspreche der Hälfte des Durchmessers plus 1 mm."*

Aber genau das können Sie doch:

- Öffnen Sie nochmals *Sk Schnitt*. Das Summenzeichen vor dem Höhenmaß informiert darüber, dass wir keine Verknüpfung, sondern eine Gleichung definiert haben. Über das Kontextmenü des Maßes rufen Sie *Gleichungen bearbeiten* auf (Bild 4.28).

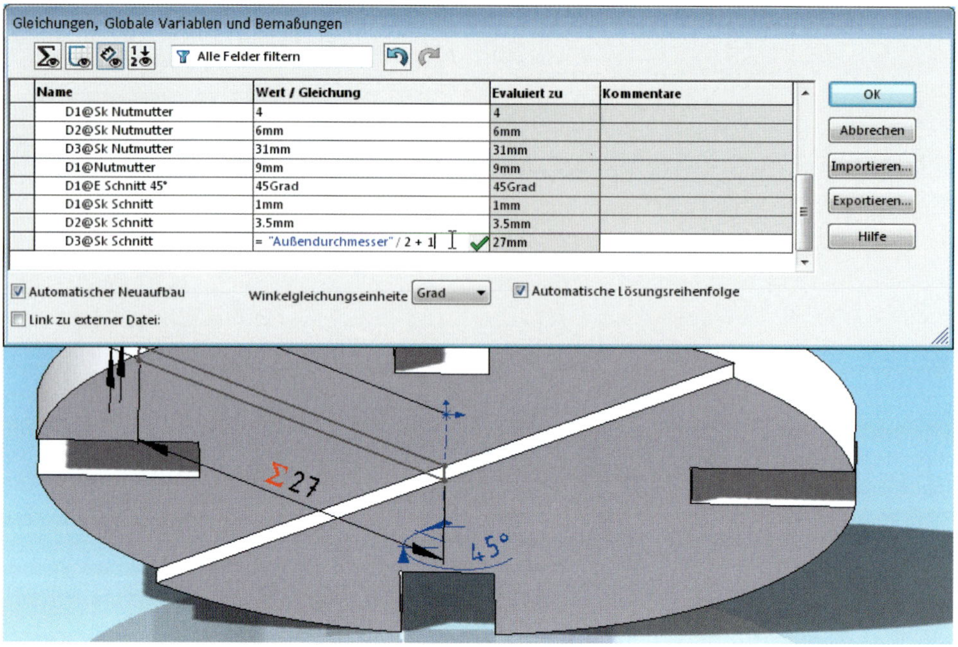

Bild 4.28: Hinter Bemaßungen können beliebig komplexe mathematische Ausdrücke stehen. Auf Wunsch inklusive Datum und Märchensteuer

Das extrem kurz und bündig benannte Dialogfeld *Gleichungen, Globale Variable und Bemaßungen* erscheint, die aktuelle Gleichung ist bereits markiert.

- Die Variable *Außendurchmesser* ergänzen Sie einfach durch **/2 + 1**.

In der Spalte *Evaluiert zu* sehen Sie das Ergebnis. Hier sollte *21.5* stehen. Falls nicht, besitzt der Außendurchmesser noch seinen Experimentalwert.

- Korrigieren Sie weiter oben in der Liste den Außendurchmesser zu **41** mm. Klicken Sie daraufhin wieder ins Feld *D3@Sk Schnitt,* so wird der neue Wert berechnet. Bestätigen Sie dann.

> Hinweis: Bei Ihnen können die automatischen Bemaßungsnamen *D1, D2, D3* usw. durchaus anders lauten, je nachdem, in welcher Reihenfolge sie erstellt wurden.

- Vergrößern Sie nun probehalber den Wert des *Außendurchmessers* in *Sk Nutmutter* auf **61** mm, indem Sie entsprechend Bild 4.29 die Verknüpfung lösen, indem Sie auf das Kettenglied klicken (Kasten) und den Wert eintragen. Beachten Sie, dass Sie bei Gleichungen und Verknüpfungen stets das *Modell neu aufbauen* müssen.

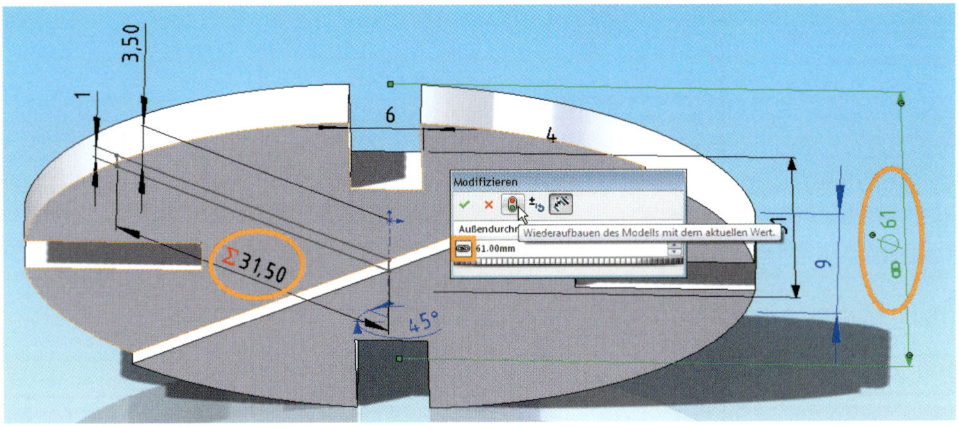

Bild 4.29: Durch Gleichungen erhält das Bauteil seine eigene Logik – es wird automatisiert

Ergebnis: Die Schnittskizze ist stets einen Millimeter höher als der Radius des Grundkörpers.

- Setzen Sie den Wert des Durchmessers dann wieder auf **41** mm.

> TIPP: In Abbildung 4.29 sehen Sie auch, dass sich die Tiefe der Nuten ändert, denn die ist durch einen festen Abstand definiert. Wenn Sie möchten, können Sie die Nuttiefe mit einer ähnlichen Gleichung vom Außendurchmesser abhängig und damit konstant machen.

4.7 Der Bohrungsassistent

Zu einer Mutter gehört ein Gewinde – und in diesem Fall sogar zwei. Bisher bauten wir die Bohrungen immer mit Schnittfeatures auf. Doch SolidWorks bietet hierfür eine mächtige Funktion, den Bohrungs-Assistenten. Das Prozedere können Sie ziemlich frei gestalten:

- Wählen Sie die Bezugsfläche, in die die Bohrung eingebracht wird. Bestimmen Sie dann den gewünschten Typ, platzieren Sie eine oder mehrere Bohrungen und bestätigen Sie. Oder
- Sie rufen den Bohrungsassistent auf, stellen die gewünschte Bohrung ein, wählen die Bezugsfläche, platzieren die Bohrung(en) und klicken auf *OK*.

Ganz wie Sie wünschen.

- Beenden Sie die Schnittansicht, blenden Sie *Sk Nutmutter* ein und drehen Sie die Nutmutter so, dass Sie auf die Fläche mit der Skizze blicken – oder eben auf die *Ebene vorne*.

- Klicken Sie die Endfläche an und rufen Sie den *Bohrungsassistenten* aus der Symbolleiste *Features* auf (Bild 4.30).

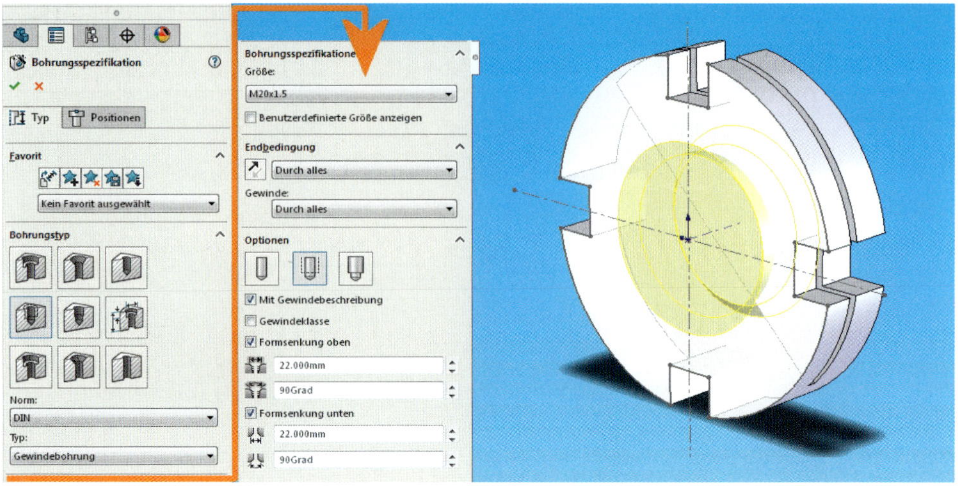

Bild 4.30: Bohrungsassistent: Definition des Bohrungstyps

Hinweis: In Bild 4.30 wurde der Bohrungsassistent zweigeteilt. In Wirklichkeit scrollen Sie die Ansicht dieses arg in die Länge gezogenen Features auf und ab.

Sie werden eine Weile brauchen, bis Sie sich in diesem Dialogfeld auskennen:

- Beginnen Sie mit der Registerkarte *Typ*.
- Unter *Bohrungstyp* aktivieren Sie die *Gerade Gewindebohrung*. Gemeint ist natürlich *zylindrische*, wie Sie an der Schaltfläche rechts daneben erkennen.
- Sehen Sie im Listenfeld *Favoriten* nach, ob bereits ein solcher definiert wurde.
- Wählen Sie dann die richtige Norm, hier also *DIN*.
- Stellen Sie eine *Gewindebohrung* und darunter, im Feld *Bohrungsspezifikationen*, die Größe *M20 × 1.5 mm* ein.
- Als *Endbedingungen* getrennt nach Bohrung und Gewinde, definieren Sie beide Male *Durch alles*.
- Unter *Optionen* wählen Sie Schaltfläche *Gewindedarstellung* und aktivieren *Mit Gewindebeschreibung*.
- Aktivieren Sie *Formsenkung oben* bzw. *unten*. Stellen Sie beide *Formsenkungsdurchmesser* auf **22** mm und beide Winkel auf **90** Grad ein.

TIPP: Pflegen Sie die Favoriten-Liste – sie erspart Ihnen im Lauf der Zeit Klicks und Fehler, besonders wenn Sie die *Favoriten speichern* und in anderen Bauteilen *laden*. Dann aber Vorsicht bei der Wahl des Favoritennamens: er ist zugleich Dateiname. Und der darf keine Punkte enthalten.

Noch etwas ist zu den Senkdurchmessern zu sagen: Es handelt sich hier tatsächlich um die Außendurchmesser der Senkkante, bei einer angestrebten Fase *1×45°* also 20 + 2×1 mm oder **22** mm, der Kegel besitzt einen Gesamtwinkel von 2×45° oder **90°**.

4.7.1 Die Bohrungspositionen

Die Verortung der Bohrungen ist dagegen erfreulich einfach:

- Schalten Sie auf die Registerkarte *Positionen* um.

Ihnen steht nun der komplette Skizzenmodus zur Verfügung, auch wenn Sie sich noch immer im Bohrungsassistenten befinden. Wohin Sie auch klicken, Punkte und Bohrungen entstehen. Ein Schweizer Käse ist nichts dagegen.

Jeder Punkt bedeutet eine Bohrung des aktuellen Typs: Wenn Sie genau hinsehen, entdecken Sie auch den Punkt, den Sie eventuell schon beim Anklicken der Fläche definierten. Sie können diesen Punkt verwenden, doch muss er noch in die richtige Position gerückt werden:

- Beenden Sie den Punktmodus durch Esc.
- Ziehen Sie den Punkt auf den Skizzenursprung, so dass die Skizzenbeziehung *Deckungsgleich* gebildet wird.
- Klicken Sie im FeatureManager auf *OK*.

Das Gewinde wird als neues Feature eingefügt (Bild 4.31).

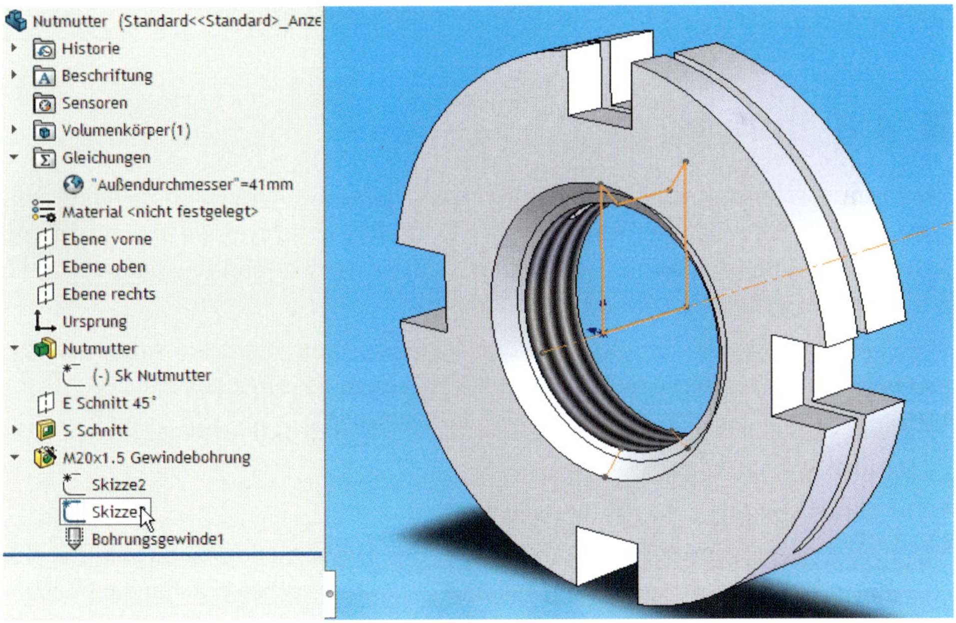

Bild 4.31: Ein Gewinde-Feature wird aus drei Skizzen gebildet

- Nennen Sie es **M20×1.5 Gewindebohrung**.

Wenn Sie nun das Gewindefeature aufklappen, erkennen Sie zwei Skizzen und die Beschreibung:

- Die erste Skizze enthält nur den eingefügten Punkt.
- Die zweite Skizze birgt den Halbquerschnitt der Bohrung, also ihr Profil für den rotierten Schnitt.
- Die Beschreibung enthält die Andeutung der Gewindegänge sowie den Text, der in der Zeichnungsableitung angezeigt wird.

4.7.2 Gewinde-Features bearbeiten

Sie können das Gewinde jederzeit nachbearbeiten, indem Sie aus dessen Kontextmenü *Feature bearbeiten* aufrufen. Dann erscheint wieder der Bohrungsassistent mit den aktuellen Daten (Bild 4.32).

Bild 4.32: Auch Bohrungs-Features lassen sich bearbeiten

> Achtung: Bearbeiten Sie jedoch nie die Querschnittskizze selbst, denn dadurch verlöre sie jede Verbindung mit dem Bohrungsassistenten!

4.8 Bohrskizzen

Die Nutmutter ist noch immer nicht komplett, denn die Arretierung benötigt ein Gewinde mit Senkung für eine Senkkopfschraube. Erschwerend kommt hinzu, dass das Gewinde sich nur auf der breiteren Seite des Einschnittes befinden darf, weil die Arretierung sonst nicht funktioniert.

Wir brauchen also eine Senkung mit Durchgangsloch auf der schmaleren und das Gewinde auf der breiteren Seite. Also **zwei** Bohrungs-Features koaxial.

Zeichnen wir zunächst eine Skizze, die wir für die Konstruktion beider Bohrpunkte verwenden:

- Blenden Sie *Sk Nutmutter* wieder aus.

- Drehen Sie die Nutmutter so, dass Sie auf die **dünne** Seite des Einschnitts blicken. Legen Sie auf dieser Fläche eine Skizze an und wechseln Sie in die Normalansicht.
- Zeichnen Sie die einfache Skizze **Sk Arretierung** nach Bild 4.33. Alle drei Elemente sind *für Konstruktion* gedacht.

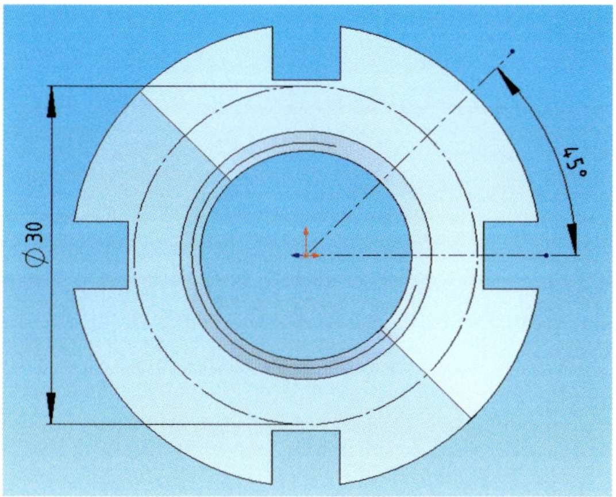

Bild 4.33: Eine Bohrskizze für die Senkschraube. Der hellere Bereich deutet die Lage des Schnittes an

Achten Sie auf die Lage des Einschnittes, in der Abbildung die obere rechte Hälfte – die Bohrung soll natürlich durch den geschnittenen Teil verlaufen.

- Nachdem Sie die Skizze abgeschlossen haben, blenden Sie sie ein.
- Markieren Sie dann die Endfläche nochmals und rufen Sie den *Bohrungsassistenten* auf.

- Definieren Sie eine *Formsenkung* nach *DIN*, Größe *M4*, Ausführung *Mittel*, Endbedingung *Bis nächste* (Bild 4.34).

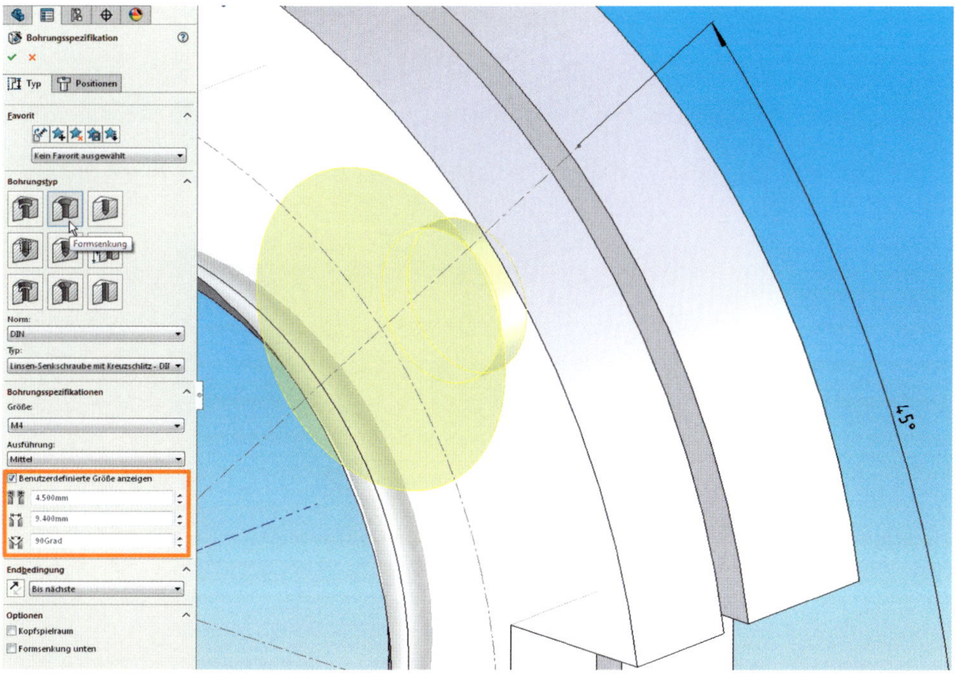

Bild 4.34: Die Senkseite der Arretierverschraubung

- Wechseln Sie nun in Gruppenfeld, *Bohrungsspezifikationen*. Aktivieren Sie *Benutzerdefinierte Größe anzeigen*. Der *Bohrerdurchmesser* ist bereits korrekt eingetragen. Der *Formsenkungsdurchmesser* beträgt **9.4** mm bei **90°** *Formsenkungswinkel*.
- Deaktivieren Sie auch die letzte Option, *Formsenkung unten*, da wir eine solche unmöglich anbringen könnten.
- Wechseln Sie dann zur Registerkarte *Position* und beenden Sie den Punktmodus. Definieren Sie für den bestehenden Punkt, den Konstruktionskreis und die Schräge die Skizzenbeziehung *Schnittpunkt*. Bestätigen Sie und nennen Sie das Feature **M4 Senkung.**

Wenn die Bohrung nur bis zum Einschnitt verläuft, haben Sie es richtig gemacht. Aber da gibt es noch eine Unschönheit: Die beiden Senkungen überlagern sich. Dies beheben wir, indem wir die Senkung der großen Bohrung verkleinern – der angedeutete Gewindeaußendurchmesser ist ohnehin wesentlich kleiner:

- Öffnen Sie *M20×1.5 Gewindebohrung* und verkleinern Sie die Durchmesser beider *Formsenkungen* von *22* auf **20** mm. Bestätigen Sie dann.

Damit bleibt ein dünner Steg zwischen den beiden Senkungen (Bild 4.35).

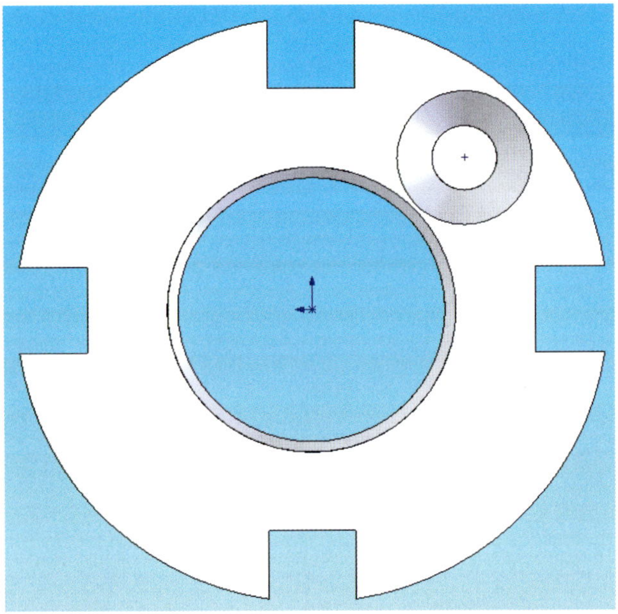

Bild 4.35: Die große Senkung wurde verkleinert, um eine Überlappung zu verhindern

- Drehen Sie Modell entsprechend Bild 4.36 und legen Sie eine *Schnittansicht* auf die *Ebene oben*. Drehen Sie diese dann noch um 45° um die *X-Achse*.

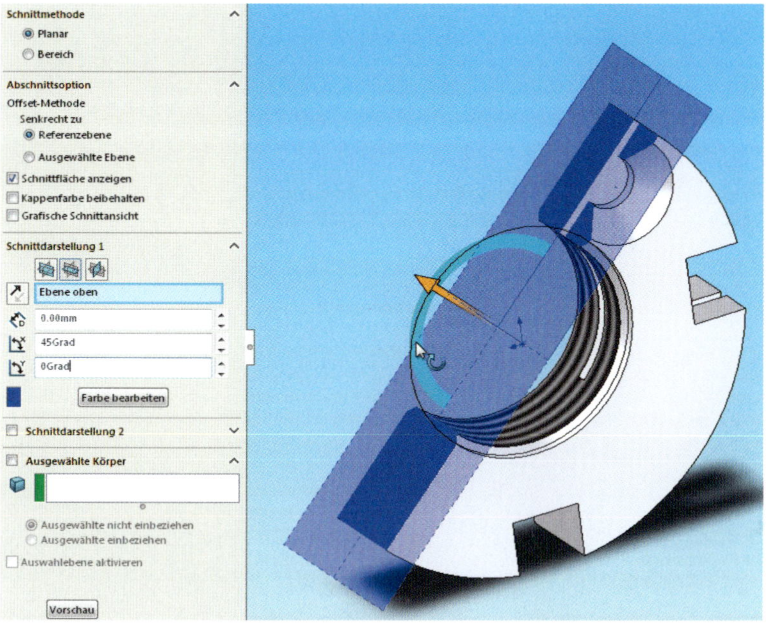

Bild 4.36: Die Schnittansicht ist besonders praktisch, um an verborgene Details heranzukommen

- Drehen Sie die Nutmutter dann so, dass Sie auf die **dicke** Seite des Einschnitts blicken *(Ebene vorne)*. Klicken Sie die Endfläche an und rufen Sie nochmals den *Bohrungsassistenten* auf (Bild 4.37).

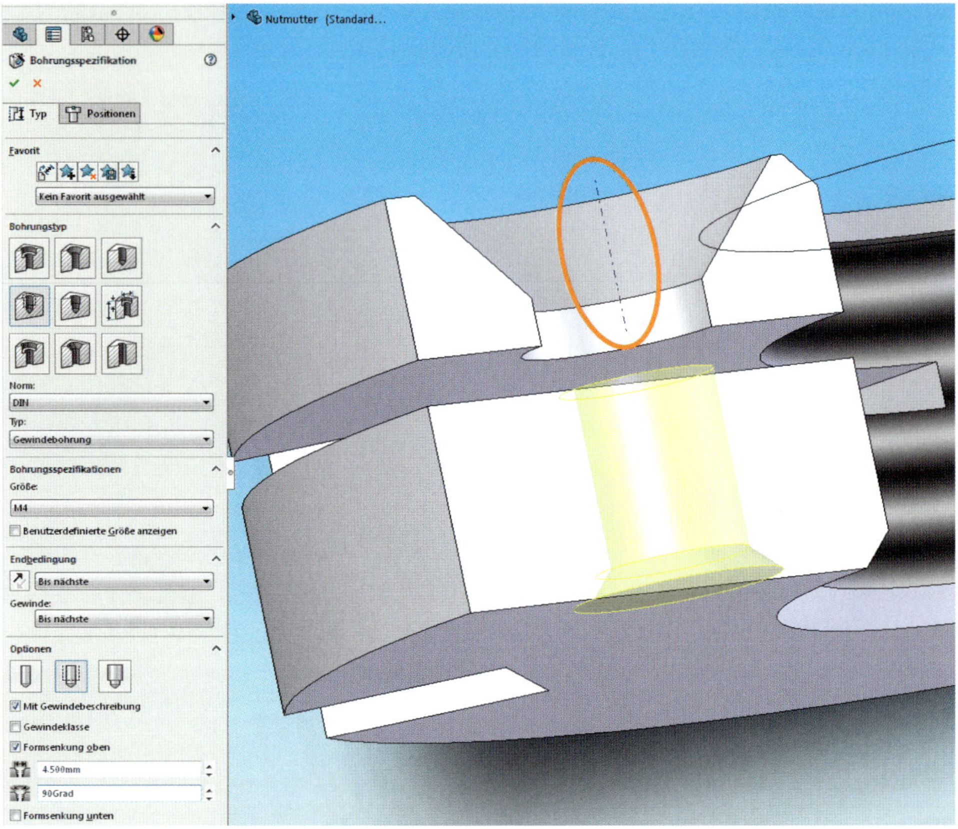

Bild 4.37: Die Vorbereitung des Gewindes

- Definieren Sie hier eine *Gewindebohrung* als *Gewindekernloch* nach *DIN*, Größe *M4*, Endbedingung beide Male *Bis Nächste*. Wir benötigen eine *Gewindedarstellung* mit *Beschreibung* und eine *Formsenkung oben*, Maße **4.5 × 90°**.
- Wechseln Sie zu den *Positionen*. Definieren Sie zwischen dem Punkt und der temporären Achse der Senkbohrung (Ellipse) *Deckungsgleichheit*.
- Stellen Sie die Gewindebohrung dann fertig. Nennen Sie das Feature **M4×0.7 Gewinde**.

Es sollte sich nun der Anblick nach Bild 4.38 ergeben.

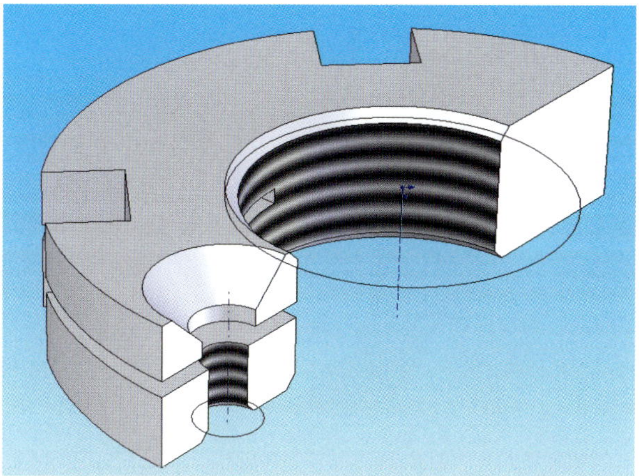

Bild 4.38: Was lange währt: Die fertige Nutmutter in der Schnittansicht

> TIPP: Statt das Feature auf die Skizze des vorherigen zu beziehen, können Sie auch *Sk Arretierung* einblenden und wieder eine Schnittpunktbeziehung definieren. Dadurch wären die beiden Bohrungsfeatures unabhängig voneinander. Da sie jedoch ohnehin nur dann Sinn ergeben, wenn beide koaxial liegen, ist die erste Lösung hier die klügere.

In Bild 4.39 ist der recht beachtliche Hierarchiebaum der Nutmutter abgebildet.

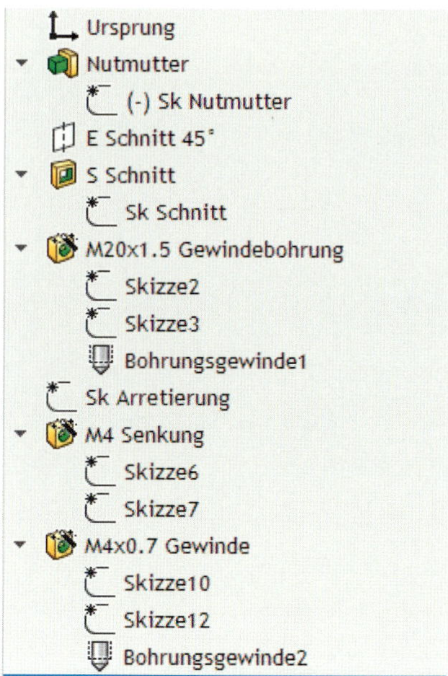

Bild 4.39: Der FeatureManager füllt sich zusehends

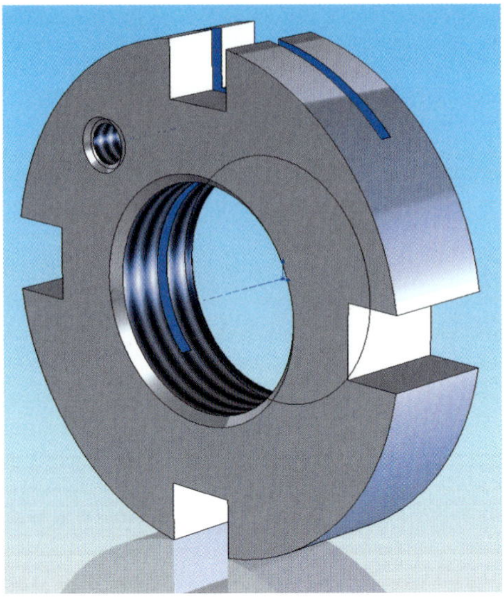

Bild 4.40: Die Nutmutter – das bisher aufwendigste Teil!

5 Zwei Gesellenstücke

Die letzten beiden Bauteile, der antriebsseitige Flansch und der Einsatzkegel, sind zugleich die komplexesten des Buches. Hier werfen wir unser ganzes Können in die Waagschale!

5.1 Der feste Flansch

Beim antriebsseitigen Flansch handelt es sich wieder um ein Drehteil, allerdings mit Finessen:

- Erstellen Sie ein neues Bauteil und nennen Sie es FLANSCH FEST.
- Öffnen Sie auf der *Ebene vorne* eine Skizze mit liegender Mittellinie.
- Erstellen Sie dann die Kontur nach Bild 5.1. Der Skizzenursprung ist wieder deckungsgleich mit der linken Linie der Kontur verbunden. Bringen Sie dann die ersten Maße an, wobei Sie mit dem größten Längenmaß anfangen.

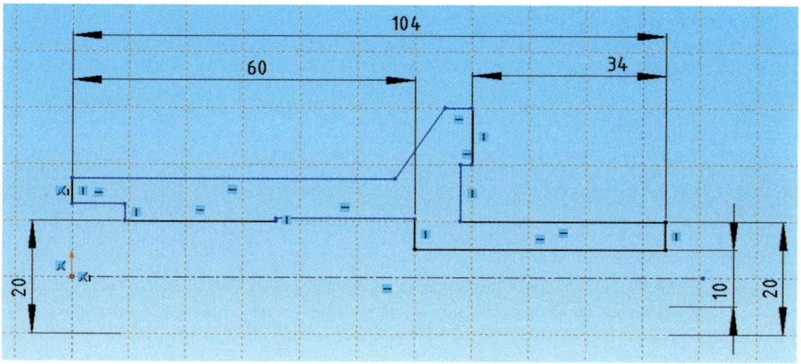

Bild 5.1: Kontur und erste Abmessungen

- Dann kommen die Durchmesser an die Reihe. Hier ist die Reihenfolge egal, wichtig ist nur, dass Sie gegen die Mittellinie bemaßen und die Maßzahl auf die der Kontur abgewandte Seite klicken (Bild 5.2).

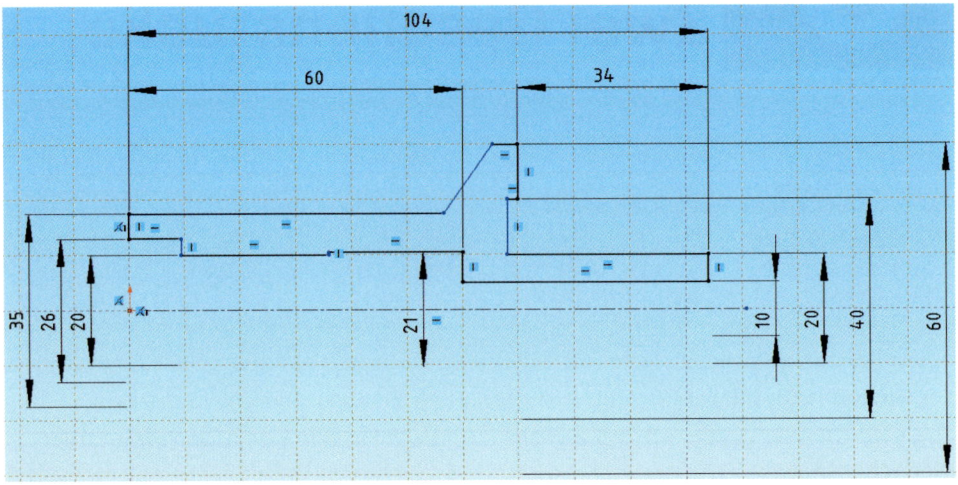

Bild 5.2: Acht Durchmesser legen die Höhen fest

Denken Sie daran, die Maße nicht mit den Ecken, sondern mit den ganzen Seiten zu verbinden. Auf diese Art gehen sie beim Fasen und Verrunden nicht so leicht verloren.

- Die beiden Fasen an der rechten Seite können Sie in einem Arbeitsgang anbringen. Auf diese Weise werden sie gekoppelt (s. a. Bild 5.3).

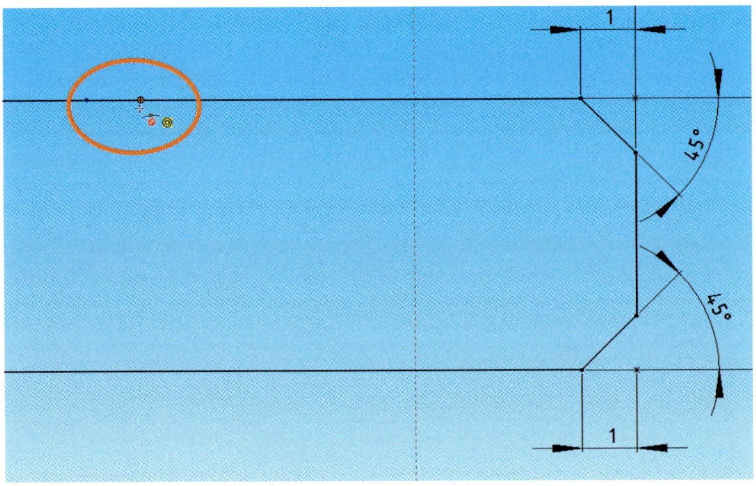

Bild 5.3: Zwei Fasen und Heraustrennen eines Stückchens Linie

> TIPP: Die erste Seite, die Sie mit *Fase* anklicken, erhält das Längenmaß. Wollen Sie also, dass beide Längen horizontal bemaßt werden, so klicken Sie jeweils zuerst die Horizontale an.

Etwa 15 mm links von der rechten Kante entfernt unterbrechen Sie nun die obere Seite an zwei Stellen. Diese sind etwa 2 mm voneinander entfernt:

- Rufen Sie dazu aus dem Kontextmenü der Linie *Teilen* auf. Sie können die Trennstellen in einem Arbeitsgang anbringen (Ellipse).
- Löschen Sie das mittlere Stück, verbinden Sie die beiden Linien *kollinear* und bemaßen Sie die Lücke mit **2** mm (Bild 5.4).

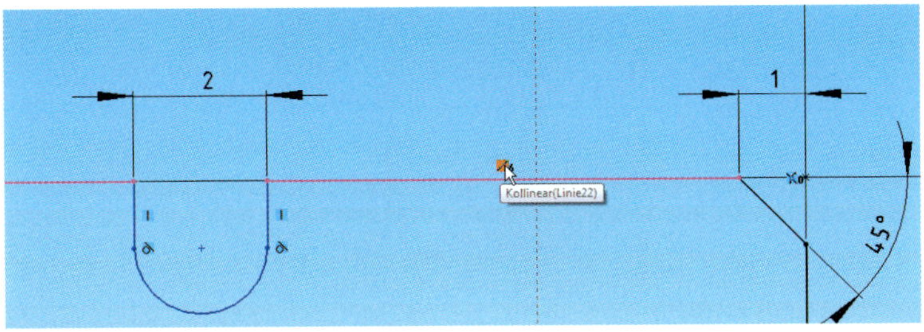

Bild 5.4: Einschnitt des Profils

- Zeichnen Sie den u-förmigen Lienzug mit *Linie* in einem Arbeitsgang. Nutzen Sie den Bogenmodus (A), um den tangentialen Kreisbogen einzubauen.
- Stellen Sie sicher, dass beide Enden tangential mit den Linien verbunden sind.
- Bemaßen Sie den Abstand der linken Linie von der rechten Seite mit **15** mm (Bild 5.5).

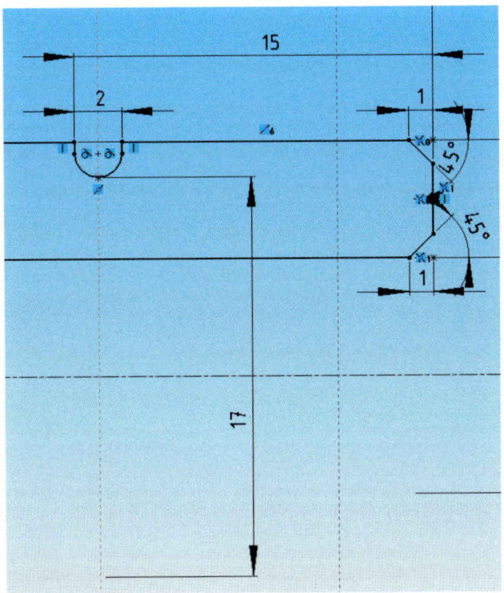

Bild 5.5: Die Bemaßung des Einstichs

- Setzen Sie einen Punkt auf den *Mittelpunkt* des Bogens. Bemaßen Sie auf bekannte Art den Restdurchmesser von der Mittellinie zum Bogen mit **17** mm.

Die linke Seite der Kontur bietet nicht viel Neues, bis auf die Reihenfolge:

- Definieren Sie zunächst den Winkel **15°** des Flansches, dann die Kantenbreite mit **3** mm. Die Tiefe der Ausdrehung rechts beträgt **1** mm (Bild 5.6).

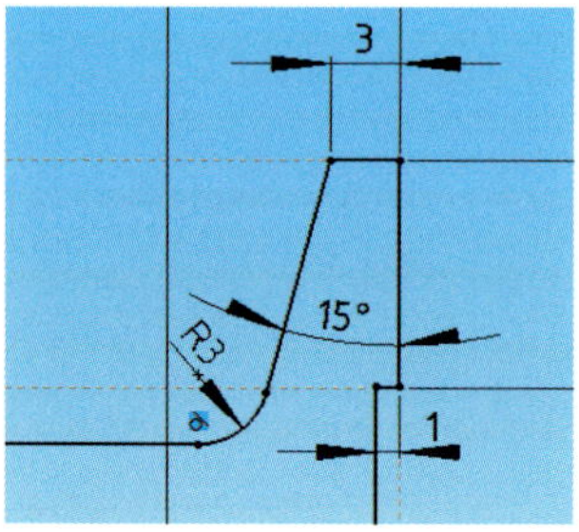

Bild 5.6: Der Flansch wird bemaßt

- Fügen Sie dann eine *Skizzenverrundung* mit einem Radius von **2** mm zwischen der Schrägen und der Horizontalen ein.
- Bemaßen Sie dann noch den linken, inneren Absatz mit **9** mm und den rechten mit **4** mm (Bild 5.7, Ellipsen). Da letzterer nur einen halben Millimeter hoch ist, zoomen Sie für die Bemaßung stark heran, denn auch hier sollen Sie die Linie, nicht nur eine Ecke bemaßen.

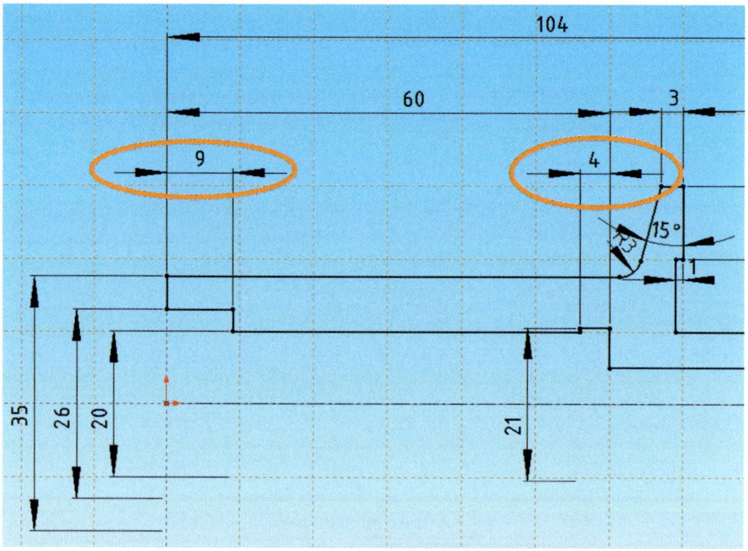

Bild 5.7: Die letzten beiden Maße betreffen die Innenabsätze des Drehteils

- Sollte die Skizze danach immer noch nicht *voll definiert* sein, überprüfen Sie, ob die linke Vertikale deckungsgleich oder vertikal mit dem Skizzenursprung verknüpft ist (Bild 5.8).

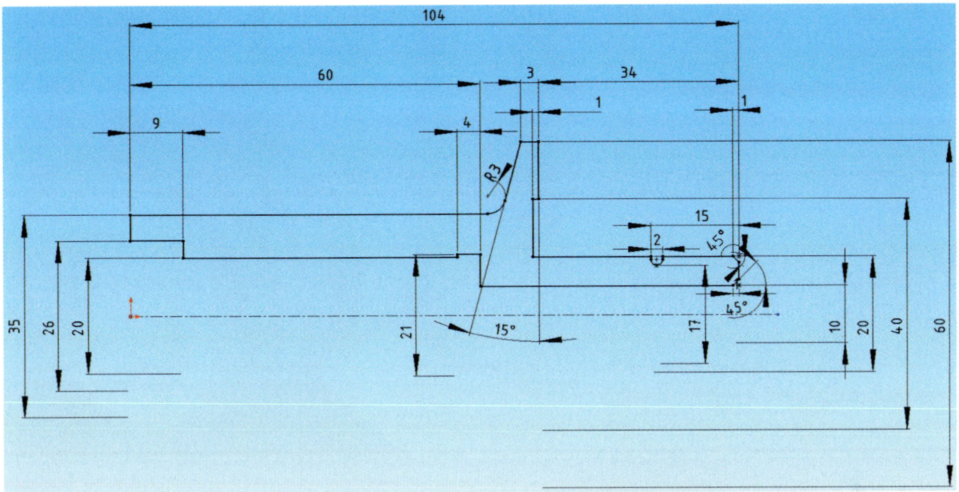

Bild 5.8: Diese Kontur ist voll definiert

- Beenden Sie die Skizze und nennen Sie sie **Sk Flansch fest**.
- Tragen Sie sie dann mit *Aufsatz/Basis rotiert* **360** Grad um die Mittellinie aus. In Bild 5.9 ist das Feature **Flansch fest** in *Schnittansicht* dargestellt.

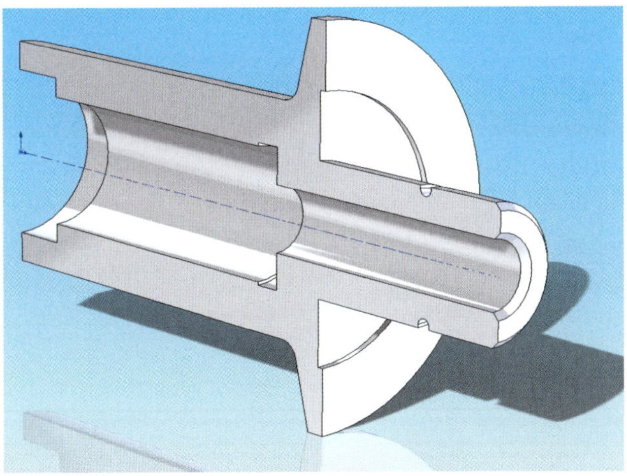

Bild 5.9: Der Grundkörper des festen Flansches im Halbschnitt

- Rufen Sie nun noch *Einfügen, Beschriftungen, Gewindedarstellung* auf und bringen Sie ein Gewinde **M20 × 1.5** auf dem rechten Ende an. Die Endbedingung *Bis nächste* funktioniert hier gut (Bild 5.10).

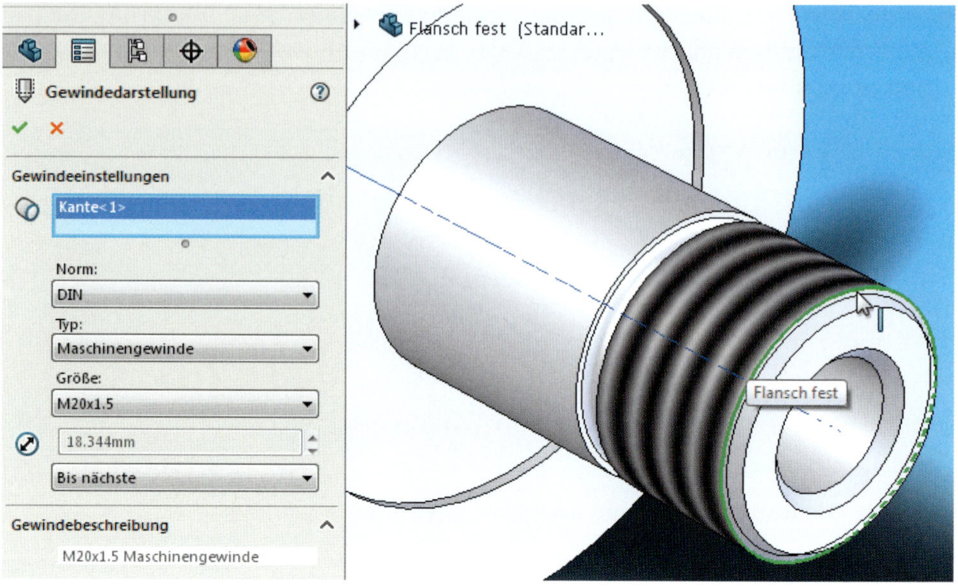

Bild 5.10: Ein Gewinde für das rechte Ende

5.1.1 Eine Passfedernut

Zwei Features fehlen uns indessen noch: Eine Nut und eine Bohrung für den Zylinderstift. Die Nut ist ähnlich ausgebildet wie eine Passfedernut, daher nennen wir sie im Folgenden einfach so. Zuerst die Nut, denn Bohrungen sind langsam kein Thema mehr für Sie:

- Wechseln Sie in die Isometrieansicht. Aktivieren Sie dann die *Ebene vorne* und rufen Sie *Ebene* aus der Symbolleiste *Referenzgeometrie* auf.
- Klicken Sie auf die Zylinderfläche links des Einschnitts. Jetzt sollte eine grüne Ebene auf der Fläche erscheinen, die anzeigt, dass diese beiden Objekte für eine volle Definition genügen (Bild 5.11).

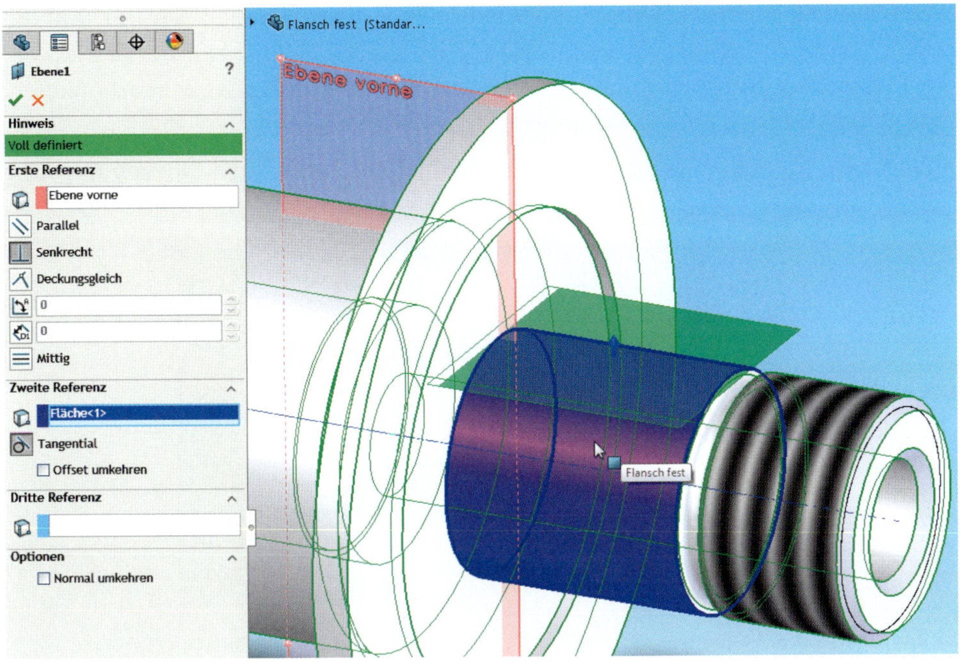

Bild 5.11: Die Referenzebene der Nut liegt tangential auf der Zylinderfläche

> Hinweis: Die intensiven Farben sind Codes für (hier) die *Erste, Zweite* und *Dritte Referenz*. Dieses Verhalten treffen Sie in SolidWorks sehr häufig an.

- Bestätigen Sie und nennen Sie die neue Ebene **E Passfeder** (Bild 5.12).

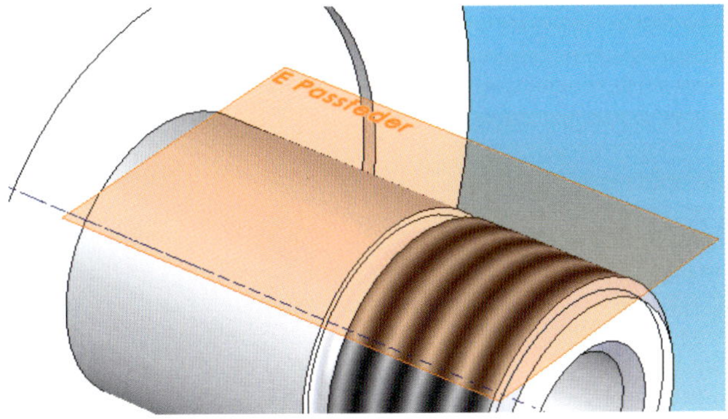

Bild 5.12: Die neue Referenzebene

- Wählen Sie die Ebene *E Passfeder* und fügen Sie eine neue Skizze ein.

Wenn Sie der sichtbare Körper des Flansches irritiert, können Sie ihn mit *Verdeckte Kanten* etwas zurücktreten lassen. Eine andere Möglichkeit ist, den gesamten Volumenkörper übers Kontextmenü oder den FeatureManager auszublenden. Aber dann verlieren Sie die Orientierung.

- Zeichnen Sie eine liegende Konstruktionslinie durch den Skizzenursprung (Bild 5.13).

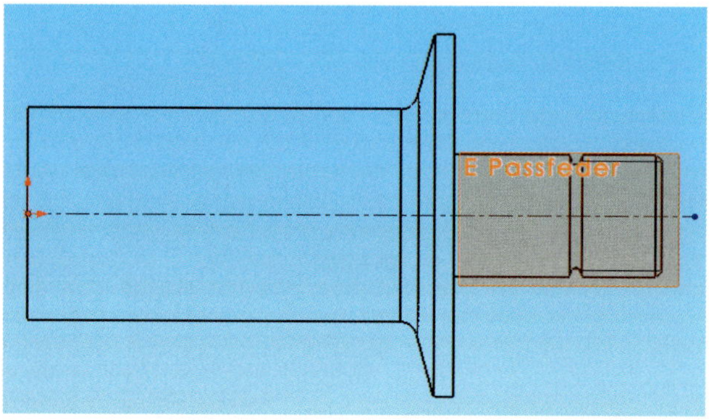

Bild 5.13: Die Zeichenebene von oben. Eine liegende Mittellinie ist bereits eingezeichnet

- Zeichnen Sie dann den Linienzug nach Bild 5.14 ungefähr symmetrisch zur Mittellinie. Lassen Sie das flache Ende etwas über den Volumenkörper hinaus stehen. Verknüpfen Sie das Bogenzentrum deckungsgleich mit der Mittellinie.

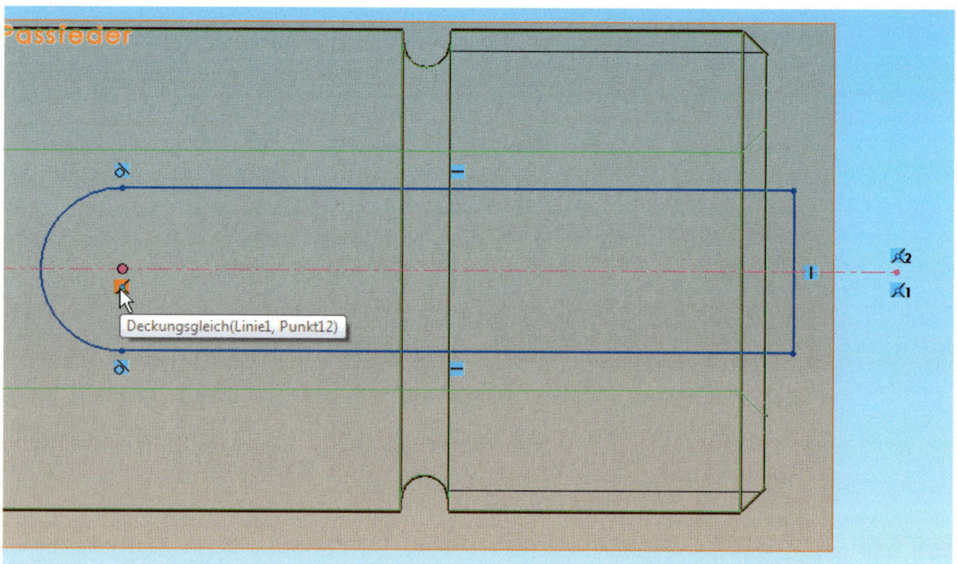

Bild 5.14: Die Kontur der Passfedernut

Sie können hier wieder die Bogen-Funktion des Linienbefehls nutzen (Umschalten mit A). Ein Vorteil dieser Arbeitsweise ist, dass die Linienanschlüsse automatisch tangential beschränkt sind.

Wenn Sie es richtig gemacht haben und am Bogenzentrum ziehen, verändert sich die Figur stets symmetrisch (Bild 5.15).

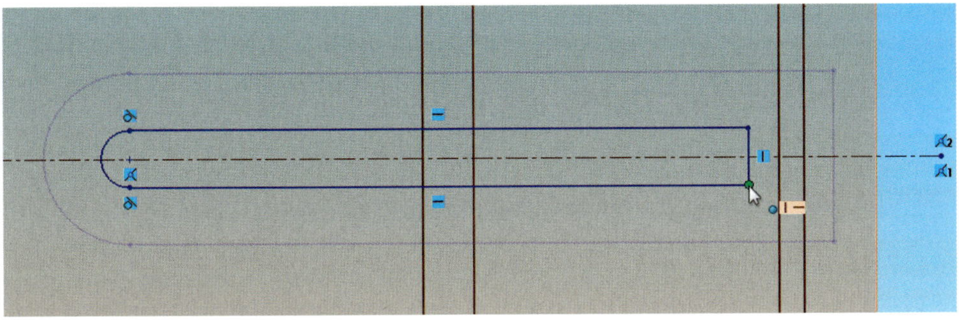

Bild 5.15: Symmetrie durch Tangenten

Sie fragen sich jetzt wahrscheinlich, warum sich die Figur symmetrisch verhält, ohne dass Sie Symmetrie definiert hätten. Dies ist eine Folge der vorhandenen Skizzenbeziehungen: Wenn das Bogenzentrum auf der Konstruktionslinie liegt und beide Seiten tangential mit den Bögen verbunden sind, dann *muss* jede Änderung symmetrisch sein – probieren Sie's aus!

Achtung: Aus dem gleichen Grund sollten Sie keine Symmetrie für die beiden Seiten der Passfedernut definieren, denn das könnte zu rätselhafter *Überbestimmung* führen.

- Bemaßen Sie dann die Skizze nach Bild 5.16.

Das Maß *25 mm* tragen Sie ausnahmsweise von der linken Körperkante ab, aber das wollten wir uns ja abgewöhnen:

- *Übernehmen* Sie die *Kante* in die Skizze und bestimmen Sie sie *zur Konstruktion*. Dieses Feature bezieht sich ohnehin auf sie. Blenden Sie dann den Volumenkörper aus, um „Fehlgriffe“ zu vermeiden und bemaßen Sie von dieser Konstruktionslinie aus.

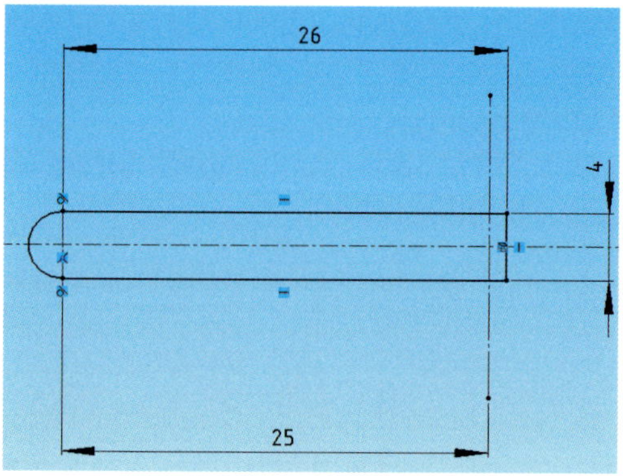

Bild 5.16: Drei Bemaßungen bestimmen die Skizze der Passfeder

5.1.2 Eigenschaften einer Bemaßung

Das Maß *26 mm*, also den Überhang der Skizze über den Flansch, automatisieren wir wieder mit einer Gleichung. Um eine ähnliche Längengleichung wie schon bei der Nutmutter zu schaffen, taufen wir zur besseren Kenntlichkeit zunächst unsere Bezugsmaße um:

- Öffnen Sie das Maß *25 mm* und ändern Sie über die Dialogbox *Modifizieren* den Namen auf **LängePF**. Der Name der Skizze wird automatisch angefügt (Bild 5.17).

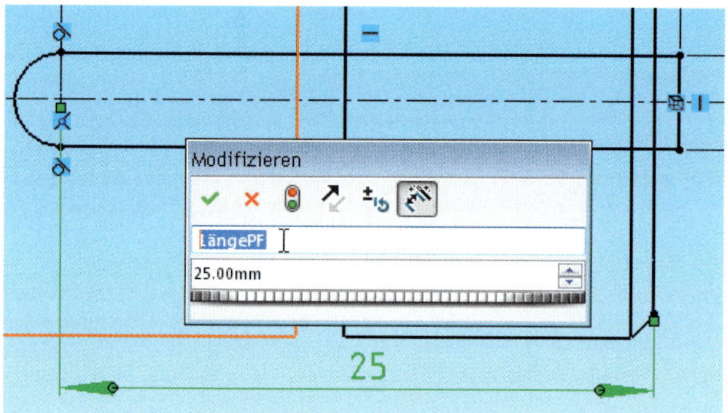

Bild 5.17: Ein sprechender Name für eine Bemaßung

- Nennen Sie das Maß *26 mm* **Überhang**.
- Wählen Sie im Menü *Extras, Gleichungen*.
- Finden Sie in der Liste das Maß *Überhang*. Geben Sie in dessen Feld unter der Spalte *Wert/Gleichung* ein Gleichheitszeichen ein. SolidWorks erwartet jetzt eine Texteingabe (Bild 5.18).

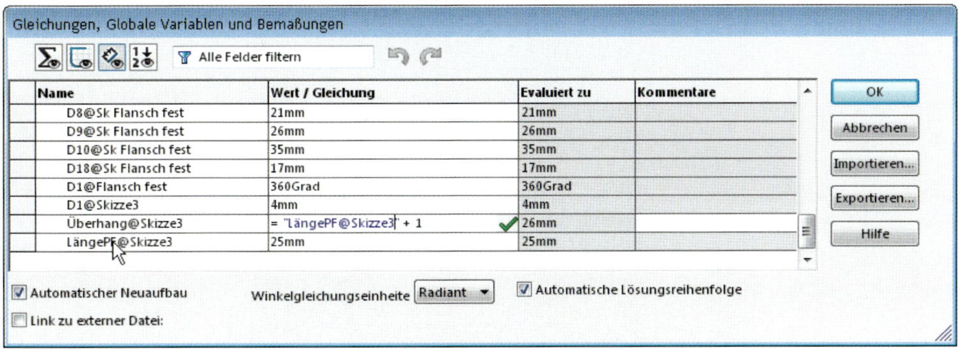

Bild 5.18: Variable werden durch simples Anklicken eingefügt

- Klicken Sie auf den Namen von *LängePF*. Die Variable wird unter *Wert/Gleichung* von *Überhang* eingefügt. Setzen Sie noch **+1** an und bestätigen Sie.

Der neue Wert wird berechnet und durch ein Summenzeichen als Gleichungsergebnis ausgewiesen. Damit sollte das Maß der Passfeder-Skizze immer um einen Millimeter länger sein als der Einschnitt in den Volumenkörper (Bild 5.19).

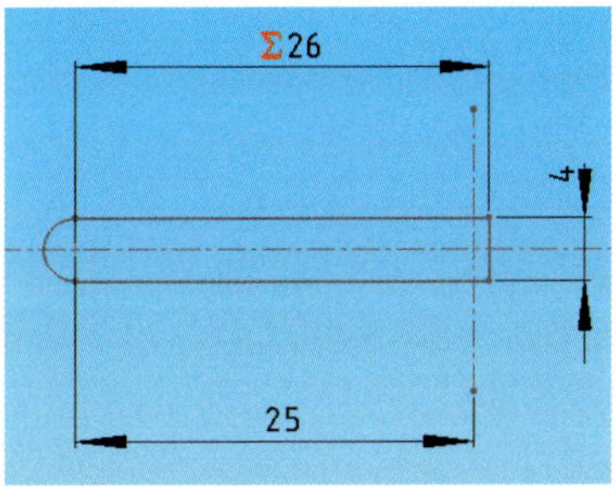

Bild 5.19: *Sigma:* Dieses Maß wird berechnet

- Schließen Sie die Skizze und nennen Sie sie **Sk Passfeder**.
- Schneiden Sie *Sk Passfeder* mit einem *Linear ausgetragenen Schnitt* **3.5** mm tief ins Bauteil ein (Bild 5.20). Nennen Sie das Feature **S Passfeder**.

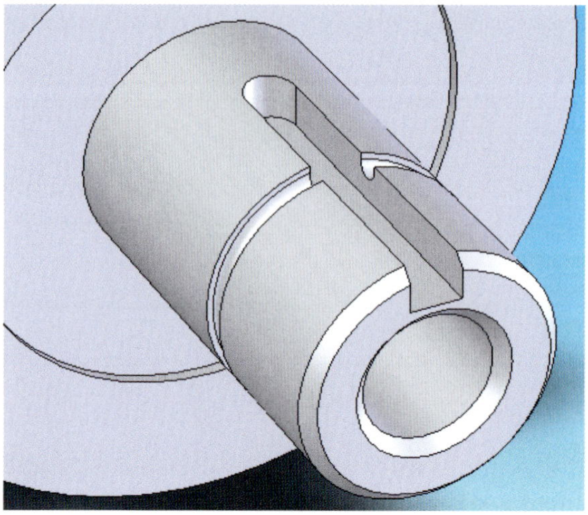

Bild 5.20: Die Passfedernut ist fertig

5.1.3 Die Shortcut-Leisten

Leider ist die Verbindung zwischen Skizzen und Gleichungen nicht mehr das, was sie einmal war. Früher konnte man Gleichungen und globale Variable direkt aus dem Dialogfeld *Modifizieren* heraus erstellen. Um dies zu beheben, nutzen Sie die **Shortcut-Leisten**, eine Einrichtung, mit der Sie häufig benötigte Funktionen direkt neben dem Mauszeiger griffbereit machen können:

- Wählen Sie *Extras, Anpassen* und wechseln Sie auf die Registerkarte *Shortcut-Leisten* (Bild 5.21).

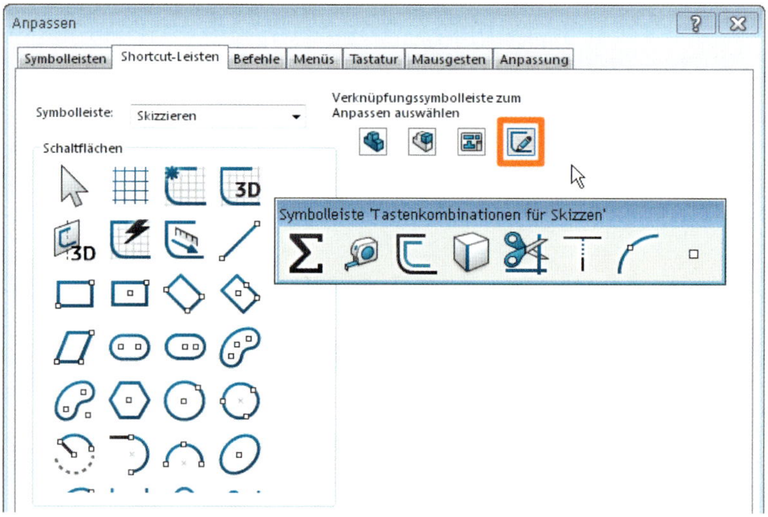

Bild 5.21: Die Shortcut-Leisten stellen mobile Symbolleisten dar

Hier können Sie für die Modi *Skizze, Feature, Baugruppe* und *Zeichnung* je eine Leiste konfigurieren. Wohlgemerkt, die Leisten erscheinen entsprechend dem gewählten Modus, doch was Sie dort einfügen, bleibt gänzlich Ihnen überlassen.

- Klicken Sie auf die Schaltfläche *Skizze* (Kasten).

Die aktuelle Konfiguration wird eingeblendet. Sie ist reichlich überladen, da sie sämtliche Schaltflächen der Symbolleiste *Skizze* enthält. Aber dafür **haben** wir ja bereits die Symbolleiste *Skizze*.

- Löschen Sie die Flyouts und ersetzen Sie sie durch einfache Schaltflächen etwa nach dem obigen Vorbild. Fügen Sie Funktionen ein, die Sie häufig zur Bearbeitung nutzen, etwa *Elemente übernehmen, Trimmen, Verlängern, Teilen, Punkt, Messen* und eben auch *Gleichungen*.
- Die Form, in die Sie die Leiste ziehen, wird ebenfalls übernommen, etwa einreihig horizontal, vertikal, zweireihig usw.
- Bestätigen Sie die Dialogbox Anpassen.

Wenn Sie ab jetzt beispielsweise im Skizzenmodus ein Maß anklicken und den Shortcut S drücken, so erhalten Sie einen heißen Draht zu den Gleichungen (Bild 5.22). Der gleiche Shortcut gilt auch für die anderen drei Modi.

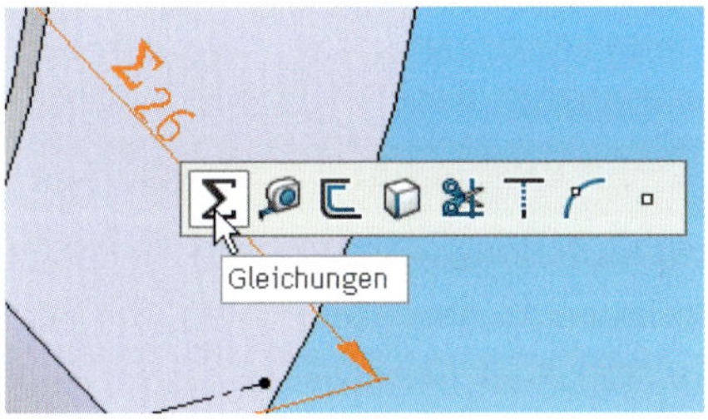

Bild 5.22: Verlorenes wiedergefunden: Der Zugriff auf die Gleichungen bei der Arbeit mit Bemaßungen

5.1.4 Eine Bohrung

Auch der Flansch erhält eine Bohrung für einen Passstift:

- Blenden Sie die *temporären Achsen* ein.
- Öffnen Sie auf der *Ebene oben* eine neue Skizze. Zeichnen Sie den Kreis deckungsgleich auf die Mittelachse und bemaßen Sie seinen Durchmesser sowie den Abstand vom Skizzenursprung – alternativ können Sie auch die linke Kante des Volumenkörpers übernehmen (Bild 5.23).

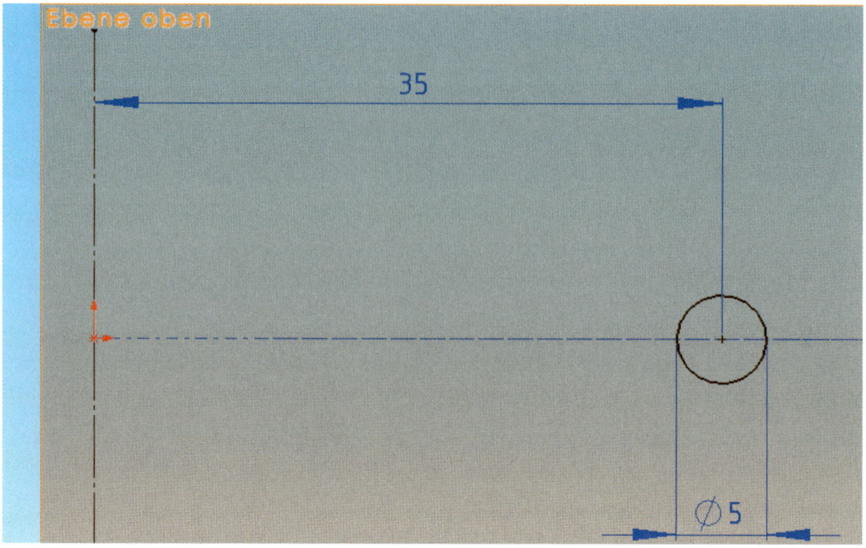

Bild 5.23: Routine: Die Skizze der Bohrung

> Achtung: Wenn die Gefahr besteht, dass Sie für Maßbezüge Kanten statt Skizzen und Ecken statt Punkte wählen, so empfiehlt sich immer das Ausblenden des Volumenkörpers.

- Schließen Sie die Skizze **Sk Bohrung** und tragen Sie sie mit einem weiteren linearen Schnitt und den Optionen *Richtung umkehren* und *Bis nächste* nach oben aus.
- Nennen Sie das Feature **S Bohrung 5mm**.

Den fertigen Flansch sehen Sie in Bild 5.24. Sie sehen, auch seine *Farbe* wurde bearbeitet.

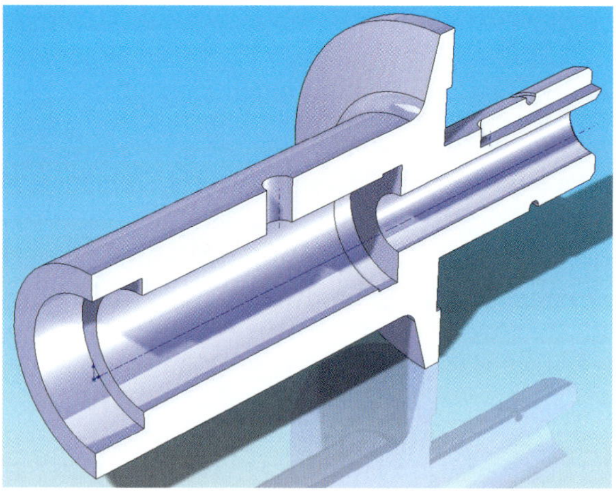

Bild 5.24: Der fertige, antriebsseitige Flansch im Halbschnitt

- Dies erreichen Sie über das Erscheinungsbild des Volumenkörpers.
- Speichern und schließen Sie das Bauteil.

In Bild 5.25 ist wieder der komplette Hierarchiebaum des Flansches abgebildet.

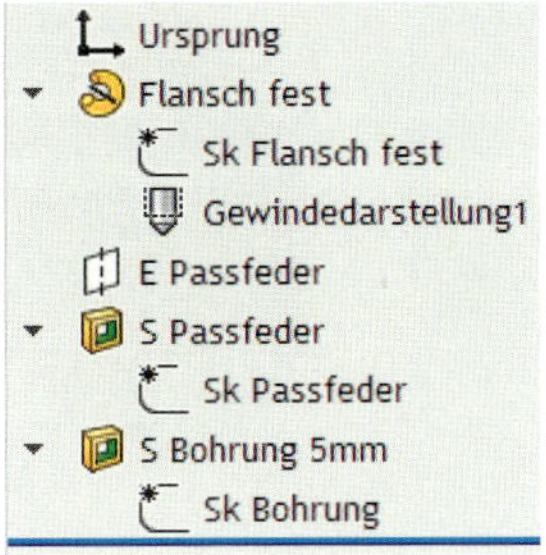

Bild 5.25: Der FeatureManager des festen Flansches

5.1.5 Einzelne Flächen einfärben

Wenn Sie nicht nur Features oder ganze Volumenkörper einfärben wollen, sondern nur einzelne Flächen, so ist dies kein Problem:

- Wählen Sie die gewünschte Fläche und klicken Sie in der Kontext-Symbolleiste auf *Erscheinungsbilder*. Klicken Sie auf die Auswahl der einzelnen Fläche (Bild 5.26). Jetzt können Sie den Globalwert mit einer eigenen Farbe überschreiben.

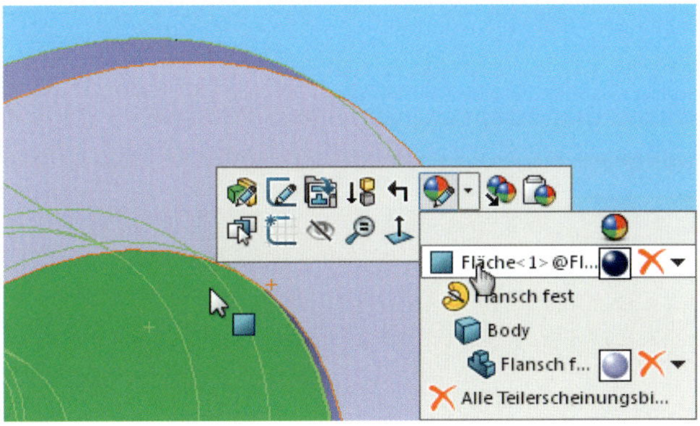

Bild 5.26: Einfärben einzelner Flächen zur Veranschaulichung

Das Resultat sieht nicht nur interessanter aus, es hilft Ihnen auch bei der Vergabe der Texturen an dieses Modell, wenn Sie mit *PhotoView360, KeyShot* oder einem anderen Render-Programm arbeiten, das Formate mit Materialgruppen importiert (z.B. *.OBJ, *.3DS). Jeder separaten Farbe wird dort nämlich eine eigene Textur/Farbe zugeteilt, und Sie brauchen sich dort nicht mehr zu plagen (Bild 5.27)!

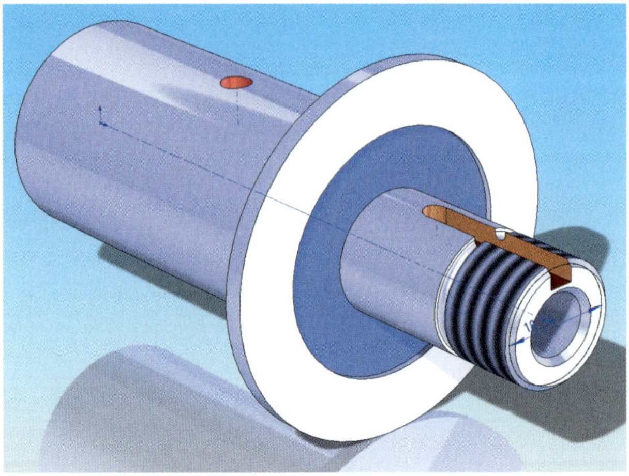

Bild 5.27: Extra-Farben für einzelne Flächen

■ 5.2 Der Einsatzkegel

Der Einsatzkegel ist das Verbindungsstück zur Antriebsmaschine. Wir legen zunächst wieder die Skizze für das Drehteil an:

- Erstellen Sie ein neues Bauteil und *speichern* Sie es *unter* EINSATZKEGEL.
- Legen Sie auf der *Ebene vorne* eine Skizze mit liegender Mittellinie durch den Skizzenursprung an.
- Zeichnen Sie die Kontur nach Bild 5.28, wobei Sie die dritte Vertikale von links deckungsgleich mit dem Ursprung verbinden. Bringen Sie dann die Längenmaße und den Durchmesser an, wobei Sie mit dem größten Maß anfangen.

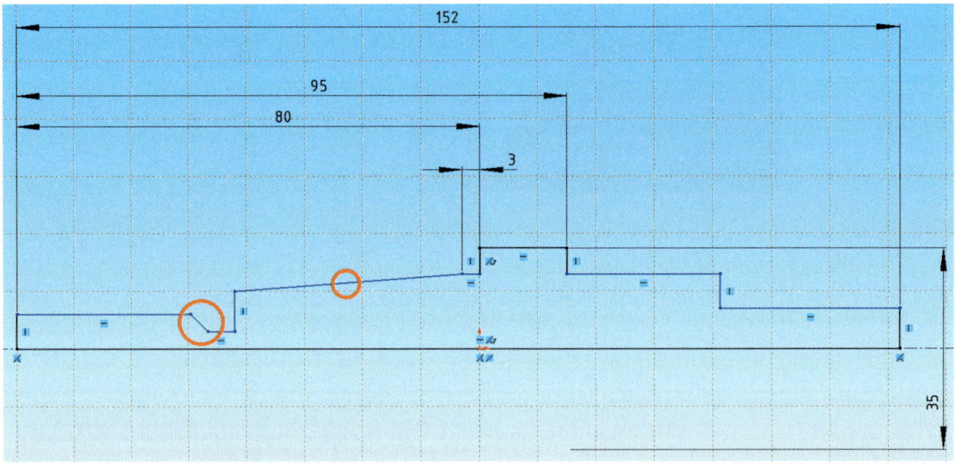

Bild 5.28: Die Kontur des Einsatzkegels mit ersten Abmaßen

> Achtung: Denken Sie daran, dass Sie Durchmesser ausschließlich über **Mittellinien**, nicht aber über Konturlinien bemaßen können – selbst wenn diese auf Mittellinien liegen!

Die Kontur liegt diesmal **auf** der Mittellinie – wir erhalten also einen Vollquerschnitt.

- Links von der fixierten Vertikalen liegt eine kurze, **3** mm breite *Horizontale*.
- Beachten Sie die beiden Schrägen, die durch Kreise gekennzeichnet sind. Hier sollen die Skizzenbeziehungen *Horizontal* und *Vertikal* vermieden werden.
- Hinzu kommen die Durchmesser und Längen nach Bild 5.29.

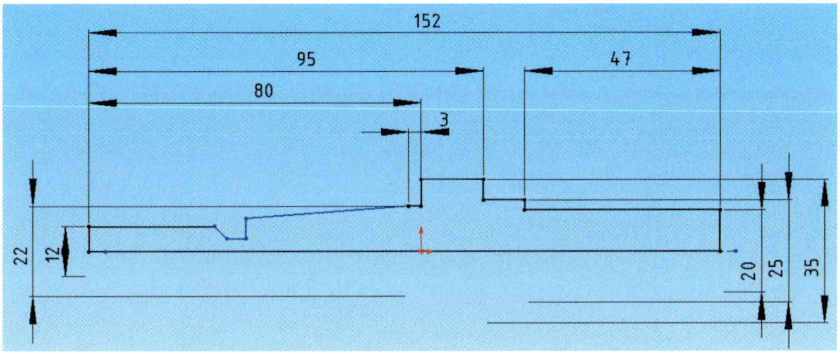

Bild 5.29: Die Bemaßung ohne Feinheiten ...

5.2.1 Feinheiten

Dieser Querschnitt birgt natürlich noch einige Finessen, die wir von rechts anfangend einbauen:

- Zunächst bringen wir eine *Fase* **1×45** am rechten Ende an (Bild 5.30).

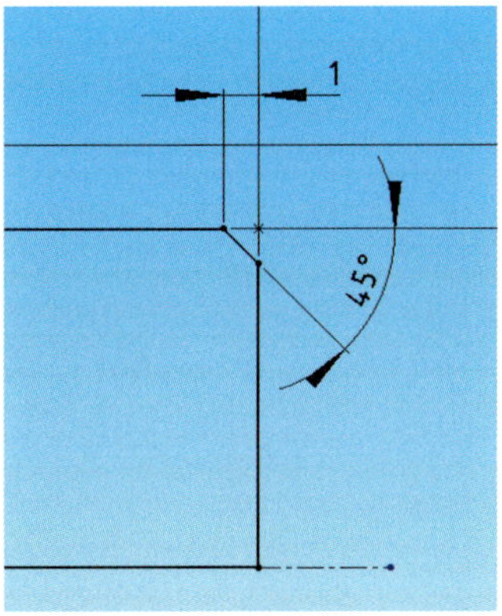

Bild 5.30: Fase Nr. 1. Am Schnittpunkt wird ein Punkt eingefügt

Bei der Bildung der Fase passiert folgendes: Am Schnittpunkt der beiden Hauptlinien – der zukünftigen Ex-Ecke – wird ein Punkt eingefügt. Er wird zur Definition einer Schnittpunktbeziehung benötigt, die ihrerseits den Definitionsstatus der Skizze aufrechterhält.

5.2.2 Ein Freistich DIN 509 ...

> Hinweis: Normalerweise gibt es in jeder CAM-Software Makros für Standardformen wie Gewinde und Freistiche – Sie brauchen solche Standards eigentlich nicht zu modellieren. Aber das hier ist ja schließlich ein Lehrbuch...

Fügen wir nun einen Freistich DIN 509 F1x0,2 ein. In der Angabe bedeutet *F* die Grundform, *1* ist der Radius und *0,2* die relative Tiefe, beides in Millimetern:

- Verschieben Sie die Ansicht nun auf den ersten Absatz von rechts. *Teilen* Sie dann die zwei angrenzenden Linien nach Bild 5.31 so, dass drei weitere Stücke entstehen.

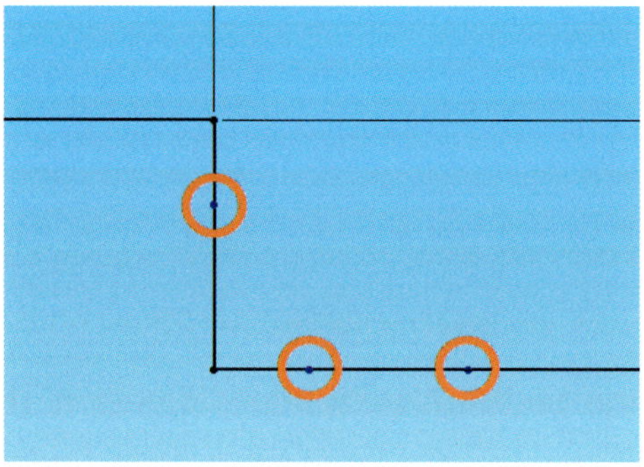

Bild 5.31: Einfügen dreier Linien durch Teilen

5.2.3 ... und ein Problem

Um die Linienstücke verwenden zu können, müssen wir zunächst die Mehrzahl der Skizzenbeziehungen löschen:

- Löschen Sie für die drei kurzen Stücke die *Kollinear*-Beziehungen.
- Beim linken horizontalen Stück könnten Sie indessen auf mehrere böse Überraschungen stoßen: Die Durchmesserbemaßung (*Doppelter Abstand*) und die Schnittpunktbeziehung der Fase sind daran angeknüpft (Bild 5.32).

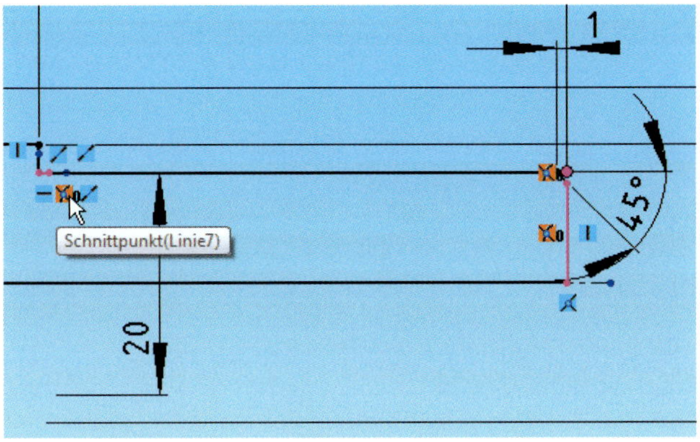

Bild 5.32: Beziehungen der unwillkommenen Art

Diese beiden Beziehungen können Sie nicht ungestraft löschen – die Skizze würde dadurch ihre Definition verlieren. Die beiden müssen also „umziehen“:

- Löschen Sie die drei *Kollinear*-Beziehungen, im Bild 5.32 in der linken Ecke zu sehen, und ebenfalls die *Schnittpunkt*-Beziehung, die dort hervorgehoben ist.
- Dadurch verliert die Fase ihre Definition (Bild 5.33).

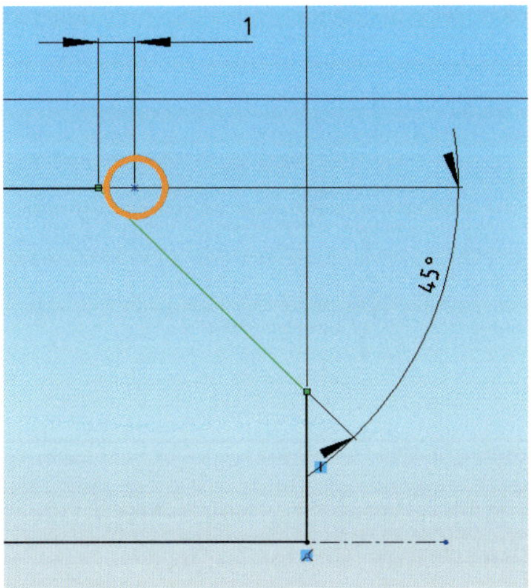

Bild 5.33: Haltlos: Dieses Breitenmaß funktioniert nicht mehr

- Die Beziehung *Doppelter Abstand* wird nicht im Editor angezeigt, sondern nur im PropertyManager der betreffenden Linie (Bild 5.34).

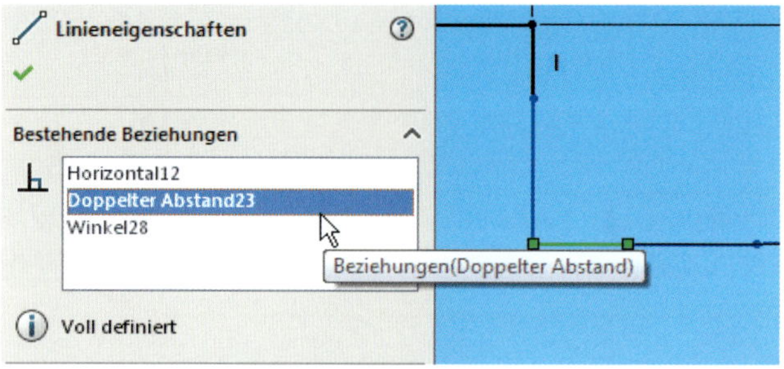

Bild 5.34: Obskur: Manche Beziehungen werden nur in der Liste *Bestehende Beziehungen* aufgeführt

- Löschen Sie diesen Eintrag und setzen Sie das Durchmessermaß **20** mm einfach nochmals an. Ebenso flicken Sie die Fase, indem Sie den Abstand **1** mm neu definieren.

5.2.4 Bemaßen des Freistichs

Damit sollte am rechten Ende wieder alles schwarz sein. Wir können mit der eigentlichen Arbeit fortfahren:

- Ziehen Sie die drei kurzen Stücke so in Position, dass das vertikale und das rechte horizontale Stückchen schräg stehen. Setzen Sie, wo nötig, auch die Skizzenbeziehungen *Horizontal* und *Vertikal* (Bild 5.35).

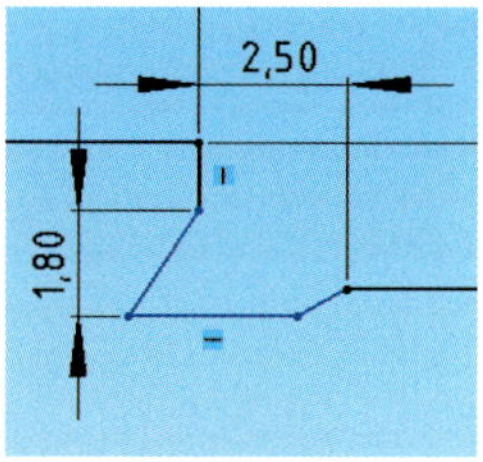

Bild 5.35: Erste Dimensionierung des Freistichs

- Setzen Sie dann die beiden Maße über alles. Nach DIN 509 Form F sind dies **1.8** mm für die Höhe und **2.5** mm für die Breite.
- Definieren Sie dann die Winkel, ebenfalls nach DIN 509: Der Winkel zum vertikalen Stück beträgt **8°**, der Anschluss zur Horizontalen **15°** (Bild 5.36).

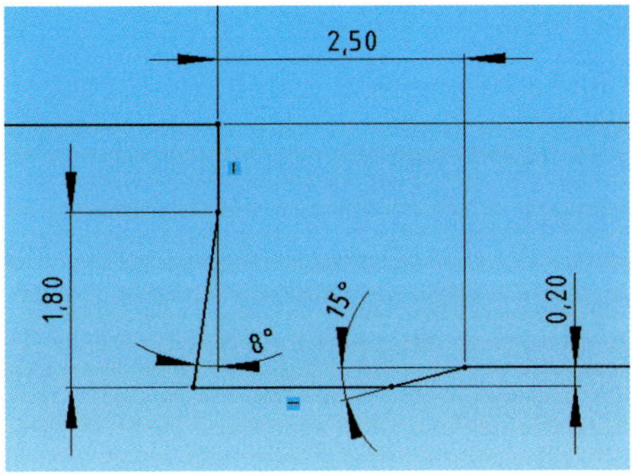

Bild 5.36: Zielwasser trinken und Winkel bestimmen

Achtung: Achten Sie darauf, beim Setzen der Maßzahl – d. h. des Winkels – innerhalb der durch die Pfeile in Bild 5.36 markierten Regionen zu klicken, sonst entstehen Komplementärwinkel.

- Definieren Sie dann noch die Tiefe, laut *Hoischen* sind dies **0.2** mm.

Damit sollte dieser Bereich voll definiert sein. Es fehlen aber noch zwei Radien zu 1 mm:

- Setzen Sie zwei *Skizzenverrundungen* mit einem Radius von **1** mm an die durch Kreise markierten Stellen in Bild 5.37 (s. Tipp).

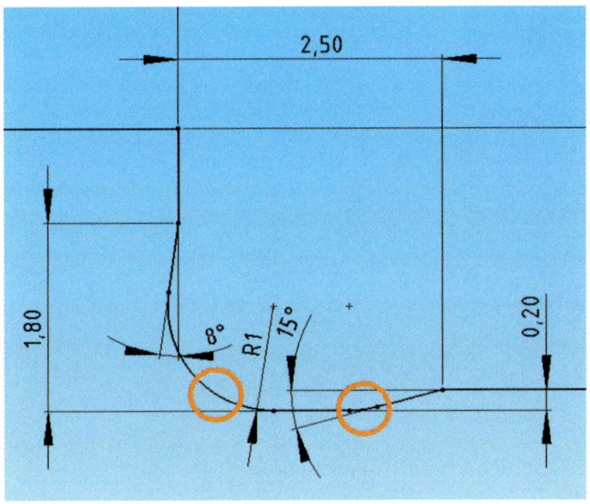

Bild 5.37: Zwei Radien runden die Sache ab

TIPP: Wenn Sie in einer Funktion eine „Stecknadel“ sehen, wie dies auch bei der Skizzenverrundung der Fall ist, so können Sie nach „Arretierung“ der Nadel beliebig viele gleiche Elemente nacheinander setzen. Die Elemente sind durch die Beziehung *Gleich* miteinander verknüpft, sie werden also auch nur ein einziges Mal bemaßt.

Scrollen wir weiter nach links, zur nächsten Station:

Die linke Ecke des größten Durchmessers erhält wieder eine *Fase* **1 × 45°** (Bild 5.38).

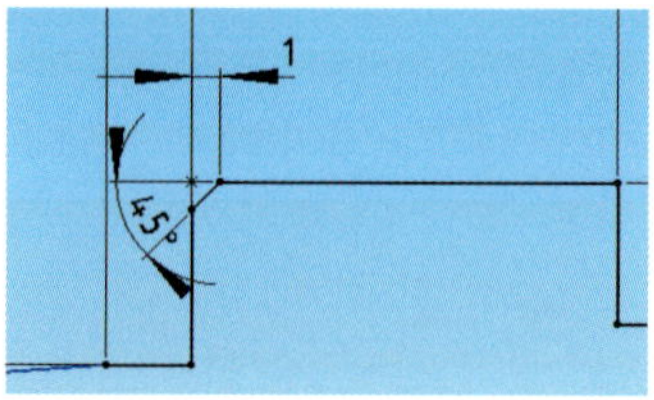

Bild 5.38: Standardübung: Fase Nr. 2

5.2.5 Der Kegel – ein Rechenexempel

Der Einsatzkegel bietet eine hervorragende Gelegenheit, unser Wissen über Gleichungen anzuwenden. Laut Gerätenorm beträgt das Steigungsverhältnis *C* dieses Kegels, das Verhältnis zwischen der Differenz der Durchmesser *D–d* und der Länge *l*:

$$C = \frac{D-d}{l} = 1:10$$

Wie wäre es nun, wenn wir das Verhältnis *rechnerisch* in direkte Maße umsetzen würden? Wir kennen den großen Durchmesser, nämlich *22 mm*. Die Länge des Kegelstücks können wir leicht einführen. Den kleinen Durchmesser errechnen wir dann nach Umstellung der obigen Formel ganz einfach zu

$$d = D - C \cdot l$$

Bestimmen wir also zunächst die Länge des Kegels:

- Bemaßen Sie die Entfernung zwischen dem linken Ende und der zweiten Vertikalen – dem Beginn des Kegels – mit **21** mm (Bild 5.39).

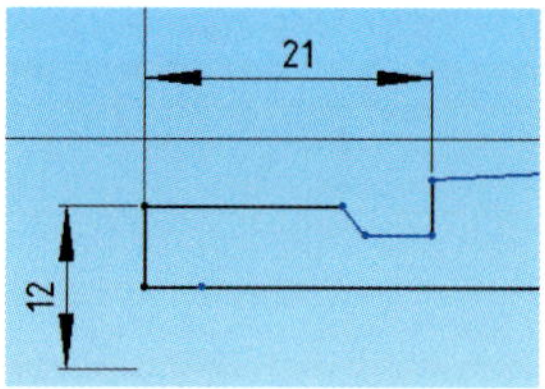

Bild 5.39: Ein Längenmaß mehr, und das Drama kann seinen Lauf nehmen

> Hinweis: Diese Entfernung muss ohnehin benannt werden, da auch die Länge eines Gewindezapfens M12 genormt ist.

- Bemaßen Sie dann die Länge des Kegelstücks, so müsste sich, wenn Sie alle bisherigen Maße korrekt eingeführt haben, die Katastrophenmeldung nach Bild 5.40 ergeben.

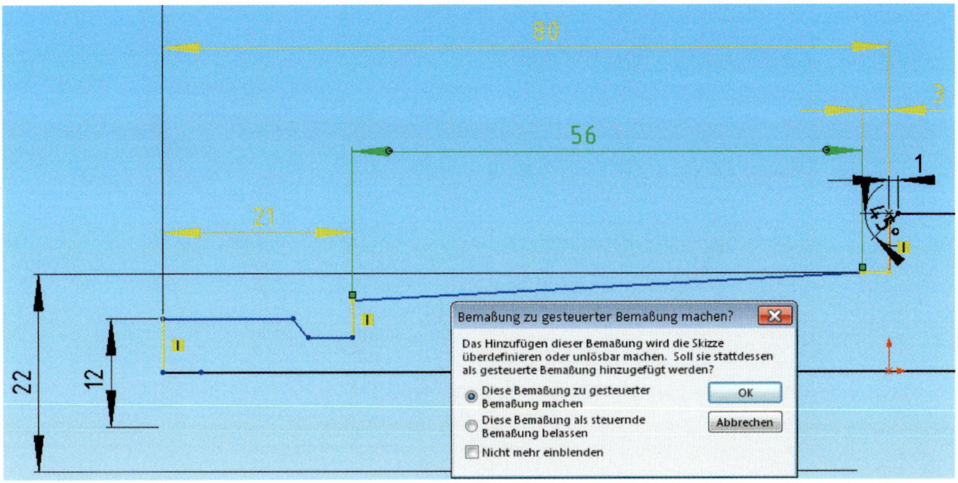

Bild 5.40: Völlig korrekt entlarvt SolidWorks das zusätzliche Maß als Überbestimmung. Die an der Misere Beteiligten erbleichen vor Scham ...

SolidWorks hat herausgefunden, dass die Bemaßung der Kegellänge eine Überbestimmung bedeuten würde, und fragt Sie vorsichtshalber, ob Sie dieses Maß zur *gesteuerten Bemaßung* machen wollen.

- Beantworten Sie die Abfrage mit *OK*.

Das Maß *56* wird in Grau eingeblendet, der Farbe für gesteuerte – d. h. abhängige oder auch machtlose – Bemaßungen. Setzen Sie es über den PropertyManager vorsichtshalber noch *in Klammern* (Bild 5.41).

Bild 5.41: Hilfs- und Prüfmaße lassen sich über den PropertyManager realisieren

- Führen Sie dann den kleinen Durchmesser links der Schräge ein. Bestätigen Sie zunächst einfach den Maßwert.
- Benennen Sie nun die drei Maße über deren *Eigenschaften* nach Bild 5.42 mit **Groß D Kegel**, **Klein D Kegel** und **Länge Kegel.**

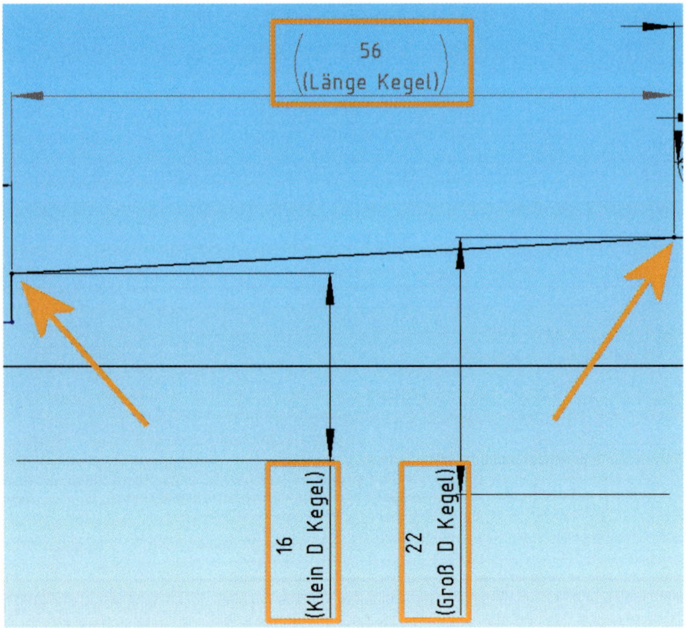

Bild 5.42: Benennung der drei Kegelmaße für die Nutzung als Variable

- Rufen Sie dann die *Gleichungen* auf. Wenn Sie meinem Rat gefolgt sind: einfach S und die erste Schaltfläche.
- Verschieben Sie das Formelfenster so, dass Sie auf alle drei Maße Zugriff haben.
- Klicken Sie dann in die Zelle *Wert/Gleichung* von *Klein D Kegel,* geben Sie ein Gleichheitszeichen ein und klicken Sie mit Hilfe der Liste die folgende Formel zusammen (Bild 5.43):

```
„Klein D Kegel@Skizze1" = „Groß D Kegel@Skizze1"
- „Länge Kegel@Skizze1" /10
```

wobei wir als Kegelverhältnis einfach **/ 10** oder auch * **0,1** einsetzen.

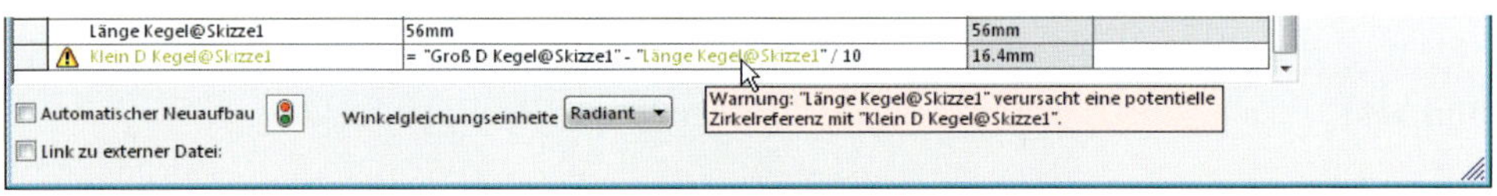

Bild 5.43: Warnung vor der Runde: der Zirkelbezug meint das gesteuerte Maß in der Gleichung

- Bestätigen Sie die Warnung über Zirkelbezug in der Skizze oder die Anfrage, ob ein ... *gesteuertes Maß verwendet* ... werden soll (Bild 5.43). Die beiden hängen zusammen.

> Achtung: Normalerweise tut man so etwas nicht, denn gesteuerte Maße können unvermittelt ihren Wert ändern. Wir könnten statt unserer expliziten Kegellänge natürlich auch „Länge<k> - (Länge<m> + Länge<n>)" einsetzen. Aber das liefe auf das Gleiche hinaus, da garantiert keine anderen Einflussgrößen vorhanden sind. In diesem Fall können wir uns also zurücklehnen.

Wenn Sie mit der Formel fertig sind, müsste als Ergebnis *16.4 mm* herauskommen (vgl. Bild 5.43).

- Bestätigen Sie die Gleichung, und unser neues Maß wird eingesetzt (Bild 5.44).

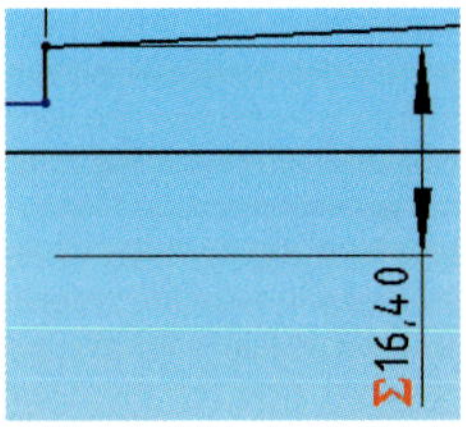

Bild 5.44: Geometrisch präzis': Dieser Kegel wird immer die richtige Steigung haben

Das Schöne an dieser Lösung ist, dass wir nun die restliche Geometrie nach Belieben ändern können und der Kegel stets die Steigung 1 : 10 beibehalten wird.

5.2.6 Maßeinheiten anpassen

Ein Letztes können Sie noch für den Mann an der Nicht-CNC-Drehbank tun: Sie können den Winkel des Kegels als Hilfsmaß angeben. Das Winkelmaß als solches ist schnell erstellt:

- Definieren Sie ein Winkelmaß zwischen der Horizontalen *3 mm* und der Kegelschrägen. Bestätigen Sie die Abfrage mit der *gesteuerten Bemaßung* und setzen Sie das Maß über den PropertyManager *in Klammern* (Bild 5.45).

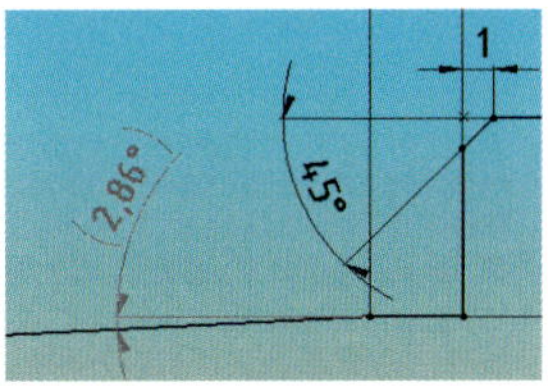

Bild 5.45: Ein Hilfsmaß, normgerecht in Klammern gesetzt

Der Winkel wird in Dezimalgrad angegeben. Um die Anzeige in Grad, Minuten und Sekunden umzuwandeln,

- aktivieren Sie das Maß, der PropertyManager öffnet sich.

- Aktivieren auf der Registerkarte *Sonstiges* die Checkbox *Einheiten außer Kraft setzen.*
- Wählen Sie aus dem nun angezeigten Listenfeld *Winkeleinheiten* den Punkt *Grad/Min.*

Nun wird das Hilfsmaß in Grad und Minuten eingeblendet (Bild 5.46).

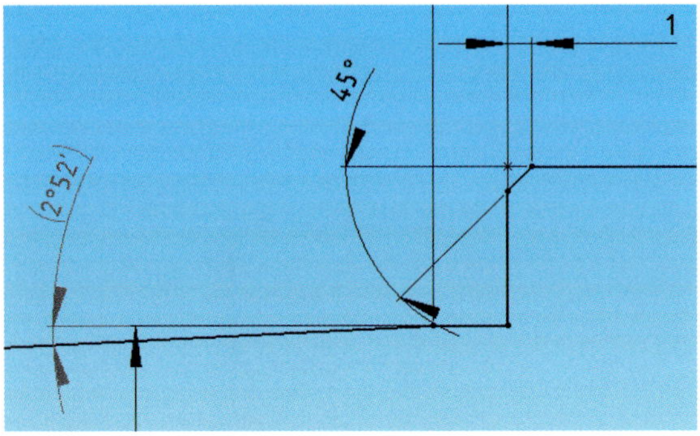

Bild 5.46: Ändern der Maßeinheit eines einzelnen Maßes

5.2.7 Der Gewindefreistich

Verschieben wir den Bildausschnitt weiter nach links, so haben wir noch ein letztes Blau zu schwärzen: Den Übergang vom Kegel zum Gewindezapfen. Wir formen ihn wieder nach Vorschrift, und zwar diesmal nach *DIN 76-1, Form A:*

Bemaßen Sie zunächst die Gesamtbreite des Übergangs mit **4** mm (Bild 5.47).

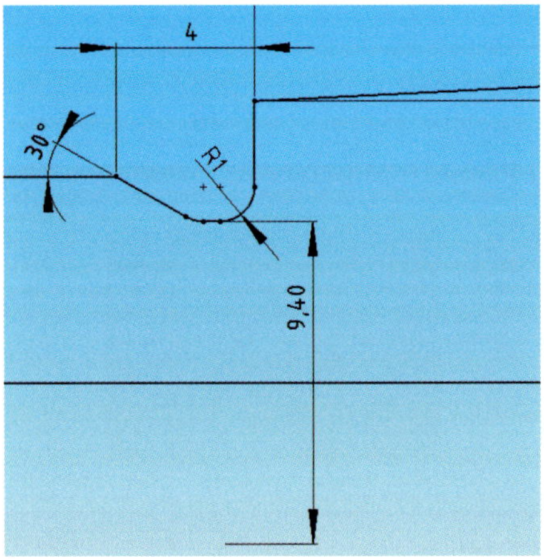

Bild 5.47: Der Gewindefreistich wird ebenfalls eingebaut

- Geben Sie der Schräge dann einen Winkel von **30°** gegenüber der angrenzenden Horizontalen.

- Bemaßen Sie den Restdurchmesser zu **9.4** mm gegenüber der Mittellinie.
- Führen Sie dann noch zwei Skizzenverrundungen von **1** mm an den Übergängen ein.

Damit sollte die Skizze voll bestimmt sein. Uns fehlt aber noch der Gewindeansatz nach *DIN 78, Ks:*

- Definieren Sie eine *Fase* **1×45°** am linken Ende. Löschen Sie dann das Maß *1* und ersetzen Sie es durch einen Durchmesser von **8.5** mm nach Bild 5.48. Hierdurch kann das Maß *21* verlorengehen. Ergänzen Sie es dann einfach wieder.

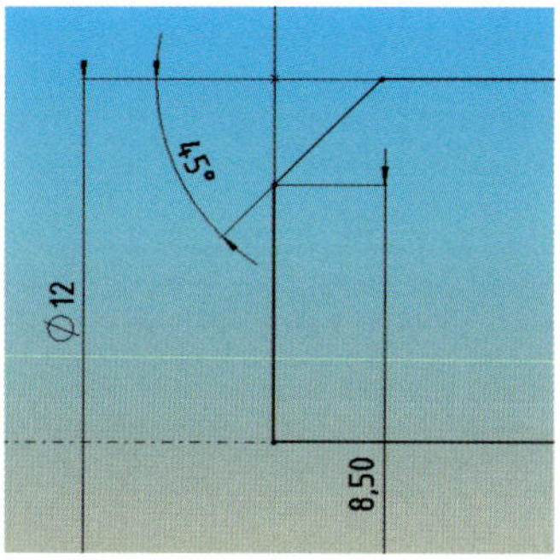

Bild 5.48: Der Gewindeauslauf schließt den Grundkörper ab

Damit ist die Skizze des Drehteils fertig.

- Beenden Sie sie und nennen Sie sie **Sk Einsatzkegel**.
- Rotieren Sie die Kontur mit *Aufsatz/Basis rotiert* um die Mittellinie. Nennen Sie das Feature **Einsatzkegel**.

In Bild 5.49 sehen Sie den Einsatzkegel bis hierher.

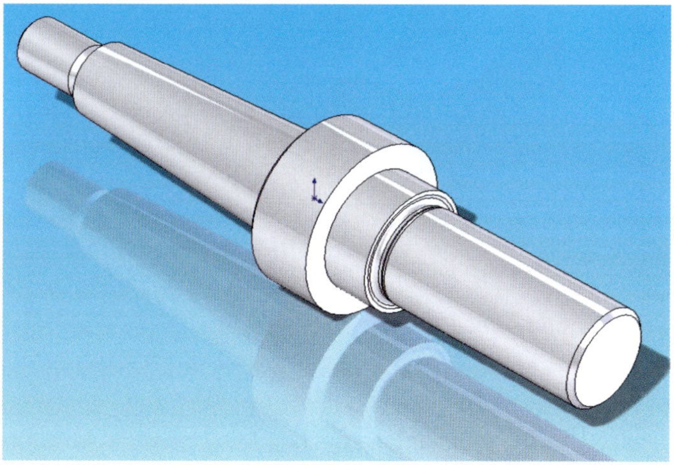

Bild 5.49: Der Einsatzkegel im Rohzustand

5.2.8 Gewindebeschreibung

- Versehen Sie den dünnen Gewindezapfen über *Einfügen, Beschriftungen, Gewindedarstellung* mit einem Gewinde der *M12 × 1,5*. Nutzen Sie die Endbedingung *Bis nächste* und geben Sie als Kerndurchmesser **9.80** mm an.

5.2.9 Eine Passfedernut

Auch der Einsatzkegel erhält eine Passfedernut, die aber eigentlich als Führung für einen Zylinderstift dient:

- Drehen Sie das Bauteil in die Isometrie. Das kegellose Ende sollte Ihnen jetzt zugewandt sein.
- Definieren Sie eine Referenz-*Ebene* mit der Bedingung *auf Oberfläche* und wählen Sie als Referenzelemente die *Ebene vorne* und die Mantelfläche des rechten Wellenendes (Bild 5.50).

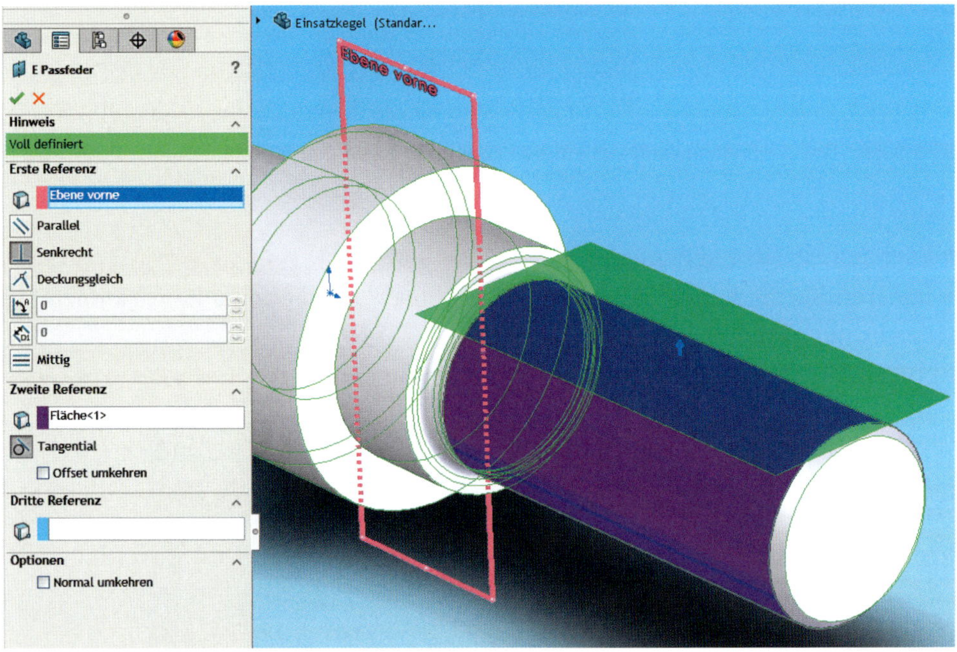

Bild 5.50: Eine neue Referenzebene für die Passfeder

- Benennen Sie die Ebene mit **E Passfeder**.
- Erstellen Sie auf dieser Ebene eine neue Skizze und zeichnen Sie die Kontur nach Bild 5.51. Das Bogenzentrum soll *deckungsgleich* mit der temporären Achse verbunden sein, die angrenzenden Horizontalen jeweils *tangential* mit dem Kreisbogen.

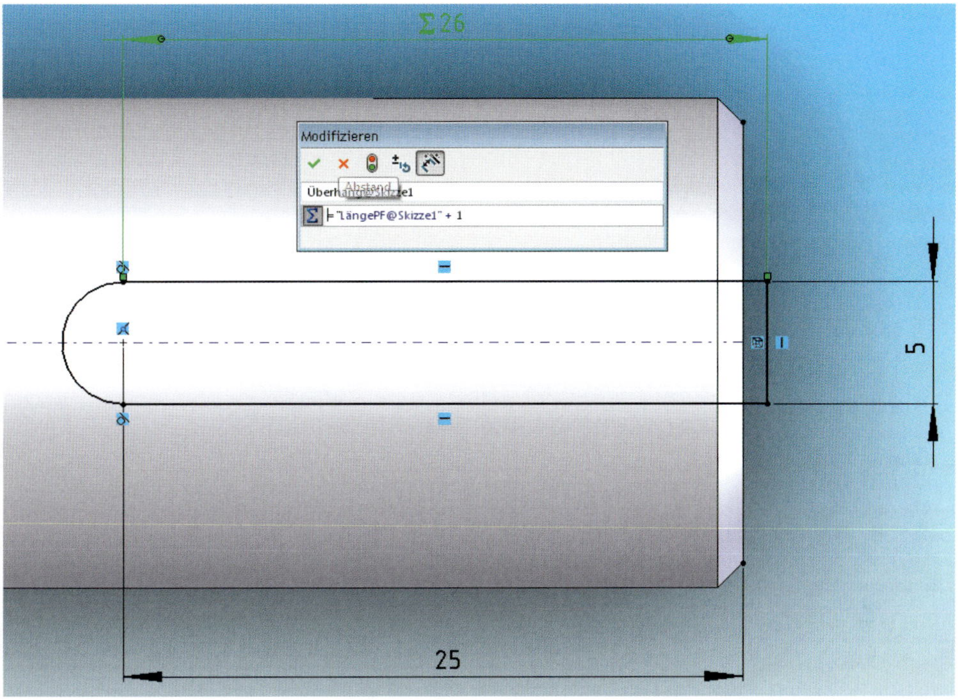

Bild 5.51: Wie gehabt: Die Skizze der Passfedernut

- Bemaßen Sie die Breite mit **5** mm, die Distanz des Bogenzentrums zur rechten Körperkante – **LängePF** – mit **25** mm, die Länge der Kontur – **Überhang** – mit **26** mm.
- Definieren Sie eine Gleichung, wonach *Überhang* um **1** mm größer ist als *LängePF* (vgl. a. Bild 5.16).
- Schließen Sie die Skizze und nennen Sie sie **Sk Passfeder**.
- Schneiden Sie die Skizze mit einem *Linear ausgetragenen Schnitt* und der Endbedingung *Blind* **3.5** mm tief ins Material ein. Nennen Sie das Feature **S Passfeder** (Bild 5.52).

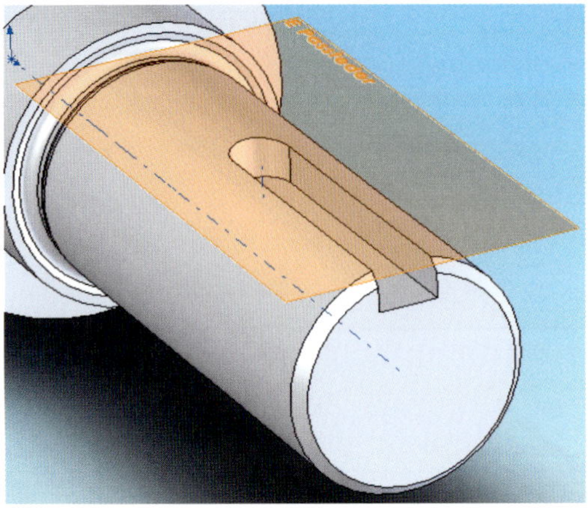

Bild 5.52: Die fertige Passfedernut

5.2.10 Der Schlüsselansatz

Da wir es mit einer demontierbaren Welle zu tun haben, müssen wir auch noch einen Ansatz für den Maulschlüssel schaffen. Hierzu leisten wir wieder eine kleine Vorarbeit:

- Öffnen sie die Skizze *Sk Einsatzkegel* und benennen Sie den größten Durchmesser – 35 mm – mit **D Schlüssel**. Schließen Sie die Skizze wieder.
- Legen Sie auf der Kegelseite des großen Durchmessers (Bild 5.53) eine neue Skizze an.

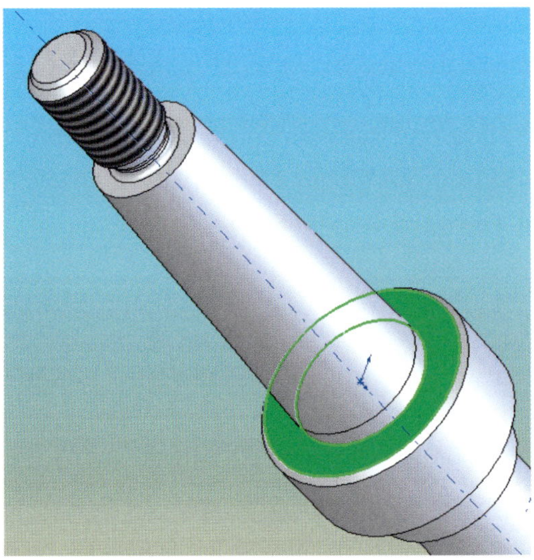

Bild 5.53: Eine neue Skizze auf einer Körperfläche

- Wechseln Sie in die Draufsicht und zeichnen Sie die einfache Kontur nach Bild 5.54. Da Sie den **Mittelpunkt** des Rechtecks mit dem Ursprung verknüpfen wollen, können Sie dies mit der Option *Mittelpunkt-Rechteck* im PropertyManager in einem einzigen Arbeitsgang erledigen. Durch die diagonalen *Konstruktionslinien* besitzt das Rechteck außerdem doppelte Symmetrie.

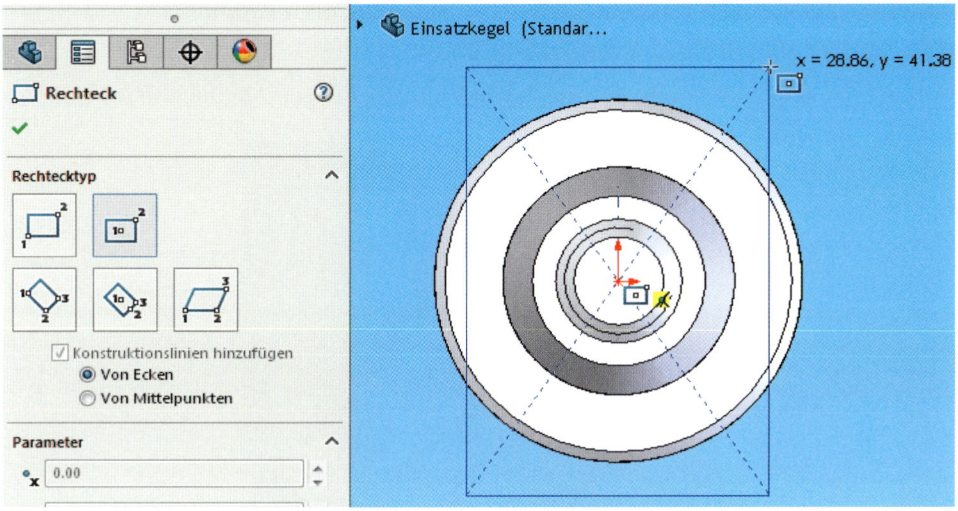

Bild 5.54: Das Mittelpunkt-Rechteck ist ideal für Mittelpunktverknüpfungen

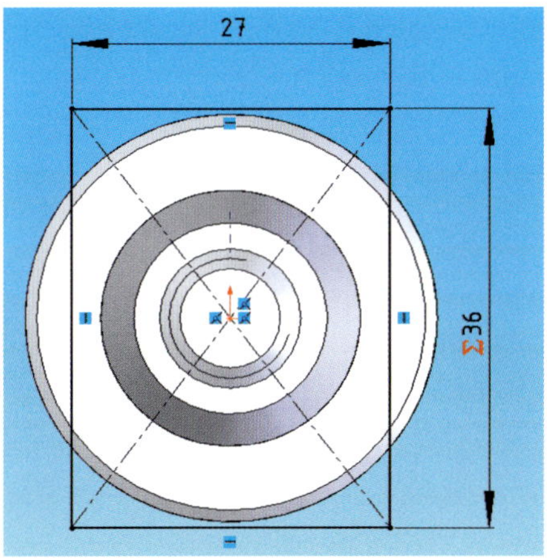

Bild 5.55: Die voll definierte Skizze des Schlüsselansatzes

- Bemaßen Sie die Breite nun mit **27** mm.

Bemaßen Sie die Höhe und definieren Sie für sie eine neue Gleichung: Diese Höhe entspreche dem Durchmesser *D Schlüssel* aus *Sk Einsatzkegel* plus **1** mm. Hier noch einmal die Gleichung:

```
„D2@Sk Schlüsselweite" = „D Schlüssel@Sk Einsatzkegel"+1
```

Auf diese Art wird der anschließende Schnitt stets vollständig ausgeführt, egal wie der Durchmesser bestimmt wird. Damit ist die Skizze voll definiert.

- Schließen Sie sie und nennen Sie sie **Sk Schlüsselweite**.
- Schneiden Sie die Skizze mit einem *Linear ausgetragenen Schnitt* und der Endbedingung *Blind* um **11** mm ins Material ein. Aktivieren Sie die Option *Umkehrung der Schnittseite,* damit nur die kleinen Außensegmente wegfallen.
- Nennen Sie dieses Feature **S Schlüsselweite**.

In Bild 5.56 sehen Sie einen der beiden Einschnitte für den Maulschlüssel.

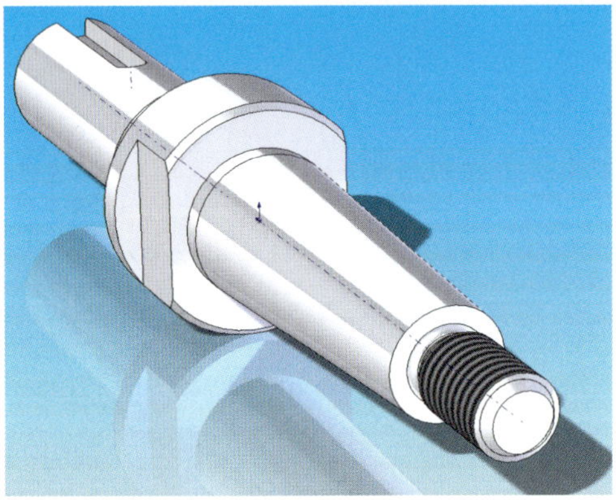

Bild 5.56: Stilecht: Ein Absatz für den 27er Maulschlüssel

Die Außenarbeiten an der Welle sind damit abgeschlossen. Nur zwei Gewindebohrungen an den Stirnflächen fehlen noch.

5.2.11 Zwei Gewindebohrungen

Diese werden koaxial angeordnet:

- Aktivieren Sie die Stirnfläche gegenüber vom Kegelsitz nach Bild 5.57 und rufen Sie den *Bohrungsassistenten* auf.

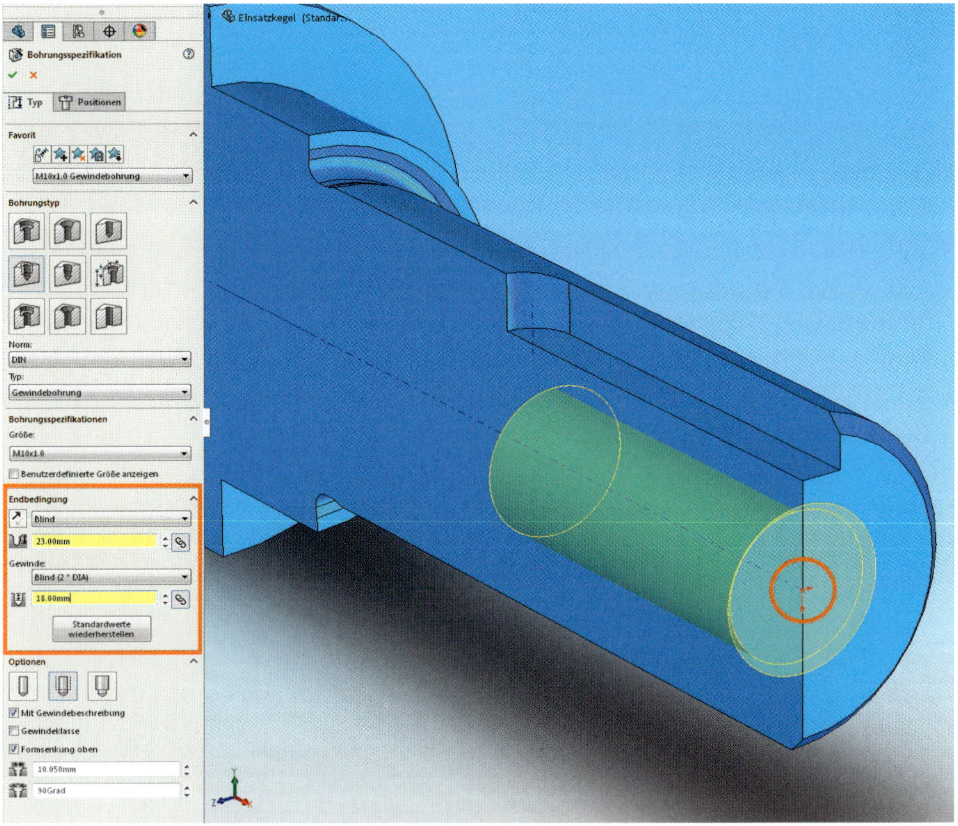

Bild 5.57: Definition der ersten Gewindebohrung M10x1mm. Der temporäre Skizzenursprung ist normalerweise nur im Modus *Positionen* zu sehen

- Wählen Sie eine *Gewindebohrung M10×1.0* nach *DIN*.
- Endbedingung ist *Blind*, wobei Sie hier nur die *nutzbare Gewindetiefe* vorgeben, und zwar zu **18** mm (Rahmen). Die *Blindbohrungstiefe* berechnet der Bohrungsassistent automatisch.
- Wählen Sie als *Formsenkungsdurchmesser* den Gewindeaußendurchmesser, also **10** mm und wie immer **90°** als Kegelwinkel. Wenn Sie mögen, speichern Sie diese Einstellung als *Favorit* (Bild 5.58). Dann können Sie sie beim nächsten Mal einfach aus der Liste wählen.

Bild 5.58: Die Favoritenleiste kann viel Zeit sparen, wenn man stets die gleichen Bohrungen verwendet

Hinweis: Wenn Sie nach dieser Einstellung ins unterste Gruppenfeld *Benutzerdefinierte Größe* schauen, so ist dort eine neue Schaltfläche zu sehen, nämlich *Standardwerte wiederherstellen*. Betätigen Sie sie, wird die Gewindetiefe wieder auf *Blind (2*DIA)* gesetzt, nämlich 20 mm - der Assistent berät Sie also in Norm-Fragen!

- Wechseln Sie zu den *Positionen*. Hier deaktivieren Sie zunächst den Punktmodus und ziehen den einzelnen Punkt *deckungsgleich* auf den temporären Skizzenursprung, der bei einer kreisrunden Bezugsfläche wie dieser genau mit der temporären Achse zusammenfällt.
- Bestätigen Sie dann, so dass die Bohrung eingefügt wird. Nennen Sie sie **M10×1.0 Gewinde**.

In der Schnittansicht können Sie besonders gut verfolgen, was im Bauteil geschieht. Die Gewindelänge ist wunschgemäß kleiner als die Bohrungstiefe (Bild 5.59).

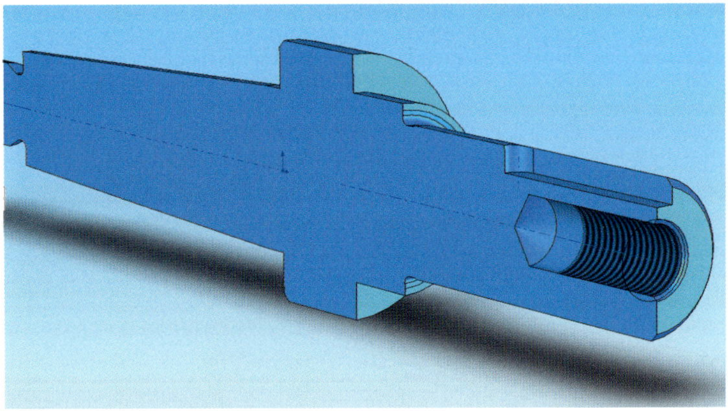

Bild 5.59: Das erste Gewinde ist fertig

Die zweite Bohrung, ein koaxiales M5-Gewinde, bringen wir auf exakt die gleiche Weise an:

- Klicken Sie erneut auf die Stirnfläche und rufen Sie den *Bohrungsassistenten* auf (Bild 5.60).

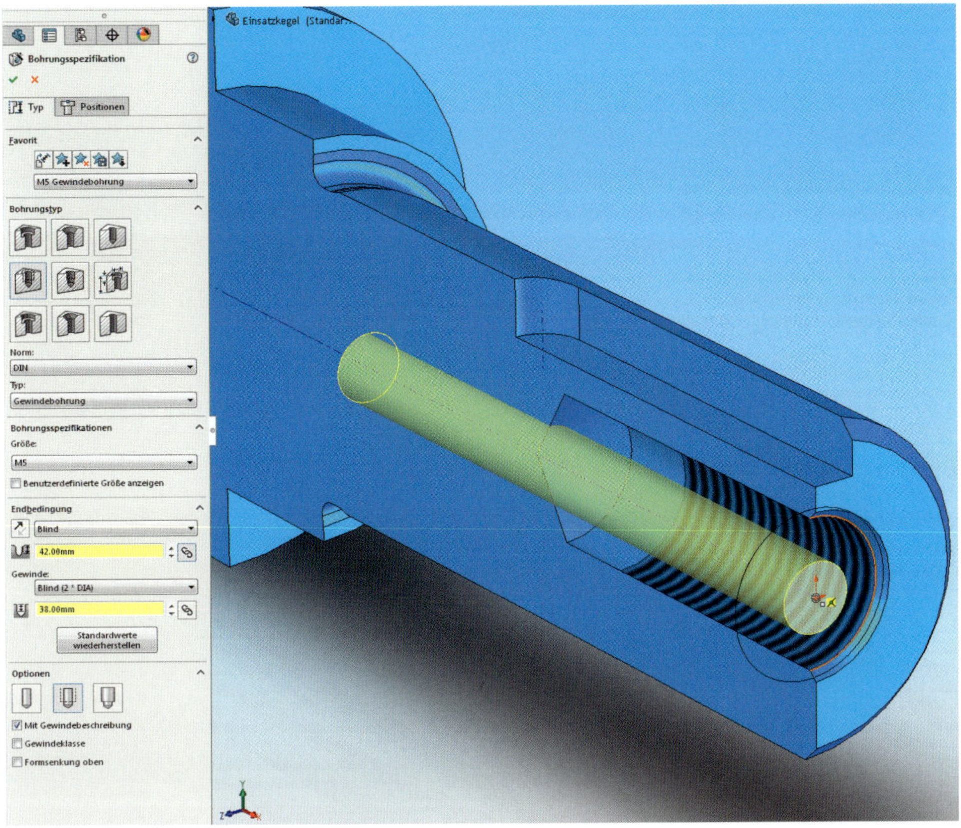

Bild 5.60: Einstellungen für das M5-Gewinde

- Erstellen Sie eine *Gewindebohrung M5* nach *DIN*, Endbedingung *Blind*, *Gewindetiefe* **38** mm, keine *Formsenkung*, da die Bohrung im Leeren beginnt.
- Wechseln Sie zu den *Positionen* und platzieren Sie den einzelnen Punkt wieder *deckungsgleich* auf dem temporären Skizzenursprung.
- Bestätigen Sie und nennen Sie das Feature **M5 Gewinde**.
- Speichern Sie den Einsatzkegel.

Nach Fertigstellung sollte Ihre Schnittansicht ähnlich aussehen wie Bild 5.61.

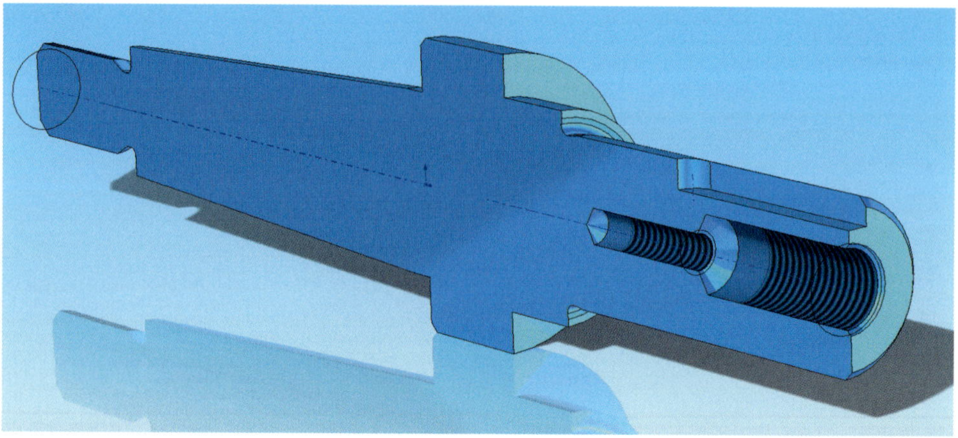

Bild 5.61: Die fertige Kombination im Schnitt

Damit sind wir fertig. In Bild 5.62 ist noch einmal der komplette Baum des Einsatzkegels dargestellt.

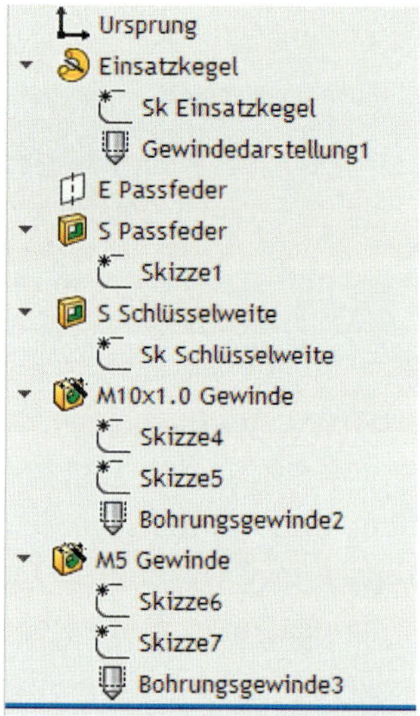

Bild 5.62: Der komplette Baum des Einsatzkegels

5.3 Nacharbeiten

Nun, da Sie im Modellieren von Freistichen fit sind, können Sie – wenn Sie wollen – noch drei kleine Korrekturen an den anderen Bauteilen vornehmen. Dabei lernen Sie auch wieder ein paar sensationelle, brandneue…

5.3.1 Beziehungs-Tricks

Sie erinnern sich noch an den Abschnitt 5.2.3 „*... und ein Problem*“ ab S. 178 und die Mühsal, die Sie auf das nachträgliche Teilen und Reparieren der voll definierten Skizze verwenden mussten.

SolidWorks bietet zwar vielversprechende Funktionen im PropertyManager, die **explizit** Skizzenbestandteile als Partner für Beziehungen austauschen sollen, nur waren sie in Version 2016 einfach nicht zum Funktionieren zu bewegen. Es gibt aber eine wesentlich elegantere Methode, mit der Sie Skizzen ohne Reparatur teilen:

- Schließen Sie den Einsatzkegel, um die Übersicht zu wahren. Öffnen Sie dann FLANSCH FEST und dann Skizze *Sk Flansch fest.*

Am Übergang der Hohlwelle auf die Druckscheibe fügen wir einen Freistich DIN 509 Form E 0,6×0,3 ein, um einem Einreißen durch die Wechselbelastung vorzubeugen (Bild 5.63, Kreis).

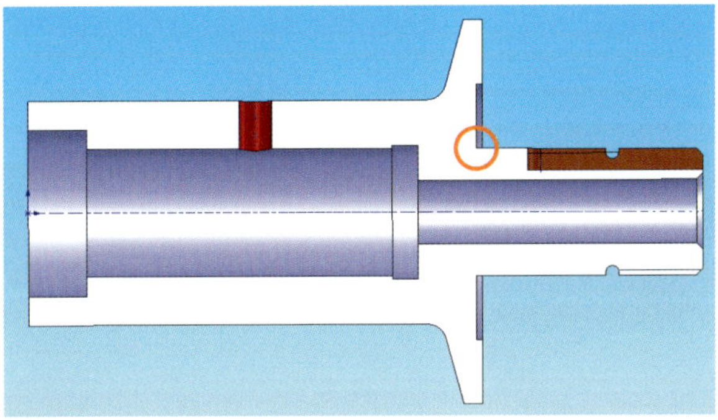

Bild 5.63: Diese Hohlkehle braucht einen Freistich

Der Trick: **Bevor** Sie irgendetwas löschen,

- zeichnen Sie den erwünschten Linienzug einfach neu, indem Sie ihn deckungsgleich an die alte Kontur anhängen. Verlängern Sie dann die Vertikale bis zum Ende des neuen Linienzugs (Bild 5.64 links).

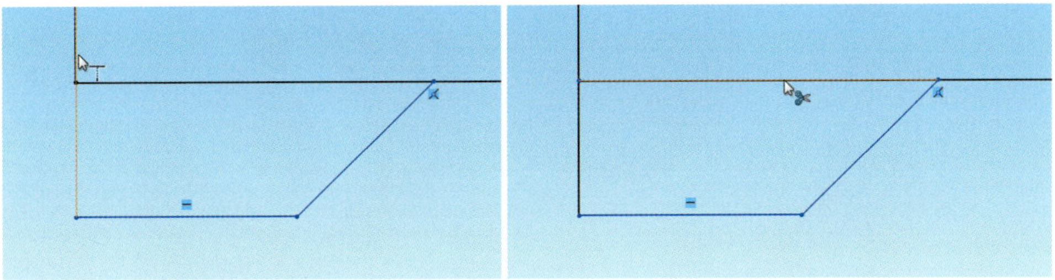

Bild 5.64: Dem Trübsinn ein Ende: Mit dieser Methode müssen nur die *neuen* Elemente definiert werden!

- Sobald die Kontur wieder geschlossen ist, trennen Sie das nun überflüssige alte Stück heraus (Bild 5.64 rechts).

Der Effekt: Diese zwei blauen Linien sind die einzigen in der Skizze – alles andere ist intakt geblieben!

- Bemaßen Sie nun nach Bild 5.65, wobei Sie die Radien zuletzt einfügen.

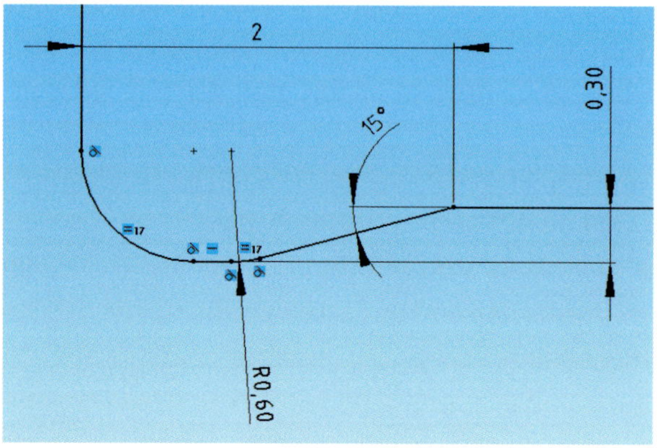

Bild 5.65: Form E ist wesentlich einfacher als Form F

- Schließen Sie die Skizze. Damit sollte der neue Querschnitt eingepflegt werden (Bild 5.66).

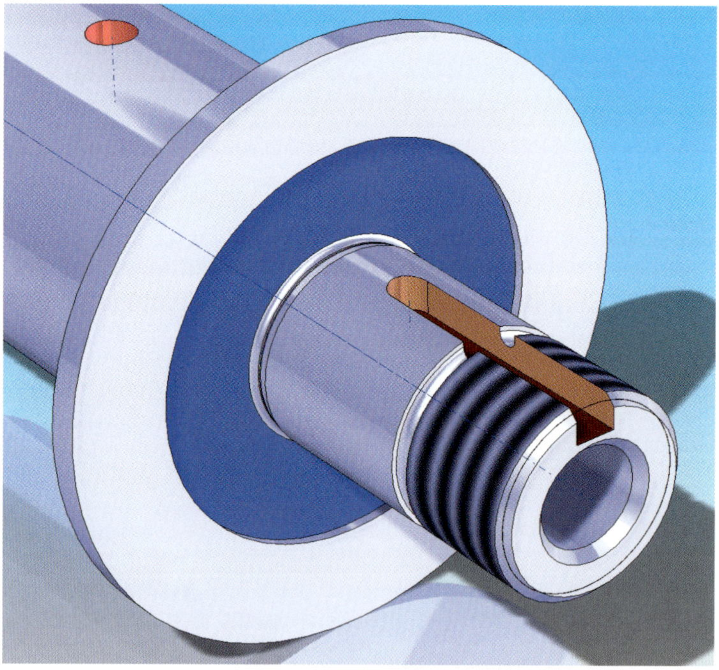

Bild 5.66: Der feste Flansch mit Freistich

5.3.2 Was der FeatureManager uns zuflüstert

Aus dieser Geschichte und der haarigen vorherigen und noch vielen weiteren, die Sie erleben werden, können Sie allerhand lernen:

Erstens: Features, die auf dem geänderten Feature basieren, ändern sich ebenfalls und können sogar ungültig werden. In Bild 5.67 sehen Sie die Auswirkungen eines Versuchs nach der **alten** Methode, den Freistich einzubauen, als zufällig die neu entstandene Kegelfläche den Namen *Fläche<1>* erhielt und SolidWorks beim Neuaufbau unvermittelt mit einer Fehlermeldung protestierte (Auf die **interne** Benennung der Objekte haben wir nämlich keinerlei Einfluss, Parametrik hin oder her!).

Infolgedessen wurde die Passfedernut offensichtlich beschädigt.

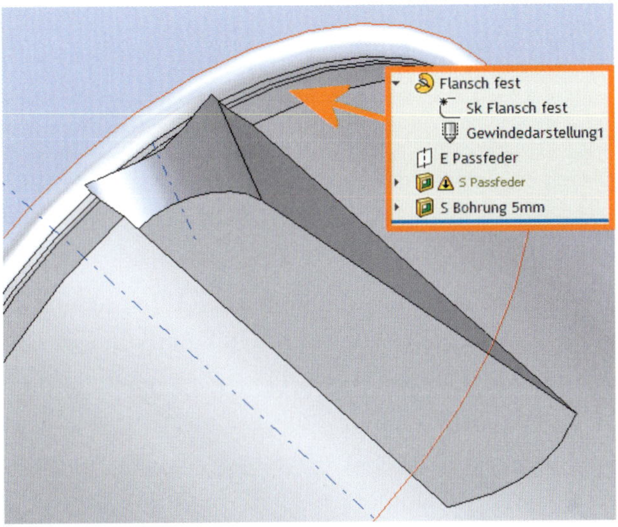

Bild 5.67: Ein anderer möglicher Un-Fall: Die Kegelfläche tritt an die Stelle der Zylinderfläche – und ebenso auch alles andere, das sich auf sie bezieht, wie hier die Passfedernut

Hinweis: Die Farbe für ungültige Features ist übrigens eine Art kränklichen Dunkelgelbs. Ihnen sind gelbe Warnzeichen vorangestellt.

Zudem sehen Sie in der Liste des FeatureManagers, dass nicht die Ebene *E Passfeder* als Übeltäter markiert wurde, sondern das unschuldige Schnitt-Feature. Würden Sie diesem Hinweis blind folgen, so wären Sie sicher ein Weilchen auf der verzweifelten Suche nach dem Fehler in *Schnitt Passfeder*, bis Sie dann endlich auf die definierende Ebene verfielen. Hierzu eine meditative Übung:

- Versuchen Sie sich den „Feature-Baum“ nicht als stabilen großen schattigen Baum, sondern als **Kartenhaus** vorzustellen. Oder auch als **Zündschnur**.

Zweitens: Je höher ein Feature – und dazu zählen auch Skizzen – im Feature-Manager steht, desto größer und weniger vorhersehbar können die Auswirkungen bei seiner Änderung sein. Analysieren wir:

- Die Skizze *Sk Flansch fest* ist zwar vom Rotationsfeature absorbiert, doch folgt jenes in Wahrheit der Skizze, es **untersteht** ihr also.
- Dieser Rotation **untersteht** wegen der Zylinderfläche die Ebene *E Passfeder*,
- dieser **untersteht** wegen der Skizzierebene die Skizze des Nut-Features.
- Dieses ist zwar vom *Schnitt Passfeder* absorbiert, doch **untersteht** ihm dieser, ebenso wie vorhin die Rotation.

Über diese lange Kette – *Sk Flansch fest* – *Flansch fest* – *E Passfeder* – *Sk Passfeder* – *Schnitt Passfeder* läuft die kleine Änderung still und unbemerkt entlang, wie ein kleines Mäuschen.

Und bei der Passfedernut beißt es uns.

> Achtung: Aus diesem Grund rate ich Ihnen auch ständig davon ab, Ihre Geometrie auf Elemente eines Volumenkörpers zu beziehen. Diese Geometrie ist stets von irgendetwas abgeleitet – es ist schwierig, sie im Auge zu behalten.

Drittens. Vermeiden Sie Nacharbeiten. Stellen Sie Ihre Modelle so fertig wie nur irgend möglich, und zwar im Kopf – bevor Sie in SolidWorks anfangen!

Eine der Lieblingsvokabeln der MCAD-Werbemenschen ist die „hundertprozentige Kontrolle“: Alles könne immer und jederzeit geändert werden.

Da ahnen Sie jetzt sicherlich, dass es da, sagen wir mal, Nuancen gibt. Es kann sehr viel rascher gehen, noch einmal ganz von vorne anzufangen, als ein verquastes Modell reparieren zu wollen. Ergo:

Im MCAD gibt es mehr Sackgassen als im 2D-CAD!

5.3.3 Zwei letzte Stücke

Zwei Bauteile haben wir noch zu ändern: Da ist zum Einen die schlanke Distanzhülse:

- Öffnen Sie das Bauteil DISTANZHÜLSE.

An den in Bild 5.68 markierten Stellen werden wir links und rechts vom Bund, dem größten Durchmesser, je einen Freistich einfügen.

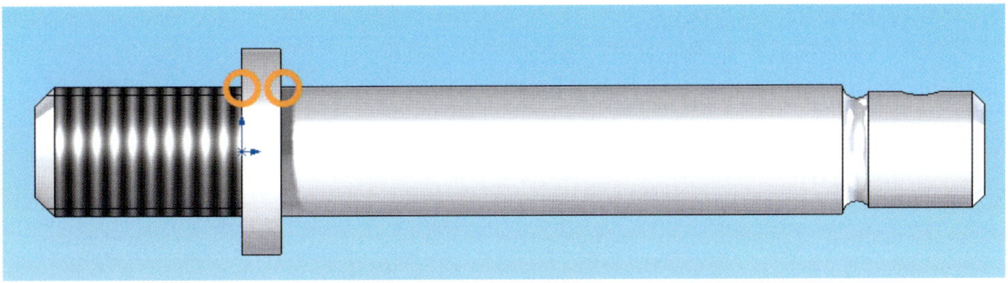

Bild 5.68: Zwei Freistiche verlängern das Leben dieses Bauteils

- Öffnen Sie die Skizze *Sk Hülse* zur Bearbeitung. Zoomen Sie an den Bund heran. Zeichnen Sie dann, wie gehabt, die beiden Linienzüge nach Bild 5.69 ein (Ellipsen). *Verlängern* und *Trimmen* Sie dann entsprechend die Kontur.

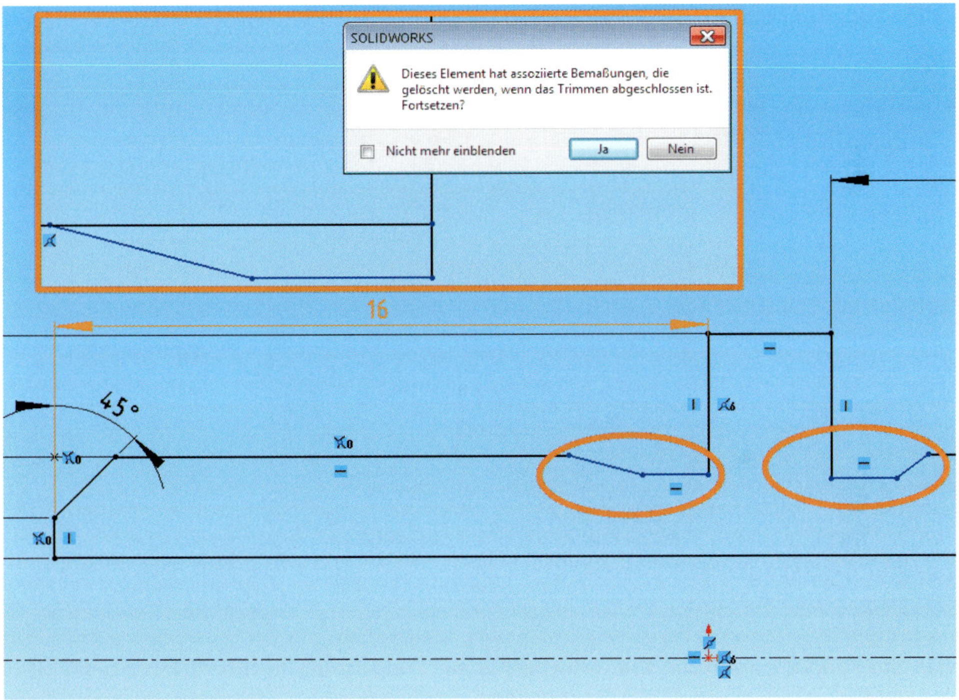

Bild 5.69: Die elegante Methode: Ergänzen statt teilen

- Hierbei kann das Maß *16 mm* verschwinden, das mit dieser Kante verbunden ist. Bestätigen Sie die Frage (Kasten) und erstellen Sie die Bemaßung neu.

Bemaßen Sie dann die Skizze nach DIN 76-A für Gewinde M10 (Bild 5.70):

- Zunächst setzen Sie die Abstände, wobei der Rest-Durchmesser **7.7** mm durch die Differenz aus Gewindedurchmesser und -Tiefe entsteht.
- Dann fügen Sie die Skizzenverrundungen ein. Ihr Radius beträgt **0.8** mm.

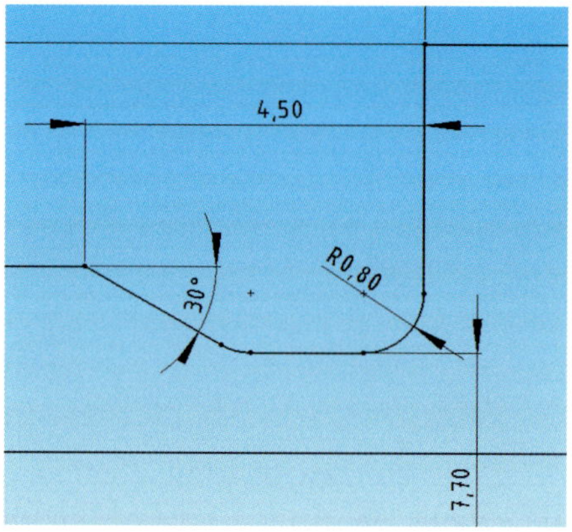

Bild 5.70: Bemaßen des Gewindefreistichs DIN 76-A

Auf der rechten Seite des Bundes fügen Sie noch einen Freistich DIN 509 E 0,6 × 0,3 ein:

- Verfahren Sie genau so wie eben, aber beachten Sie die etwas anderen Abmessungen (Bild 5.71).

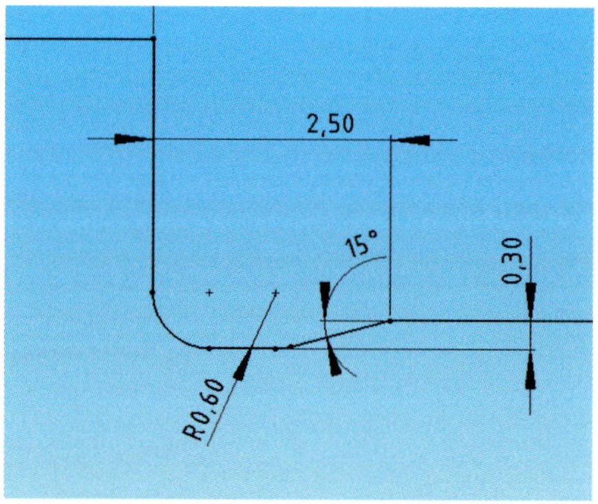

Bild 5.71: Der Freistich DIN 509 E 0,6 x 0,3 unterscheidet sich nur in den Abmessungen vom Gewindefreistich

Wie Sie sehen, haben Sie keinerlei höllische Zwischenfälle mit Skizzenbeziehungen mehr erlebt. Das stressfreie Ergebnis bewundern Sie in Bild 5.72 – und auf Ihrem Bildschirm!

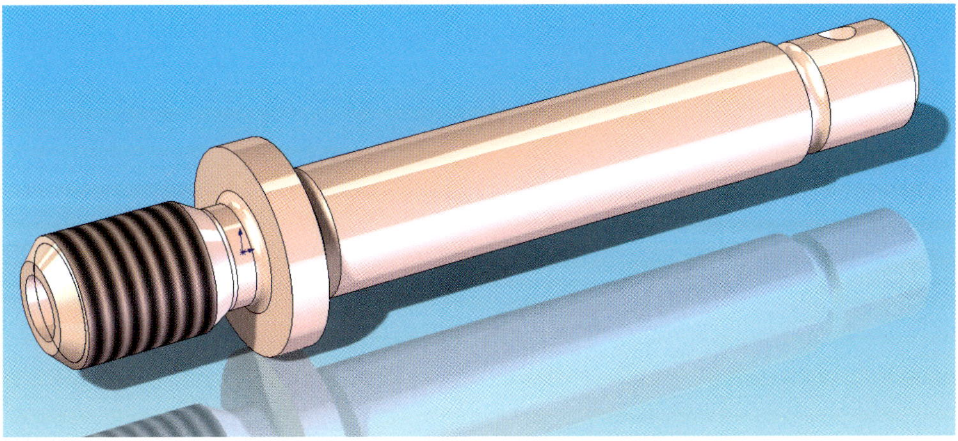

Bild 5.72: Die Hülse mit Freistichen

Damit haben wir die Bauteile komplett. Nur ein paar Normteile fehlen noch: drei Zylinderstifte und eine Senkschraube. Wir benötigen ein ganzes Kapitel, um sie zu beschreiben.

Und treten damit ein in die größere Welt der Variantenkonstruktion.

6 Modellieren mit der Excel-Tabelle

Wer das Leistungsspektrum von SolidWorks kennt, wird jetzt sicher fragen, warum wir die Zylinderstifte und Schrauben unserer Spindel nicht einfach aus der *Toolbox* holen, dem ab SolidWorks *Office* mitgelieferten Normteilkatalog.

Nun, erstens werden einige von Ihnen Office nicht haben. Zweitens kommen wir nun auf ein in der Konstruktionspraxis ungemein wichtiges Thema zu sprechen: Die **Variantenkonstruktion**, Konfigurationen und die Steuerung von Bauteilen durch Tabellen.

> Hinweis: Alles, was Sie für dieses Kapitel zusätzlich benötigen, ist ein installiertes *Microsoft Excel* ab Version 2010. Bei Office 2010 installieren Sie auf jeden Fall noch das **Service Pack 2,** andernfalls wird die OLE2-Kommunikation mit SolidWorks nicht oder nicht richtig funktionieren!

6.1 Konfigurationen

In SolidWorks wird jede Variante eines Bauteils in ein und derselben Datei als *Konfiguration* bezeichnet – auch das Unikat, das Sie bis hierher jedes Mal modelliert haben, ist technisch gesehen eine Konfiguration. Konfigurationen können Sie für Bauteile, Baugruppen und Zeichnungen definieren. Sie können beliebig viele Konfigurationen schaffen, und zwar sowohl manuell als auch automatisch.

- Erzeugen Sie nun eine neue Bauteildatei und speichern Sie sie im Ordner EINSATZDORN unter dem Namen ZYLINDERSTIFT.
- Klicken Sie im FeatureManager auf die dritte Registerkarte, den *Configuration-Manager* (Bild 6.1).

Bild 6.1: Der *ConfigurationManager,* Standard-Ansicht

Hier sind alle Konfigurationen des Bauteils verzeichnet, und ebenso die Tabellen. Im Moment steht hier unter – oder auf – der Wurzel *Zylinderstift Konfiguration(en)* nur ein einziger Eintrag, nämlich *Standard [Zylinderstift]*. Dieser Name ist Standard für die erste Konfiguration, die in jedem SolidWorks-Teil existiert. Fügen wir eine neue hinzu:

- Wählen Sie aus dem Kontextmenü des Wurzeleintrags – also *Zylinderstift Konfiguration(en)* – den Unterpunkt *Konfiguration hinzufügen*.
- Es erscheint der PropertyManager, um sich nach den Parametern der neuen Konfiguration zu erkundigen (Bild 6.2).

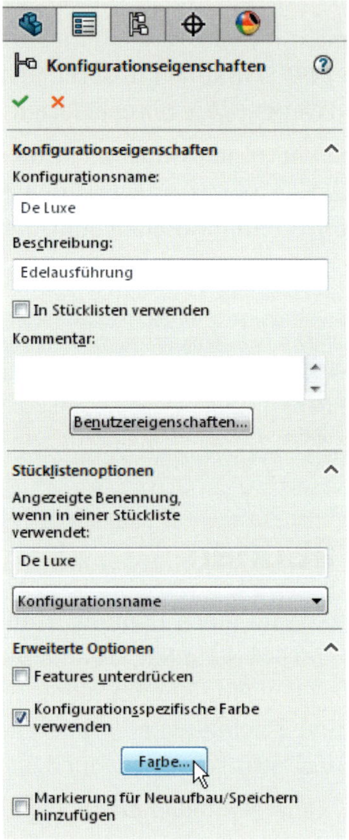

Bild 6.2: Der PropertyManager einer Konfiguration

- Tragen Sie den *Konfigurationsnamen* **De Luxe** und die *Beschreibung* nach der Abbildung ein – diese Merkmale finden Sie später auf Wunsch in der *Stückliste* oder in einer Modelldatenbank wieder.
- In den *Stücklistenoptionen* wählen Sie, was genau in der Stückliste angezeigt wird, wenn Sie diese Konfiguration verwenden: der *Dokumentname* – also der Dateiname, der in jeder Konfiguration der gleiche bleibt –, der *Konfigurations-*

name aus der ersten Zeile oder ein beliebiger *benutzerdefinierter Name*. Wählen Sie hier den *Konfigurationsnamen*.

- In den *Erweiterten Optionen* **deaktivieren** Sie *Features unterdrücken*, damit alle neuen Features, die Sie in der aktuellen Konfigurationen einfügen, auch in allen anderen wirksam sind. Andernfalls werden neue Features zwar übernommen, aber *unterdrückt*, d.h. wirkungslos und unsichtbar.

Hinweis: *Features unterdrücken* deaktivieren Sie im **Entstehungsstadium** des Modells, wenn das Grundgerüst gebaut wird. Später schalten Sie sie ein, denn eigentlich wollen Sie durch Varianten ja **Unterschiede definieren**.

- Definieren Sie ruhig eine *Konfigurationsspezifische Farbe*, so dass Sie die neue Konfiguration auch im Editor und der Baugruppe leicht identifizieren können, zum Beispiel ein sattes Orange.
- Wenn Sie alle Einstellungen getroffen haben, bestätigen Sie. Die neue Konfiguration wird erstellt, eingetragen und aktiviert.
- Erstellen Sie eine weitere Konfiguration namens **Professional** mit ansonsten den gleichen Einstellungen und der *Farbe* Grün (Bild 6.3).

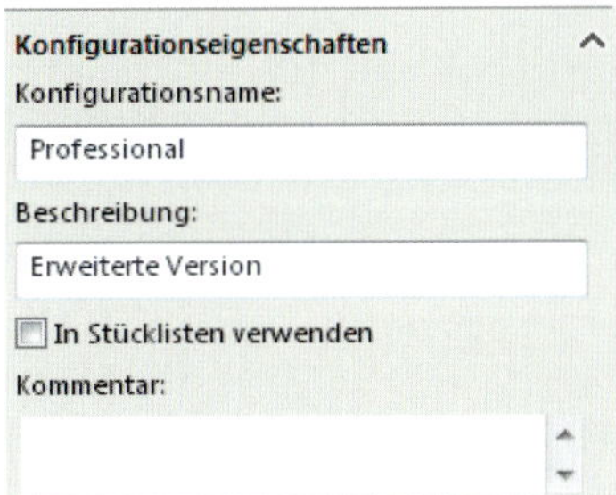

Bild 6.3: Die Werte der zweiten Konfiguration

- Alle Konfigurationen werden in der Liste angezeigt, die aktive erscheint hervorgehoben (Bild 6.4).

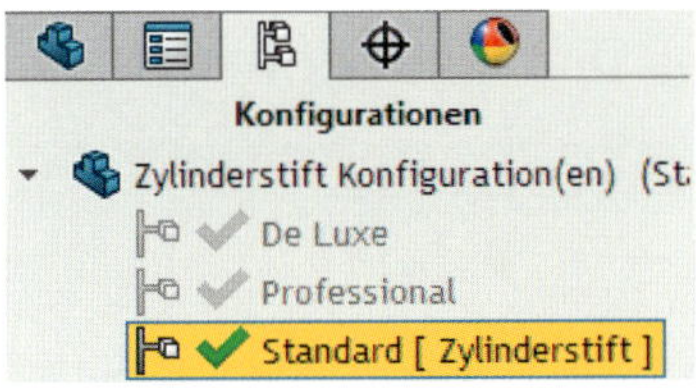

Bild 6.4: Die neuen Konfigurationen stehen zur Verfügung

> Hinweis: Sie erkennen bereits das Schema dahinter: Sie können immer nur in einer Konfiguration zugleich arbeiten. Es ist, als hätten Sie mehrere Bauteile im gleichen Editor.

6.1.1 Modus *Diese Konfiguration*

- Aktivieren Sie nun durch Doppelklick wieder die Konfiguration *Standard*.
- Wechseln Sie in den FeatureManager.
- Erstellen Sie eine Skizze auf der *Ebene vorne*. Zeichnen Sie einen Kreis auf den Skizzenursprung, bemaßen Sie ihn mit **3** mm und **lassen Sie die Modifikationsbox geöffnet** (Bild 6.5).

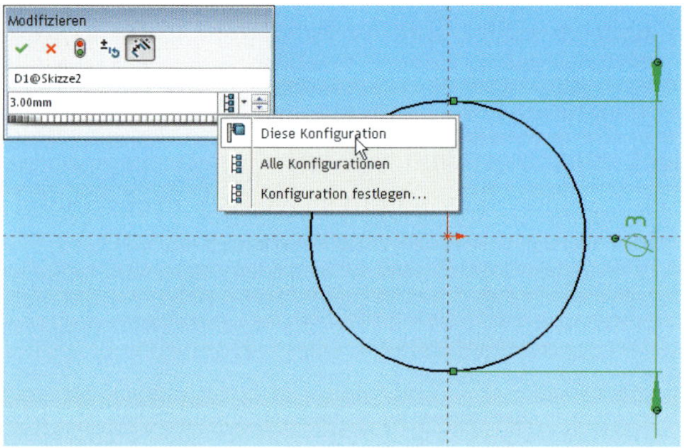

Bild 6.5: Die Modifikationsbox ist modifiziert

Wenn Sie sich diese genauer ansehen, dann erkennen Sie, dass SolidWorks jetzt offenbar in einem anderen Modus arbeitet.

Denn dort befindet sich ein neues Flyout namens *Alle Konfigurationen*. Klappen Sie es auf, so entdecken Sie noch zwei weitere Einträge, nämlich *Diese Konfiguration* und *Konfiguration festlegen*.

- Schalten Sie um auf *Diese Konfiguration*.
- Benennen Sie das Maß mit **Durchmesser** und bestätigen Sie (Bild 6.6).

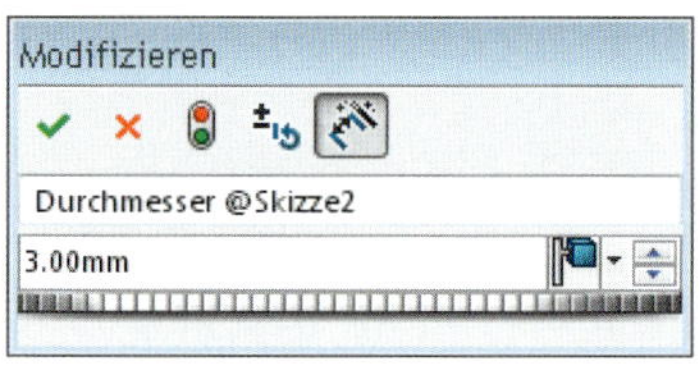

Bild 6.6: Ein unscheinbarer Kreis offenbart den Unterschied

- Beenden Sie die Skizze und nennen Sie sie **Sk Zylinderstift.**
- Wechseln Sie in den ConfigurationManager und aktivieren Sie die Konfiguration *De Luxe* durch Doppelklick.
- Öffnen Sie jetzt noch einmal die Skizze, deren Name in die neue Konfiguration übernommen wurde.

Sie sehen, dass auch hier Kreis, Maß und Name existieren, doch der Maßwert stimmt nicht, es ist noch das Originalmaß vom Aufziehen des Kreises. Ebenso ist es in der Konfiguration *Professional*. Sie erinnern sich jedoch, dass wir die drei Millimeter auch nur für *Diese Konfiguration* definiert hatten. Schauen wir uns einmal die anderen Möglichkeiten an.

6.1.2 Modus *Alle Konfigurationen*

- Schalten Sie wieder zurück auf die Konfiguration *Standard*.
- Öffnen Sie die Skizze zur Bearbeitung. Ändern Sie den Wert in **5** mm, doch aktivieren Sie diesmal *Alle Konfigurationen*. Bestätigen Sie.

- Beenden Sie den Skizzenmodus – es geht nicht anders! – und schalten Sie wieder auf die anderen Konfigurationen um.

Ergebnis: Der alte Wert wurde in allen drei Konfigurationen mit *5 mm* überschrieben. Sie sehen schon, das Arbeiten mit Konfigurationen ist einfach, aber gefährlich.

6.1.3 Modus *Konfiguration festlegen*

- Kehren Sie abermals nach *Standard* zurück, ändern Sie den Maßwert erneut auf **3** mm, schalten Sie diesmal jedoch auf die Option *Konfiguration festlegen*. Bestätigen Sie.

Es erscheint ein neues Dialogfeld mit dem Namen der Datei. Hier bestimmen Sie diejenigen Konfigurationen, die die Änderung erhalten sollen, durch Anklicken. Gewähltes ist farbig unterlegt, wie immer in Explorer-Fenstern (Bild 6.7).

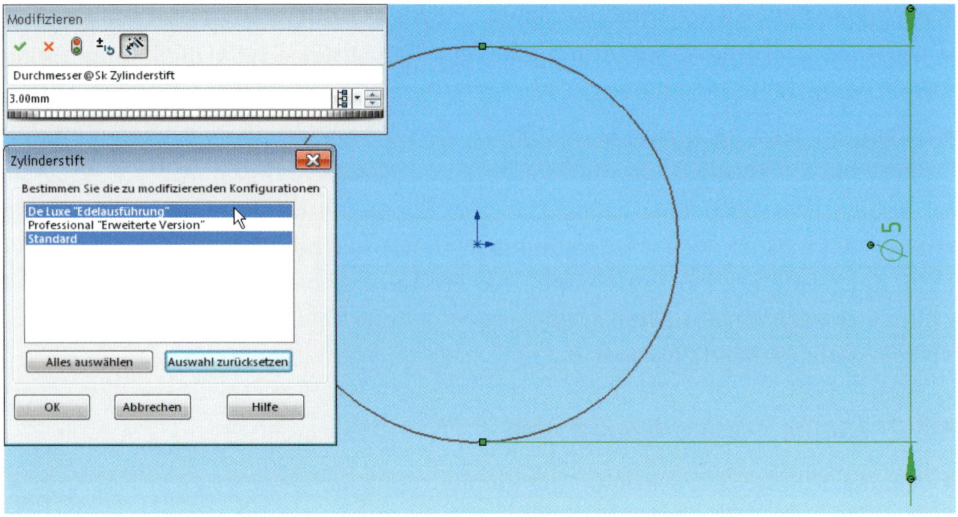

Bild 6.7: Spielen bildet: Die Auswirkungen von *Konfigurationen wählen*

Sie können in dieser Liste **alle** Einträge auswählen – was der Einstellung *Alle Konfigurationen* entspricht – oder nur denjenigen der **aktiven** Konfiguration oder jede beliebige Kombination dazwischen.

> Hinweis: Die aktive Konfiguration können Sie **nicht** abwählen. Auf den Versuch hin erscheint eine Fehlermeldung.

- Wählen Sie nur die Konfiguration *De Luxe* und bestätigen Sie. Beenden Sie den Skizzenmodus.

Betrachten Sie daraufhin die drei Konfiguration der Reihe nach:

- In der aktuellen Konfiguration *Standard* hat sich das Maß erwartungsgemäß auf *3 mm* geändert.
- Schalten Sie auf *De Luxe* um, so zeigt auch diese Konfiguration das neue Maß.
- Die Konfiguration *Professional* hingegen ist leer ausgegangen, sie steht noch auf *5 mm*.
- Die Modifikationsbox teilt Ihnen mit: Für alle Konfigurationen gilt jetzt der Status *Diese Konfiguration*.

> Achtung: Sie sehen, das Arbeiten mit Konfigurationen ist einfach, aber **wirklich** gefährlich!

6.1.4 Eine neue Konfiguration

Nach diesem einleitenden Teil beginnen wir nun vernünftig zu konfigurieren:

- Wechseln Sie in den ConfigurationManager und rufen Sie über das Kontextmenü die Eigenschaften von *Standard* auf. Ändern Sie diese Konfiguration nach Bild 6.8. Verleihen Sie auch ihr eine eigene *Farbe*, etwa Flieder.

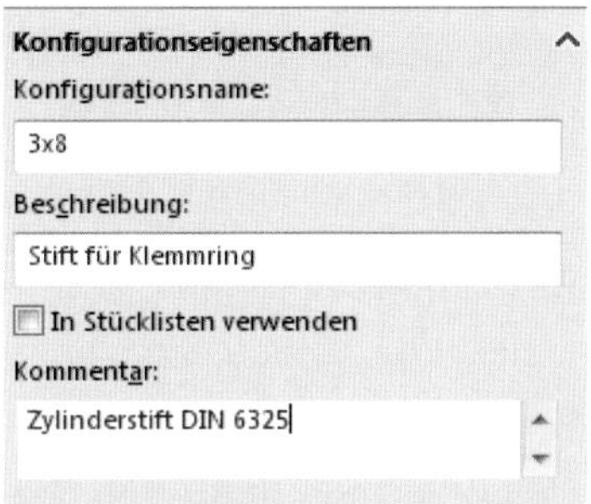

Bild 6.8: Aus *Standard* wird 3x8 ...

- Ändern Sie dann die Daten von *De Luxe* entsprechend Bild 6.9. Deaktivieren Sie auch hier die Option *Features unterdrücken*.

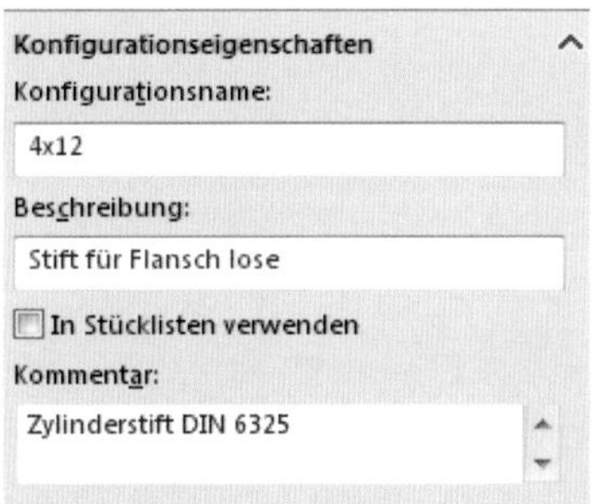

Bild 6.9: ... und aus *De Luxe* 4x12

> Hinweis: Sie sehen, Sie brauchen die Konfigurationen nicht zu aktivieren, um ihre Eigenschaften zu ändern.

- Löschen Sie dann die Konfiguration *Professional* über ihr Kontextmenü (Bild 6.10).

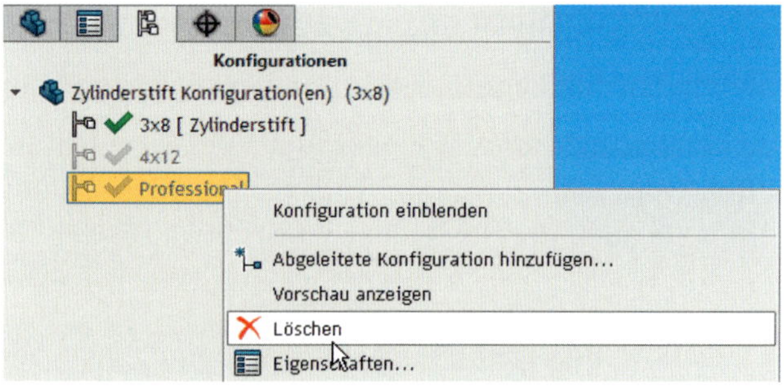

Bild 6.10: Das Löschen einer Konfiguration gelingt nur, wenn sie nicht aktiv ist

Die vorstehenden Ziffern bezeichnen Durchmesser und Länge unserer Zylinderstifte, also ändern Sie nun noch die beiden Skizzen, wobei Sie stets die Option *Diese Konfiguration* benutzen:

- Bemessen Sie den *Durchmesser* der Konfiguration *3×8* mit **3** mm.
- Ändern Sie den *Durchmesser* der Konfiguration *4×10* auf **4** mm.
- Wenn Sie nun zwischen den beiden Konfigurationen hin- und her schalten, sollte der Kreis entsprechend seinen Durchmesser ändern (Bild 6.11).

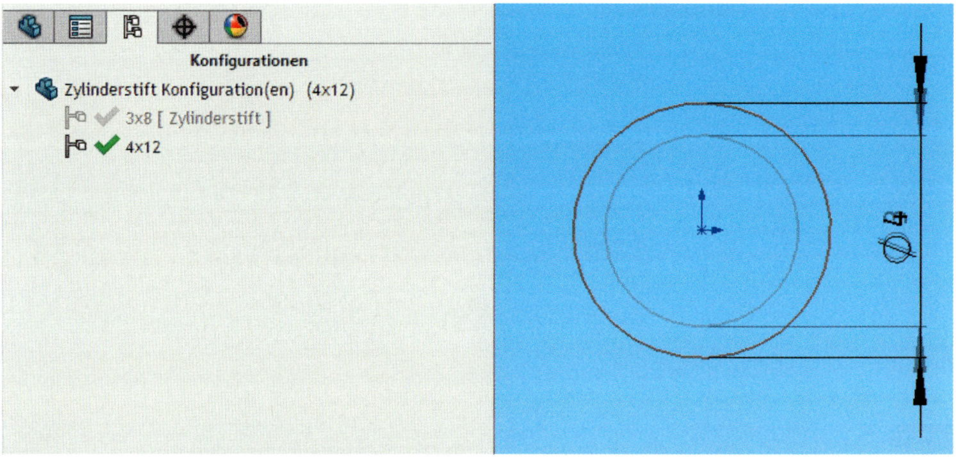

Bild 6.11: Der Kern der Konfigurationen: Mehrere Versionen in einer einzigen Datei

- Der Neuaufbau ist normalerweise bei Konfigurationen ausgeschaltet. Daher erscheint die folgende Dialogbox, wenn Sie eine Konfiguration aktivieren, die im inaktiven Zustand geändert wurde (Bild 6.12).

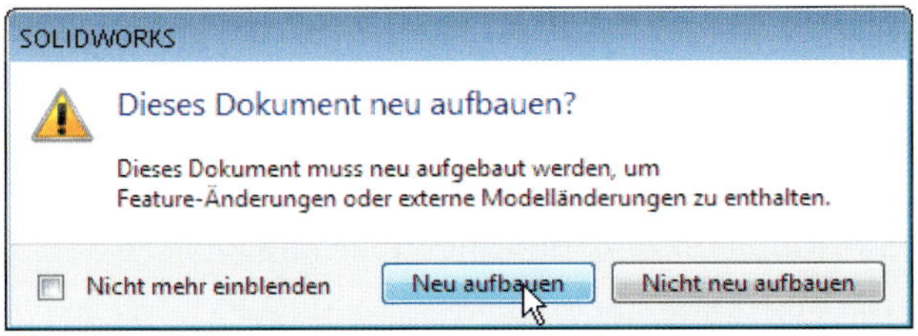

Bild 6.12: Konfigurationen müssen erst auf Automatischen Neuaufbau geschaltet werden

- Klicken Sie auf *Neu aufbauen*. Wenn Sie dies nicht erneut tun möchten, aktiveren Sie *Nicht mehr einblenden*.
- Speichern Sie dann die Datei.

6.1.5 Zweiseitiger Aufsatz

- Schalten Sie auf die Konfiguration *3×8* um.
- Wählen Sie die Skizze und rufen Sie den *Linear ausgetragenen Aufsatz* auf.
- Stellen Sie für die Endbedingung *Blind* eine *Tiefe* von **8** mm ein.
- Schalten Sie dann das Gruppenfeld *Richtung 2* ein. Definieren Sie bei Endbedingung *Blind* eine *Tiefe* von **0.8** mm.
- Klicken Sie auf die Schaltfläche *Formschräge Ein/Aus* und stellen Sie hier **15°** ein. Das kurze Stück verjüngt sich zum Ende hin (Bild 6.13).

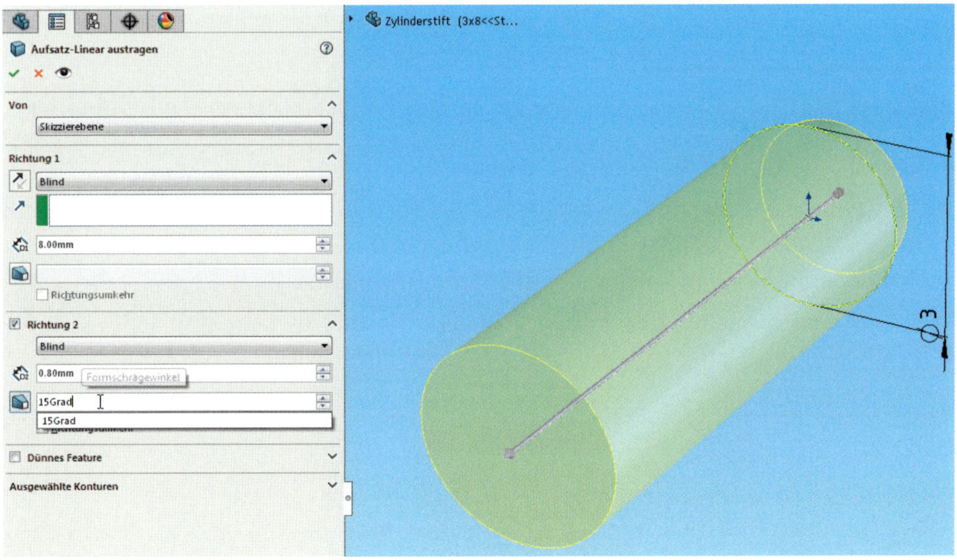

Bild 6.13: Der Zylinderstift erhält seine Grundform

- Schließen Sie das Feature und öffnen Sie es erneut.

Dadurch kommt ganz unten im PropertyManager ein neues Gruppenfeld hinzu: Die Konfigurationsauswahl für dieses Feature. Diese werden Sie von nun an in jedem Feature finden – die Bedienung ist mit der beschriebenen Vorgehensweise identisch.

- Wählen Sie *Diese Konfiguration*. Bestätigen Sie dann das Feature und nennen Sie es **Zylinderstift** (Bild 6.14).

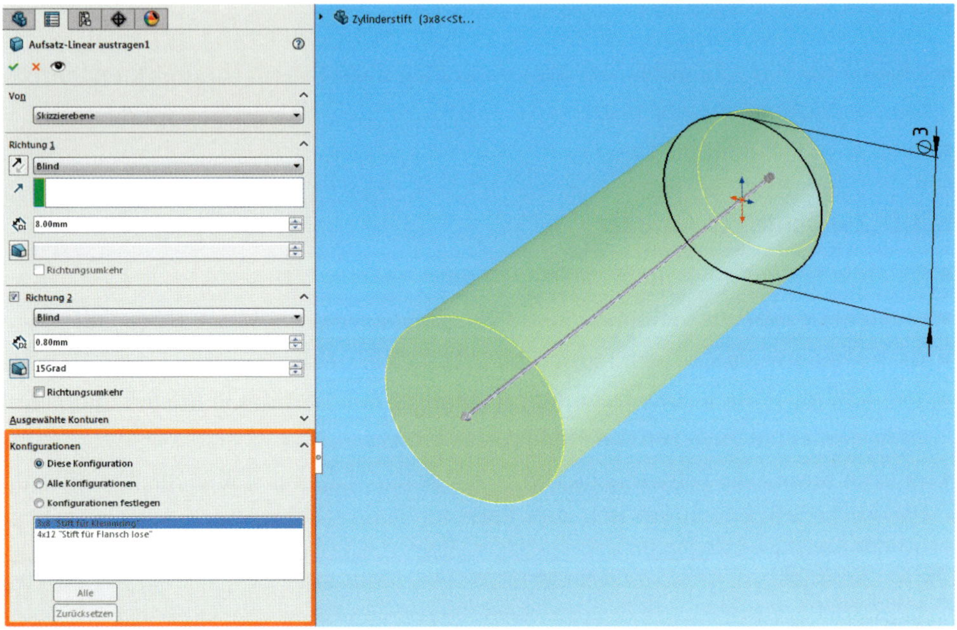

Bild 6.14: Das neue Feature ist für alle erhältlich, aber nur für diese Konfiguration bemessen

- Schalten Sie um auf die Konfiguration *4×12*.
- Öffnen Sie das Feature *Zylinderstift* zur Bearbeitung und stellen Sie hier **12** mm für die *Richtung 1* und **1** mm für *Richtung 2* ein. Kontrollieren Sie, dass auch hier *Diese Konfiguration* eingestellt ist. Bestätigen Sie dann.

Wenn Sie nun zwischen den Konfigurationen hin und herschalten, sollte sich bereits ein sehr deutlicher Unterschied abzeichnen (Bild 6.15).

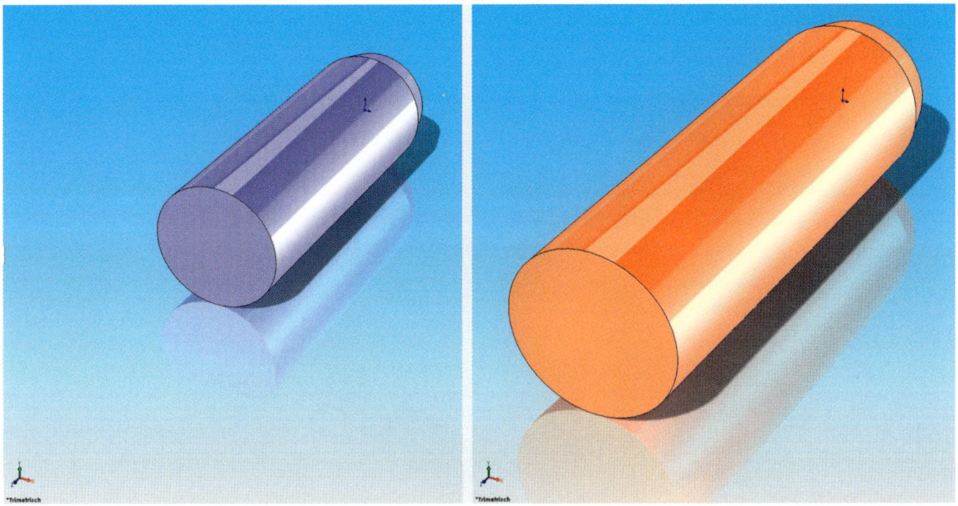

Bild 6.15: Ähnlich, nicht identisch: der Zylinderstift in zwei Konfigurationen

6.1.6 Eine Kuppe(l)

Zylinderstifte nach DIN 6325 verfügen nicht nur über einen Konus zum Einführen, sondern auch über eine Kuppe für den Hammer auf der anderen (eigentlich ist auch der Konus abgerundet). Hierfür setzen wir eines der neueren SolidWorks-Features ein:

- Schalten Sie zurück auf die Konfiguration *3x8* und markieren Sie die Endfläche von *Richtung 1*.
- Rufen Sie *Einfügen, Features, Kuppel* auf. Das Kuppelfeature wird auf der Fläche angedeutet (Bild 6.16).

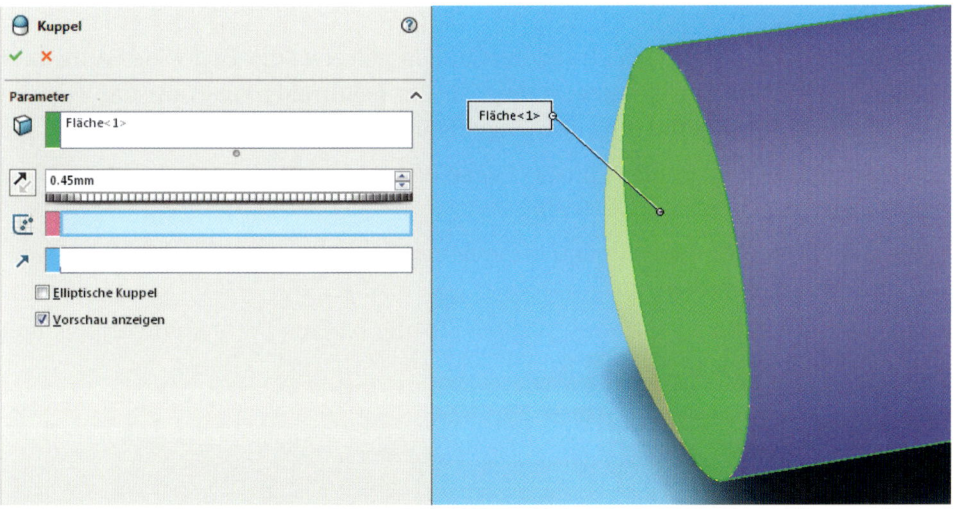

Bild 6.16: Eine Kuppel ist leichter angebaut als skizziert

- Stellen Sie den *Abstand* auf **0.45** mm ein und bestätigen Sie. Nennen Sie das Feature **Kuppe** (Bild 6.17).

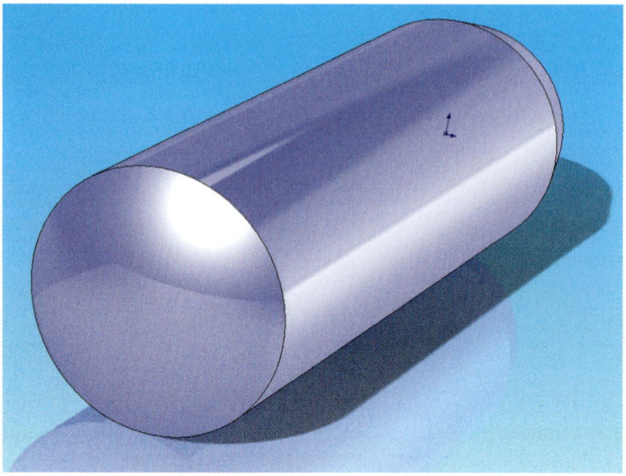

Bild 6.17: Eindeutig gewölbt ist diese Frontfläche

> Hinweis: Die *Kuppel* ist keine exakte Wissenschaft, und so ist ihr Radius nicht genau zu definieren. Sie können sie natürlich mit einer Skizze des linsenförmigen Halbprofils ersetzen, das Sie dann um 360 Grad rotieren. Aber nur, wenn Sie Zylinderstifte konstruieren. Und wer macht sowas schon?

6.1.7 Erzwingen von Konfigurationen

Haben Sie's gemerkt? Hier gab es keine Konfigurations-Steuerung, auch nicht nach erneutem Öffnen. Aber SolidWorks hilft uns - wie so oft -, SolidWorks zu überlisten.

Sie erinnern sich, dass Sie Featurebemaßungen wie etwa die *Tiefe* eines Aufsatzes als Bemaßung anzeigen können, indem Sie im FeatureManager auf das Feature doppelklicken. Verschaffen uns also Zugriff auf ein weiteres „konfigurables" Maß:

- Doppelklicken Sie auf den Eintrag *Kuppe* des FeatureManagers. Die Bemaßung *0.45* erscheint.
- Doppelklicken Sie wiederum auf diese Bemaßung oder rufen Sie aus deren Kontextmenü *Eigenschaften* auf.
- Die Modifikationsbox erscheint. Wählen Sie hier einfach *Diese Konfiguration* und bestätigen Sie (Bild 6.18).

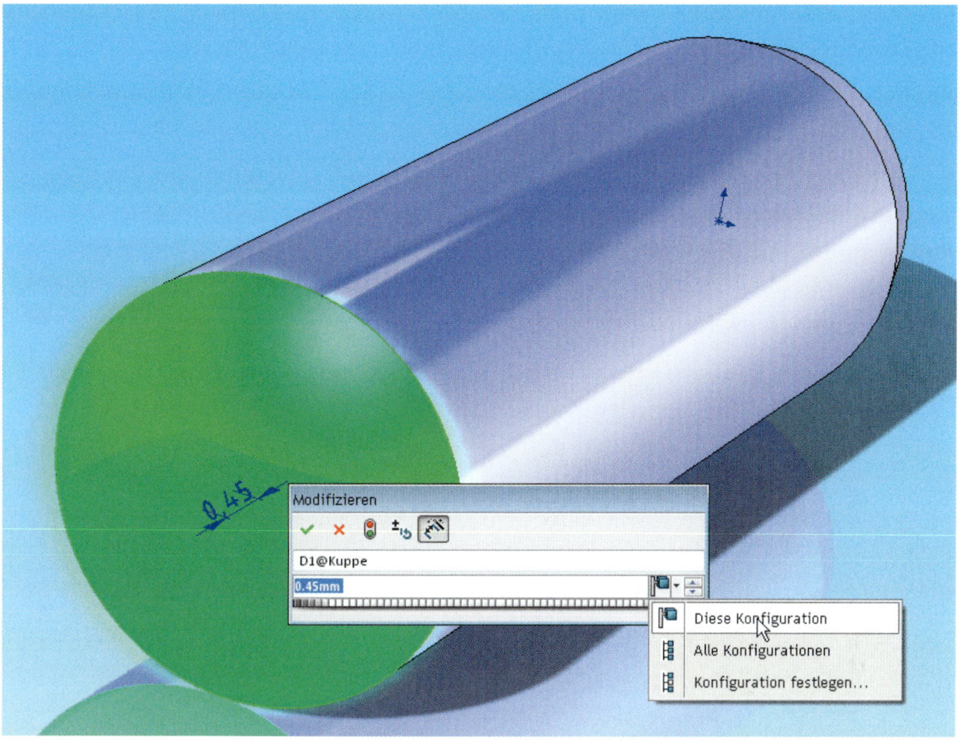

Bild 6.18: Trick 17 für schüchterne Parameter ...

- Wechseln Sie dann zur Konfiguration *4×12* und stellen Sie hier die Kuppenhöhe auf **0.6** mm ein (Bild 6.19).

Bild 6.19: ... sorgt für individuelle Kuppen

Damit sollten die beiden Konfigurationen über unterschiedliche Kuppenhöhen verfügen –

- prüfen Sie's nach!

In unseren beiden Norm-Stiften steckt ein Fehler: Die Nennlänge bezeichnet die Länge über alles, nicht die des Zylinderteils allein. Leider kommen wir hier nicht einmal mit Gleichungen mehr weiter – die gelten nämlich global und damit konfigurationsübergreifend – auch wenn es eine Schaltfläche *Konfigurationen* im Gleichungseditor gibt! Wir werden das Problem programmatisch lösen.

Ein paar Hausaufgaben gibt es allerdings noch, bevor wir den Overdrive einschalten:

- Ein Rechtsklick über dem Feature Zylinderstift, und Sie können die *Bemaßungen einblenden.*
- Benennen Sie dann die Länge von *Richtung 1* – also *8 mm* bzw. *12 mm* – mit **L Rest**, und zwar für *Alle Konfigurationen*. Dies schaffen Sie über den eben beschriebenen Trick (Bild 6.20).

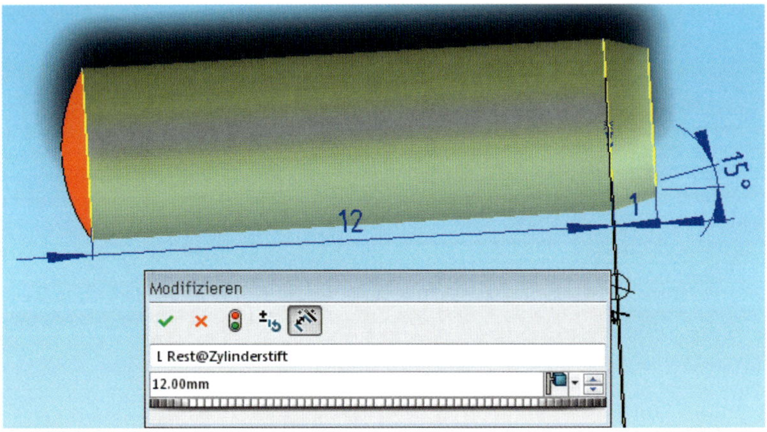

Bild 6.20: Bearbeiten von Feature-Bemaßungen

- Taufen Sie die Höhe von *Richtung 2* auf gleiche Weise **z**.
- Und die soeben „konfigurisierte" Höhe der Kuppe nennen Sie **a**.

Die Variablennamen wurden frei nach dem Normblatt gewählt.

Und jetzt: *Overdrive.*

■ 6.2 Tabellensteuerung

Wir haben bis jetzt zwei Stiftgrößen, benötigen aber noch eine dritte. Statt uns wieder mühselig durch die Menüs zu klicken – was ja auch fehlerträchtig ist –, lassen wir nun SolidWorks die Arbeit tun. Für den Fall, dass Sie über eine funktionierende Installation von Microsoft *Excel verfügen,* können Sie die OLE-Fähigkeiten dieses Gespanns nutzen:

- Speichern Sie das Bauteil. Schalten Sie um auf die Konfiguration *3×8*.
- Wählen Sie *Einfügen, Tabellen, Tabelle*. Der PropertyManager wird eingeblendet, um die Tabelle zu konfigurieren (Bild 6.21).

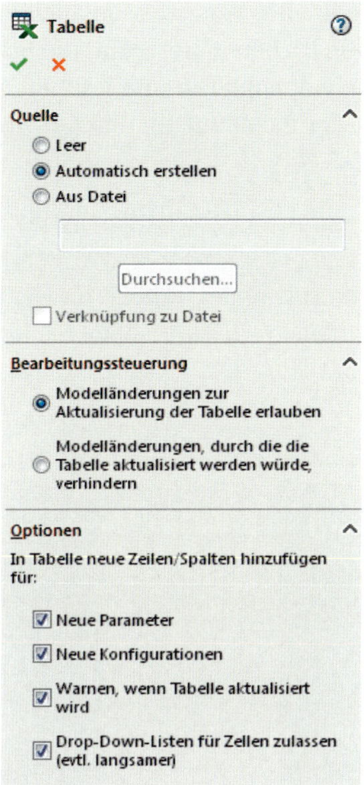

Bild 6.21: Konfiguration der neuen Tabelle

- Übernehmen Sie die Einstellungen nach der Abbildung und bestätigen Sie.

Die Tabelle wird als OLE-Objekt in den Editor gelegt. **O**bject **L**inking and **E**mbedding bedeutet, in der OLE-Client-Anwendung wird ein Dokument der OLE-Server-Anwendung angezeigt und bearbeitet. Aus diesem Grund wechseln auch Menü und Symbolleisten zum Layout von Excel.

Hinweis: Solange Sie nicht *neben* die Tabelle klicken, wird dies auch so bleiben. Falls doch, finden Sie im ConfigurationManager einen neuen Eintrag: *Tabelle* (Bild 6.22). Aus dessen Kontextmenü können Sie nun entweder das *Feature bearbeiten,* wodurch Sie zum PropertyManager nach Bild 6.21 gelangen, oder Sie öffnen die *Tabelle* selbst.

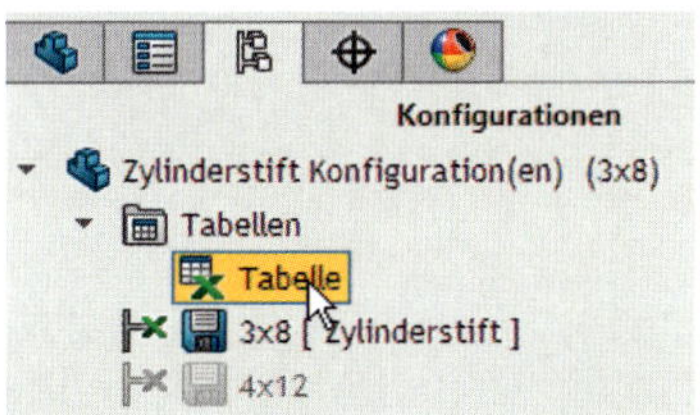

Bild 6.22: Einfügen einer Konfigurationstabelle

Sie können mit dieser Tabelle alles tun, was Sie auch von einem Excel-Worksheet gewohnt sind: Sie können die Farben ändern und die Schriftart, Sie können Zellen, Zeilen und Spalten verschieben, kopieren und löschen, aber das Beste: Sie können die gesamte Rechenpower von Excel auf Ihr Bauteil, Ihre Baugruppe, Ihre Zeichnung konzentrieren!

Doch zunächst schaffen wir die gesuchte dritte Konfiguration. Die kostet Sie genau vier Linksklicks, zwei Rechtsklicks und einen Tastendruck:

- Ein Rechtsklick über dem Eintrag der Tabelle im ConfigurationManager und *Tabelle in neuem Fenster bearbeiten* wird eine neue Excel-Sitzung mit der Konfigurationstabelle laden (Bild 6.23).

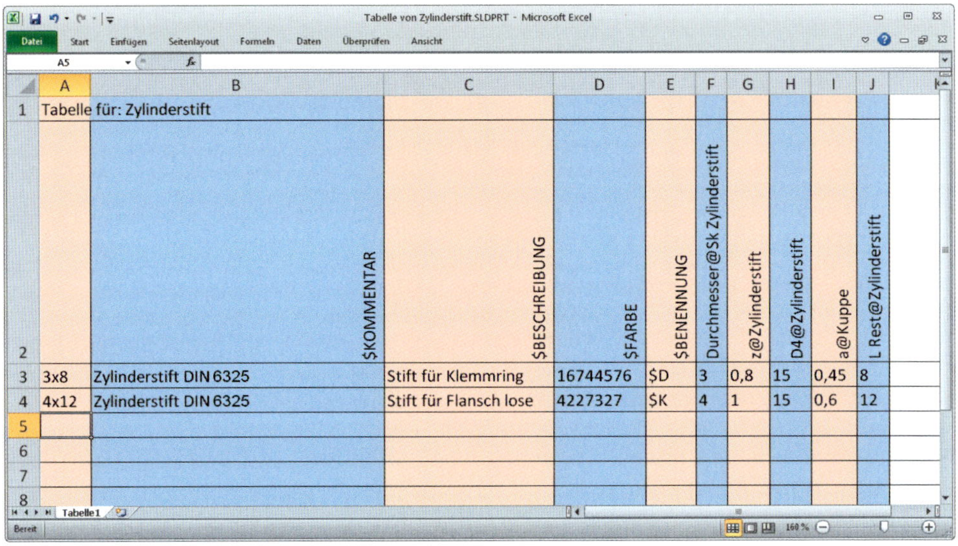

	A	B	C	D	E	F	G	H	I	J
1	Tabelle für: Zylinderstift									
2		$KOMMENTAR	$BESCHREIBUNG	$FARBE	$BENENNUNG	Durchmesser@Sk Zylinderstift	z@Zylinderstift	D4@Zylinderstift	a@Kuppe	L Rest@Zylinderstift
3	3x8	Zylinderstift DIN 6325	Stift für Klemmring	16744576	$D	3	0,8	15	0,45	8
4	4x12	Zylinderstift DIN 6325	Stift für Flansch lose	4227327	$K	4	1	15	0,6	12

Bild 6.23: Die beiden bestehenden Konfiguration in Tabellenform. Die Spalten wurden eingefärbt

TIPP: Diese Methode ist wesentlich zuverlässiger als *Tabelle bearbeiten*, welcher die Tabelle als Inline-Fenster im Editor von SolidWorks anzeigt. Klicken Sie dort daneben, wird die Tabelle geschlossen. Zudem neigt diese Funktion zu Abstürzen!

Von links nach rechts erkennen Sie unter anderem folgende Werte wieder: Den Konfigurationsnamen, den Kommentar, die Beschreibung, den Durchmesser der Skizze, die Höhe des kurzen Endes und dessen Winkel, die Höhe der Kuppe und die Länge des Extrusions-Features. Sie erkennen jetzt auch, wann die Benennung von Features, Skizzen und manchmal sogar Maßen entscheidend ist!

- Kopieren Sie nun die gesamte zweite Datenzeile in die leere dritte Zeile.

- Editieren Sie dann die gelb unterlegten Werte in der dritten Zeile nach Bild 6.24.

Tabelle für: Zylinderstift									
	$KOMMENTAR	$BESCHREIBUNG	$FARBE	$BENENNUNG	Durchmesser@Sk Zylinderstift	z@Zylinderstift	D4@Zylinderstift	a@Kuppe	L Rest@Zylinderstift
3x8	Zylinderstift DIN 6325	Stift für Klemmring	16744576	$D	3	0,8	15	0,45	8
4x12	Zylinderstift DIN 6325	Stift für Flansch lose	4227327	$K	4	1	15	0,6	12
5x12	Zylinderstift DIN 6325	Stift für Flansch lose	4227327	$K	5	1,2	15	0,75	12

Bild 6.24: Eine neue Konfiguration wird durch die erste Spalte definiert

Sobald sich der Inhalt der Zelle in Spalte A von den anderen unterscheidet, haben Sie eine neue Konfiguration geschaffen.

- Speichern Sie dann die Tabelle und beenden Sie Excel.

Dabei erhalten eine Meldung von SolidWorks, dass eine neue Konfiguration erstellt wurde. Sie wird automatisch in den ConfigurationManager aufgenommen (Bild 6.25). Dies wird von nun an immer dann geschehen, wenn Sie einen Parameter oder eine Konfiguration ändern.

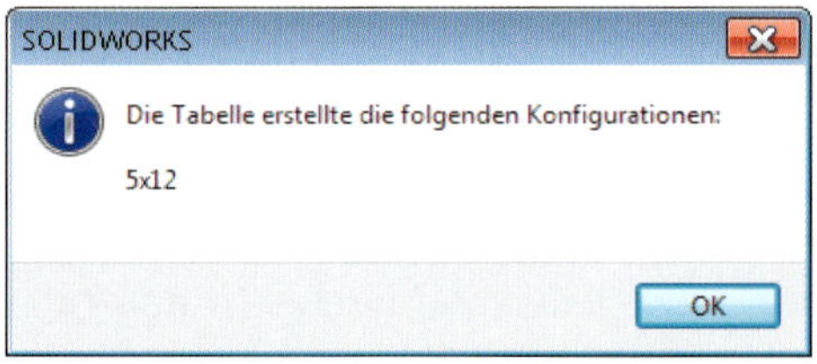

Bild 6.25: Neue Konfigurationen lassen sich am Leichtesten in Excel erstellen

- Hierbei wurde der Name aus Spalte A übernommen. Die Farbe könnten Sie auch ins Excel-Sheet eingeben, aber der Wert ist kodiert. Besser, Sie erledigen das wieder über den ConfigurationManager und das Kontextmenü, *Eigenschaften* (Bild 6.26).

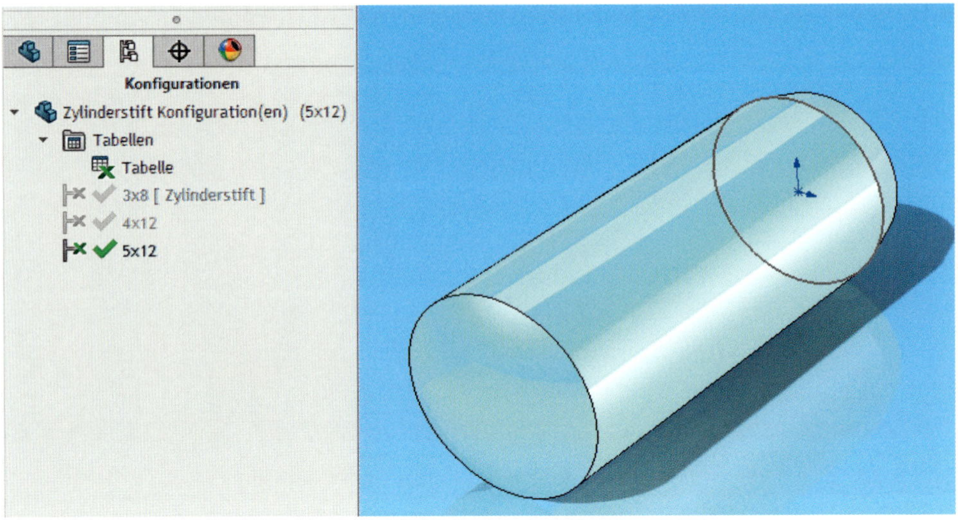

Bild 6.26: Die neue Konfiguration wurde geladen und in SolidWorks eingefärbt

6.2.1 Zweiseitige Verbindung

Halten wir fest: Die Verbindung von Tabelle und Bauteil ist **zweispurig**. Änderungen des Bauteils werden in die Tabelle eingepflegt, Änderungen der Tabelle fließen ins Bauteil ein. Daraus folgt, dass Sie Ihr Bauteil künftig überhaupt nicht mehr zu bearbeiten brauchen – Sie können es ebenso gut von der Tabelle aus fernsteuern. Wir befinden uns hier bereits in den Gefilden des PDM, des **Project** oder auch **Product Data Management**.

6.2.2 Tabelle bearbeiten

Natürlich benötigen wir nicht jeden Parameter in der Tabelle. Folgende Spalten können Sie löschen, um die Übersicht zu verbessern:

- *D4@Zylinderstift* stellt den konstanten Konuswinkel 15° dar, und der *$Kommentar* ändert sich ebenfalls nie. Löschen Sie diese Spalten.

Klicken Sie hierzu auf den Spaltenkopf und rufen Sie aus deren Kontextmenü *Zellen löschen* auf. Die anderen Spalten rücken auf (Bild 6.27).

	A	B	C	D	E	F	G	H
1	Tabelle für: Zylinderstift							
2		$BESCHREIBUNG	$FARBE	$BENENNUNG	Durchmesser@Sk Zylinderstift	z@Zylinderstift	a@Kuppe	L Rest@Zylinderstift
3	3x8	Stift für Klemmring	16744576	$D	3	0,8	0,45	8
4	4x12	Stift für Flansch lose	4227327	$K	4	1	0,6	12
5	5x12	Stift für Flansch lose	15191932	$K	5	1,2	0,75	12

Bild 6.27: Weniger *ist* mehr: Die bereinigte Tabelle, übersichtlich und kompakt

TIPP: Faustregel: Sie können **alle** Spalten entfernen, die sich in **keiner** Konfiguration ändern.

Dummerweise kann man das aber nicht immer wissen. Deshalb können wir auch wieder Parameter in die Tabelle aufnehmen:

- Klicken Sie neben die Tabelle oder „kehren Sie zum Bauteil zurück".
- Rufen Sie die Tabelle nochmals auf.

Diesmal wird vor Einblendung der Tabelle die Dialogbox *Zeilen und Spalten hinzufügen* eingeblendet (Bild 6.28).

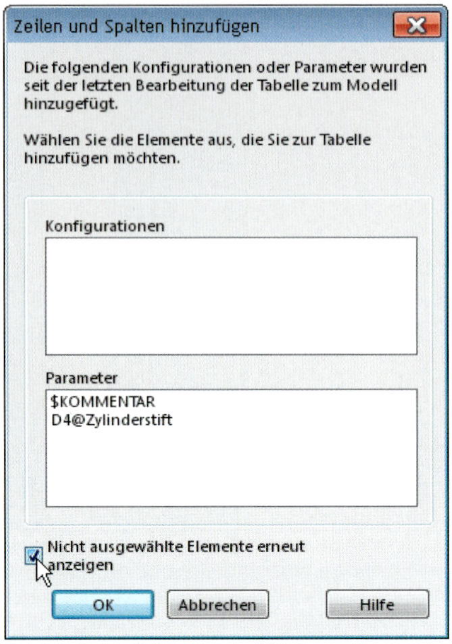

Bild 6.28: Auch gelöschte Parameter sind noch im Angebot

> Hinweis: Sollten Sie in dieser Liste Parameter vermissen, beenden Sie die Tabelle, speichern Sie das Bauteil, schließen und öffnen Sie es erneut und bearbeiten nochmals die Tabelle – wie gesagt: SolidWorks müssen Sie manchmal Gelegenheit zum Nachdenken geben.

- Aktivieren Sie *D4@Zylinderstift* – die *Formschräge* **15°** aus *Richtung 2* – und bestätigen Sie. Die neue Spalte wird in die Tabelle eingefügt.
- Wechseln Sie ins Bauteil und benennen Sie per Doppelklick auf das Feature *Zylinderstift*, dort auf das Winkelmaß und die Dialogbox *Modifizieren* den Winkel *D4* in **Winkel** um.
- Starten Sie nun wieder die Tabelle. Der umbenannte Parameter wird übernommen (Bild 6.29 rechts).

	A	B	C	D	E	F	G	H	I
1	Tabelle für: Zylinderstift								
2		$BESCHREIBUNG	$FARBE	Durchmesser@Sk Zylinderstift	L Rest@Zylinderstift	Z@Zylinderstift	a@Kuppe	$prp@Länge	Winkel@Zylinderstift
3	3x8	Stift für Klemmring	16744576	3	5,75	0,8	0,45	7	15
4	4x12	Stift für Flansch lose	25284	4	10,4	1	0,6	12	15
5	5x12	Stift für Flansch fest	15191932	5	10,05	1,2	0,75	12	15

Bild 6.29: Der Parameter wurde mit neuem Namen angefügt

SolidWorks erkennt offenbar den Zusammenhang zwischen *D4@Zylinderstift* und *Winkel@Zylinderstift*.

Achtung: Sie können die **Werte** in der Excel-Tabelle ändern, aber nicht die **Namen**, denn das führt zu einer Fehlermeldung – **günstigstenfalls!**

6.2.3 Tabellen extern speichern

Zu Beginn dieses Abschnitts hatten wir gesehen, dass Tabellen in SolidWorks auch von bestehenden Tabellen aus gespeist werden können. Versuchen wir's:

- Klicken Sie rechts über dem Tabellenfeature und wählen Sie *Tabelle speichern*. Ein Speicherdialog erscheint (Bild 6.30).

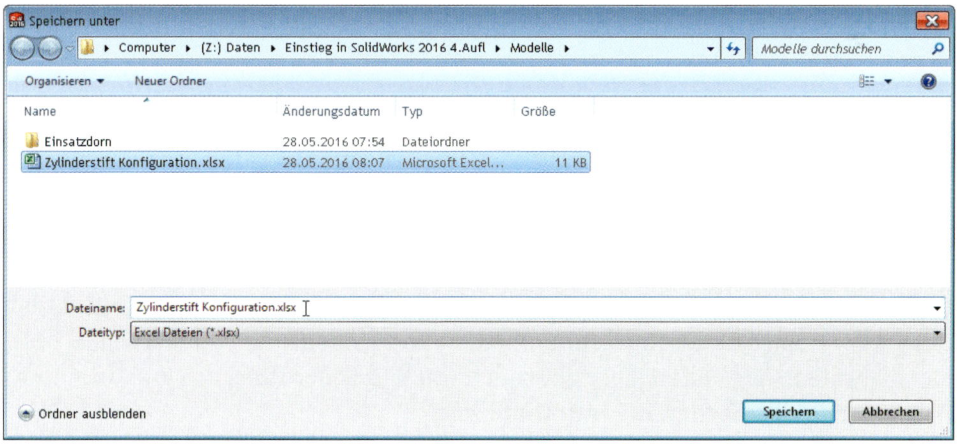

Bild 6.30: Speichern der Konstruktionstabelle als externe Excel-Datei

- Speichern Sie die Tabelle unter dem Namen ZYLINDERSTIFT KONFIGURATION im Verzeichnis EINSATZDORN ab.

Sie erkennen an der Endung, dass es sich um eine ganz normale Excel-Datei im Format MS-XML handelt.

6.2.4 Tabellen verknüpfen

Diese externe Tabelle verknüpfen wir jetzt wieder mit unserem Bauteil:

- Rufen Sie aus dem Kontextmenü des Tabellenfeatures *Feature bearbeiten* auf.

Der PropertyManager erscheint mit der einzigen Option *Aus Datei*.

- Klicken Sie auf *Durchsuchen* und wählen Sie unsere soeben erstellte Datei ZYLINDERSTIFT KONFIGURATION.XLSX (Bild 6.31).

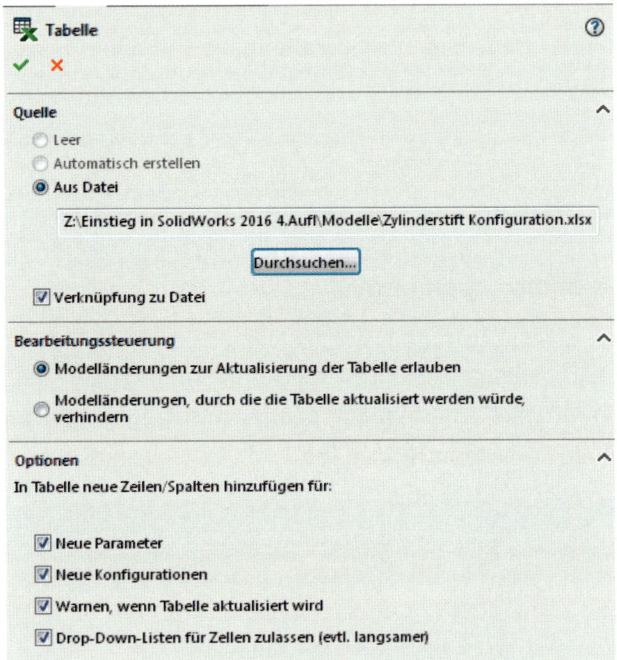

Bild 6.31: Das Bauteil wird ab jetzt von einer externen Tabelle gesteuert

- Aktivieren Sie *Verknüpfung zu Datei* und bestätigen Sie.

Die interne Tabelle wird nun mit der externen verknüpft. Sie können die Excel-Datei also in ein Word-Dokument einbinden und von dort aus die aktuellen Parameter abrufen. Sie können diese aber auch von Word oder Excel aus ändern: Dieses Bauteil ist bereits hochgradig **automatisiert!**

- Speichern und schließen Sie den Zylinderstift.

- Ändern Sie nun den *Winkel* der Konfiguration *3x8* in der externen Excel-Tabelle zu **13** und speichern Sie sie.
- Öffnen Sie das Bauteil wieder.

SolidWorks bemerkt die Abweichung und fragt Sie, ob die Änderung der Tabelle ins Modell übernommen werden soll. Wählen Sie die erste Option (Bild 6.32).

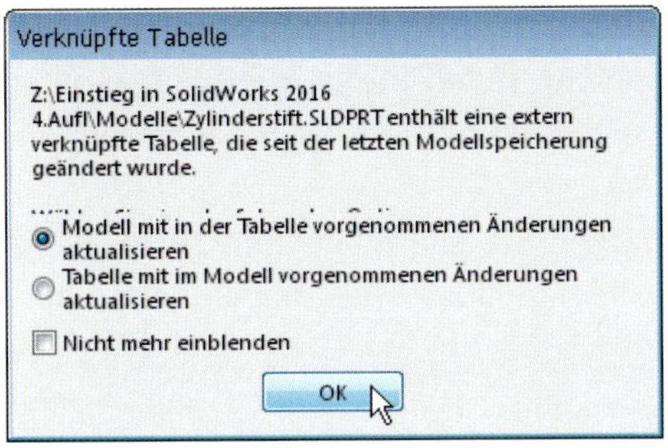

Bild 6.32: SolidWorks hat die Änderung der verknüpften Tabelle bemerkt

- Wenn Sie in der Konfiguration *3×8* das Feature *Zylinderstift* öffnen, so wird der neue Winkel der *Formschräge* in *Richtung 2* angezeigt (Bild 6.33).

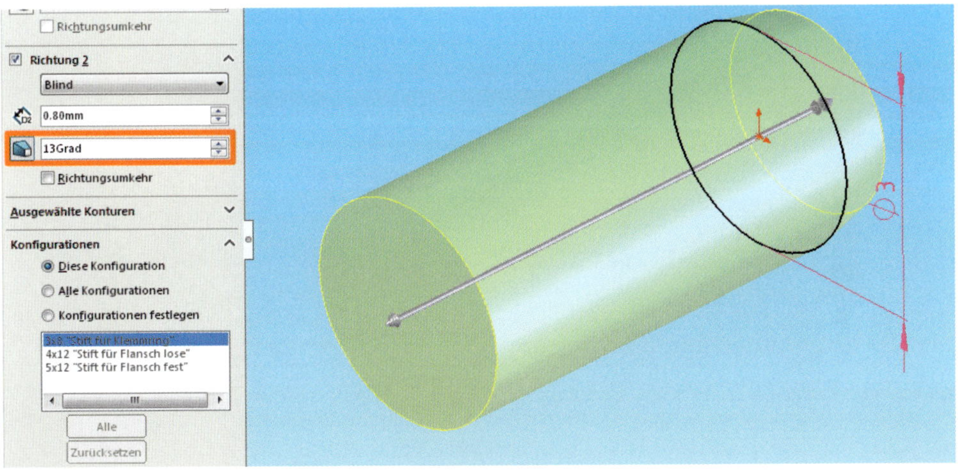

Bild 6.33: Der neue Winkel wurde von der Tabelle eingelesen

- Ändern Sie den betreffenden Winkel im **Feature** wieder auf den ursprünglichen Wert **15**. Rufen Sie dann die Tabelle auf: Der Wert wurde aktualisiert.

Hinweis: Die externe Tabelle wird bei Änderungen allerdings erst dann aktualisiert, wenn Sie das Bauteil speichern. Hierzu kann eine Aufforderung über die Tabellenaktualisierung eingeblendet werden, die Sie bestätigen.

6.2.5 Benutzerdefinierte Eigenschaften

Die Überschrift sagt alles und nichts zugleich. Im Bezug auf SolidWorks-Tabellen jedoch eröffnen benutzerdefinierte Eigenschaften eine neue Dimension der Bauteilsteuerung. Jawohl. Noch eine.

Sie wissen, dass heute beinahe jede Software ihre Dateien mit *Dateieigenschaften* versieht – eine der sinnvolleren Microsoft-Direktiven.

- Das zugehörige Dialogfeld finden Sie in SolidWorks unter *Datei, Eigenschaften*. Eine seiner Registerkarten ist mit *Konfigurationsspezifisch* betitelt. Hier befindet sich noch kein Eintrag.

Auf dieser Karte vermerken Sie alle möglichen Texte, Werte und andere Größen, die je Konfiguration unterschiedlich sind. Wir nutzen dies zur Behebung des vorhin genannten Längenfehlers:

- Schließen Sie die Box wieder. Öffnen Sie die Tabelle zur Bearbeitung.
- Schreiben Sie in eine freie Spalte der Zeile 2 – also der Namenszeile – den Text **$prp@Länge**. Übernehmen Sie die Formatierung der Nachbarzelle.
- Setzen Sie in die Zellen darunter die Werte nach Bild 6.34 rechts ein.

	A	B	C	D	E	F	G	H	I	J
1	Tabelle für: Zylinderstift									
2		$BESCHREIBUNG	$FARBE	Durchmesser@Sk Zylinderstift	L Rest@Zylinderstift	Z@Zylinderstift	a@Kuppe	$prp@Länge	Winkel@Zylinderstift	$prp@Länge
3	3x8	Stift für Klemmring	16744576	3	-1,25	0,8	0,5		15	8
4	4x1	Stift für Flansch lose	25284	4	10,4	1	0,6	12	15	12
5	5x1	Stift für Flansch fest	15191932	5	11,05	1,2	0,8	13	15	12

Bild 6.34: Ergänzen der Tabelle mit einer neuen Spalte

Hinweis: *$prp* ist das Kürzel für *Properties,* die Eigenschaftskarte für Konfigurationen. Der Name hinter dem Klammeraffen „@" ist der eigentliche Variablenname, hier *Länge*. Wir werden diesen Variablen in Kapitel 8 wieder begegnen, wenn wir die Zeichnung automatisieren.

- Klicken Sie nun in Konfiguration *8×12* in *L Rest@Zylinderstift*. Verfahren Sie dann nach Bild 6.35 oder

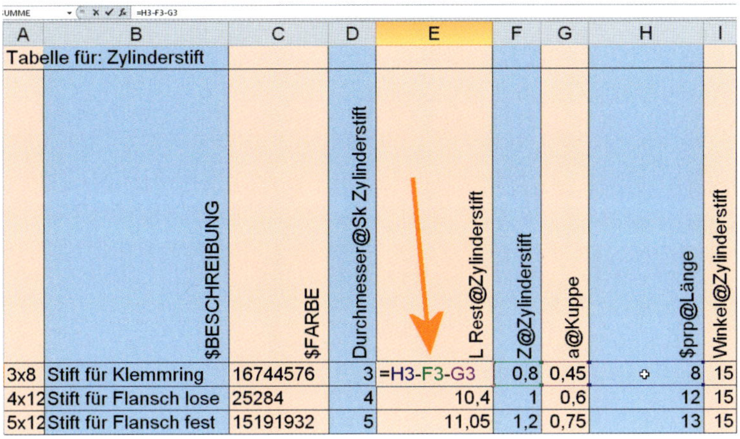

	A	B	C	D	E	F	G	H	I
1	Tabelle für: Zylinderstift								
2		$BESCHREIBUNG	$FARBE	Durchmesser@Sk Zylinderstift	L Rest@Zylinderstift	Z@Zylinderstift	a@Kuppe	$prp@Länge	Winkel@Zylinderstift
3	3x8	Stift für Klemmring	16744576	3	=H3-F3-G3	0,8	0,45	8	15
4	4x12	Stift für Flansch lose	25284	4	10,4	1	0,6	12	15
5	5x12	Stift für Flansch fest	15191932	5	11,05	1,2	0,75	13	15

Bild 6.35: Schnellkurs im Formelklicken

- geben Sie unter Beachtung der folgenden Warnung diesen Formeltext ein:

```
=H3-F3-G3
```

> Achtung: Achten Sie darauf, dass die *Zellbezüge* bei Ihnen höchstwahrscheinlich anders lauten! Gemeint ist folgendes: **L Rest = $prp@Länge - z@ Kuppe - a@Zylinderstift**

Nachdem Sie die Formel mit Eingabe bestätigt haben, kann es in dieser speziellen Tabelle sein, dass weiterhin nur die Formel zu sehen ist, denn sie ist möglicherweise als reiner Text formatiert:

- Markieren Sie die Zeilen und Spalten, die Zahlenwerte enthalten, nach obigem Beispiel C3 bis I5. Öffnen Sie dann das Kontextmenü dieser Zellen und wählen Sie *Zellen formatieren.*
- Wechseln Sie auf die Registerkarte *Zahlen* (Bild 6.36).

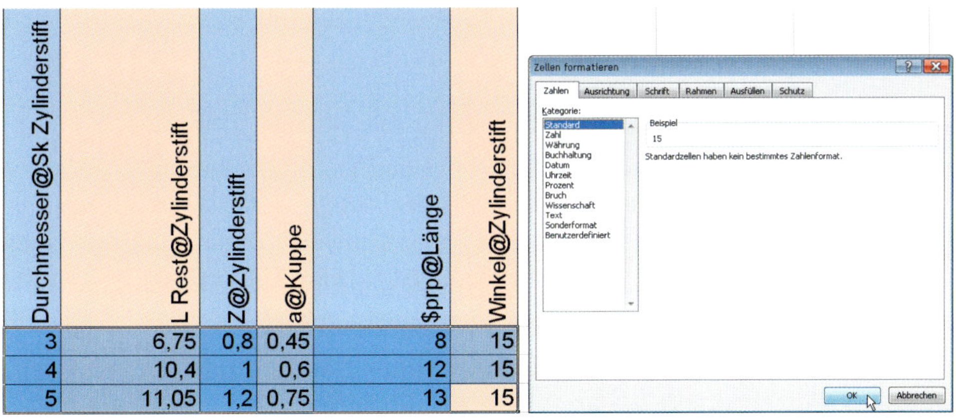

Durchmesser@Sk Zylinderstift	L Rest@Zylinderstift	Z@Zylinderstift	a@Kuppe	$prp@Länge	Winkel@Zylinderstift
3	6,75	0,8	0,45	8	15
4	10,4	1	0,6	12	15
5	11,05	1,2	0,75	13	15

Bild 6.36: Die Formatierung der Zellen ist wichtig bei Berechnungen

- Stellen Sie hier *Zahl* oder noch besser *Standard* ein und bestätigen Sie.

Damit sollte der Zellenwert *L Rest(3x8) = 6,75* lauten. Die Gesamtlänge des Stiftes beträgt nunmehr tatsächlich 8 Millimeter.

- Kopieren Sie die Formel in die beiden darunter liegenden Zellen, indem Sie die rechte untere Ecke – den *Knoten* – nach unten ziehen (Bild 6.37, Pfeil).

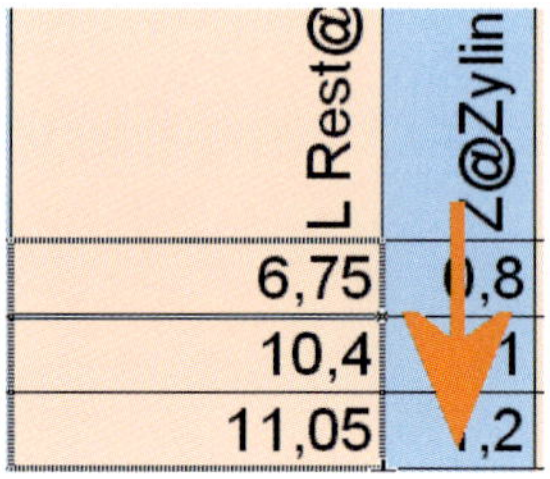

Bild 6.37: Schnellkurs im Formelkopieren

Die Formel wurde nicht nur kopiert, sondern sinngemäß übertragen – die Zellenbezüge sind ebenfalls nach unten gewandert. Sie sehen das an den Ergebnissen. Die sollten *10,40* und *10,05* lauten.

- Schließen Sie die Tabelle. Die Konfigurationen werden aktualisiert.
- Sehen Sie sich jetzt noch einmal die Länge *L Rest* des *Zylinderstifts* in Konfiguration *3×8* an (Bild 6.38).

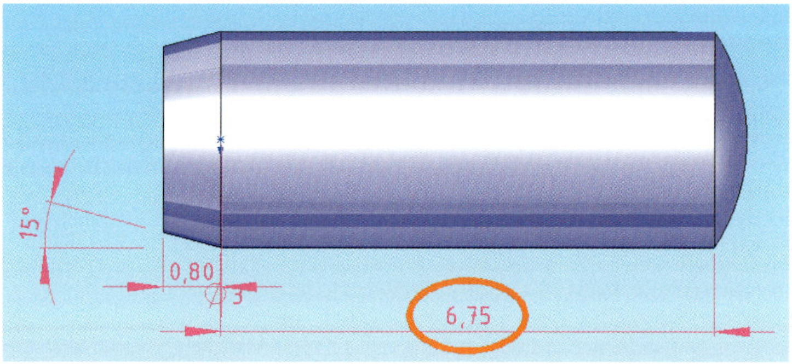

Bild 6.38: Überzeugt automatisch: das Bauteil mit berechneten Maßwerten

Aber auch die Eigenschaften sind durch die Tabelle aktualisiert worden:

- Wenn Sie *Datei, Eigenschaften* öffnen, so sehen Sie in der Registerkarte *Konfigurationsspezifisch* einen neuen Eintrag namens *Länge,* dessen Wert je nach *Konfiguration* im Listenfeld *Anwenden auf* unterschiedlich lautet. Der *Typ* lautet hier doch wieder *Text,* weil die anderen Formate keine Rationalzahlen erlauben (Bild 6.39).

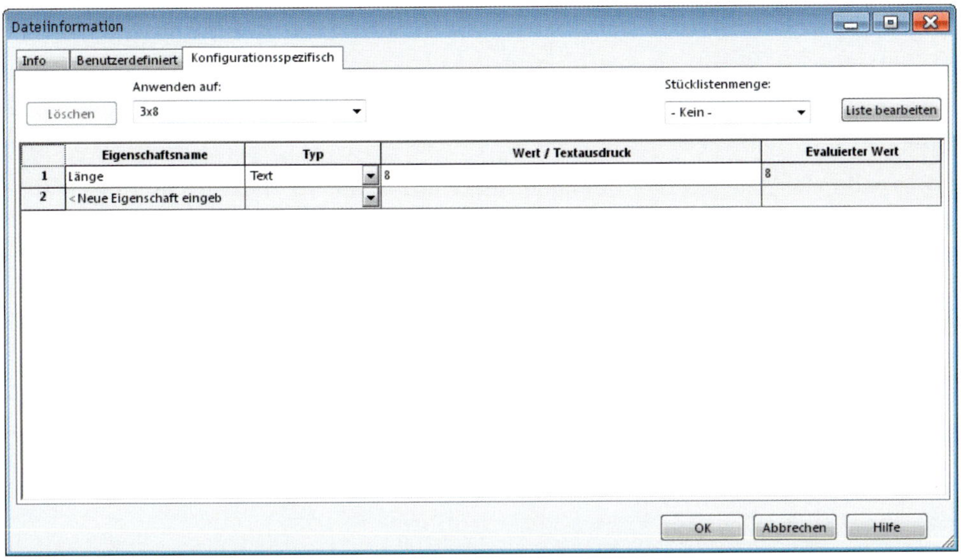

Bild 6.39: Die Eigenschaften wurden aktualisiert. In jeder Konfiguration steht der richtige Wert

- Verleihen Sie nun noch der Konfiguration *5×12* die Beschreibung **Stift für Flansch fest** (Bild 6.40). Natürlich können Sie das jetzt auch über die Tabelle erledigen.

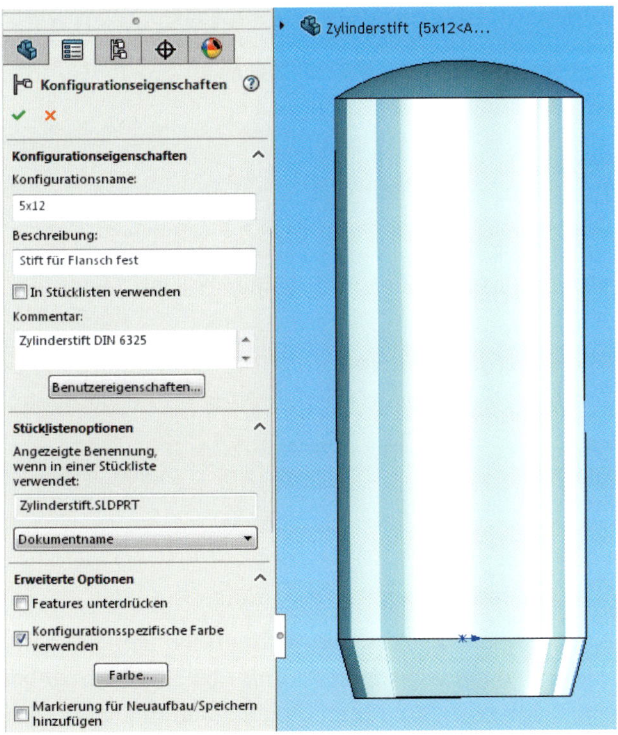

Bild 6.40: Ordnung muss sein, wenn man ein paar tausend Teile hat ...

6.2.6 Die Passung

Abschließend verleihen wir unserem Stift, da er ja ein Paßstift ist, noch eine Passung. Es handelt sich bei allen Konfigurationen um die Größe m6, eine Klemmpassung:

- Doppelklicken Sie auf *Sk Zylinderstift* und aktivieren Sie das Durchmessermaß.
- Wählen Sie im PropertyManager, Gruppenfeld *Toleranz/Genauigkeit* den *Toleranztyp Passung, Benutzerdefiniert* (Bild 6.41).

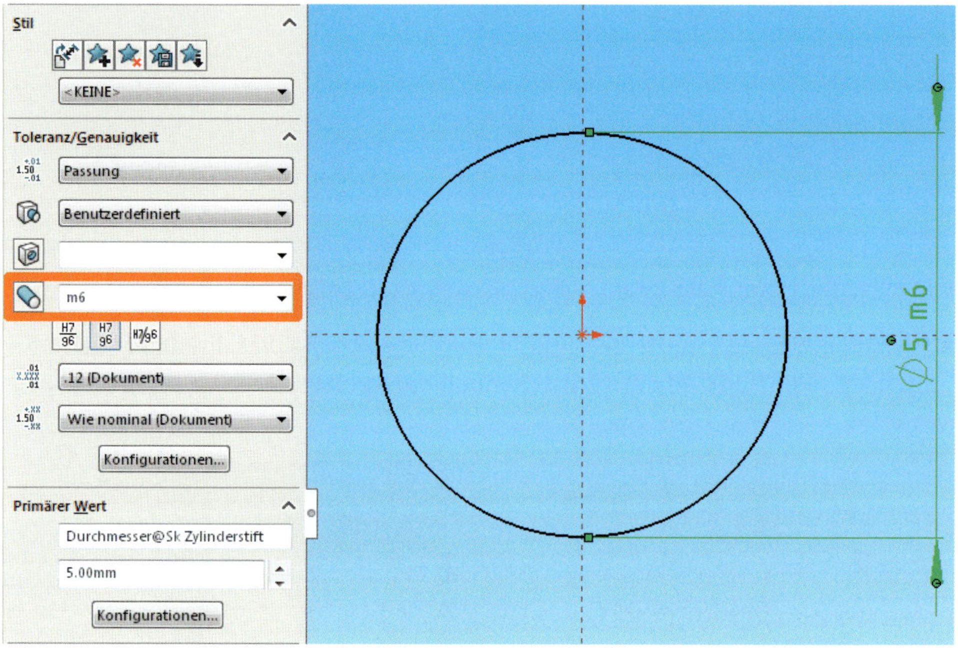

Bild 6.41: In der Toleranzbox ist die gesamte DIN ISO 286 enthalten. Unter anderem

- Lassen Sie *Bohrungspassung* leer und wählen Sie im Listenfeld *Wellenpassung m6*.
- Belassen Sie alle anderen Einstellungen auf ihren Defaults, wählen Sie über die Schaltfläche *Konfigurationen Diese Konfiguration* und bestätigen Sie.

> TIPP: Diese Konfiguration ist wichtig, um einen Parameter in die Auswahlliste für die Tabelle zu befördern (s. Bild 6.42).

In der Skizze sollte jetzt das Passmaß *3 m6* prangen.

- Öffnen Sie die Tabelle zur Bearbeitung. Wählen Sie den zusätzlichen Parameter *Toleranz@Durchmesser@Sk Zylinderstift*, falls der Ihnen angeboten wird. Falls nicht, speichern, schließen und öffnen Sie das Bauteil erneut (Bild 6.42).

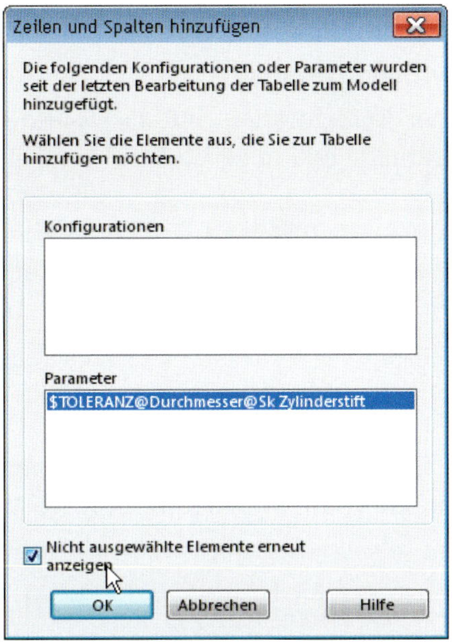

Bild 6.42: Etwas unkooperativ verhält sich gelegentlich diese Dialogbox

In der Tabelle wird die Spalte *Toleranz@Durchmesser@Sk Zylinderstift* der Konfiguration *3×8* eingetragen (Bild 6.43).

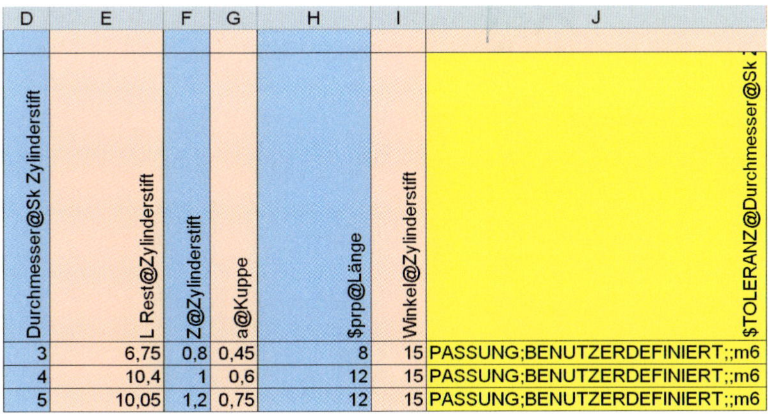

D	E	F	G	H	I	J
Durchmesser@Sk Zylinderstift	L Rest@Zylinderstift	Z@Zylinderstift	a@Kuppe	$prp@Länge	Winkel@Zylinderstift	$TOLERANZ@Durchmesser@Sk
3	6,75	0,8	0,45	8	15	PASSUNG;BENUTZERDEFINIERT;;m6
4	10,4	1	0,6	12	15	PASSUNG;BENUTZERDEFINIERT;;m6
5	10,05	1,2	0,75	12	15	PASSUNG;BENUTZERDEFINIERT;;m6

Bild 6.43: Eine ganze Reihe von Parametern ist in den Toleranzfeldern vereint

In der Spalte sind nicht nur Passmaße, sondern noch weitere Parameter aufgeführt, also die Art *(Passung)*, die Unterteilung *(Benutzerdefiniert)*, die Bohrungs- (null) und die Wellenpassung *(m6)*, getrennt durch Semikola.

- Wenn Sie diese Schreibart genau einhalten, können Sie die Passungen für die anderen beiden Zeilen einfach hinüberkopieren.

6.2.7 Skizzenbeziehungen in Tabellen

Beinahe **alles** können Sie konfigurieren:

- *Unterdrücken* Sie in der Konfiguration *3×8* das Feature *Kuppe*. Sie finden die Schaltfläche im Kontextmenü und in der Kontext-Symbolleiste (Bild 6.44).

Bild 6.44: Auch das Unterdrücken von Features lässt sich konfigurationsweise steuern

Das unterdrückte Feature wird grau dargestellt.

- Öffnen Sie nun die Tabelle zur Bearbeitung. Ein neuer Parameter namens *$STATUS@Kuppe* steht zur Wahl. Wählen Sie ihn zur Aufnahme in die Tabelle (Bild 6.45).

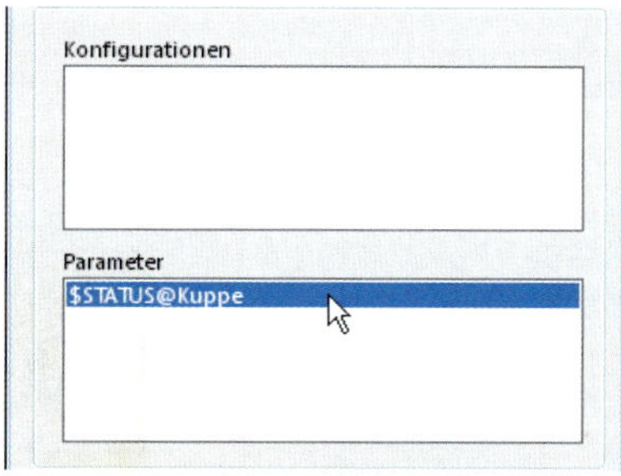

Bild 6.45: Einpflegen neuer Parameter in die Tabelle

- Eine neue Spalte gleichen Namens wird in die Tabelle eingefügt (Bild 6.46).

$prp@Länge	Winkel@Zylinderst	$TOLERANZ@Dur	$STATUS@Kuppe
8	15	PASSUNG;BENUTZERDEFINIERT;;m6	U
12	15	PASSUNG;BENUTZERDEFINIERT;;m6	NI
12	15	PASSUNG;BENUTZERDEFINIERT;;m6	NI

Bild 6.46: Extra-lässig: Status-Symbole rangieren irgendwo in Spalte L

- Die Kuppe besitzt den Status **U** für *Unterdrückt* in Konfiguration *3×8*, die anderen beiden Zellen sind leer.

Hierdurch ändert sich das Verhalten der anderen Konfigurationen nicht,

- doch wenn Sie die Tabelle schließen, die Konfigurationen der Reihe nach durchschalten und die Tabelle wieder öffnen, so sind ihre Status nach obigem Muster dort eingetragen. Alternativ dazu tragen Sie die Status einfach als Text in die Zellen ein.

- Setzen Sie den Status der Kuppe in allen Konfigurationen dann wieder auf **NI**. Die Kuppe wird wieder eingeblendet.

> Hinweis: Sie können Skizzen, Skizzenbeziehungen, Gleichungen, Features, Beleuchtungen und Baugruppen-Komponenten unterdrücken. Sie alle sind in der Tabelle mit dem Vorsatz $STATUS gekennzeichnet.

Das könnte uns auf völlig neue Ideen bringen: Wenn wir Skizzenbeziehungen konfigurieren können, dann könnten wir zum Beispiel in der einen Konfiguration die Radiusbemaßung einschalten, in der anderen aber den Durchmesser. Die jeweils andere wäre dann natürlich unterdrückt, um Überbestimmung zu vermeiden. Oder wir könnten in einer Konfiguration der Symmetrie den Vorzug geben, in der anderen aber der Gleichheit. Wir können Bauteilvarianten schaffen, die sich sehr weitgehend voneinander unterscheiden. Die Möglichkeiten sind unbegrenzt.

Nun, unser fertiger Zylinderstift mit Passung ist jedenfalls in Bild 6.47 zu sehen.

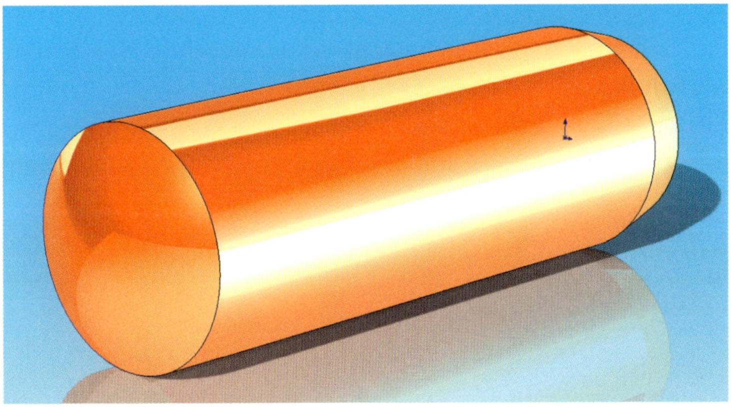

Bild 6.47: Kleines Bauteil, großes Know-How: Die Tabellierung kann eine Menge Arbeit sparen und umso mehr Ordnung schaffen

- Speichern und schließen Sie nun die Datei.
- Rufen Sie dann *Datei, Öffnen* auf und markieren Sie das Bauteil ZYLINDERSTIFT (Bild 6.48).

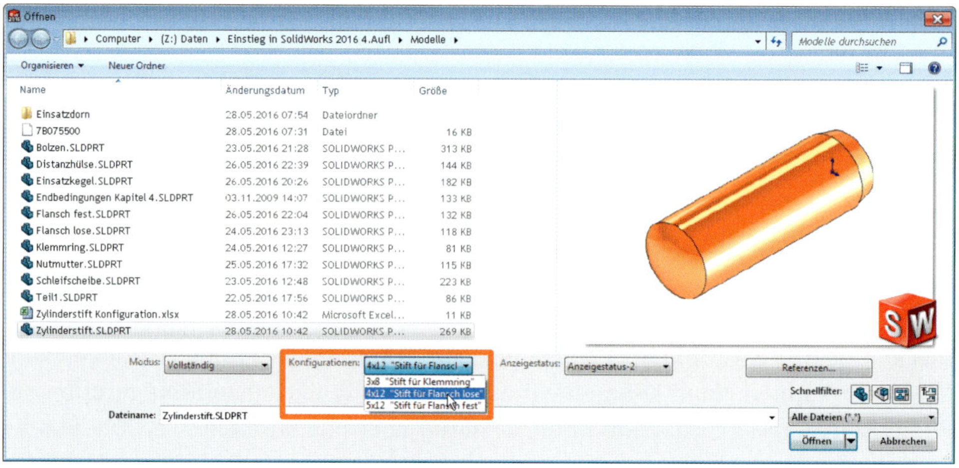

Bild 6.48: Mit allem Komfort: Die Konfigurationen können schon vor dem Öffnen gewählt werden

Unter der Vorschau sehen Sie ein Listenfeld mit den bestehenden *Konfigurationen*.

- Die können Sie der Reihe nach durchschalten, um die einzelnen Vorschaubilder zu betrachten.
- Außerdem können Sie die Datei gleich in der gewünschten Konfiguration öffnen, was bei großen Bauteilen eine Menge Zeit spart.

Dies war nur ein winzig kleiner Vorgeschmack von dem, was mit Excel-Tabellen möglich ist. Ich hoffe aber, es reicht, Ihnen Appetit auf mehr zu machen!

> TIPP: Wenn Sie sich einen Gefallen tun wollen, dann sehen Sie dieses Kapitel nochmals durch, um sich die Abläufe einzuprägen. Es wirkt alles viel komplizierter, als es eigentlich ist!

6.3 Noch ein Schräubchen

Ein kleines Bauteil haben wir noch vergessen: Es ist die Senkschraube M4, mit der die Nutmutter auf dem Gewinde arretiert wird.

- Erstellen Sie ein neues Bauteil namens SENKSCHRAUBE.
- Erstellen Sie auf der *Ebene vorne* eine Skizze mit liegender Mittellinie.

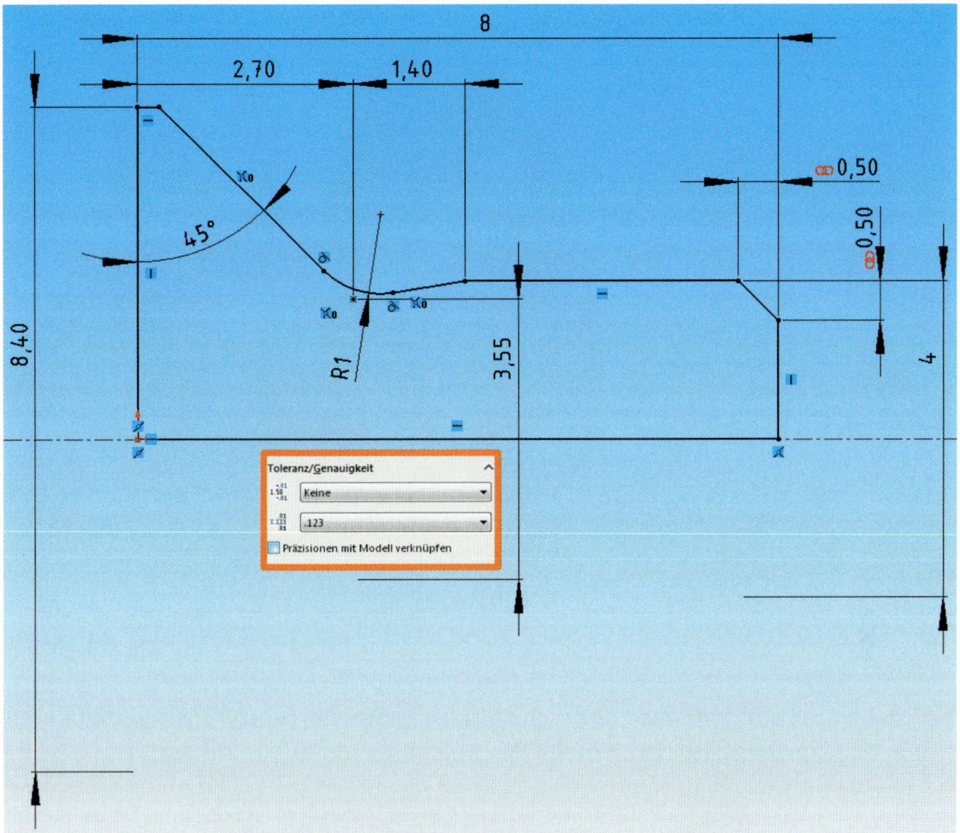

Bild 6.49: Der Halbquerschnitt der Schraube

Zeichnen Sie den Querschnitt nach Bild 6.49, wobei Sie folgendermaßen vorgehen:

- Die Schraube ist ein Vollquerschnitt, die untere Horizontale fällt also mit der Mittellinie zusammen. Der Skizzenursprung liegt ganz links unten am Querschnitt.
- Bemaßen Sie zunächst die Längen, dann die Durchmesser. Anstelle des *Radius R1* befindet sich zunächst eine Ecke, die Sie als Durchmesser bemaßen. Die dreistellige Anzeige erreichen Sie über den PropertyManager des Maßes, das untere Listenfeld in *Toleranz/Genauigkeit* (Kasten).
- Fügen Sie zuletzt den Winkel, die Fase – zur Abwechslung als *Abstand-Abstand* – und die *Skizzenverrundung* mit dem Radius **1** mm ein. Achten Sie darauf, dass die Skizzenbeziehungen erhalten bleiben.
- Rotieren Sie dann die Skizze **Sk Schraube** mit einem *Aufsatz/Basis rotiert* um **360°**, alles wie gehabt.
- Versehen Sie den Gewindeteil dann mit einer *Gewindedarstellung* M4×0,7 (*Einfügen, Beschriftung)*. Das Ergebnis ist in Bild 6.50 dargestellt.

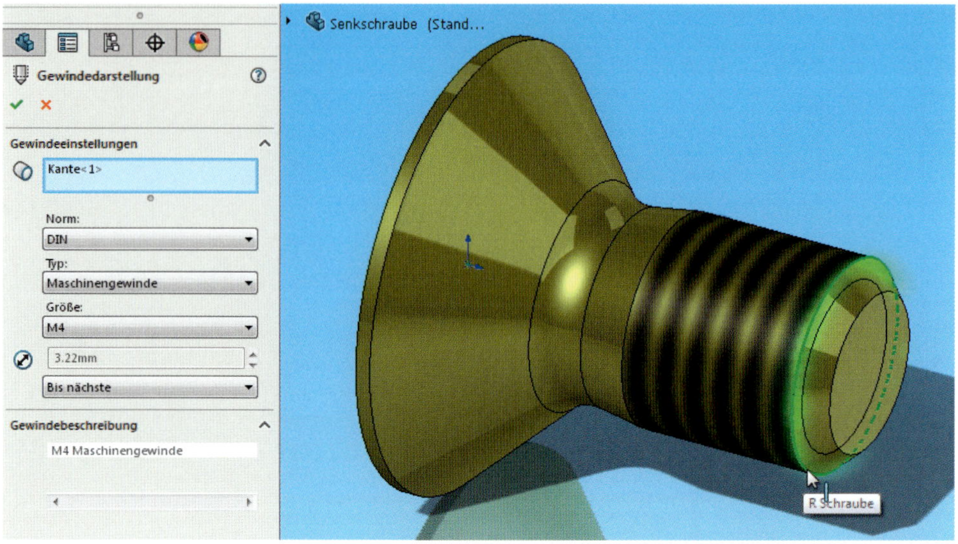

Bild 6.50: Die Schraube, galvanisch passiviert

Eine Schlitzschraube braucht einen Schlitz, und den schneiden wir mit einer Skizze:

- Erstellen Sie auf der *Ebene oben* eine Skizze, deren horizontale Mittellinie durch den Ursprung verläuft. Drehen Sie das Modell dann um 90° (Bild 6.51).

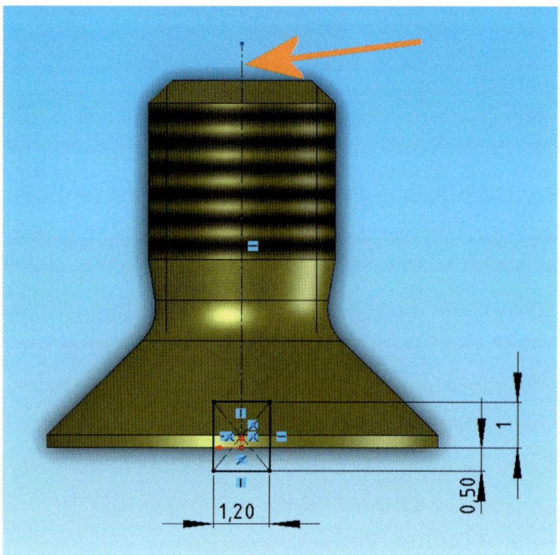

Bild 6.51: Der Schlitz entsteht durch eine Rechteckskizze

- Zeichnen Sie dann das Mittelpunkt-*Rechteck* (Modus *Ecken-Rechteck)* deckungsgleich auf die Mittellinie – vermeiden Sie dagegen eine Verknüpfung mit dem Ursprung. Bemaßen Sie unter Ausnutzung des Ursprungs nach dem Bild.
- Tragen Sie diese Skizze mit einem *Linear ausgetragenen Schnitt* aus, der zu **beiden** Richtungen die Endbedingung *Durch Alles* besitzt (Bild 6.52).

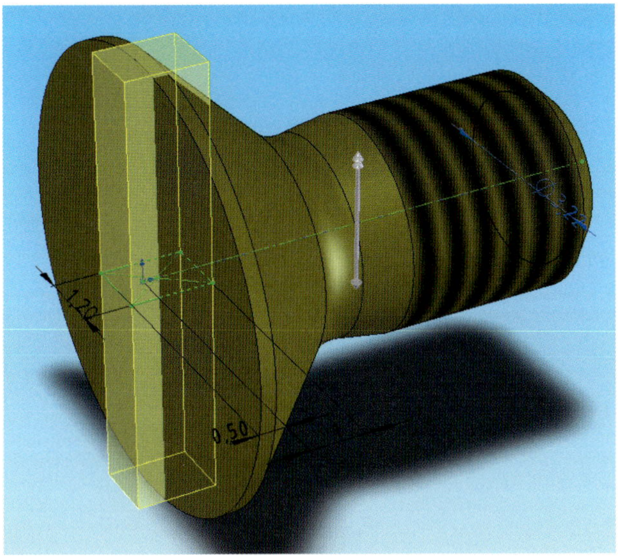

Bild 6.52: Der Schnitt geht von der Mitte zu beiden Enden

In Bild 6.53 sehen Sie den Hierarchiebaum der Schraube.

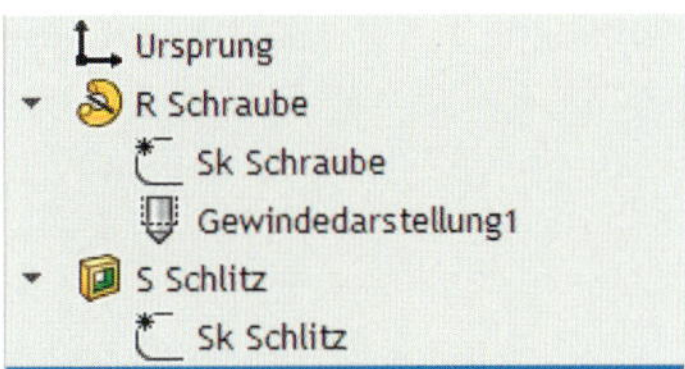

Bild 6.53: Der Hierarchiebaum der Senkschraube

Damit ist auch die Schraube fertig gestellt (Bild 6.54).

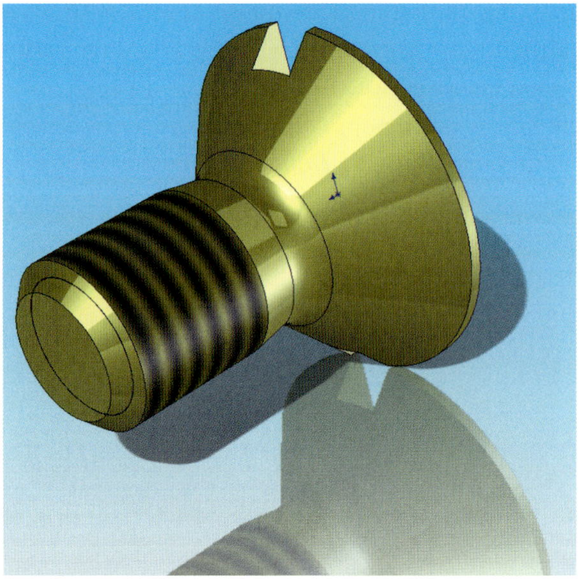

Bild 6.54: Auch ein so kleines Bauteil kann kompliziert sein!

7 Die virtuelle Montagehalle

Hat man alle Bauteile zusammengetragen, geht es an den Zusammenbau: Wie in einer richtigen Schlosserwerkstatt fügen Sie die Teile – im Baugruppenkontext als *Komponenten* bezeichnet – derart zusammen, dass ihre sechs kinematischen Freiheitsgrade – *rotatorisch* X, Y, Z und *translatorisch* X, Y, Z – geometrisch korrekt und je nach gewünschter Funktion beseitigt werden. Dies, eine sinnvolle Gliederung und die Bewegungssimulation, sind die Ziele der Baugruppe.

Wollen Sie etwa ein Bauteil drehbar in einem anderen lagern, so müssen Sie die fünf restlichen Freiheitsgrade eliminieren. Ein auf einer Welle dreh- und verschiebbares Teil hingegen muss sowohl einen rotatorischen als auch einen translatorischen Freiheitsgrad beibehalten. Die zugehörigen **Baugruppenbeschränkungen** oder **Verknüpfungen** funktionieren ganz ähnlich wie die Skizzenbeziehungen, nur müssen wir hier dreidimensional denken. Dafür aber gibt es wesentlich weniger Auswahl- und Fehlermöglichkeiten.

7.1 Die Gliederung in Baueinheiten

Die erste Überlegung beim Gestalten einer Baugruppe ist die Aufteilung in funktionale Untergruppen. Eine solche Gliederung ist fast immer sinnvoll: Sie dient dazu, eine übergroße Anzahl an Beschränkungen zu vermeiden – eine Art Schlankheitskur für Baugruppen, die Fehler vermeiden hilft und die Performance steigert. Tatsächlich befindet sich auch im Baugruppenmodus der FeatureManager, der genau dieses Vorgehen suggeriert.

Und bei unserer Schleifspindel – sehen Sie sich die Bilder 7.73 und 7.74 an – fallen zwei Funktionseinheiten ins Auge, die sich praktisch von selbst in Untergruppen aufteilen, nämlich

- die verstellbare Einheit mit den beiden Flanschen, der Schleifscheibe und der Nutmutter und
- der feste Einsatzkegel mit Aufnahmedorn und Verstellmechanismus.

Der Plan: Wir bauen erst die Verstelleinheit als Untergruppe, bevor wie diese mit dem Rest zur Gesamtgruppe zusammenfügen.

7.2 Die Baugruppe *Flansch*

Beginnen wir mit der einfacheren Gruppe:

- Klicken Sie auf *Datei, Neu,* so erscheint der vertraute Dialog. Wählen Sie diesmal jedoch die mittlere Schaltfläche, *Baugruppe* (Bild 7.1).

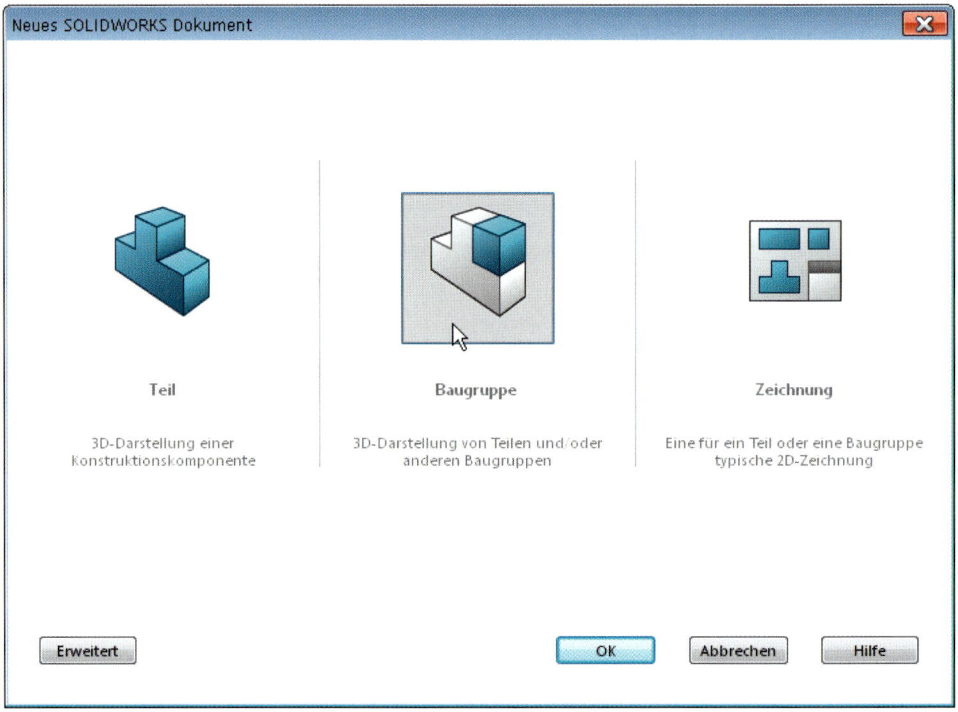

Bild 7.1: Endlich – die erste Baugruppe entsteht

SolidWorks öffnet das Baugruppendokument im Editor.

- Brechen Sie das *Komponenteneinfügen* gegebenenfalls ab. Speichern Sie das Dokument unter dem Namen **Flansch**. SolidWorks fügt die Endung SLDASM – für *Solid Assembly* – selbsttätig hinzu.

Die wichtigste Symbolleiste ist hier zweifellos die *Baugruppe*. Falls sie nicht geöffnet ist,

- öffnen Sie sie und legen Sie sie am linken Bildrand ab. Dafür können Sie die Leiste *Features* und den *Befehlsmanager* schließen.

7.2.1 Das Basisteil

Falls der PropertyManager nicht bereits geöffnet ist,

- klicken Sie in der Symbolleiste *Baugruppe* auf *Komponente einfügen*. Der PropertyManager erscheint mit der gleichnamigen Funktion (Bild 7.2).

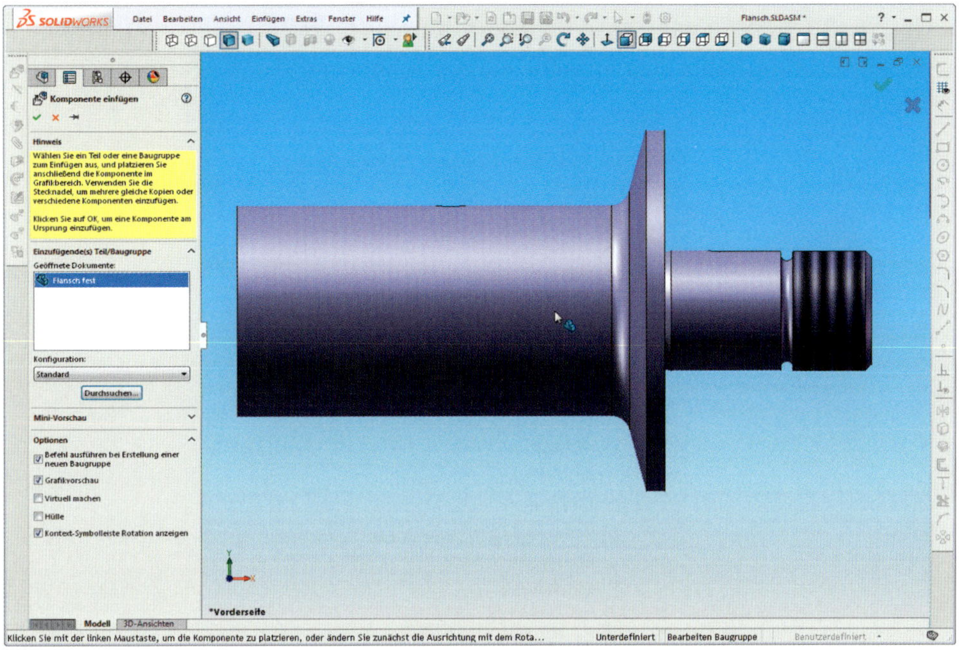

Bild 7.2: Das erste importierte Bauteil ist zugleich Basisteil der Baugruppe

- Klicken Sie auf *Durchsuchen* und wechseln Sie, falls nötig, in den Ordner EINSATZDORN, in dem sich all unsere Bauteile befinden sollten.
- Markieren Sie FLANSCH FEST und bestätigen Sie. Fügen Sie den Flansch mit *OK* am Ursprung oder mit einem Mausklick an einer anderen Stelle ein.

Damit wird die Komponente mit ihrem Nullpunkt auf dem Baugruppenursprung platziert (Bild 7.3).

- Wenn Bemaßungen angezeigt werden, deaktivieren Sie die Anzeige der *Komponentenbeschriftungen*. Die haben hier nichts verloren.

Die erste Komponente in einer Baugruppe ist zugleich das sogenannte **Basisteil**. Auf ihm baut die Hierarchie der Baugruppe auf. Das Basisteil ist im Gegensatz zu allen anderen *fixiert*, mit anderen Worten: alle anderen werden daran befestigt. Anders als ein Teil ist eine Baugruppe ihrer Natur nach beweglich – wir werden ziemlich umdenken müssen.

> Hinweis: Ein „(f)“ vor dem Namen einer Komponente auf eine Fixierung hin.

Wenn Sie die *Stecknadel* aktiviert haben, bietet Ihnen SolidWorks eine zweite Instanz des Flansches an.

- Dies umgehen Sie, indem Sie wieder auf *Durchsuchen* klicken oder abbrechen. In diesem Stadium sollte sich nur eine einzige Komponente im FeatureManager befinden.

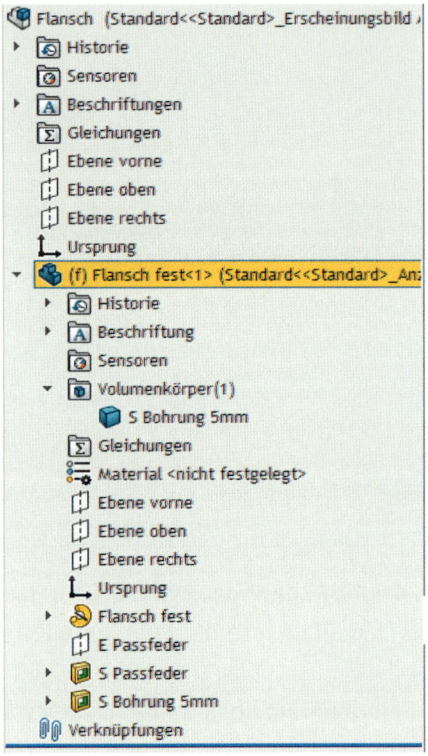

Bild 7.3: Der Hierarchiebaum der Baugruppe enthält ganze Hierarchiebäume

Sie sehen, dass der FeatureManager die Komponente – das Bauteil – seinerseits als Feature auflistet. Klappen Sie *Flansch fest* auf, so erkennen Sie den Baum des Bauteils wieder. Er ist also um eine Hierarchieebene nach unten – oder nach rechts – gerückt.

> Hinweis: Der Flansch wird allerdings nicht als Kopie in die Baugruppe eingesetzt, sondern als **Instanz**: Die Verbindung zum Referenzbauteil bleibt erhalten. Wird dort etwas verändert, so ändert es sich auch hier.

- Setzen Sie nun die zweite Komponente ein: Die SCHLEIFSCHEIBE. Platzieren Sie sie in der Seitenansicht rechts vor dem Flansch.

7.2.2 Verknüpfungen

Die Scheibe soll natürlich auf den Zapfen des Flansches geschoben werden und an der Druckscheibe anliegen. Wir beseitigen zunächst die überzähligen rotatorischen Freiheitsgrade:

- Klicken Sie auf *Verknüpfung*.

Der PropertyManager erscheint (vgl. Bild 7.5). Verknüpfen Sie nun den Bohrungs-Innenzylinder der Schleifscheibe *Konzentrisch* mit dem glatten Zapfenstück des Flansches:

- Dazu wählen Sie einfach die beiden Zylinderflächen. Das erste Bauteil wird dabei transparent (Bild 7.4).

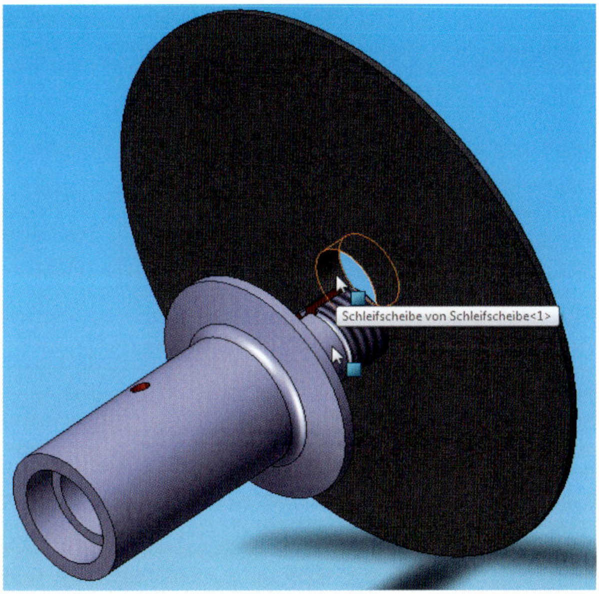

Bild 7.4: Die Verknüpfung von Bauteilen ist sehr komfortabel

SolidWorks richtet die Komponenten entsprechend aus, sofern dies möglich ist. Fast immer wird auch sofort die wahrscheinlichste Verknüpfung angedeutet, so wie hier *konzentrisch*.

- Bestätigen Sie mit *OK*, also dem grünen Häkchen, so wird die Verknüpfung eingetragen (Bild 7.5).

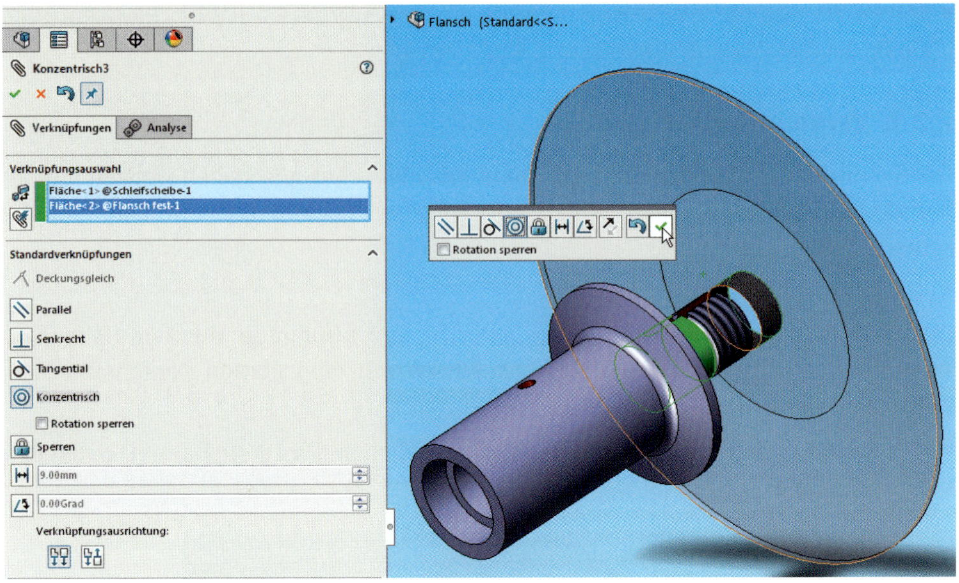

Bild 7.5: Bildung einer Baugruppenverknüpfung

Sobald die Verknüpfung gebildet wurde, können Sie die nächste definieren, denn der PropertyManager bleibt geöffnet.

- Schließen Sie die Funktion jetzt, indem Sie ein zweites Mal auf *OK* klicken.

Sehen wir uns erst einmal an, was die Maßnahme bewirkt hat:

- Wenn Sie mit den Baugruppenwerkzeugen *Komponente verschieben* und *Komponente drehen* an der Scheibe ziehen – es geht aber auch ohne –, so lässt sie sich zwar noch bewegen, doch die Drehung ist nur noch um eine Achse möglich – die des Flansches nämlich.
- Auch die Verschiebung ist eingeschränkt: Durch die Verknüpfung *Konzentrisch* sind auch alle Positionen abseits der Flansch-Achse ausgeschaltet. Wir haben mit dieser einen Verknüpfung also vier von sechs Freiheitsgraden eliminiert.

Dass das nicht unbedingt viel heißen will, zeigt Bild 7.6, denn SolidWorks erlaubt die gegenseitige Durchdringung der virtuellen Körper, was in realiter unmöglich ist. Dies müssen Sie beim Verknüpfen im Hinterkopf behalten.

- Starten Sie nun nochmals *Verknüpfung*.
- Klicken Sie auf die plane Seite der Scheibe, drehen Sie die Ansicht um etwa 90° und klicken Sie dann auf die gegenüberliegende ringförmige Druckfläche des Flansches.

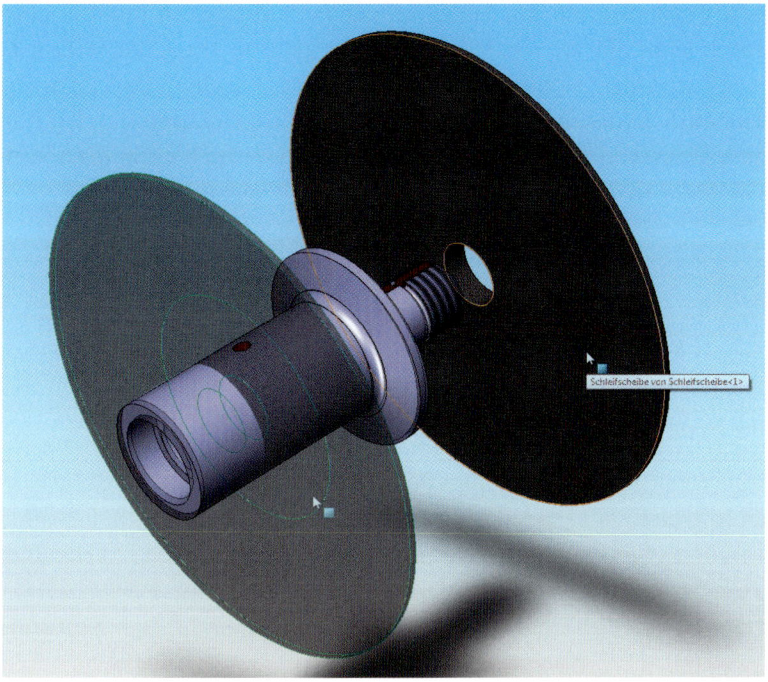

Bild 7.6: SolidWorks kennt noch immer nicht die Natur des Körpers

- Die Körper rücken zusammen. Akzeptieren Sie den Default *Deckungsgleich* (Bild 7.7).

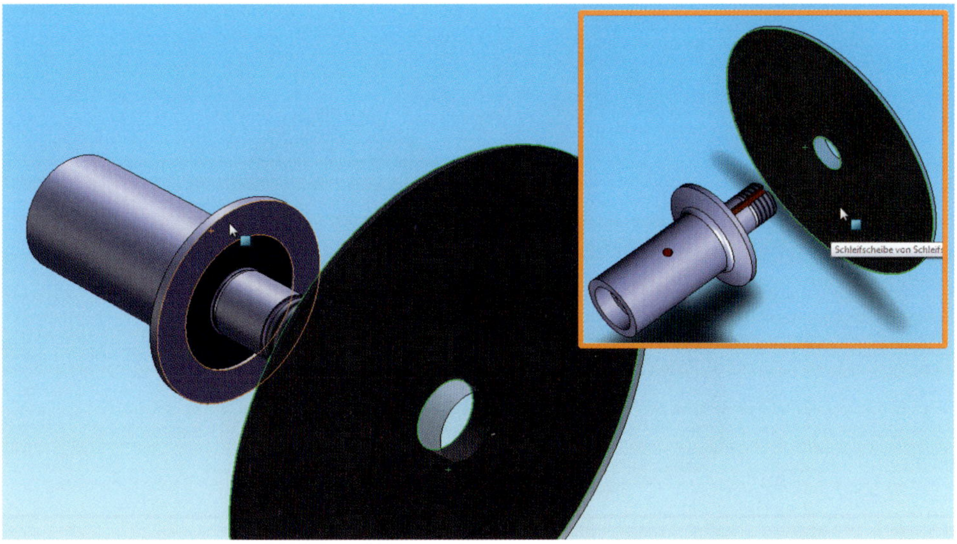

Bild 7.7: Baugruppen sind das bevorzugte Jagdrevier des 6-Achsen-Manipulators

Die Flächen werden durch die Verknüpfung *Deckungsgleich* miteinander verbunden. Dadurch eliminieren wir nun auch den dritten translatorischen Freiheitsgrad – die Scheibe lässt sich nur mehr auf der Achse drehen. Dies ist auch korrekt, denn zwischen Scheibe und Flansch besteht in Drehrichtung nur Kraft-, nicht jedoch Formschluss: Die Scheibe lässt sich theoretisch auch dann drehen, wenn die Flansche angezogen sind, ebenso wie die Flansche selbst.

Hinweis: Sie sehen, besonders für die Verknüpfung gegenüberliegender Flächen benötigen Sie eine ausgefeilte Ansichtstechnik. Glücklicherweise klappen die Auswahlfelder nicht gleich wieder zu, sobald Sie einen Fehlklick tun.

7.2.3 Die *Breadcrumbs*

Bei unseren recht einfachen Bauteilen war diese Neuerung in SolidWorks nicht sonderlich hilfreich, aber bei Baugruppen können Sie *jede* Hilfe gebrauchen: Die Rede ist von den sogenannten *Breadcrumbs*, einer interaktiven Eltern-Kind-Ansicht für Baugruppen und Bauteile.

- Sie aktivieren sie über die Option *Optionen, Systemoptionen, Anzeige/Auswahl, Breadcrumbs in Auswahl anzeigen.*
- Klicken Sie auf irgendeine Fläche eines Objekts im Editor, so wird deren gesamte hierarchische Kette bis hinauf zur vollständigen Baugruppe oder dem vollständigen Bauteil angezeigt – und zwar mit allen Zwischenstufen, und bei Baugruppen sogar mit Verzweigungen zu anderen Teilen (Bild 7.8)!

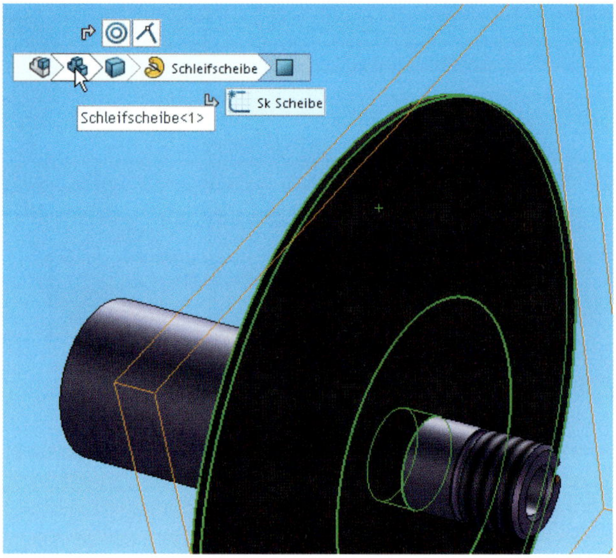

Bild 7.8: Die *Breadcrumbs* sind eine willkommene Hilfe bei der Arbeit mit Baugruppen

Dies funktioniert übrigens auch für die meisten Objekte im FeatureManager unterhalb des Skizzenursprungs.

- Der eigentliche Sinn ergibt sich erst, wenn Sie mit der Maus über die *Breadcrumbs*-Leiste fahren: Nicht nur wird das zugehörige Objekt bzw. Element im Editor markiert, Sie können auch jedes dieser Objekte durch Klicken aktivieren, um es etwa im PropertyManager weiterzubearbeiten.
- Für jedes Label wird bei Anklicken die zugehörige Kontext-Symbolleiste eingeblendet – Sie können von hier aus also z. B. Elemente ein- und ausblenden, das Rotations-Feature der *Schleifscheibe* einstellen oder auch deren Skizze *Sk Scheibe* zur Bearbeitung öffnen (Bild 7.9).

Bild 7.9: Komfortabler geht's immer: Öffnen einer Skizze von der Baugruppe aus

- In Baugruppen werden außerdem auch die Verknüpfungen jedes Teils zur Auswahl präsentiert. Das ist besonders schön, wenn sich einige hundert Verknüpfungen in der Baugruppe befinden – und das geht schnell. Ganz schnell.

7.2.4 Verknüpfungen bearbeiten

- Klicken Sie die Schleifscheibe an, so werden deren beide Verknüpfungen mit dem Flansch über der *Breadcrumbs*-Leiste angezeigt – hier also die *konzentrische* Verknüpfung der beiden Rotationsachsen und die *deckungsgleiche* der beiden Flächen.
- Ein Klick auf eines dieser Labels, und es wird im FeatureManager unter *Verknüpfungen* ausgewählt (Bild 7.10).

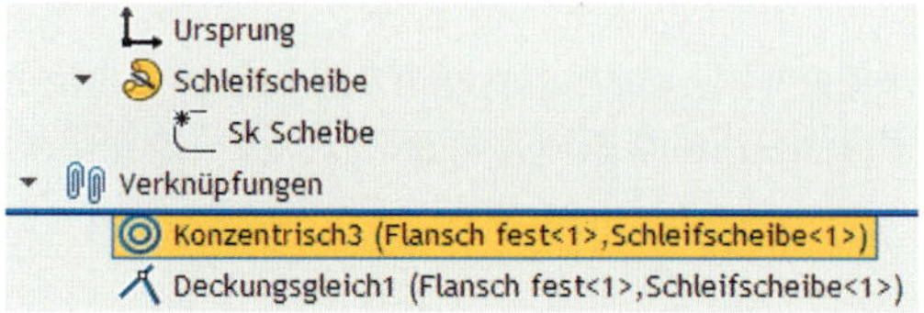

Bild 7.10: Das Wiederfinden von Verknüpfungen abhängig vom Bauteil war früher mit viel Lesearbeit verbunden

- Allerdings können Sie die Verknüpfung über ihr Label und die Kontext-Symbolleiste auch direkt zur Bearbeitung im PropertyManager öffnen, und Sie sind wieder im Konfigurationsmodus der Verknüpfungen (vgl. Bild 7.5).

7.2.5 Verknüpfungen aufteilen

Die nächste Komponente wird uns etwas mehr Kopfzerbrechen bereiten:

- Fügen Sie die Komponente FLANSCH LOSE rechts vom Basisteil ein. Es schadet nichts, wenn Sie das Bauteil grob ausrichten, bevor Sie es verknüpfen.

- *Verknüpfen* Sie die große Bohrung des Flansches *konzentrisch* mit dem glatten Wellenstück von *Flansch fest* (Bild 7.11).

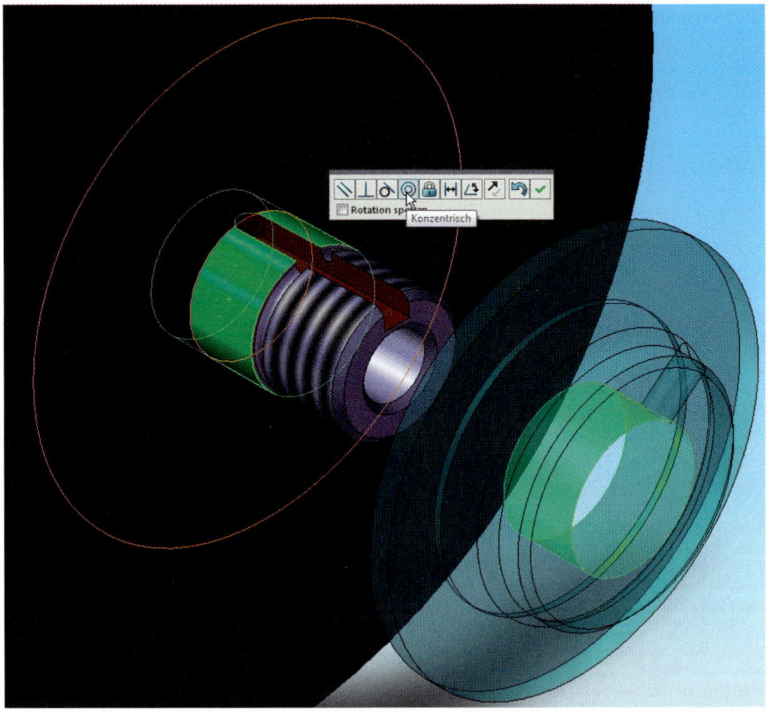

Bild 7.11: Welle und Achse der beiden *Flansche*

- Stellen Sie dann wieder eine *deckungsgleiche* Verknüpfung zwischen den beiden sich berührenden Flächen her (Bild 7.12).

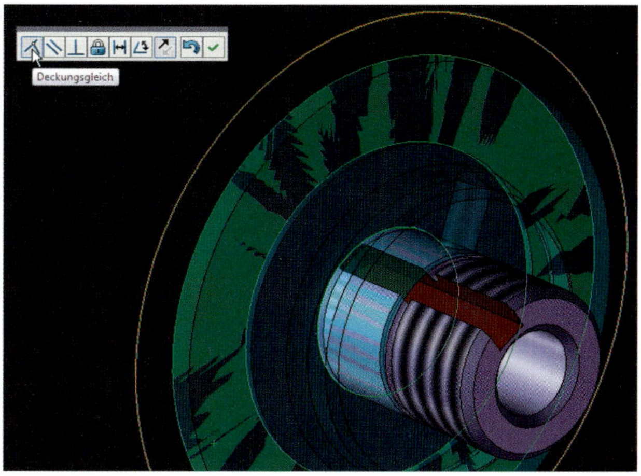

Bild 7.12: Die Anlagefläche der Schleifscheibe reicht gerade aus für den Druckring des Flansches

7.2.6 Konfigurationen einfügen

So weit, so gut. Nun können wir den Flansch noch drehen, doch das ist, wie die Stiftbohrung andeutet, nicht im Sinne des Erfinders. Wir müssen jetzt im Wortsinne realistisch sein und den Flansch mit einem Stift formschlüssig gegen Verdrehen sichern!

Sie erinnern sich sicher an den *Zylinderstift,* unser Tabellenbauteil aus Kapitel 6. Wir hatten ihn in drei Varianten gespeichert:

- Beenden Sie den Verknüpfungsmodus und fügen Sie als nächste Komponente den ZYLINDERSTIFT in der Konfiguration *4×12* ein (Bild 7.13).

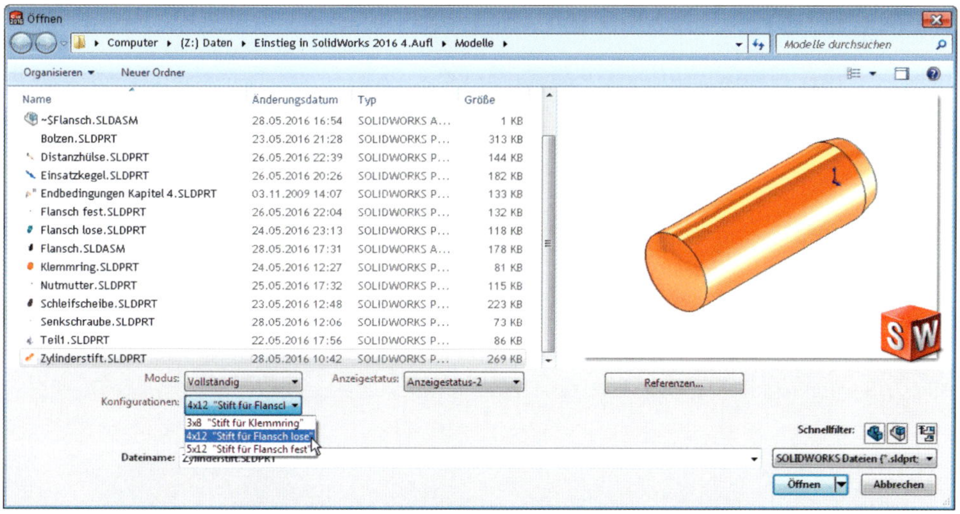

Bild 7.13: In der *Öffnen*-Dialogbox stehen drei Konfigurationen des Zylinderstifts zur Wahl

Hierdurch wird das Bauteil bereits mit der gewünschten Konfiguration in der Liste von *Komponente einfügen* angezeigt.

- Alternativ dazu können Sie aber auch dort noch einmal wählen, bevor Sie das Teil einfügen (Bild 7.14) – Sie haben die Wahl der Wahl.

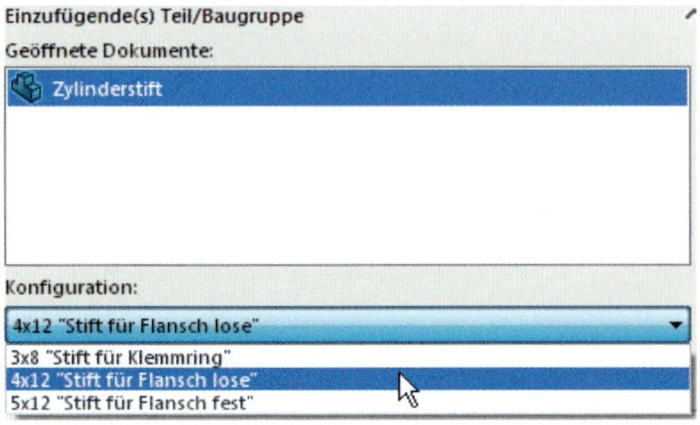

Bild 7.14: Die Auswahl der Konfiguration im Listenfeld *Geöffnete Dokumente*

- Den Stift legen Sie nun in der Nähe von *Flansch lose* ab. Definieren Sie dann eine *Schnittansicht* der *Ebene vorne,* um ins Innere der Flansche hineinsehen zu können.
- Falls die kleine Bohrung von *Flansch lose* nicht im Schnitt liegt, drehen Sie einfach den Flansch, bis sie die korrekte Lage besitzt (Bild 7.15 links). Schalten Sie dann die Schnittansicht **aus** und gleich wieder **ein** (rechts).

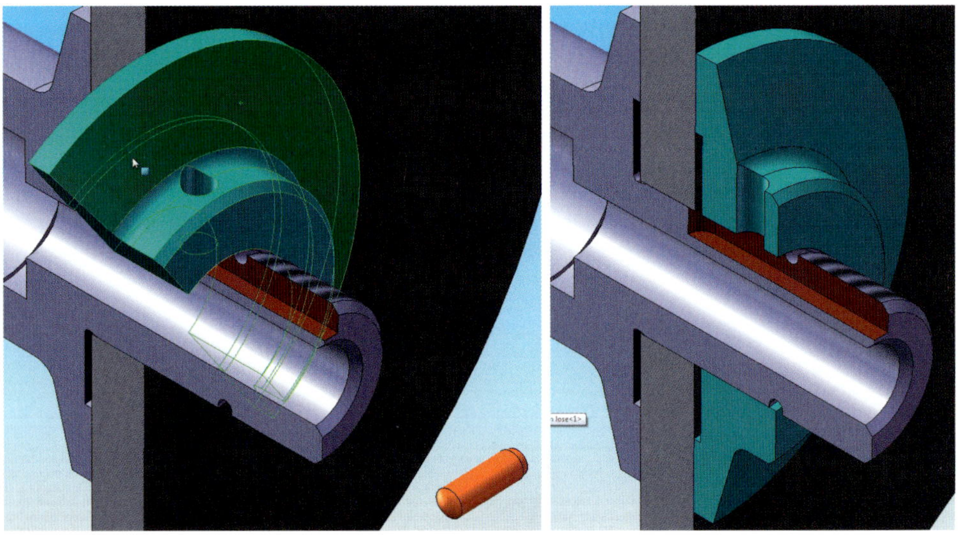

Bild 7.15: Unmögliches sofort: Auch geschnittene Objekte lassen sich noch bewegen

7.2.7 Verknüpfungsausrichtung

- Wenn Sie den Stift nun *konzentrisch* zur Bohrung in *Flansch lose* ausrichten, kann es passieren, dass er falsch herum gedreht wird. Der Konus soll nach unten weisen, da er das Einfädeln des Stiftes erleichtert (Bild 7.16 links).

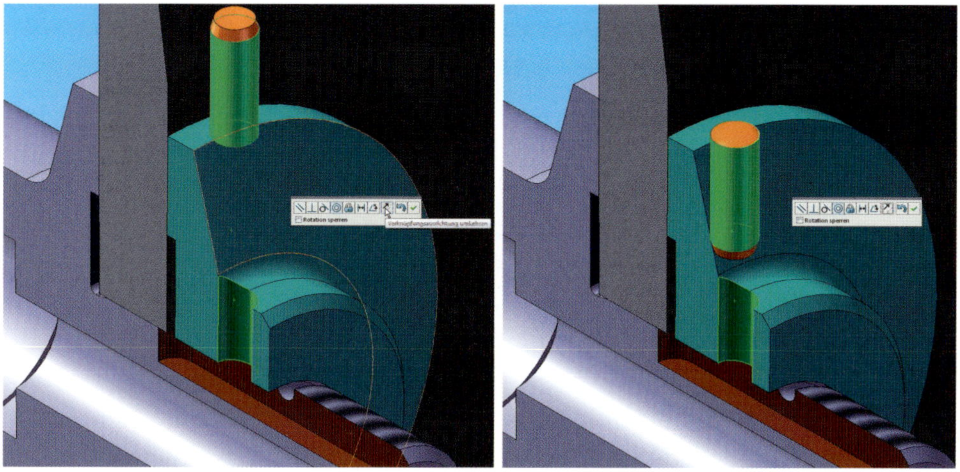

Bild 7.16: Die Verknüpfungsausrichtung kehrt die Anordnung der Komponente um

- Hierfür gibt es im Popup-Dialogfeld die Schaltfläche *Verknüpfungsausrichtung umkehren*. Die gleiche Funktion finden Sie im PropertyManager der Verknüpfung, wenn auch etwas anders dargestellt (Bild 7.17).

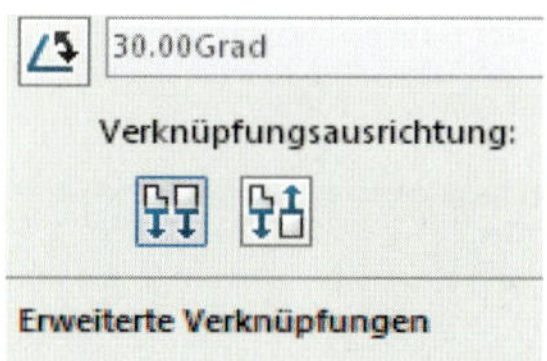

Bild 7.17: Die Entsprechung der Ausrichtungsfunktion im PropertyManager

> Hinweis: Es kann sein, dass Sie diese Schaltfläche mehrmals betätigen müssen, bevor etwas passiert.

Der Stift lässt sich nur noch axial zur Bohrung verschieben, doch können wir immer noch den Flansch mitsamt dem Stift verdrehen. Wir benötigen noch eine Verknüpfung des Stiftes mit der Passfedernut von *Flansch fest:*

- Erstellen Sie eine *tangentiale* Verknüpfung zwischen der Mantelfläche des Zylinders und einer der senkrechten Wandungen der Nut (Bild 7.18).

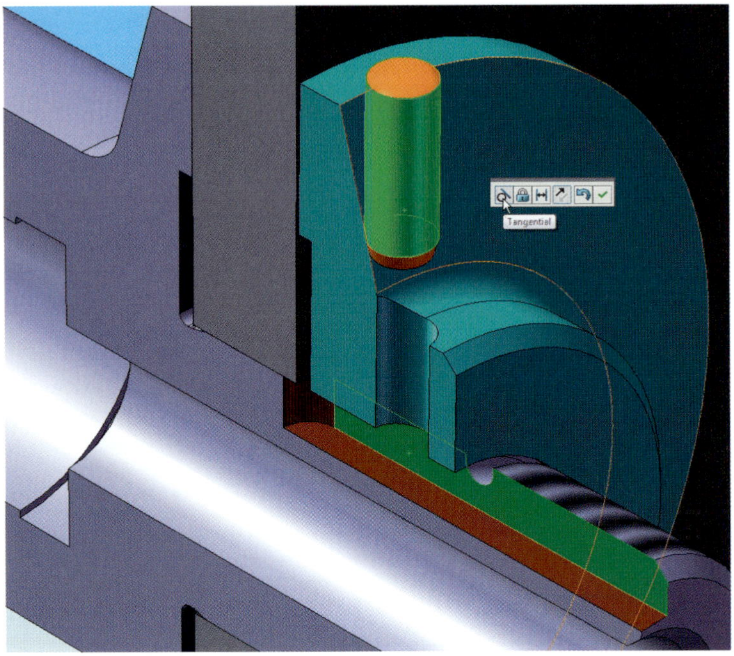

Bild 7.18: Drei Teile verknüpft: Der Zylinderstift

Flansch lose ist damit gegen *Flansch fest* fixiert, wie man es von einem Scherelement wie dem Stift erwarten kann. Doch der virtuelle Stift selbst kann noch herausgezogen werden, was wir nun auch noch vereiteln:

- Definieren Sie eine *tangentiale* Verknüpfung zwischen der Kante des Konus und dem Boden der *Passfedernut* (Bild 7.19).

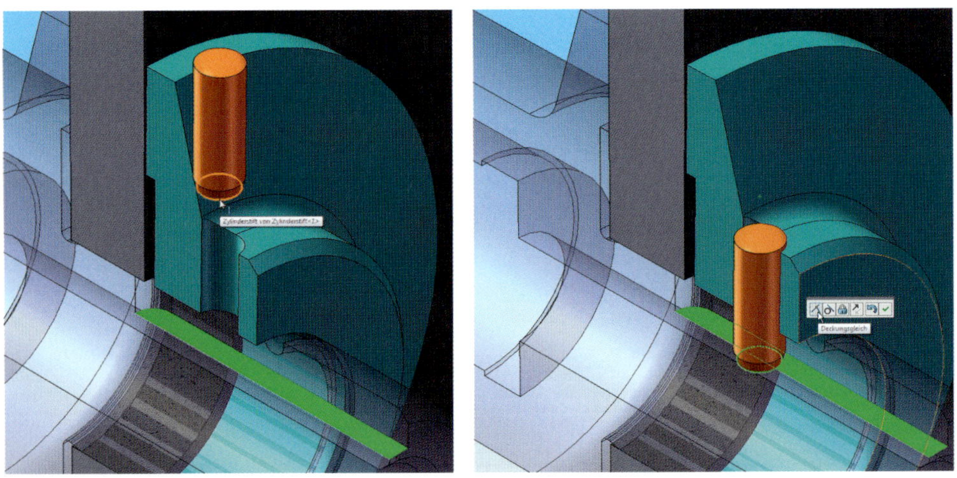

Bild 7.19: Der Zylinderstift wird virtuell eingeschlagen

Der Zylinderstift wird auf den Grund der Nut gezogen. Er lässt sich jetzt nur noch um seine Achse drehen, was – wiederum theoretisch – möglich ist. Bis auf die drehbare Schleifscheibe ist die gesamte Konstruktion erstarrt.

- Wenn Sie jetzt den *Zylinderstift* im FeatureManager anwählen, sollten Sie drei Verknüpfungs-Labels über der *Breadcrumbs*-Leiste sehen. Wenn Sie darauf zeigen, wird die jeweilige Paarung auch in der Baugruppe hervorgehoben (Bild 7.20).

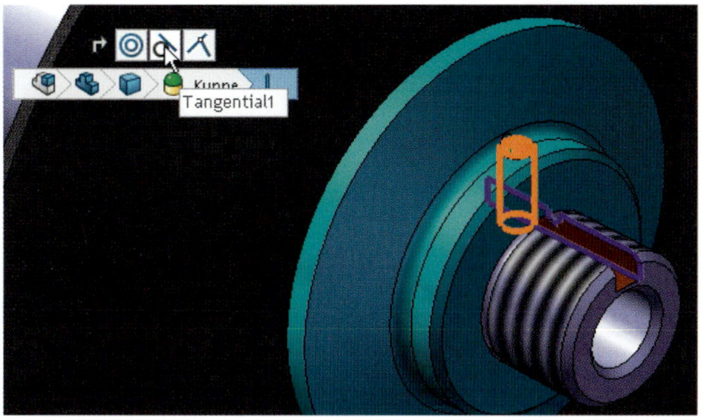

Bild 7.20: Überblick ist das A und O in der Baugruppe!

- Fügen Sie nun die NUTMUTTER ein. Richten Sie sie so aus, dass die Seite mit der Senkung für die M4-Schraube von der Schleifscheibe weg zeigt. Hierzu können Sie etwas mehr zielgerichtet die Werkzeuge *Komponente drehen* bzw. *verschieben* nutzen.

- Verknüpfen Sie die der M4-Senkung **abgewandte** Anlagefläche der Nutmutter *deckungsgleich* mit der Stirnfläche von *Flansch lose* (Bild 7.21).

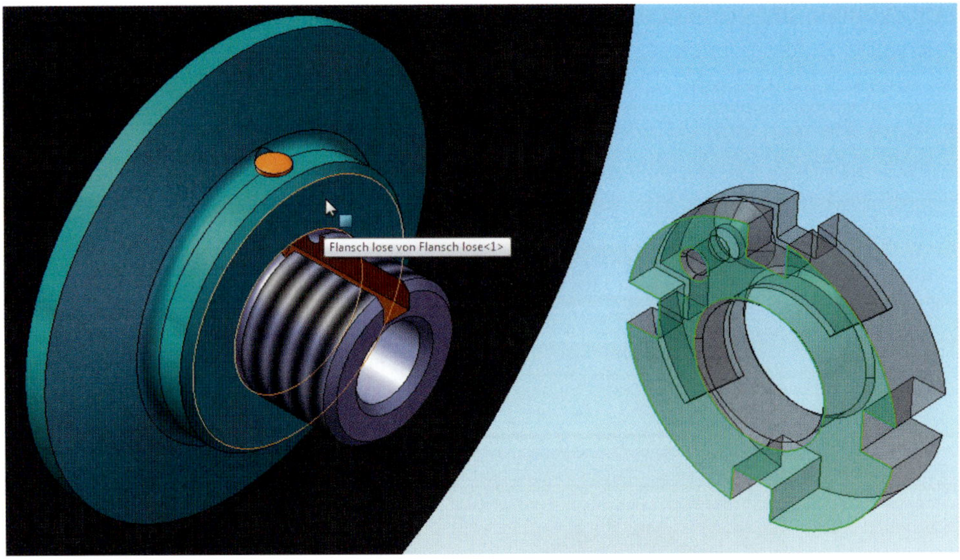

Bild 7.21: Zuletzt wird die Nutmutter aufgeschraubt, und zwar sowohl *deckungsgleich* ...

- Stellen Sie dann noch eine *konzentrische* Verknüpfung der beiden Gewindeflächen her (Bild 7.22).

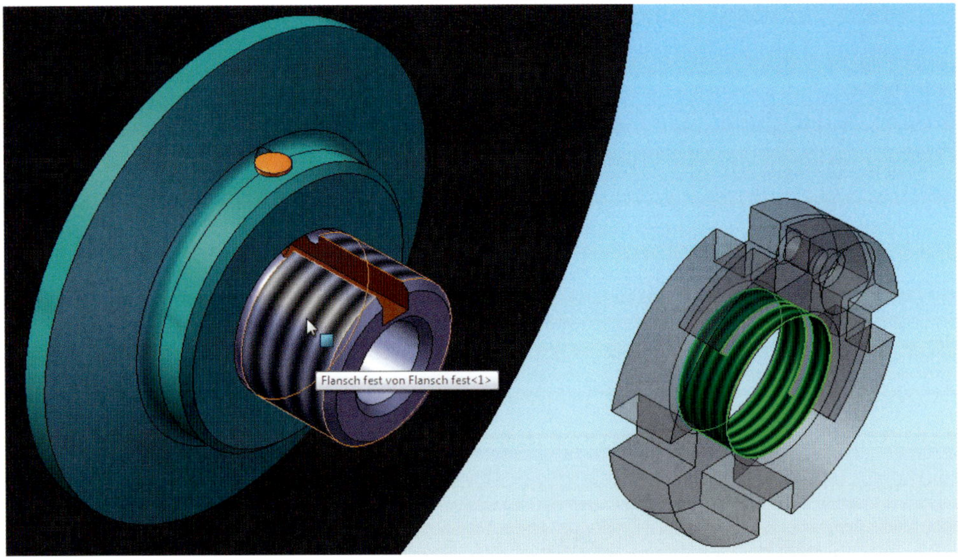

Bild 7.22: ... als auch *konzentrisch*

7.2.8 Interferenz zwischen Bauteilen

Spätestens bei der Schnittansicht werden Sie sich fragen, wie wir mit der gegenseitigen Durchdringung der beiden Gewinde von Mutter und Flansch umgehen – in SolidWorks wird dies als *Interferenz* bezeichnet (Bild 7.23).

Bild 7.23: Interferenz zwischen den beiden Gewinden

Zur Ermittlung solcher Interferenzen – nicht alle sind offensichtlich, und auch nicht alle unerwünscht – steht uns eine spezielle Funktion zur Verfügung:

- Sie finden sie unter *Extras, Evaluieren, Interferenzprüfung.*

Es erscheint der PropertyManager. Sofern bei Aufruf nichts gewählt war, ist die gesamte Baugruppe *Flansch* im Auswahlfeld der *Komponenten* vertreten (Bild 7.24).

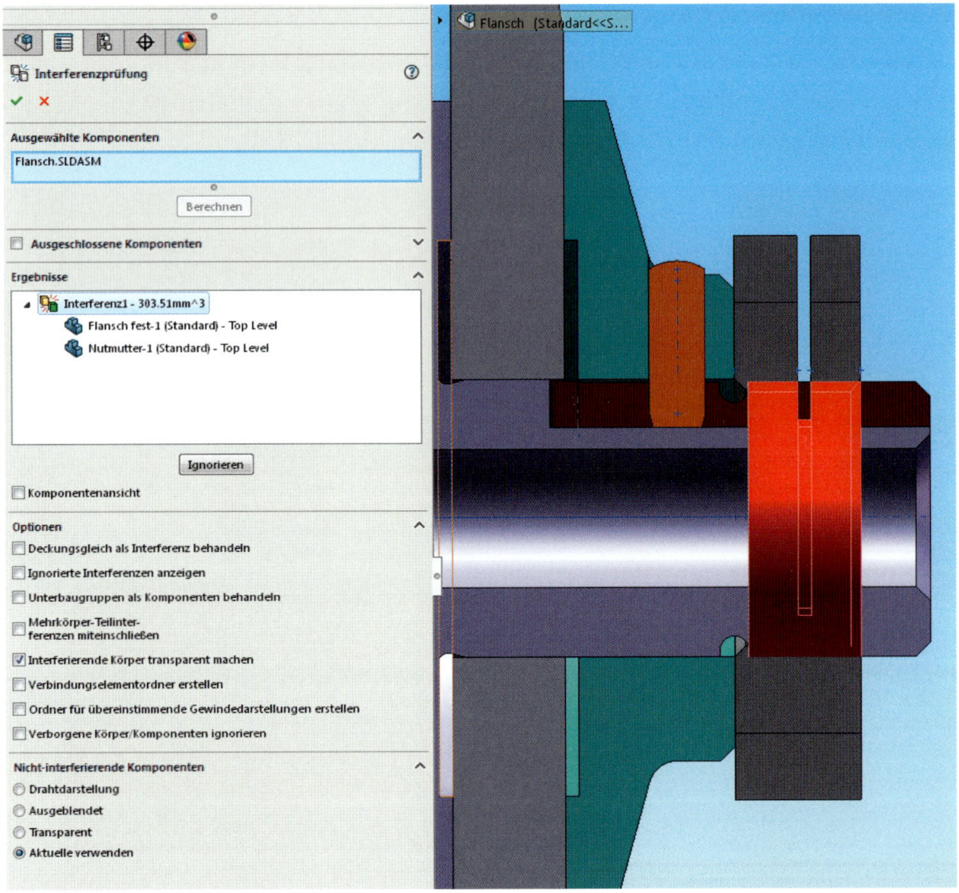

Bild 7.24: Die Interferenzprüfung – eines der vielen Werkzeuge, mit denen man Konstruktionsfehler aufspürt

- Klicken Sie auf *Berechnen*.

Es wird eine Interferenz zwischen den Gewinden von *Nutmutter* und *Flansch fest* angezeigt. Dies ist jedoch keine wirkliche Überschneidung, denn es gehört zur Funktion einer Gewindepaarung, dass die Partner einander in Achsrichtung abwechselnd überdecken. Dies machen wir SolidWorks bewusst:

- Rufen Sie in der Liste *Ergebnisse* aus dem Kontextmenü der *Nutmutter* den Punkt *Öffnen* auf.

Die Mutter wird als Bauteil geöffnet.

TIPP: Wenn Sie nun eine Meldung über das *Bearbeiten einer schreibgeschützten Datei* erhalten, dann brechen Sie die Operation ab.
Rufen Sie *Optionen, Systemoptionen,* Rubrik *Externe Referenzen* auf und deaktivieren Sie *Öffnen referenzierter Dokumente mit Schreibschutz*.
Starten Sie erst dann die Interferenzprüfung wieder.

- Rufen Sie *Datei, Eigenschaften* auf und wechseln Sie auf die Registerkarte *Benutzerdefiniert* (Bild 7.25).

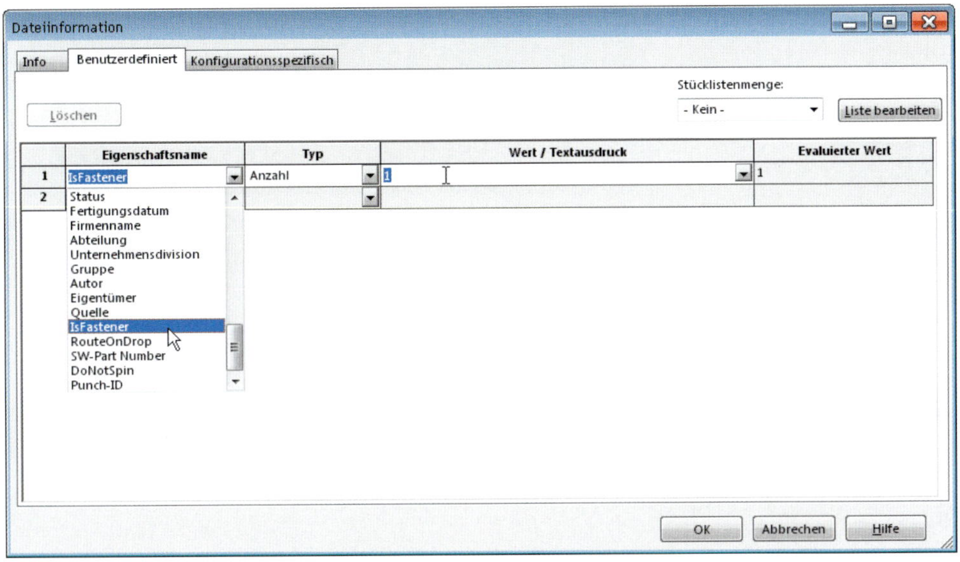

Bild 7.25: Die Definition der Nutmutter als Verbindungselement beseitigt die Katastrophenmeldung

- Wählen Sie unter *Eigenschaftsname* den Eintrag *IsFastener*. Das weist die Nutmutter als Verbindungselement mit erwünschter Interferenz aus (Bild 7.25).

Wenn die Liste nicht alphabetisch sortiert ist, suchen Sie an ihrem unteren Ende.

- Stellen Sie unter Typ *Anzahl* ein. Geben Sie dann unter *Wert* den Wert **1** ein. Bestätigen Sie dann.
- Speichern und schließen Sie das Bauteil und starten Sie die Interferenzprüfung erneut. Aktivieren Sie die Option *Verbindungselementordner erstellen,* um die ungefährlichen Interferenzen von vornherein auszusieben (Bild 7.26).

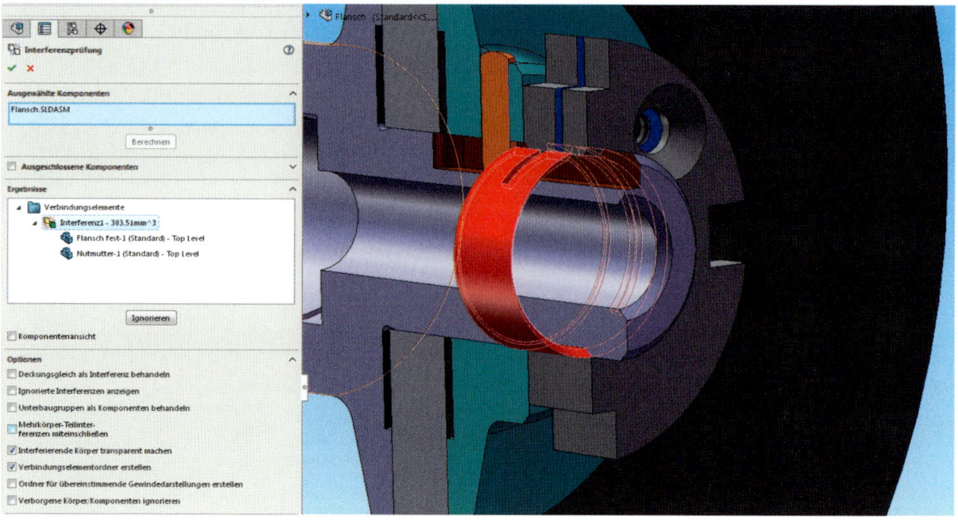

Bild 7.26: Eliminieren erwünschter Interferenzen

Ergebnis: Die Nutmutter wird nun als *Verbindungselement* aufgefasst, die daraus folgende Interferenz nicht mehr als solche interpretiert (Bild 7.27).

Bild 7.27: Das Gewinde fällt plangemäß unter die Verbindungselemente

- Öffnen Sie nun die SENKSCHRAUBE als Bauteil und deklarieren Sie sie ebenfalls als „*IsFastener*“.
- Fügen Sie sie dann als Komponente in die Nutmutter ein. Definieren Sie eine einzige Verknüpfung, nämlich *Deckungsgleichheit* zwischen den beiden Kegelflächen – das genügt vollkommen, wie der Zugtest beweist (Bild 7.28)!

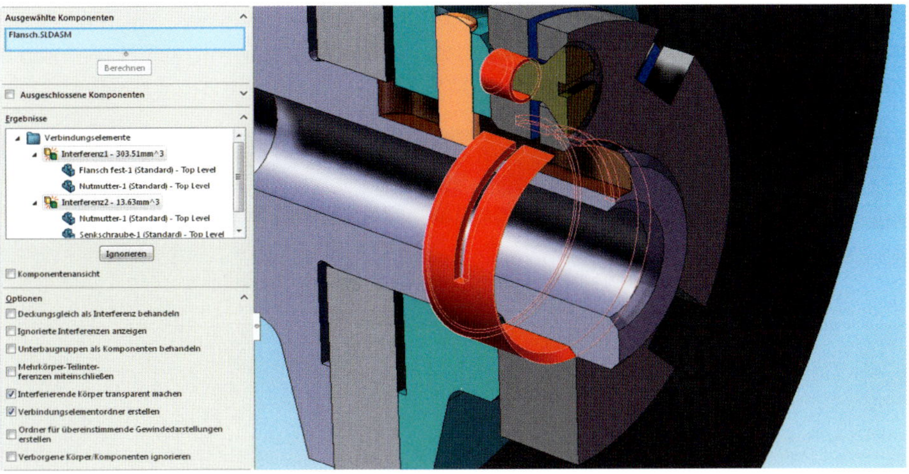

Bild 7.28: Die Senkschraube wird mit einer einzigen Verknüpfung festgelegt. Auch die Interferenzprüfung ist unauffällig

- Auch eine neuerliche Interferenzprüfung für die gesamte Baugruppe löst keine Alarmglocken aus.

Sie sehen vor den Namen der Komponenten immer noch das Präfix **„(-)“**, das auf Baugruppensprache bedeutet: **nicht festgelegt**. Trotzdem werden Sie diese Drehteile maximal um ihre eigene oder die Achse eines Partners rotieren, sie ansonsten aber nicht vom Fleck bewegen können. Auch eine festgezogene Schraube ist – technisch gesehen – immer noch drehbar.

7.2.9 Positionieren ohne Verknüpfen

Baugruppenverknüpfungen sind von beständiger Natur – erst wenn Sie sie über den FeatureManager löschen, verlieren sie ihre Wirkung. Das ist nicht immer erwünscht: Wenn wir eine Komponente lediglich in Position bringen wollten, müssten wir die dazu gebildete Verknüpfung gleich danach wieder löschen.

Oder wir deklarieren sie gleich als **Positionierung:**

- Rufen Sie die *Verknüpfung* auf. Aktivieren Sie die unterste Option im untersten Gruppenfeld, *Optionen, Nur für Positionierung verwenden* (Bild 7.29).

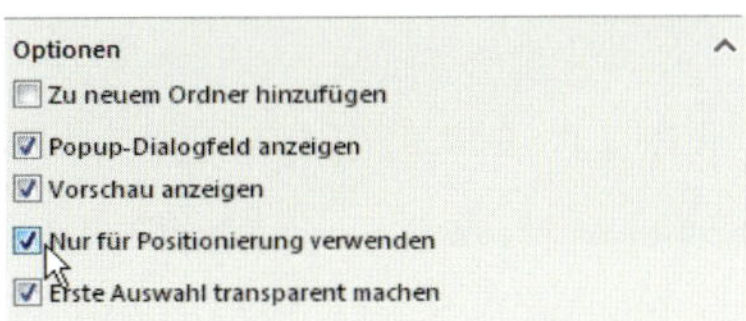

Bild 7.29: Positionieren von Komponenten

- Definieren Sie *Parallelität* zwischen demjenigen Nutgrund der Mutter, der sich links von der Senkschraube befindet, und dem Boden der Passfedernut (Bild 7.30).

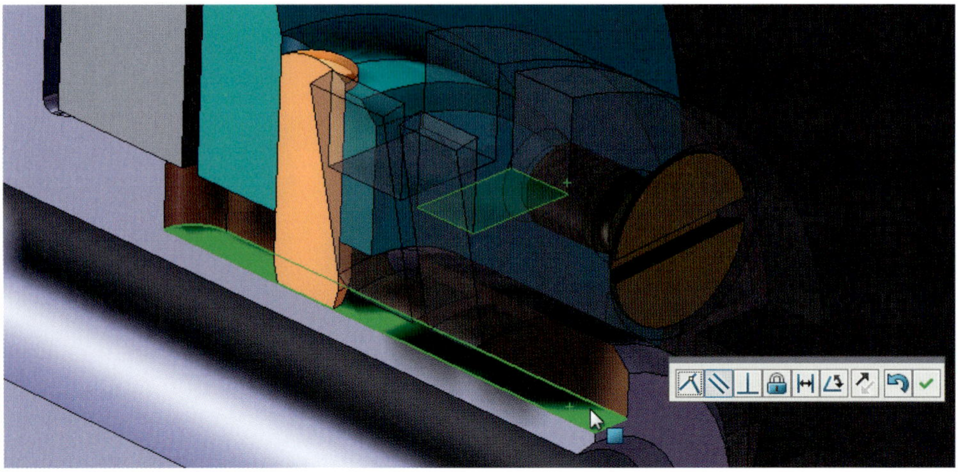

Bild 7.30: Durch Positionieren wirkt alles schön rechtwinklig und aufgeräumt

- Definieren Sie dann noch *Parallelität* zwischen einer der vertikalen Wandflächen der Nut und einer Wandungsfläche im Schlitz der Senkschraube (Bild 7.31). Hierzu zoomen Sie am Besten nahe heran.

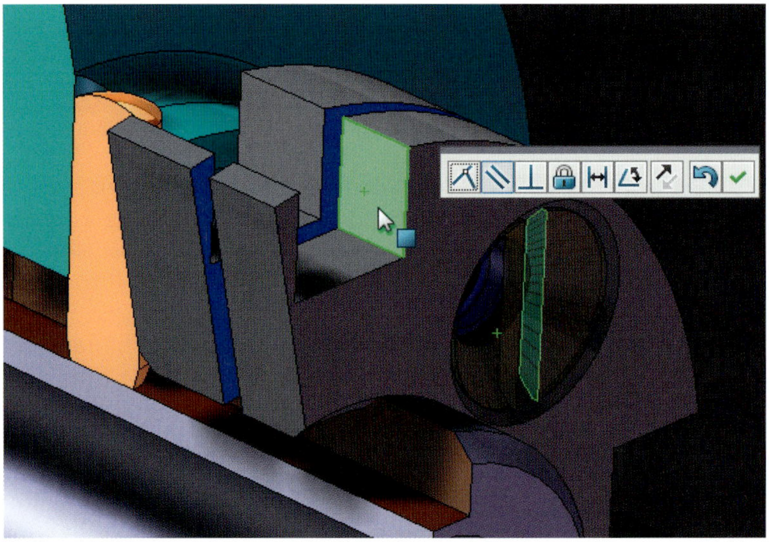

Bild 7.31: Bitte recht freundlich: Selbst der Schraubenschlitz präsentiert sich von seiner besten Seite. Oder Fläche

Die Teile werden zwar ausgerichtet, doch wird kein Feature unter *Verknüpfungen* gebildet. Sie können die Komponenten also trotzdem drehen, ohne dass irgendetwas sonst geschähe.

Und so haben Positionierungen zwar eher kosmetischen Charakter, doch können sie beim Ausrichten komplexer Teile dienen, bevor sie endgültig verknüpft werden, und wenn Sie die Baugruppe als Zusammenbauzeichnung präsentieren wollen, dann werden Sie sich freuen, wenn die Schrauben und Muttern bereits zeichnungsgerecht gedreht sind – und dadurch dieses kleine Extra Sauberkeit in Ihre Zeichnung bringen!

- Wenn Sie einmal nachsehen wollen, wie die Senkschraube in der Nutmutter sitzt, können Sie die *Ebene Schnitt 45°* im Baum der *Nutmutter* aktivieren und auf *Schnittansicht* klicken. Die gesamte Anordnung wird ohne Weiteres mit dieser Ebene geschnitten (Bild 7.32).

Bild 7.32: Auch Ebenen von Bauteilen, längst vergessen, können zur Definition von Schnittansichten dienen

7.2.10 Erscheinungsbilder-Spalten

Sie erinnern sich noch an das dritte Kapitel? An die namenlosen Spalten im FeatureManager, mit denen man Sichtbarkeit, Darstellung und Texturen des Bauteils einstellen konnte? Nun, genau wie die *Breadcrumbs* ergeben auch sie erst im Baugruppenmodus richtig Sinn:

- Klicken Sie oben rechts im FeatureManager auf den Pfeil, so wird die kollektive Ansichtssteuerung aufgeklappt (Bild 7.33).

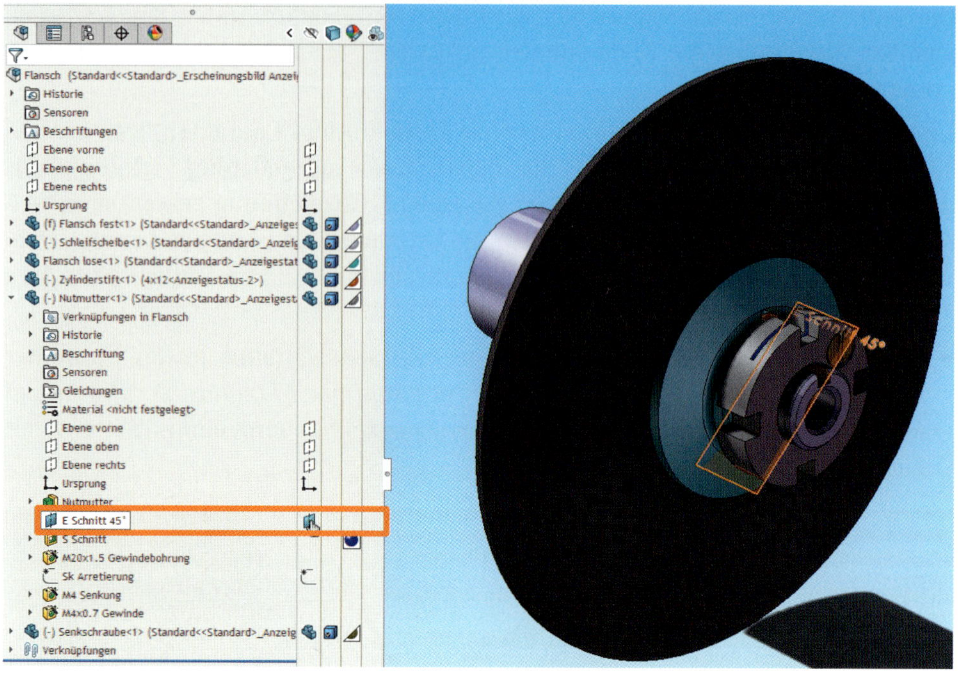

Bild 7.33: Die Zentralsteuerung für Ansichten und Texturen

- Hierüber können Sie beispielsweise die Ebene *E Schnitt 45°* ausblenden, indem Sie auf ihr Symbol in der Spalte *Sichtbarkeit* klicken.

Wie auch im Bauteilmodus bieten die vier Spalten von links nach rechts die Möglichkeit, *Sichtbarkeit, Anzeigemodus, Erscheinungsbild* und *Transparenz* einzelner Features zu toggeln bzw. zu steuern – eine sehr praktische Einrichtung, wenn z. B. Bauteile im Weg sind und ausgeblendet werden müssen. Welche Funktionen genau zugänglich sind, hängt von der Gattung des Features ab. Beispielsweise können Sie für eine *Ebene* keine Transparenz oder Textur einstellen. Der Vorteil dieser Zentralsteuerung ist natürlich, dass Sie kein Bauteil öffnen müssen, um globale Einstellungen zu treffen.

Innerhalb der **Baugruppe** kann ein Bauteil zudem eine abweichende Textur besitzen. Sie erkennen das an den Textur-Widgets der dritten Spalte: Die kleinen Dreiecke, die nach rechts unten weisen, zeigen die Bauteil-Texturen.

- Klicken Sie auf das Widget von *Flansch lose* und wählen Sie *Erscheinungsbild*. Stellen Sie die Textur wie gewohnt ein. Sobald Sie bestätigt haben, wird die Alternativ-Textur als zweites Dreieck eingeblendet, das nach links oben zeigt (Bild 7.34).

Bild 7.34: Neue Kleider: Bauteile können im Baugruppenkontext eine zweite Textur besitzen

Anders verhält es sich mit einzelnen **Features** wie etwa dem Segmentschnitt durch die *Nutmutter:* Diesen hatten Sie blau eingefärbt, und auch ihn können Sie ändern – allerdings wird die neue Textur direkt ins Bauteil übernommen.

- Speichern Sie nun die Baugruppe FLANSCH und schließen Sie sie.

7.3 Die Baugruppe *Einsatzdorn*

Unsere zweite Baueinheit ist der Aufnahmedorn. Hier werden wir die Baugruppe *Flansch* als so genannte **Unterbaugruppe** einsetzen. Doch zunächst der Aufbau:

- Erstellen Sie eine neue Baugruppe und speichern Sie sie unter EINSATZDORN.

> TIPP: Natürlich können Sie auch eine Baugruppen-Vorlage einrichten: Stellen Sie die *Dokumenteigenschaften* der leeren Baugruppendatei nach Ihren Wünschen ein, etwa Entwurfsnorm *DIN,* Gitter **100,10,10** usw. *Speichern* Sie sie dann *unter* der Erweiterung Baugruppenvorlage – *Assembly Template, (*.asmdot)* im Verzeichnis \TEMPLATES.

- Fügen Sie als Basisteil den EINSATZKEGEL ein. Platzieren Sie ihn auf dem Ursprung (Bild 7.35).

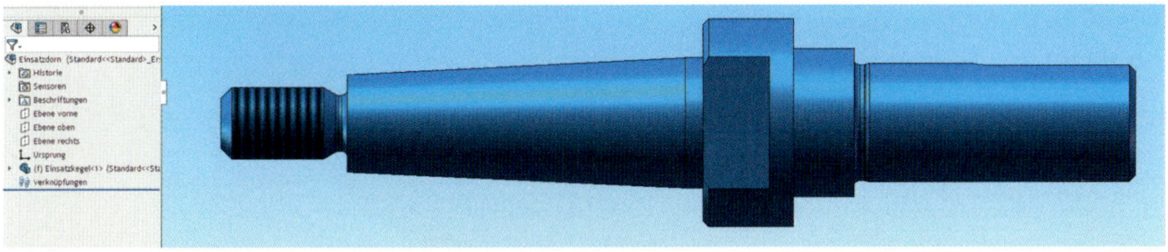

Bild 7.35: Der Einsatzkegel ist die Basis des Ganzen

> TIPP: Alternativ dazu öffnen Sie den Einsatzkegel als Bauteil und wählen *Datei, Baugruppe aus Teil erstellen*.

- Fügen Sie dann die DISTANZHÜLSE ein und richten Sie sie etwa so aus wie in Bild 7.36.

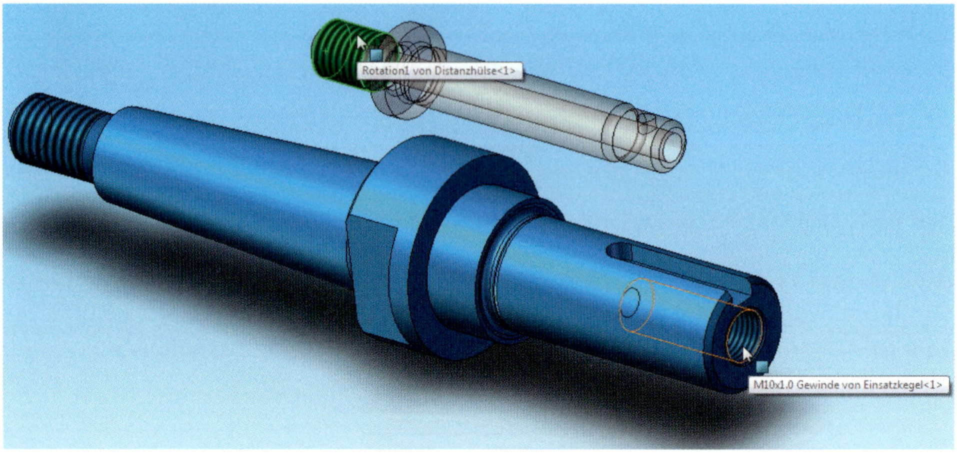

Bild 7.36: Die Distanzhülse wird eingesetzt

- Um sich das zu erleichtern, aktivieren Sie in *Komponenten einfügen* die Option *Kontext-Symbolleiste Rotation anzeigen.* Nun wird eine kleine Symbolleiste angezeigt, die Ihnen das Drehen des einzufügenden Objekts per Mausklick gestattet (Bild 7.37).

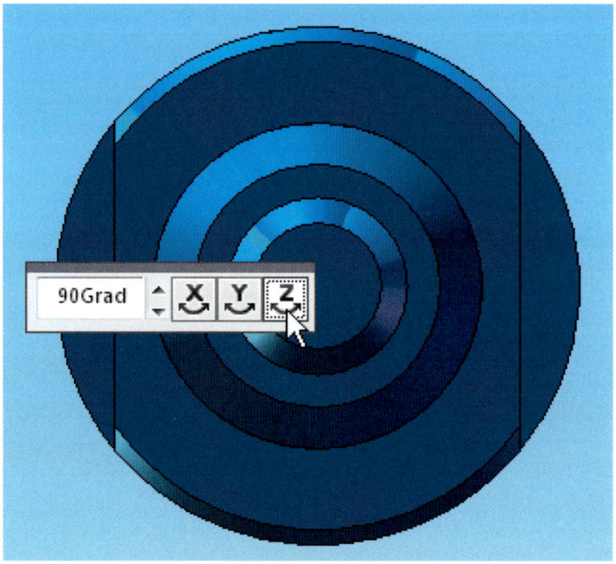

Bild 7.37: Kontext-Symbolleiste Rotation erleichtert das Drehen der Komponenten, ohne dass Sie die ursprüngliche Funktion verlassen müssten

- Verknüpfen Sie sie dann *konzentrisch* mit dem großen Innengewinde auf der rechten Seite des Einsatzkegels.

Wenn die Distanzhülse daraufhin spurlos verschwindet, dann befindet sie sich wahrscheinlich im Inneren des Einsatzkegels – eine Aufgabe für die Spalten:

- Schalten Sie die Spaltensteuerung ein (s. 7.2.10 *Erscheinungsbilder-Spalten*, S. 263).
- Blenden Sie den Einsatzkegel aus, schieben Sie die Distanzhülse nach rechts, blenden Sie den Einsatzkegel wieder ein.

7.3.1 Die Abstandsverknüpfung

Einsatzkegel und Distanzhülse stellen das Herzstück unseres Verstellmechanismus dar. Damit bestimmen wir den axialen Abstand des Flansches – und damit der Schleifscheibe – von der Werkzeugmaschine. Deshalb können wir sie nicht einfach deckungsgleich mit dem Kegel „verkleben", denn dadurch verlöre sie ihre Funktion.

Mit SolidWorks 2005 wurde eine Art „bedingte" Deckungsgleichheit eingeführt, die *Abstandsverknüpfung*. Damit halten wir die Distanzhülse in – definierten – Grenzen beweglich:

- Rufen Sie die *Verknüpfungen* auf und schalten Sie von den *Standardverknüpfungen* um auf die *Erweiterten Verknüpfungen*. Klicken Sie dort auf *Abstand* (Bild 7.38).

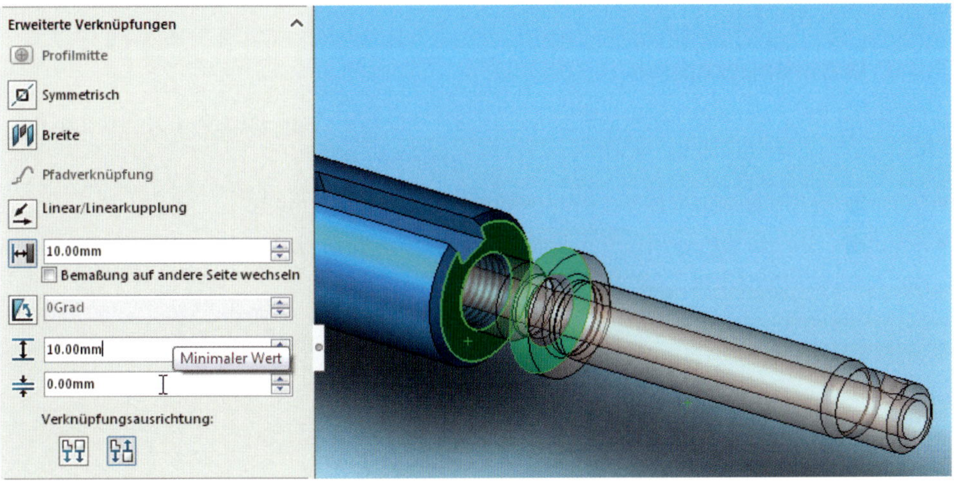

Bild 7.38: Die Parameter einer Abstandsverknüpfung

- Klicken Sie bei der Distanzhülse die linke Seite des Bundes an, beim Einsatzkegel die rechte Stirnfläche.

Die Komponenten rücken zusammen.

- Geben Sie ins Editierfeld *Maximaler Wert* **10** mm ein, für den *Minimalen Wert* definieren Sie **0** mm. Bestätigen Sie dann.

Damit ist die Hülse zum Einen koaxial im M10-Gewinde des Einsatzkegels gelagert, zum Andern lässt sie sich um 10 mm „herausdrehen“ – näher werden wir einer Schraubverbindung in SolidWorks nicht kommen (Bild 7.39).

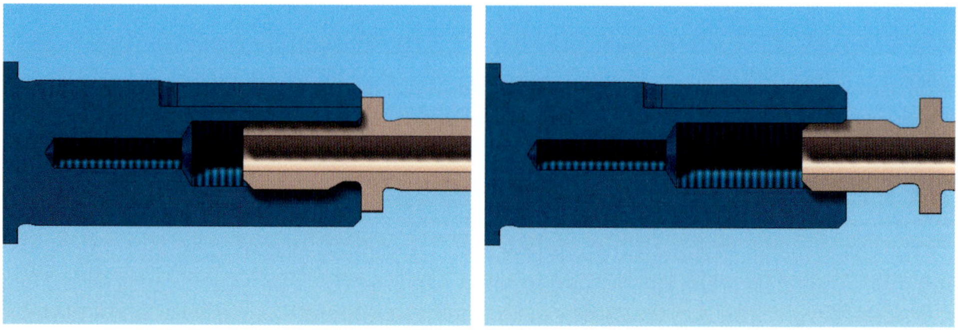

Bild 7.39: Der Erfolg: Die Hülse lässt sich 0...10 Millimeter aus dem Gewinde herausziehen

Definieren Sie die *Distanzhülse* nun als Verbindungsteil, indem Sie

- das *Teil öffnen* (Kontextmenü), *Datei, Eigenschaften* aufrufen und es unter der Rubrik *Benutzerdefiniert* wieder als *IsFastener* deklarieren (vgl. Bild 7.25).
- Speichern und schließen Sie die *Distanzhülse.*

Damit wird auch dieses Gewinde nicht unangenehm bei der Kollisionskontrolle auffallen.

7.3.2 Unterbaugruppen

Fügen Sie nun die Baugruppe FLANSCH ein, unsere erste Baugruppe. In der Baugruppensprache wird sie damit zur **Untergruppe**.

- Verfahren Sie genau wie bei einem normalen Bauteil auch.
- Schalten Sie im *Öffnen*-Dialog den *Dateityp* auf *Baugruppe* um. Nutzen Sie dazu die *Schnellfilter* (Bild 7.40, Kasten).

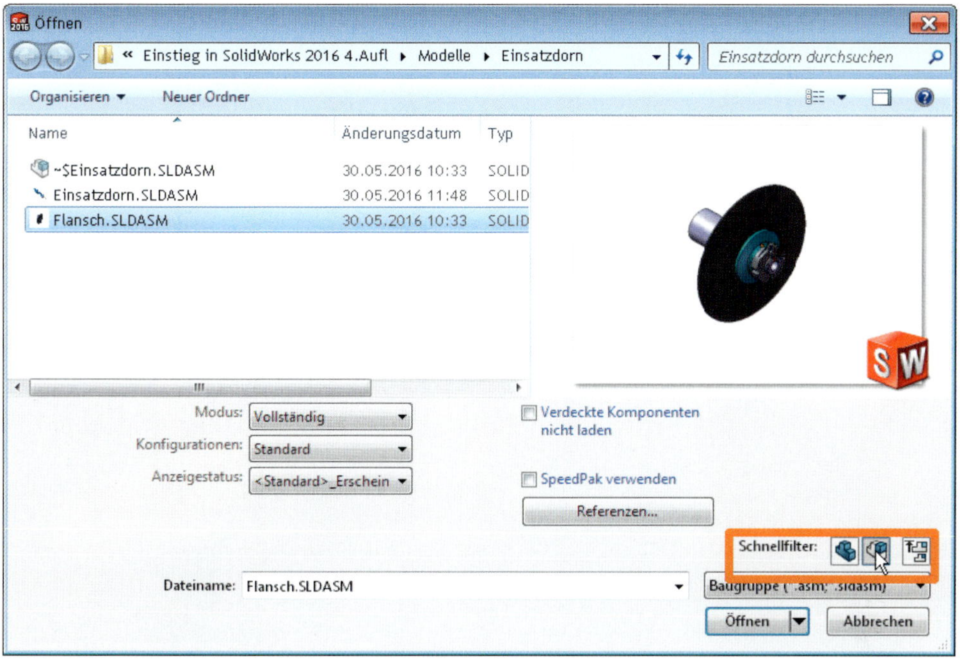

Bild 7.40: *Schnellfilter* erleichtern in vollgestopften Projektverzeichnissen die Orientierung

- Platzieren Sie den *Flansch* rechts der Einsatzkegel-Gruppe (Bild 7.41). Zoomen Sie heraus, so dass Sie alle Komponenten sehen können.

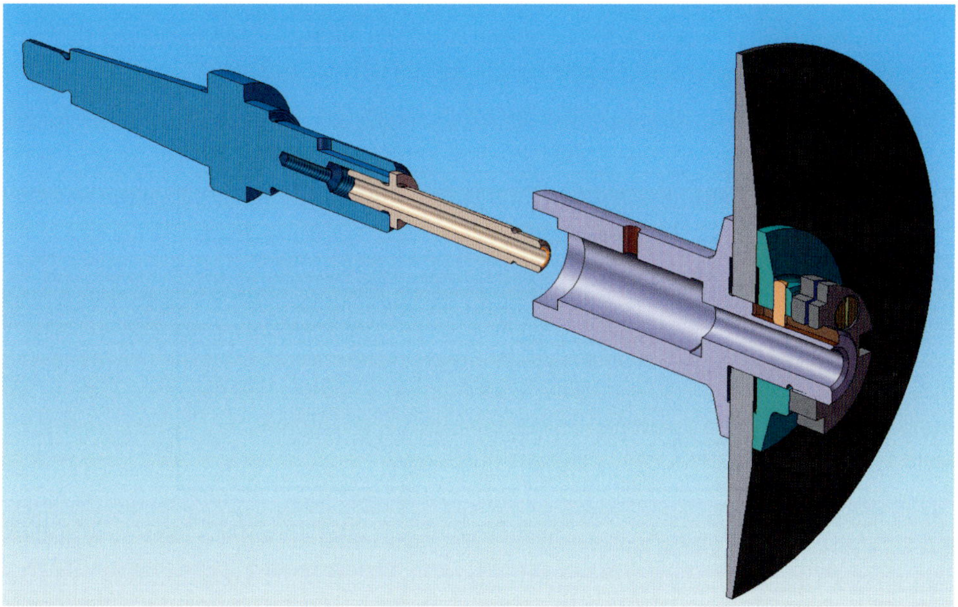

Bild 7.41: *The plot thickens:* Die Unterbaugruppe *Flansch* dockt an

- Verknüpfen Sie die Distanzhülse *konzentrisch* mit der kleineren Bohrung in *Flansch fest* (Bild 7.42).

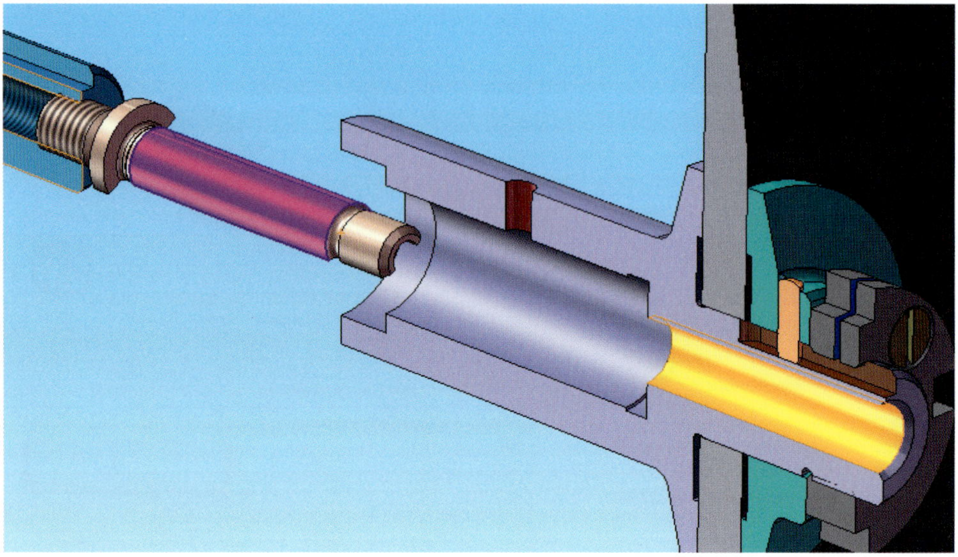

Bild 7.42: Aufziehen des Flansches

> Achtung: Achten Sie darauf, immer nur diejenigen Elemente zu verknüpfen, die funktional direkt zusammengehören. Den Flansch etwa mit dem Einsatzkegel zu verknüpfen – also gleichsam Konzentrizität „über die Bande" zu definieren – könnte zu unerwünschtem Verhalten der Baugruppe führen – z. B. dann, wenn Einsatzkegel und Distanzhülse einmal nicht mehr konzentrisch sein sollten...

- Verknüpfen Sie dann die beiden Ringflächen nach Bild 7.43 *deckungsgleich*. Der Flansch wird auf die Hülse gezogen.

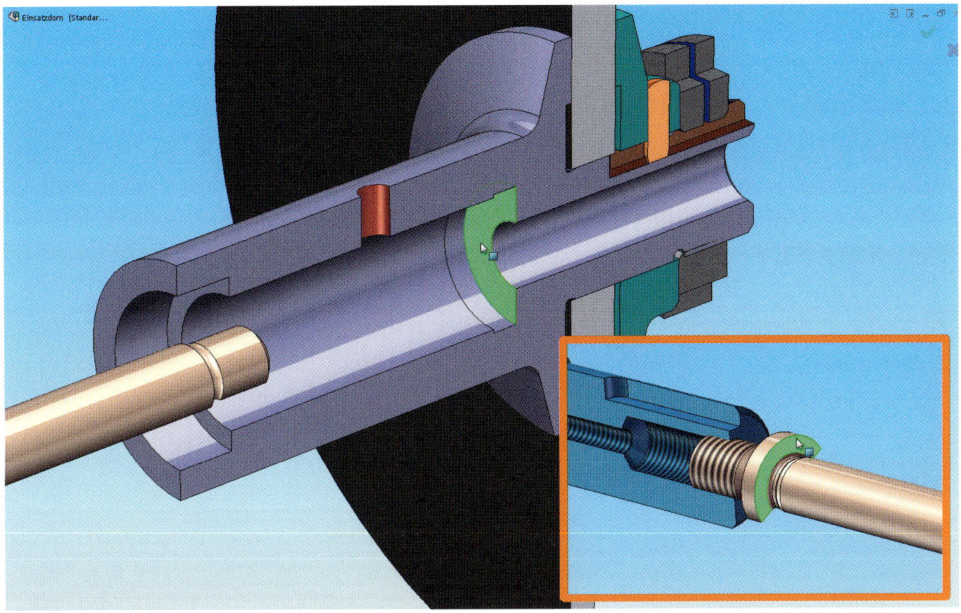

Bild 7.43: Der Flansch liegt auf dem Bund der Distanzhülse

Damit haben wir die Anordnung nach Bild 7.44. Der Flansch ist indes noch lange nicht fixiert – es fehlt wieder ein Zylinderstift. Wachsame Schlosser haben sicher auch bereits die Interferenz am Bund des Einsatzkegels bemerkt. Befestigen wir zunächst den Flansch.

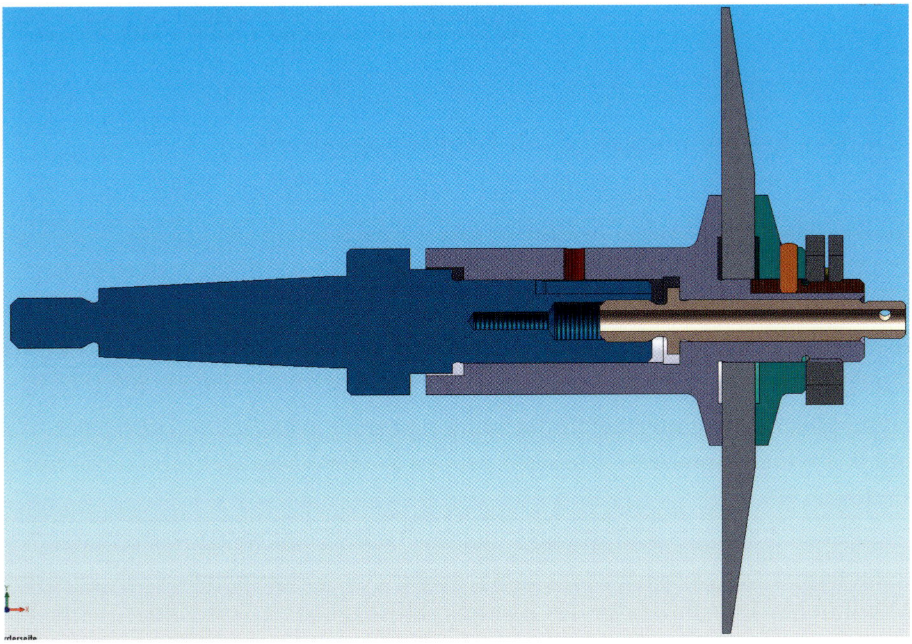

Bild 7.44: Der Querschnitt der Anordnung soweit

7.3.3 Schnittansicht konfigurieren

Wenn Sie nicht möchten, dass Bauteile – wie im Folgenden der Zylinderstift – von der Schnittansicht halbiert werden, so lässt sich auch das einrichten:

- Schalten Sie die Schnittansicht (aus und wieder) ein. Unten im PropertyManager aktivieren Sie die Rubrik *Ausgewählte Komponenten* und wählen die Bauteile in die Liste. Wählen Sie die Option *Ausgewählte nicht einbeziehen* und bestätigen Sie (Bild 7.45).

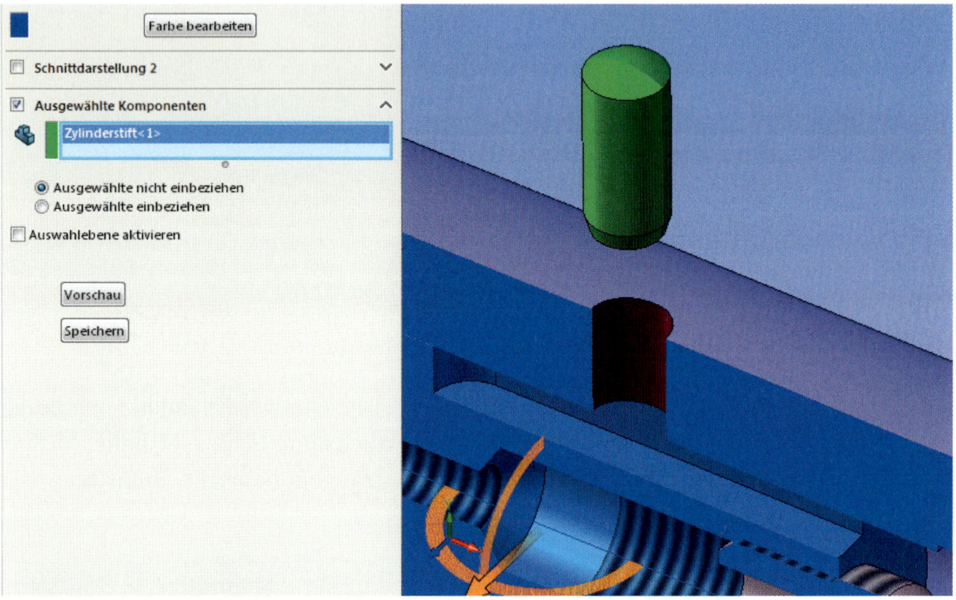

Bild 7.45: Ausschließen des Zylinderstiftes vom Halbschnitt

7.3.4 Das Erscheinungsbild auf Baugruppenebene

- Fügen Sie nun den *Zylinderstift* in der Konfiguration *5×12* ein. Platzieren Sie ihn in der Nähe der Bohrung im *Flansch fest.*

Sie sehen, die Farbe des Stiftes ist fast identisch mit den umgebenden Teilen. Zur besseren Unterscheidung wäre aber ein Kontrast wünschenswert. Nun, hier können wir wieder die Spaltenansicht zum Einsatz bringen und das Bauteil im Baugruppenkontext umspritzen (vgl. 7.2.10 *Erscheinungsbilder-Spalten* auf S. 263):

- Öffnen Sie die Spaltenansicht und wählen Sie den *Zylinderstift 5×12*. Klicken Sie auf das Widget unter *Erscheinungsbild*. Der PropertyManager öffnet sich mit der Farbauswahl.
- Zwei neue Optionen sind hinzugekommen: *Auf Komponentenebene anwenden* – gemeint ist der Baugruppenkontext – und *Auf Teildokumentebene anwenden.* Hierdurch würde die Textur des Bauteils selbst geändert. Aktivieren Sie die *Komponenten*-Option (Bild 7.46, Kasten).

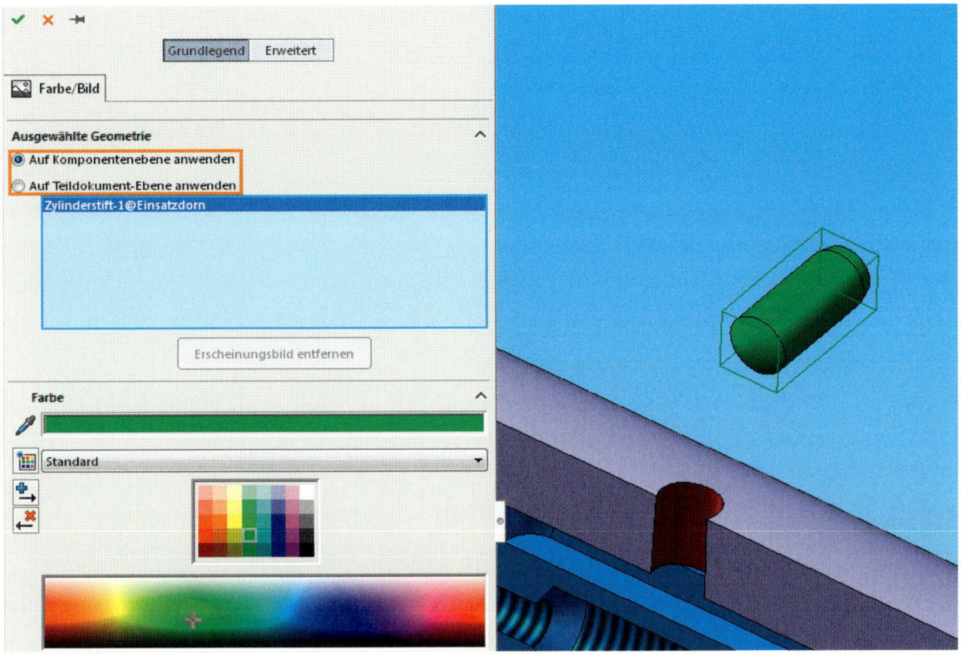

Bild 7.46: Farben und Texturen lassen sich auch für die aktuelle Baugruppe ändern

- Wählen Sie eine Kontrastfarbe, hier etwa *Grün*. Bestätigen Sie dann.

Der Zylinderstift wird in Grün dargestellt. Wenn Sie jedoch die Teildatei öffnen, sehen Sie, dass er noch immer seine alte Farbe hat.

- Rufen Sie dann die *Verknüpfungen* auf.

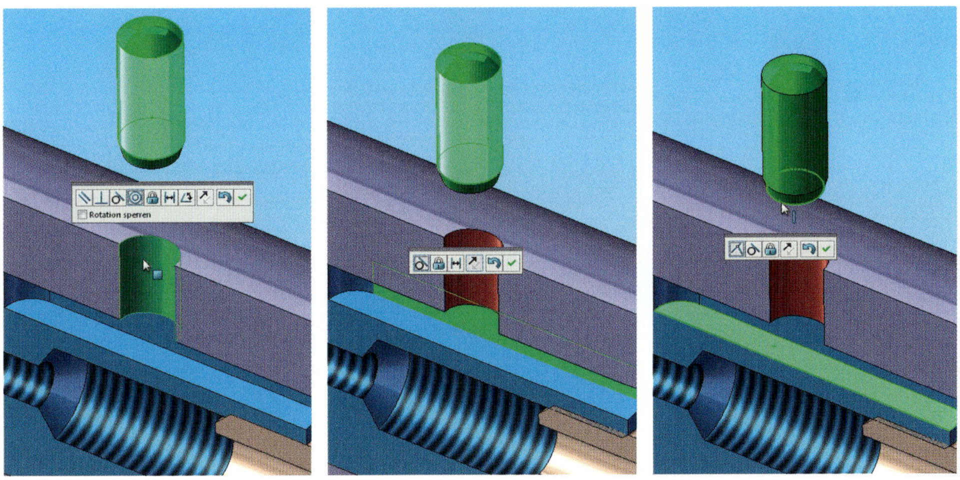

Bild 7.47: Sicherung gegen Verdrehen durch den Zylinderstift

- Richten Sie den Stift mit dem Konus nach unten *konzentrisch* auf die Bohrung aus (Bild 7.47 links). Falls dies nicht funktioniert, können Sie wieder die *Verknüpfungsausrichtung umkehren*.

- Richten Sie die Zylinderfläche des Stiftes *tangential* auf die Wandung der Passfedernut aus (Bild 7.47 Mitte).
- Richten Sie die Kante des Konus wiederum *tangential* auf den Boden der Passfedernut aus (Bild 7.47 rechts).

Damit ist der Flansch gegen Verdrehen auf dem Einsatzkegel gesichert. Er lässt sich nur noch längs verschieben, und zwar um die zugestandenen 10 Millimeter der Distanzhülse.

- Dies sollten Sie nun ausprobieren, indem Sie an jeder einzelnen Komponente rütteln. Nur so finden Sie Übersehenes.

7.3.5 *In situ:* Komponenten bearbeiten

- Ziehen Sie den Flansch an den linken Anschlag.

Wenn Sie in der Schnittansicht genau hinsehen, erkennen Sie, dass der innere Absatz von *Flansch fest* sich mit dem *Einsatzkegel* überschneidet.

- Das zeigt auch die Interferenzprüfung (Bild 7.48).

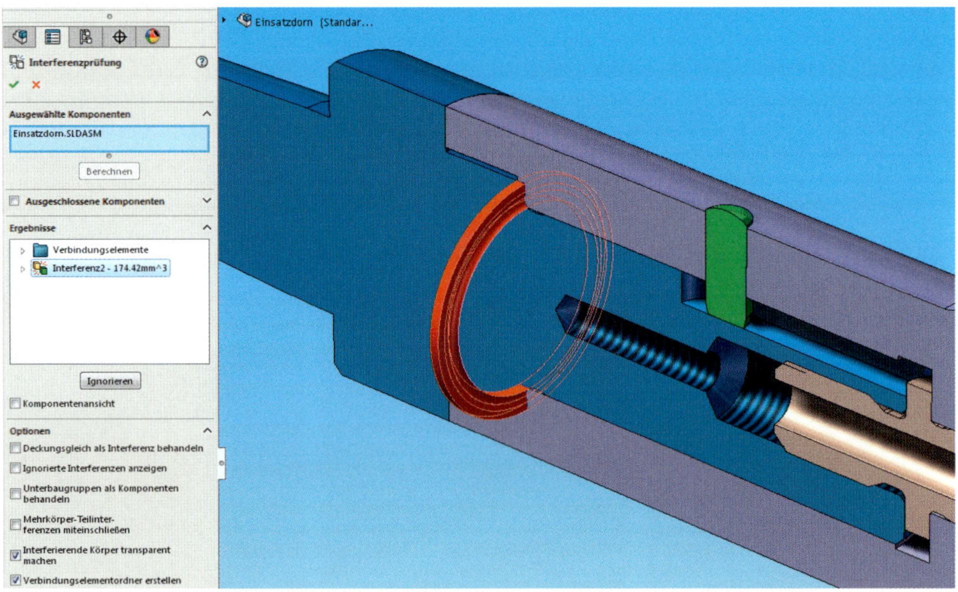

Bild 7.48: Die Prüfung bringt es an den Tag: eine Überschneidung im Verborgenen

Außerdem entsteht durch den Kontakt der Stirnfläche von *Flansch fest* mit dem Bund eine Doppelpassung – ein ebenfalls unerwünschter Zustand.

Jetzt wäre es natürlich schön, wenn wir das Bauteil *Flansch fest* im Kontext editieren könnten, wenn wir die Konturen sozusagen „nach Sicht“ – in der Baugruppe – anpassen könnten, ohne dabei Maße anderer Komponenten im Kopf ausrechnen zu müssen.

Sie werden es nicht glauben. Genau das geht:

- Markieren Sie den *Flansch fest* im FeatureManager und klicken Sie auf *Komponente bearbeiten* oder wählen Sie in dessen Kontext-Symbolleiste *Teil bearbeiten.*
- Klappen Sie den Baum von *Flansch fest* auf, darin wiederum die Skizze *Sk Flansch fest* (Bild 7.49, Kasten). Wählen Sie aus deren Kontext-Symbolleiste *Skizze bearbeiten.*

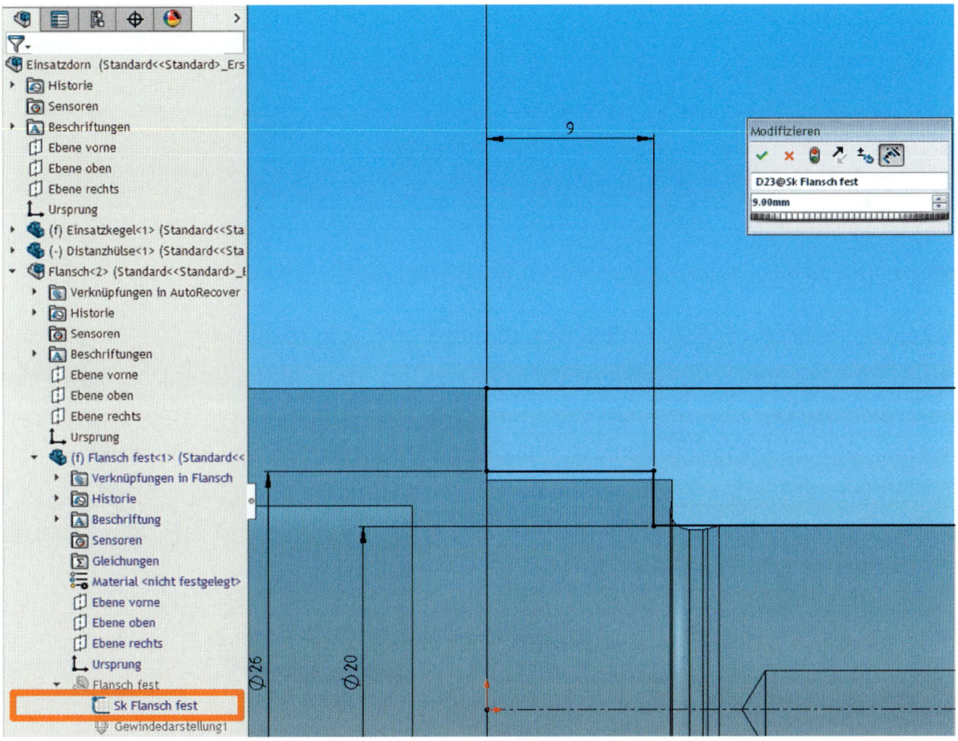

Bild 7.49: Tief verborgen und doch allzeit erreichbar: alle Skizzen aller Bauteile!

Dadurch öffnet sich der Modus *Komponente bearbeiten.* Der Baum des betreffenden Features wird dabei blau eingefärbt. Die Baugruppe ist transparent, die Skizze geöffnet (Bild 7.50).

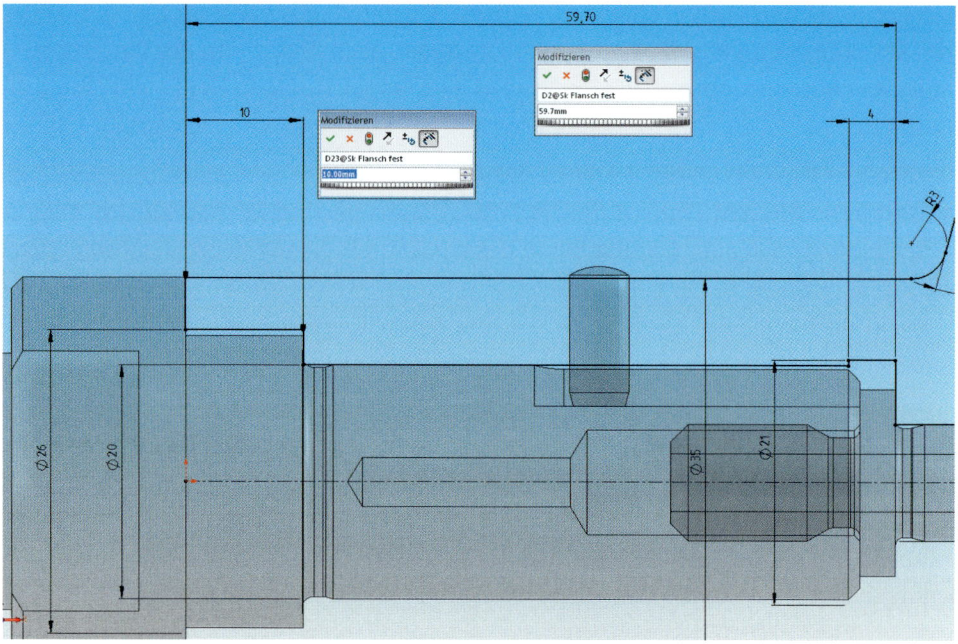

Bild 7.50: Chirurgisch: Skizzenbearbeitung von der Baugruppe aus

- Ändern Sie das Maß *60* in **59.7** mm und das Maß *9* in **10** mm.
- Um die einzelne Nachkommastelle darzustellen, ändern Sie für das Maß *59.7* die *Genauigkeit* auf *.1*.

- Betätigen Sie nochmals die Schaltfläche *Komponente bearbeiten*. Die Bearbeitung wird beendet.
- Aktivieren Sie den Modellneuaufbau so oft, bis die „Ampeln" aus dem Feature-Manager verschwunden sind.

Der Spalt ist nun überall gleichmäßig, doch die Kante des inneren Absatzes steht noch immer gefährlich nah an der Ausrundung des Einsatzkegels (Bild 7.51).

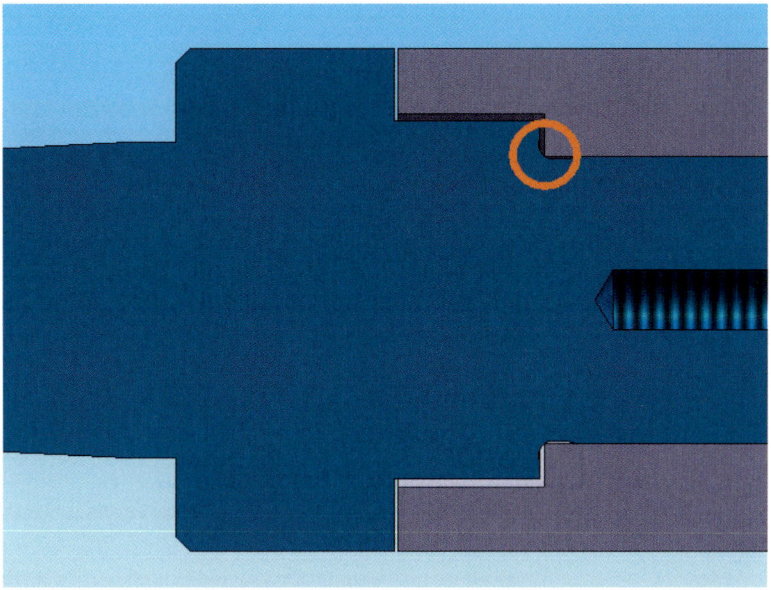

Bild 7.51: Detailproblem: Die Kehle ist verrundet, die Kante nicht

- Öffnen Sie nochmals *Sk Flansch fest* zur Bearbeitung und fügen Sie eine *Fase 1.0 × 45* ein (Bild 7.52).

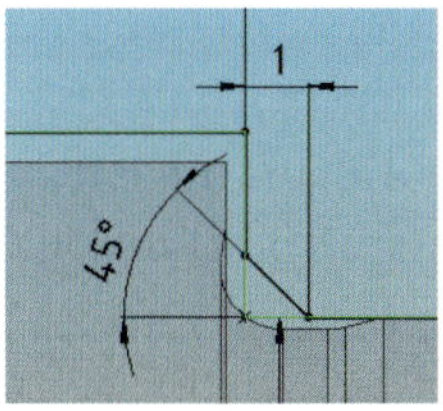

Bild 7.52: Eine Fase nimmt der Kante den Schrecken

Nachdem Sie die Skizze und das Bauteil geschlossen haben, scheinen alle Kollisionen beseitigt (Bild 7.53).

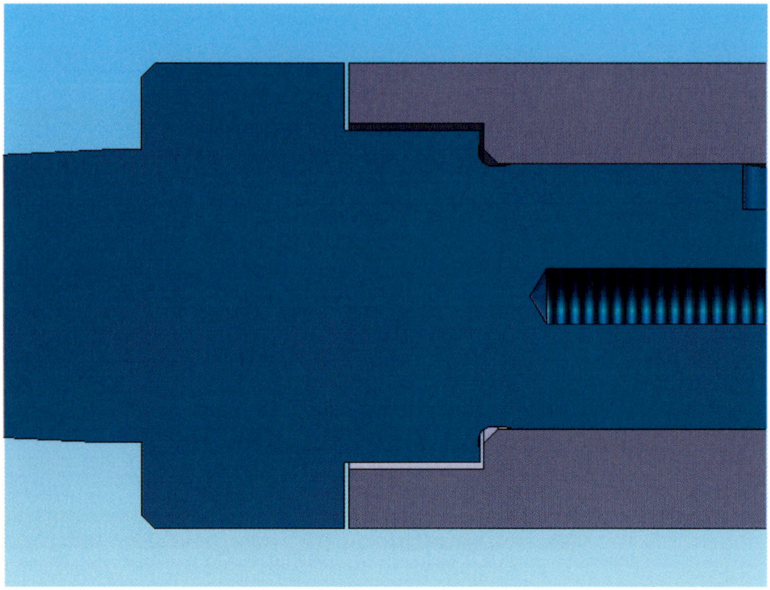

Bild 7.53: Das Endresultat: Statt Kratzgefahr überall Platz

7.3.6 Interferenzen, verschwindend klein

Erheblich schwerer zu finden als dicke Gewindeüberschneidungen sind kleine Interferenzen. Wenn Sie nach der Interferenzprüfung für die gesamte Baugruppe den Ordner *Verbindungselemente* öffnen, so finden Sie vier Interferenzen. Drei davon kennen wir als Gewinde – aber die vierte? Es handelt sich um eine Interferenz des Volumens 0,25 Kubikmillimeter. Sie ist selbst nach Anklicken der Komponenten kaum zu sehen. Und doch ist sie da (Bild 7.54)!

Hier entsteht eine winzige Überschneidung durch eine Kante mit einer Ausrundung, genau wie eben. Im Editor ist sie nur durch Drehen der Ansicht zu erkennen, und dann auch nur als hauchdünner schwarzer oder roter Ring, je nachdem, welche Farbe Sie für Interferenzen definiert haben.

> **!** Achtung: Weil wir die Distanzhülse nur **im Ganzen** als *Verbindungselement* deklarieren konnten, wurde dieser Fehler samt der Komponente in den Ordner *Verbindungselemente* verschoben. Es schadet also nichts, diesen Ordner und jeden seiner Einträge genau unter die Lupe zu nehmen!

- Öffnen Sie wieder *Sk Flansch fest.*

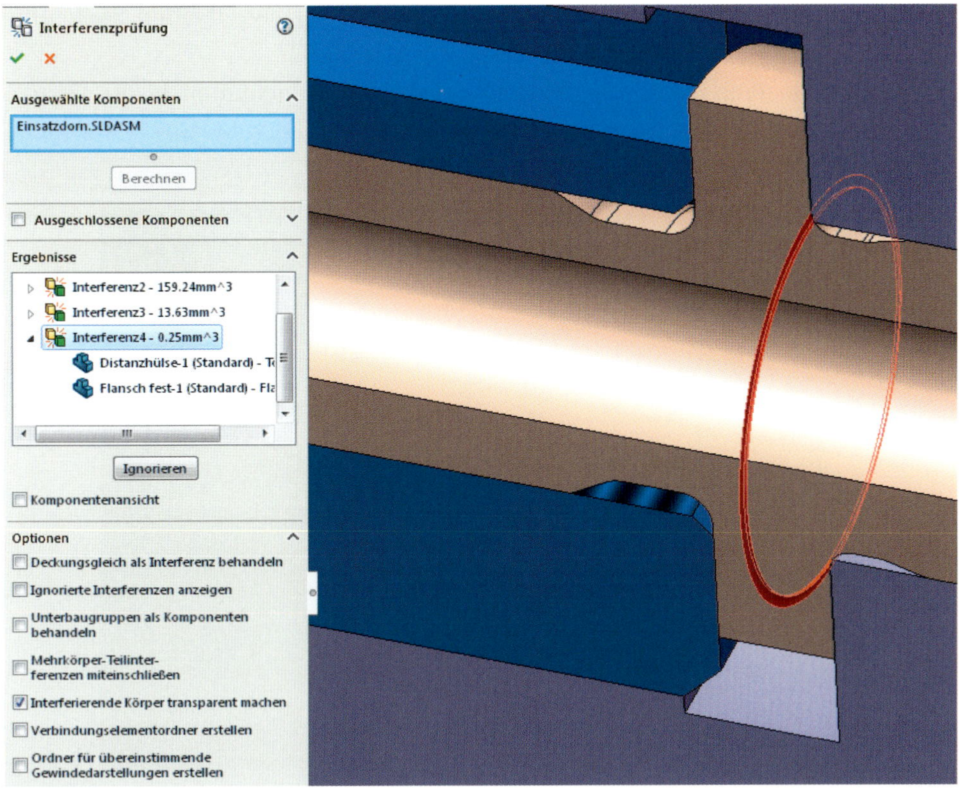

Bild 7.54: Eine Interferenz des Volumens null ist schwer auszumachen

In Bild 7.55 sehen Sie gleich zwei weitere Möglichkeiten, dies zu erreichen. Voraussetzung ist allerdings die Anwahl einer **Modellfläche**, die Schnittebene fällt also aus. Dann aber können Sie sich aussuchen, ob Sie

- in der Kontext-Symbolleiste *Skizze bearbeiten* wählen oder
- die Skizze *Sk Flansch Fest* auf der *Breadcrumbs*-Leiste öffnen.

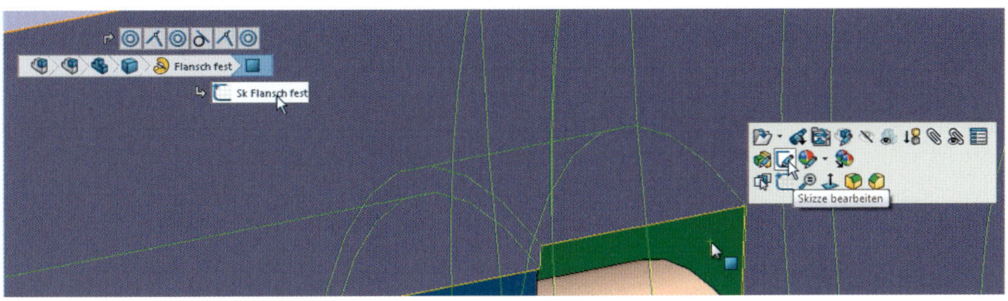

Bild 7.55: Die grafische Methode: *Breadcrumbs*-Leiste und Kontext-Symbolleiste zum Öffnen einer Skizze

- Wenn Sie die Skizze geöffnet haben, fügen Sie an der betreffenden Stelle eine *Fase* von **0,5 × 45°** hinzu.
- Schließen Sie dann die Skizze. Beenden Sie den Komponentenmodus und bauen Sie die Baugruppe gegebenenfalls neu auf. Der Kantenkontakt ist verschwunden (Bild 7.56).

Bild 7.56: Durch Brechen der Kante ist auch diese Kollision beseitigt

Nach einer weiteren Interferenzprüfung ist der ominöse Eintrag verschwunden.

- Wenn Sie nun das Bauteil *Flansch fest* öffnen, was Sie über die Kontext-Symbolleiste und *Teil öffnen* erreichen (vgl. Bild 7.55), dann erkennen Sie, dass die Änderungen auch ins Bauteil übernommen wurden: zwei schwache Fasen zeichnen sich beim Blick in die linke Seite ab (Bild 7.57, Kreise).

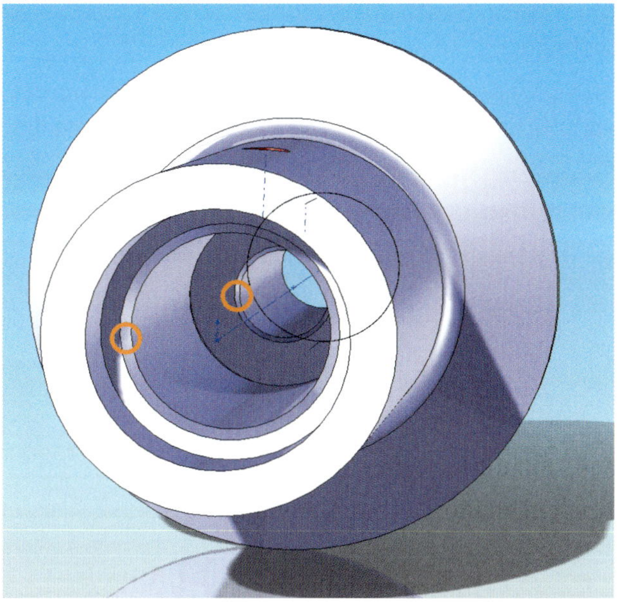

Bild 7.57: Die Fasen wurden ins Bauteil übernommen

Bauen wir nun den Klemmring ein:

- Zoomen Sie an die Nutmutter heran und drehen Sie die Distanzhülse durch Ziehen so, dass die Bohrung sichtbar wird (Bild 7.58).

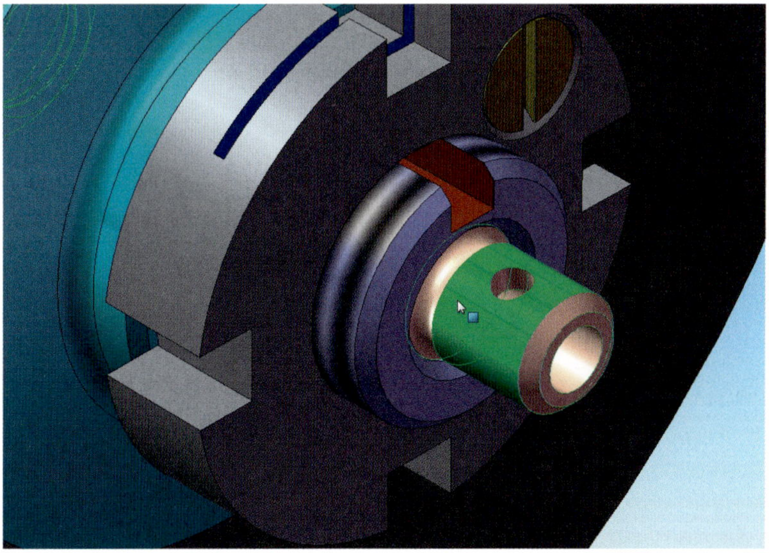

Bild 7.58: Die Distanzhülse lässt sich noch um ihre Achse drehen

- Fügen Sie die Komponente KLEMMRING ein und legen Sie sie in der Nähe ab.

- Blenden Sie via *Ansicht, Ausblenden/Einblenden* die *Ursprünge* ein. Dieses Bauteil ist zwar symmetrisch, aber nicht mehr lange…

Um außerdem zu verhindern, dass dieses kleine Bauteil im Innern der Baugruppe verschwindet, verknüpfen wir diesmal in umgekehrter Reihenfolge:

- Verknüpfen Sie die Stirnfläche von *Flansch fest* mit der ursprungsseitigen Stirnfläche des Klemmrings *deckungsgleich* (Bild 7.59).

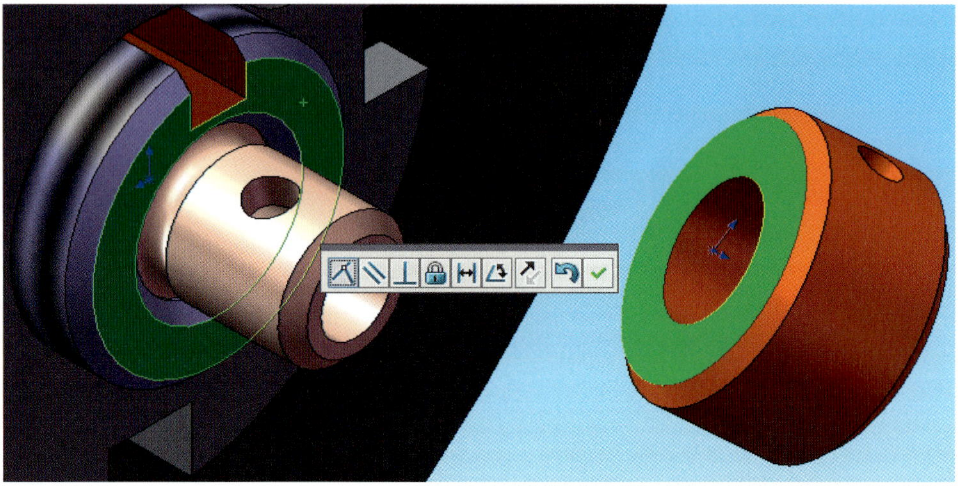

Bild 7.59: Der Klemmring sichert die Unterbaugruppe *Flansch* gegen Verschieben

> TIPP: Um das ständige Verdrehen der Ansicht einzudämmen, könnten Sie die Shortcut-Leiste für Baugruppen (S) um die Schaltflächen *Komponente drehen* und *Komponente verschieben* erweitern. *Anpassen, Shorcut-Leisten, Baugruppe*.

- Verknüpfen Sie dann die große Bohrung des *Klemmrings* und die Zylinderfläche der *Distanzhülse konzentrisch*.

Nun sichern wir den Klemmring gegen Verschieben, indem wir einen weiteren Zylinderstift „einschlagen“:

- Fügen Sie einen ZYLINDERSTIFT in der Konfiguration *3×8 „Stift für Klemmring“* ein.
- Klicken Sie auf die frontseitige Stirnfläche des Klemmrings und schalten Sie die *Schnittansicht* ein. Hierdurch wird die Schnittebene am Klemmring ausgerichtet. Ziehen Sie den Schnitt durch die Bohrung des Klemmrings (vgl. Bild 7.60).

Bild 7.60: Über die Bande: Klemmring und Distanzhülse werden mit Hilfe des konzentrisch verknüpften Zylinderstifts aufeinander ausgerichtet

- Richten Sie den Zylinderstift *konzentrisch* zur 3 mm-Bohrung des Klemmrings aus. Der Konus muss wie immer nach unten zeigen. Mit dem Stift können Sie die beiden Bohrungen näherungsweise aufeinander ausrichten (Bild 7.60).

7.3.7 Überdefinition

Wenn Sie nun versuchen, auch die Bohrung der Distanzhülse konzentrisch mit dem Stift zu verknüpfen, erhalten Sie die Fehlermeldung, dass die Verknüpfung nicht gelöst werden können (Bild 7.61).

Bild 7.61: Zwei konzentrische Verknüpfungen führen hier zur Überbestimmung

Hierfür kann es zwei Gründe geben: Erstens, der betreffende Freiheitsgrad **ist** bereits beseitigt, so dass eine zusätzliche Verknüpfung tatsächlich eine doppelte oder eben **Überbestimmung** erzeugen würde, oder Sie fordern, zweitens, eine geometrisch unmögliche Situation.

- Wählen Sie *Ansicht, Modifizieren, Schnittansicht* und ergänzen Sie die Schnittansicht um eine *Schnittdarstellung 2* mit der *Ebene vorne*. Hierdurch wird die Baugruppe wieder axial halbiert, die beiden Bohrlöcher hingegen geviertelt (Bild 7.62).

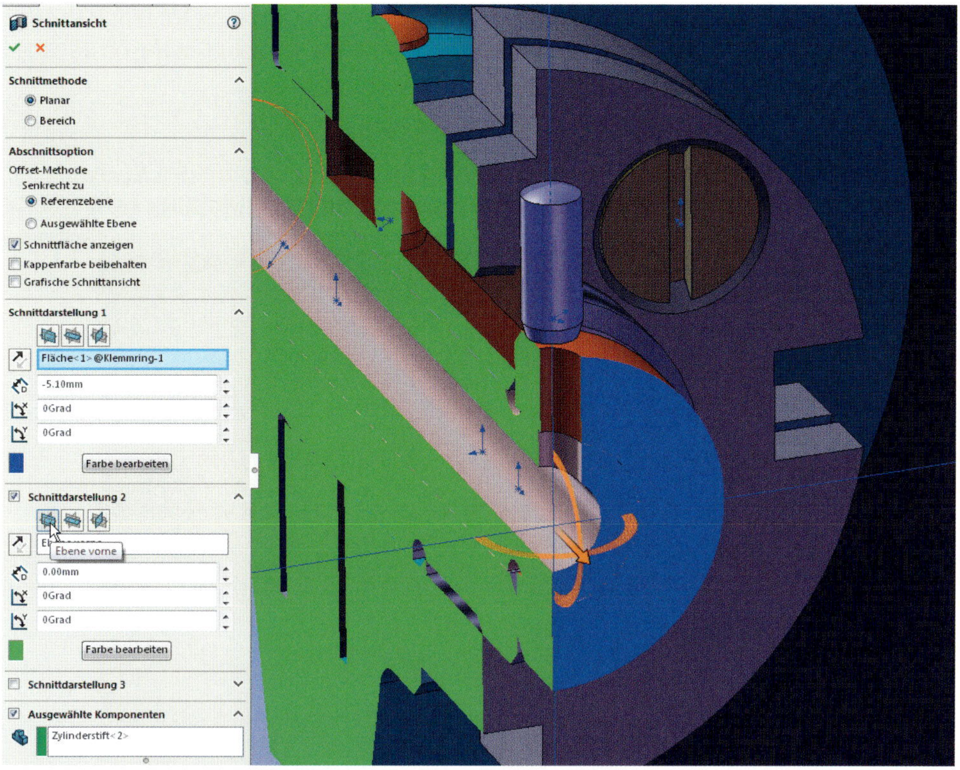

Bild 7.62: Filetiert: Bis zu drei Schnittebenen zugleich lassen sich in der Schnittansicht erzeugen

Des Rätsels Lösung: Der Klemmring ist zu breit. Wir **können** die beiden Bohrungen also gar nicht fluchten (Bild 7.63, ausnahmsweise blauer Kreis)!

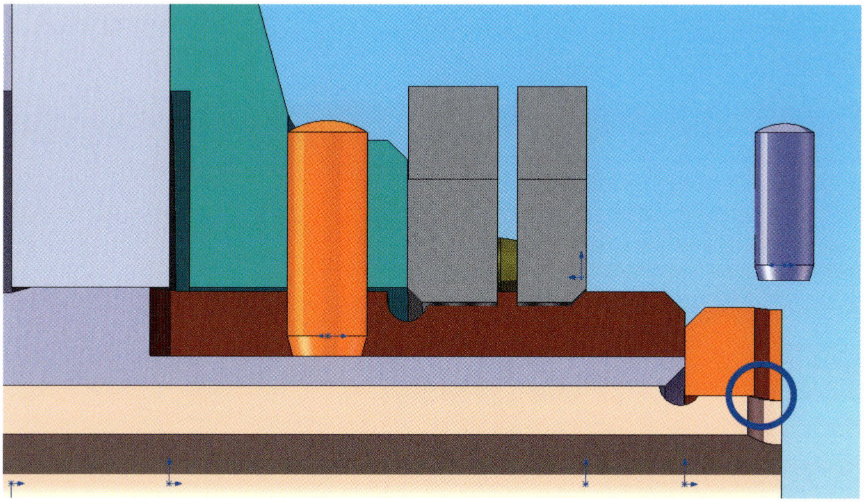

Bild 7.63: Kleiner Fehler: Der Klemmring lässt sich nicht weit genug auf die Hülse schieben

Hier bietet sich wieder eine willkommene Gelegenheit, ein Bauteil im Baugruppenkontext zu bearbeiten: Wir gleichen einfach die Bohrung im Klemmring so an, dass alle Verknüpfungen erfüllt werden können:

- Öffnen Sie die Skizze *Sk Bohrung* im Bauteil *Klemmring*.
- Löschen Sie die Skizzenbeziehung *Mittelpunkt* für das Zentrum des Kreises. Verknüpfen Sie ihn dann *deckungsgleich* mit der Mittellinie (Bild 7.64).

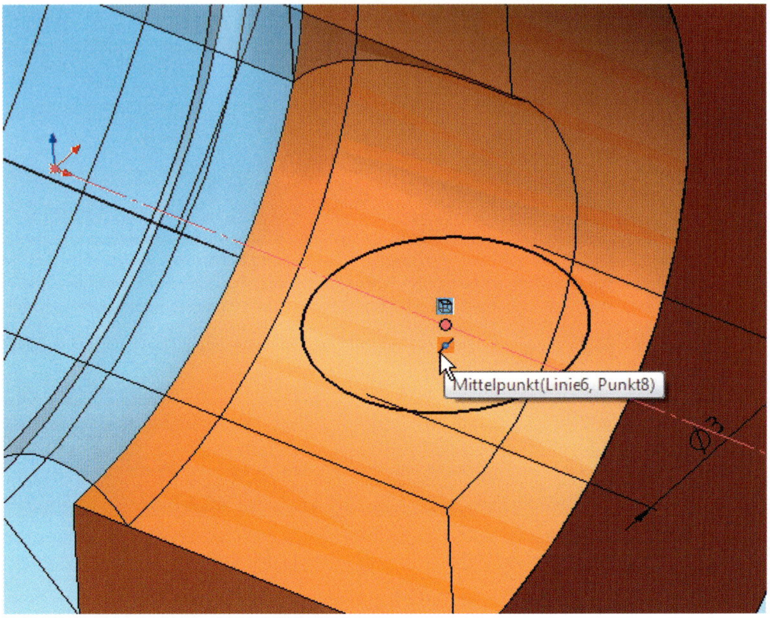

Bild 7.64: Der Ring verliert etwas von seiner methodischen Strenge

- Bemaßen Sie das Zentrum vom Skizzenursprung aus mit **4.7** mm, so dass die Skizze wieder *voll definiert* ist. Die *Genauigkeit* der Maßanzeige betrage *.1* mm (Bild 7.65).

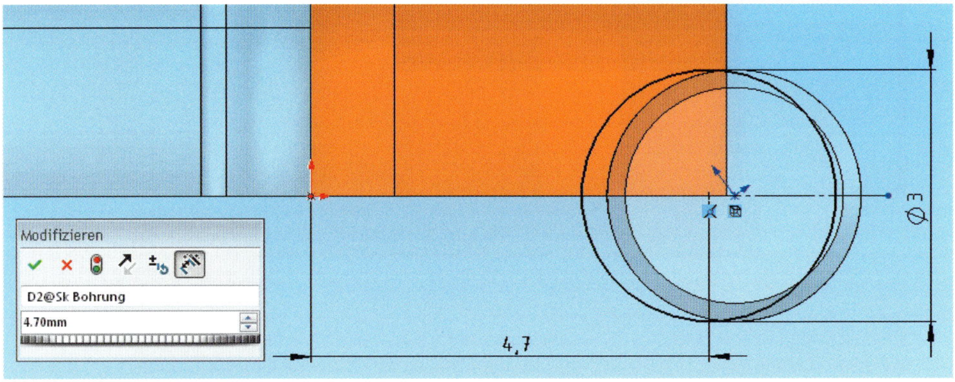

Bild 7.65: Eine Abstandsbemaßung ersetzt die Skizzenbeziehung *Mittelpunkt*

- Schließen Sie dann die Skizze und bauen Sie die Baugruppe neu auf.

Ergebnis: Die Bohrung rückt in die richtige Position (Bild 7.66)!

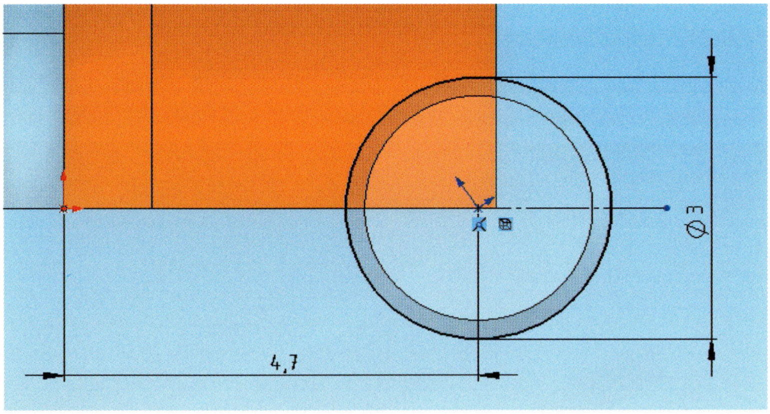

Bild 7.66: Drei Worte, fünf S: Der Passstift passt

- Verknüpfen Sie jetzt die Mantelfläche des Stiftes *konzentrisch* mit der Bohrung der Distanzhülse. Beenden Sie dann den Komponentenmodus.

> TIPP: Die Schnittansicht macht alle Bauteile unsichtbar, die sich jenseits der Schnittebene befinden – besser, Sie schalten sie aus, wenn Sie Bauteile einfügen.

Nun kann der Stift aber noch in Achsrichtung verschoben werden. Wir heben uns diesen Schritt für das letzte Bauteil auf, das wir zunächst montieren:

- Schalten Sie die Schnittansicht aus und fügen Sie die Komponente BOLZEN ein. Schalten Sie die Schnittansicht wieder ein und nehmen Sie den *Bolzen* in die Liste der *Ausgewählten Komponenten* auf (Bild 7.67).

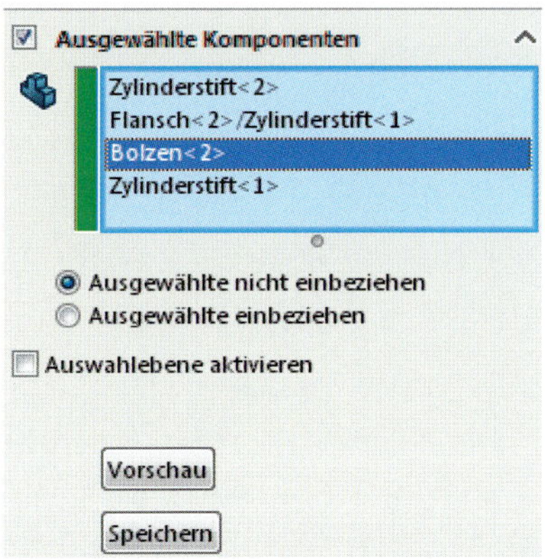

Bild 7.67: Der Bolzen und die drei Zylinderstifte sind vom Schnitt ausgenommen

- Richten Sie den Bolzenschaft *konzentrisch* auf das M5-Gewinde im *Einsatzkegel* aus (Bild 7.68).

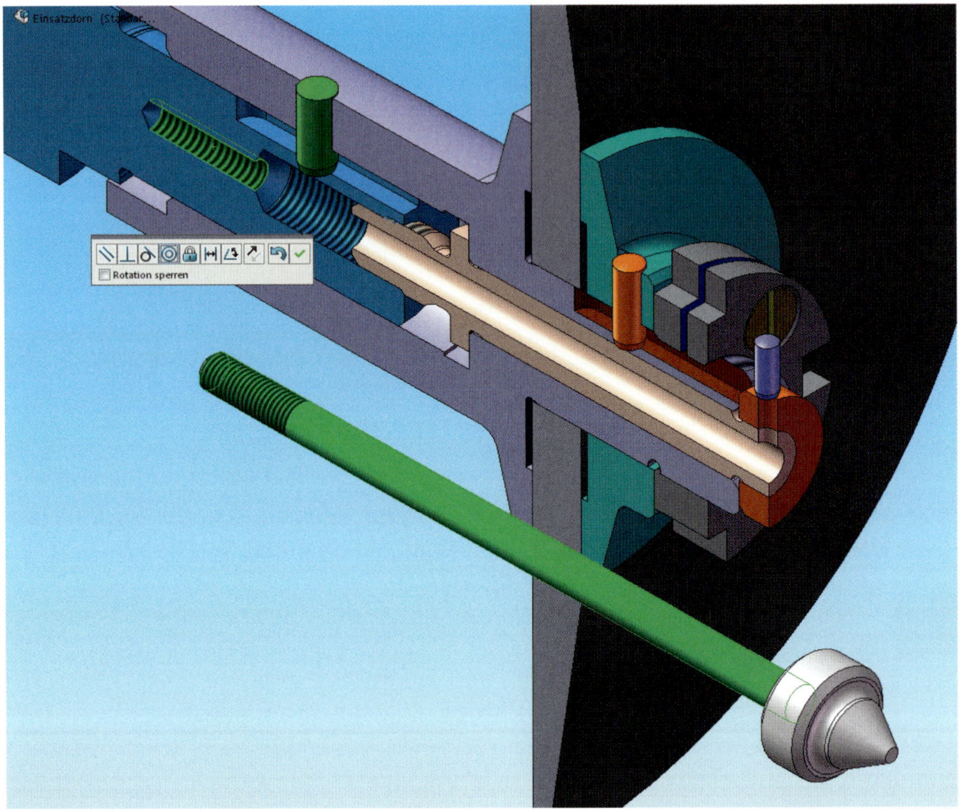

Bild 7.68: Versteckte Beziehung: Der Bolzen wird mit „seinem" Gewinde verknüpft

- Schalten Sie die Schnittansicht aus, da Sie jetzt die Stirnfläche des Klemmrings brauchen. Verknüpfen Sie diese dann mit der Anlagefläche des Bolzens *deckungsgleich* (Bild 7.69).

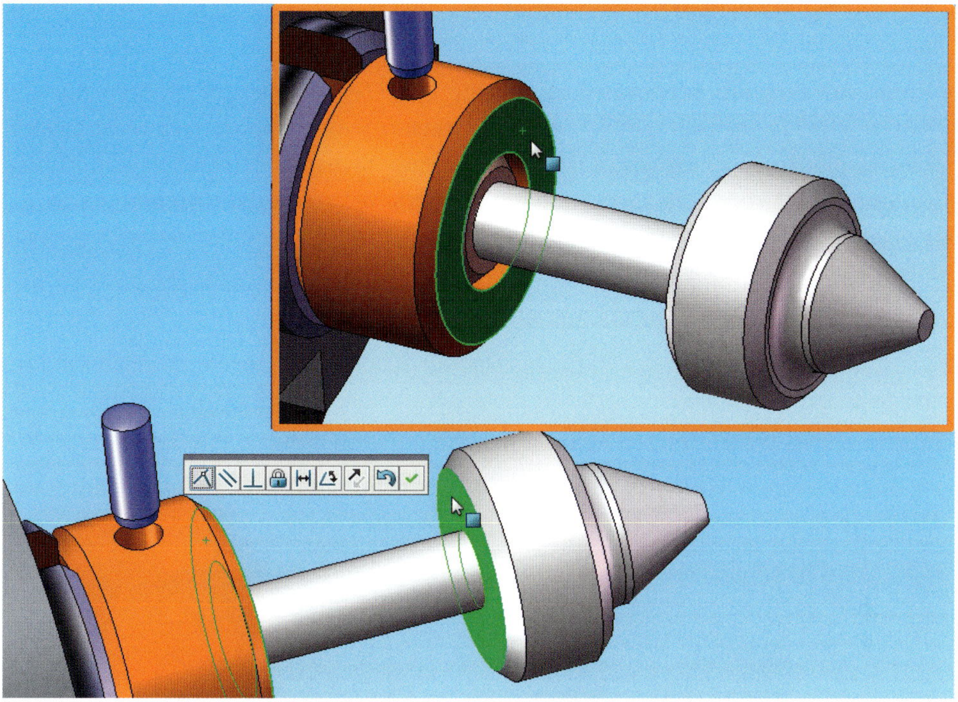

Bild 7.69: Der Bolzen wird eingeschraubt, die Baugruppe *Flansch* gesichert

Damit ist unsere Baugruppe komplett, es fehlt die abschließende Interferenzprüfung:

- Da Sie bereits von der Überschneidung des Bolzengewindes mit dem des Einsatzkegels wissen, öffnen Sie das Bauteil *Bolzen* (zur Erinnerung: Bild 7.70) und deklarieren Sie es, wie immer bei Gewinde-Komponenten, über *Datei, Eigenschaften,* Registerkarte *Benutzerdefiniert* als Verbindungsteil, indem Sie die Eigenschaft *IsFastener* mit dem Typ *Anzahl* auf *1* setzen. Speichern und schließen Sie dann das Bauteil, regenerieren Sie die Baugruppe.

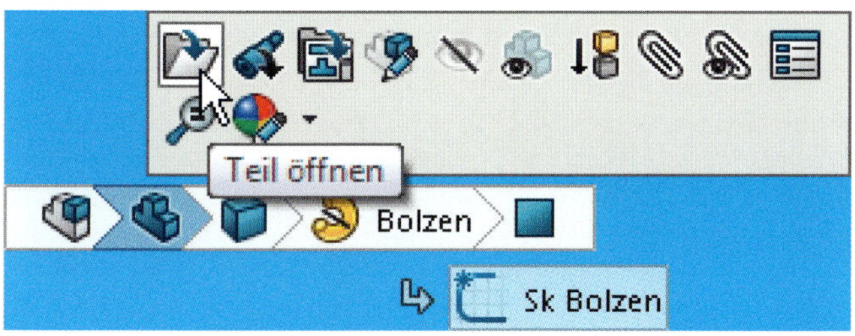

Bild 7.70: Nicht die einzige Art, ein Bauteil zu öffnen: die *Breadcrumbs*-Leiste

- Fahren Sie die Schleifscheibe vollständig ein. Dabei sollte sich der Bolzen mitbewegen.
- Rufen Sie nun die *Schnittansicht* entlang der *Ebene vorne* auf, wählen Sie den Wurzeleintrag im FeatureManager und starten Sie die *Interferenzprüfung*. Aktivieren Sie die Optionen *Interferierende Körper transparent machen* und *Verbindungselementordner erstellen*. Blenden Sie *Nicht interferierende Körper* aus.
- Führen Sie die *Berechnung* durch.

Es ergeben sich nun vier Interferenzen, die sich allesamt im *Verbindungsordner* befinden sollten. Sehen wir sie uns noch einmal genauer an:

- Öffnen Sie den Ordner *Verbindungselemente*. Klicken Sie der Reihe nach die Einträge an.

Die drei ersten Interferenzen kennen wir, sie entstehen durch die Gewinde.

Der mit Sicherheit vorhandene vierte Eintrag rührt von der Überschneidung der M5-Gewinde von Bolzen und Einsatzkegel her (Bild 7.71).

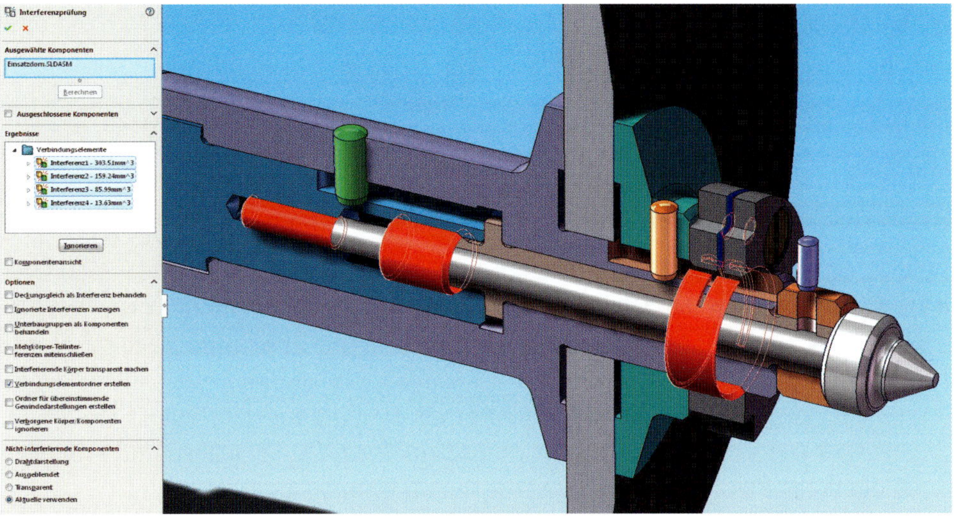

Bild 7.71: Entwarnung: Auch die vierte Interferenz entsteht durch ein Gewinde

> Hinweis: Dass wir Gewindeinterferenzen haben, gibt uns die Gewähr, dass sich die Gewinde überhaupt berühren: Sie können mit der Interferenzprüfung also auch Konstruktionsfehler in der Form von „Nicht-Interferenzen" entlarven...

Ein möglicher fünfter Eintrag kommt vom Zylinderstift, der zufällig in den Bolzen hineinragt. Wir hatten ihn noch nicht fertig verknüpft:

- Definieren Sie eine letzte, *tangentiale* Verknüpfung zwischen der unteren **Fläche** des Stiftes und dem Schaft des Bolzens (Bild 7.72). Hierzu müssen Sie die Ansicht drehen.

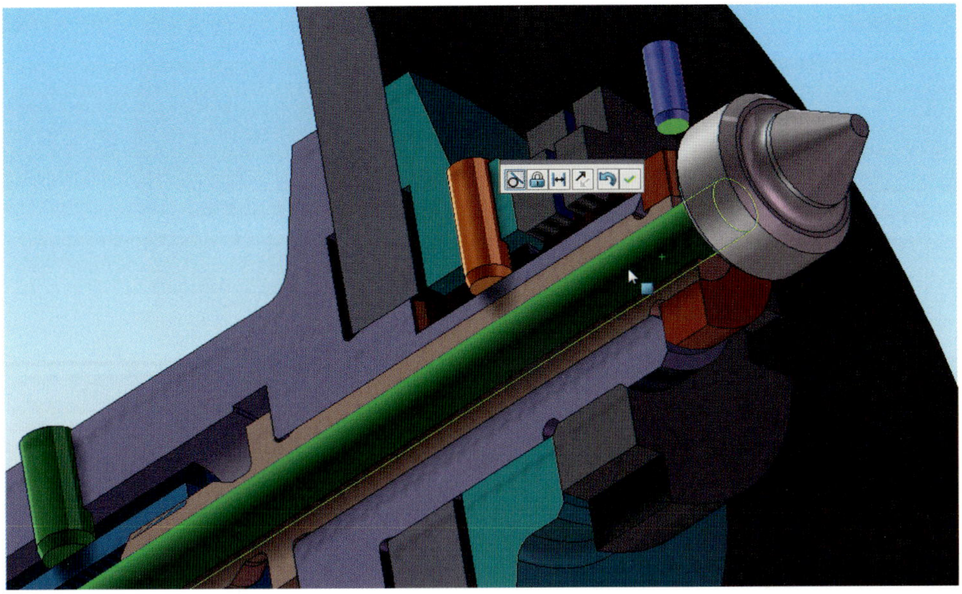

Bild 7.72: Die letzte Verknüpfung des Buches ist ein wenig anspruchsvoller

Hinweis: Für diese Verknüpfung empfiehlt sich tatsächlich eine **Flächenverknüpfung**, anders als bei den anderen beiden Stiften, wo wir mit der **Kante** auf einer Fläche zufrieden waren. Der Grund: Die Zylinderfläche des Bolzens ist gekrümmt, die beiden Nutgründe sind flach. Diese beiden Objekte berühren sich also ohnehin schon auf einer Linie. SolidWorks kann unter solch erschwerten Bedingungen eine stabilere Verknüpfung zwischen zwei Flächen herstellen. Andernfalls könnte es Ihnen passieren, dass die Verknüpfungen plötzlich ungültig werden.

Damit haben Sie die Baugruppe fertig gestellt.

Überprüfen Sie noch einmal die Beweglichkeit in der Schnittansicht und führen Sie in beiden Extremlagen Interferenzprüfungen durch (Bild 7.73 und 7.74):

- Dabei darf nur der Einsatzkegel stillstehen, die Unterbaugruppe Flansch muss sich im Ganzen verschieben lassen.
- Manche Elemente, wie der Klemmring, können allerdings noch gedreht werden. Aber das entspräche genau der Realität, wenn alle Materialien friktionslos wären. Drehbar dürfen demnach nur die *Schleifscheibe,* die *Nutmutter,* der *Klemmring,* der *Bolzen,* die *Distanzhülse* sowie alle *Zylinderstifte* sein.
- Es darf andererseits auch keine „Alleingänger“ geben, sondern alle Bauteile der beweglichen Gruppe müssen zusammenhängen – oder, wie die Piloten sagen: sich in geschlossener Formation bewegen.

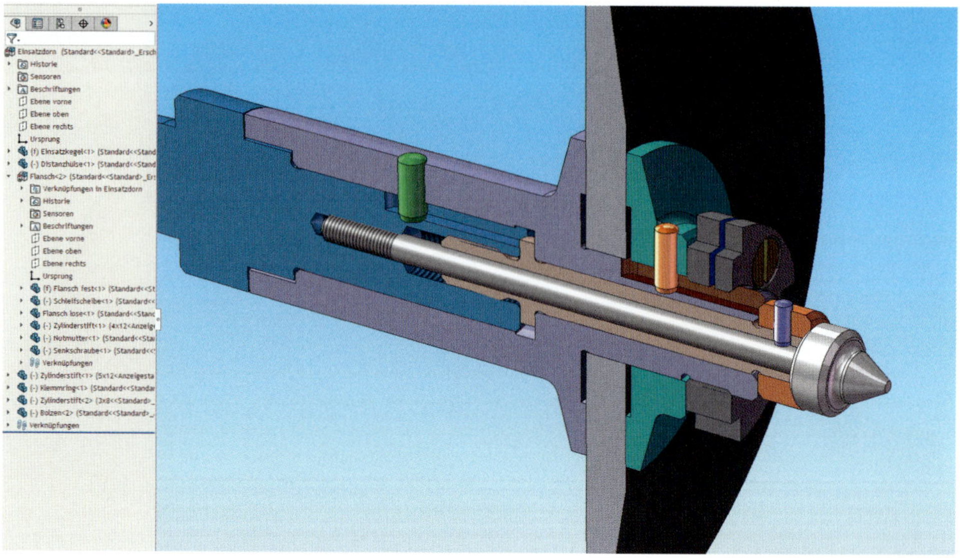

Bild 7.73: Der fertige Einsatzdorn, eingefahren …

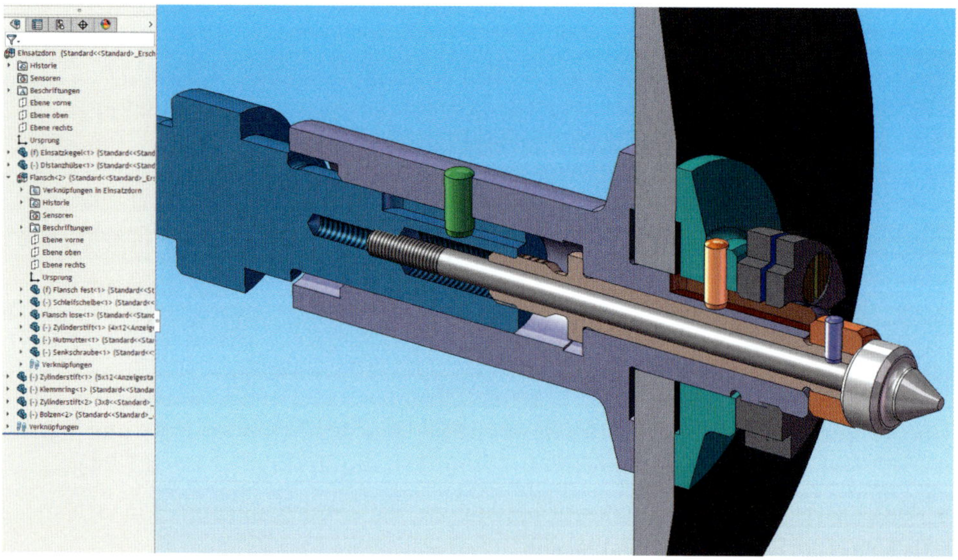

Bild 7.74: … und ausgefahren

Dabei ergibt sich eine letzte funktionale Behinderung: Der Zylinderstift *3×8* ist zu lang (Bild 7.75) – so könnte man die Nutmutter nicht abziehen – etwa um die Schleifscheibe zu wechseln –, ohne auch den Klemmring demontieren zu müssen.

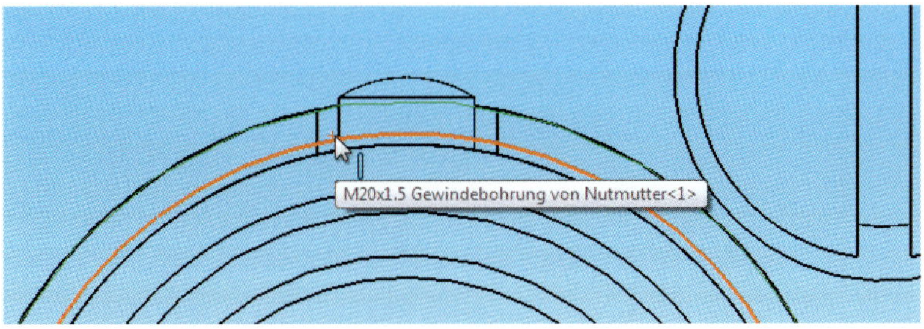

Bild 7.75: Der Zylinderstift ragt über das Gewinde der Nutmutter hinaus

Korrigieren wir dies:

- Öffnen Sie den *Zylinderstift*. Dort wiederum öffnen Sie die *Tabelle* zur Bearbeitung.
- Editieren Sie die Tabelle und ändern Sie die Gesamtlänge (*$prp@Länge)* für die Konfiguration *3×8* von *8* in **6,5** mm. Belassen Sie den Namen der Konfiguration, sonst wird die Baugruppe ungültig (Bild 7.76).

L Rest@Zylinderstift	Z@Zylinderstift	a@Kuppe	$prp@Länge	Winkel@Zylinderstift	
5,25	0,8	0,45	6,5	15	PASSUNG;
10,4	1	0,6	12	15	PASSUNG;
10,05	1,2	0,75	12	15	PASSUNG;

Bild 7.76: Der Stift wird sozusagen mit der Schleifscheibe bearbeitet

- Speichern und schließen Sie die Tabelle, speichern und schließen Sie das Bauteil. Bejahen Sie die Abfrage nach Aktualisierung der Baugruppe.

Ergebnis: Der Stift ist bündig in der Bohrung des Klemmrings versenkt (Bild 7.77).

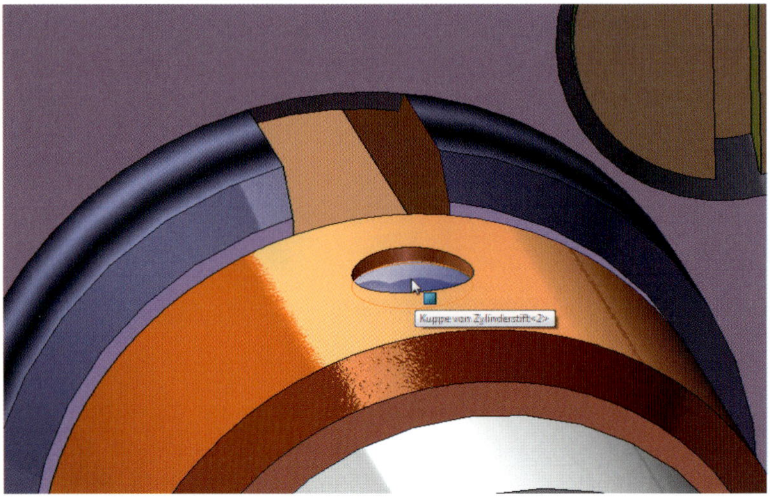

Bild 7.77: In Baugruppen findet man auch noch den bestversteckten Fehler

In Bild 8.78 sehen Sie noch einmal den gesamten FeatureManager der Baugruppe mit den zugehörigen Verknüpfungen.

Bild 7.78: Das Angesicht des Schweißes: Der vollständige Baum der Baugruppe *Einsatzdorn*

Prüfen Sie auch, ob in der Ansicht *Rechts* alle Komponenten korrekt aufeinander ausgerichtet sind (Bild 7.79).

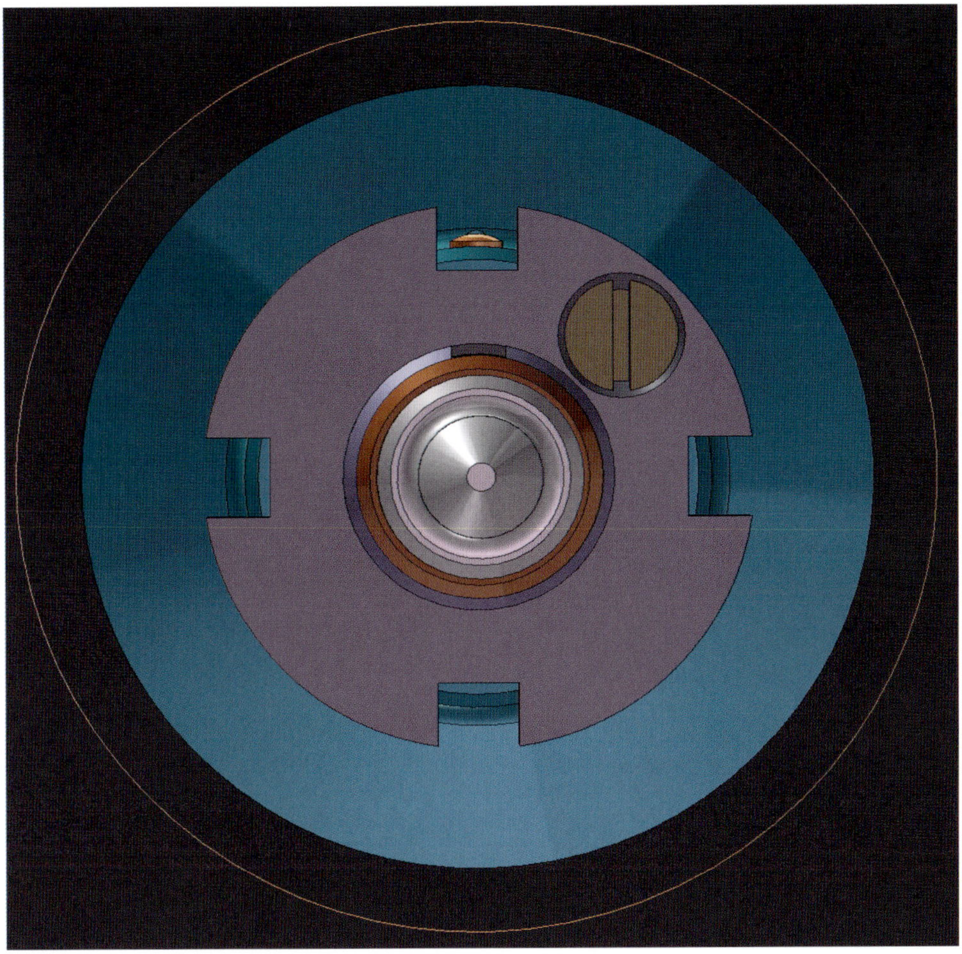

Bild 7.79: Wie ein Mandala wirkt die Ansicht der Schleifspindel von rechts

Alle Stifte sollten vertikal stehen, alle senkrechten Kanten und der Schraubenschlitz ebenfalls. So erleichtern Sie sich die Zeichnungsableitung, die wir uns nun, zum guten Schluss des Buches, vornehmen.

Was soll da schon noch passieren…

8 Was man Schwarz auf Weiß besitzt

Ein Bauteil oder eine Baugruppe in eine Zeichnung zu verwandeln, ist laut den Vokabeln der Werbetexter *... ganz einfach.* Wenn Sie allerdings versuchen, eine normgerechte technische Zeichnung mit SolidWorks anzufertigen, wird Ihnen mehr als einmal der Zusatz *„... zum Verrücktwerden!“ durch* den Kopf gehen.

Die Einstellungen, die zur gelungenen Zeichnung beitragen, sind über ganz SolidWorks verstreut – schlimmer noch: sie sind dokumentgebunden. Das bedeutet, Sie müssten die Einstellungen bei jeder Zeichnung wiederholen. Darum schlage ich vor, wir fertigen wieder eine Dokumentvorlage für Zeichnungen an, die alle wichtigen Parameter enthält und nach der Sie beliebig viele Zeichnungen anfertigen können.

8.1 Die Normschrift installieren

- Prüfen Sie zunächst, ob sich unter Ihren Windows-Fonts eine Normschrift befindet, am Besten die hervorragende und kostenlose ISOCPEUR.TTF.

Die ist auch schöner als die in SolidWorks mitgelieferten Schriften.

- Sie können bei der Suchmaschine Ihres Vertrauens danach suchen, etwa mit den Begriffen **Normschrift** und/oder **ISOCPEUR**. Leider akzeptiert SolidWorks keine Adobe Type-1-Schriften, also müssen es tatsächlich TrueType-Fonts sein.
- Installieren Sie die Normschrift dann unter Windows.

8.2 Eine Dokumentvorlage für Zeichnungen

- Erstellen Sie über *Datei, Neu* eine *Zeichnung* (Bild 8.1).

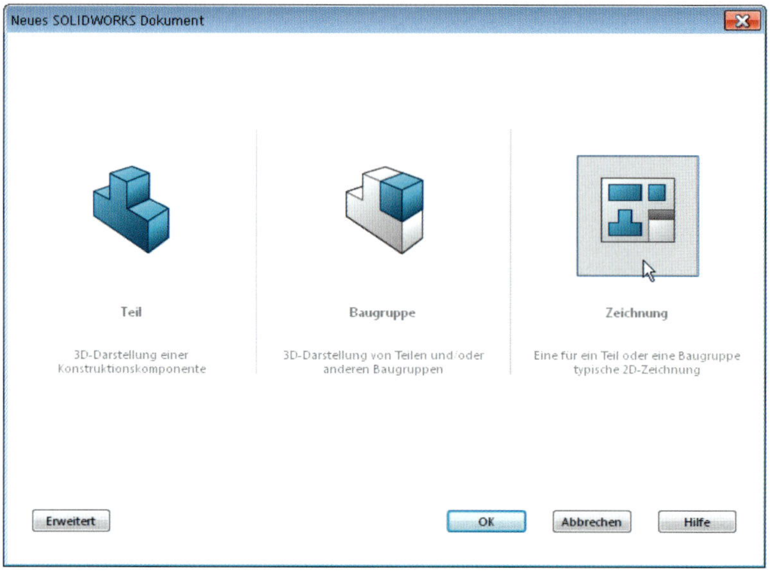

Bild 8.1: Faul: Wir leiten die Vorlage von Bestehendem ab

SolidWorks lädt die neue Zeichnung in den Editor.

- Brechen Sie die Funktion *Modellansichten* erst einmal ab.

Falls der Dialog *Blatteigenschaften* nicht automatisch erscheint,

- rufen Sie ihn via Kontextmenü von *Blatt<n>*, *Eigenschaften* auf (Bild 8.2).

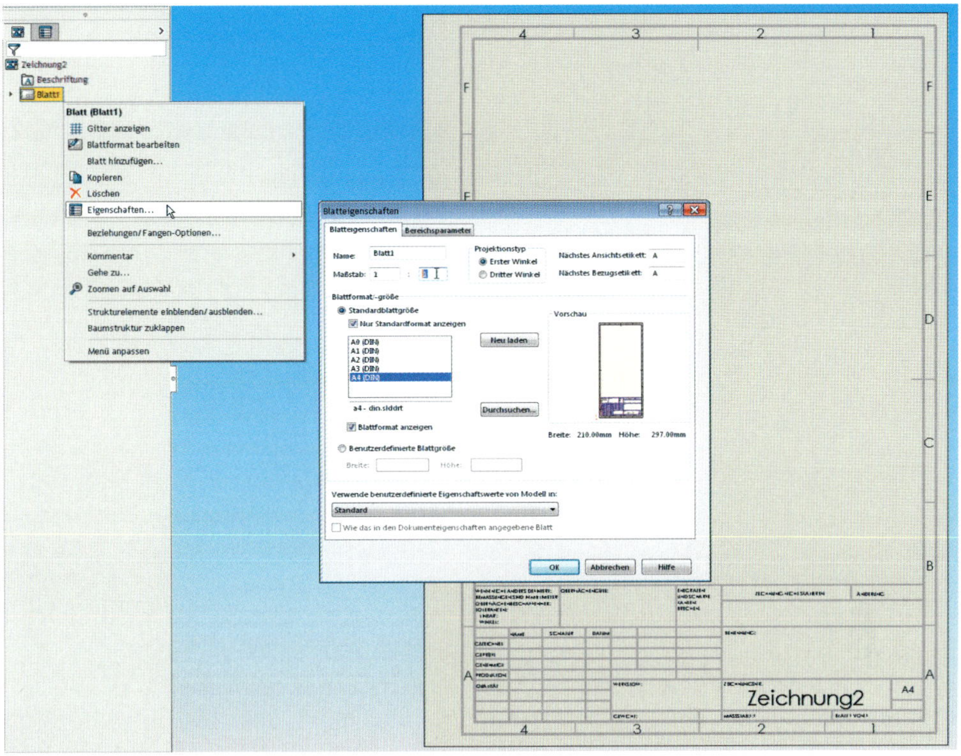

Bild 8.2: Grundeinstellungen: Das Blattformat. Hier können Sie auch eigene Formate definieren

- Wählen Sie aus dem Dialogfeld *Blattformat/Größe* die Standardgröße *A4 (DIN)*, stellen Sie den *Maßstab* auf *1 : 1* und bestätigen Sie.

TIPP: So können Sie auch das Blattformat einer bestehenden Zeichnung ändern!

8.2.1 Norm und Schrift

Das erste Puzzle-Teil unserer Vorlage, die verwendete Norm und die eingangs erwähnten Schrift-Fonts, finden Sie in den Dokumenteigenschaften:

- Rufen Sie *Extras, Optionen,* Rubrik *Dokumenteigenschaften* auf.
- Wählen Sie unter dem obersten Hauptpunkt *Entwurfsnorm* die Einstellung *DIN*. Dadurch haben Sie bereits eine ganze Reihe DIN-gerechter Einstellungen getätigt.
- Unter *Beschriftungen* schalten Sie dann die *Schriftart* von *Century Gothic* auf ISO-CPEUR. Stellen Sie die *Höhe* auf *Einheiten* und tragen Sie dort **3.5** mm ein. Hierdurch werden automatisch alle unterordneten Punkte wie *Stücklistensymbole, Bezüge* usw. auf diese Schriftart umgestellt. Bestätigen Sie dann (Bild 8.3).

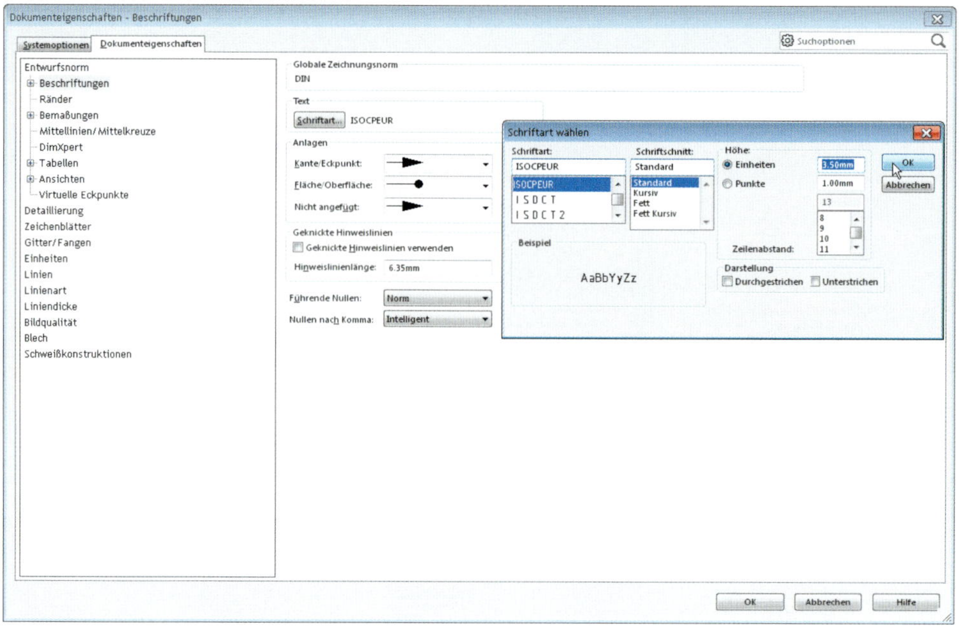

Bild 8.3: Der Font-Dialog von SolidWorks kennt auch Höhenangaben in Millimetern

Hierauf erhalten Sie eine kleine Meldung dahingehend, dass die Entwurfsnorm kopiert wurde in eine lokale Kopie namens *DIN-MODIFIZIERT*. Dies wird nun Ihre erste eigene Entwurfsnorm (Bild 8.4).

Bild 8.4: Konsequent: SolidWorks quittiert Änderungen der Norm mit einer neuen Norm

- Ziehen Sie dieses Schema nun auch für die Unterpunkte *Bemaßungen, Tabellen* und *Ansichten* durch.
- Kehren Sie dann wieder zum ersten Punkt zurück, klicken Sie auf *Umbenennen* und geben Sie einen sprechenden Namen für die neue Norm ein, etwa **DIN ISO 128-24, Liniengruppe 3,5** (Bild 8.5).

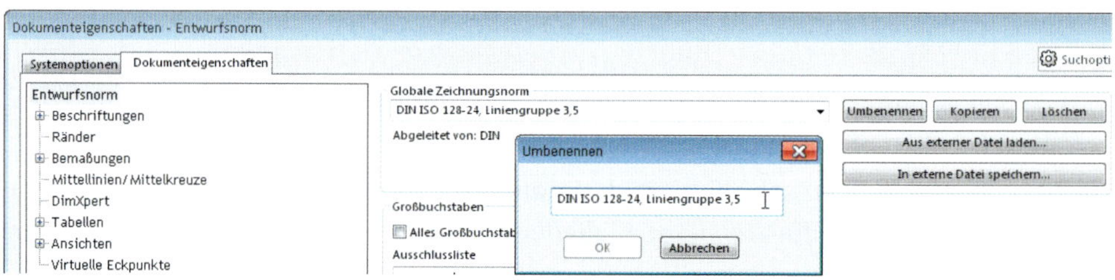

Bild 8.5: Benennen der neuen Norm

TIPP: Die komplette Entwurfsnorm können Sie *in eine externe Datei speichern,* um sie mit der Erweiterung *.SLDSTD an andere Rechner weiterzugeben. Dort laden Sie die Norm dann über die korrespondierende Schaltfläche *Aus externer Datei laden*.

8.2.2 Gitter und Fangen

- Stellen Sie hier wie gehabt **100** mm, **10** und **10** ein. Gitter nicht anzeigen.

8.2.3 Einheiten

- Wählen Sie unter der Rubrik *Einheiten Benutzerdefiniert* und stellen Sie die Dezimale ein wie in (Bild 8.6).

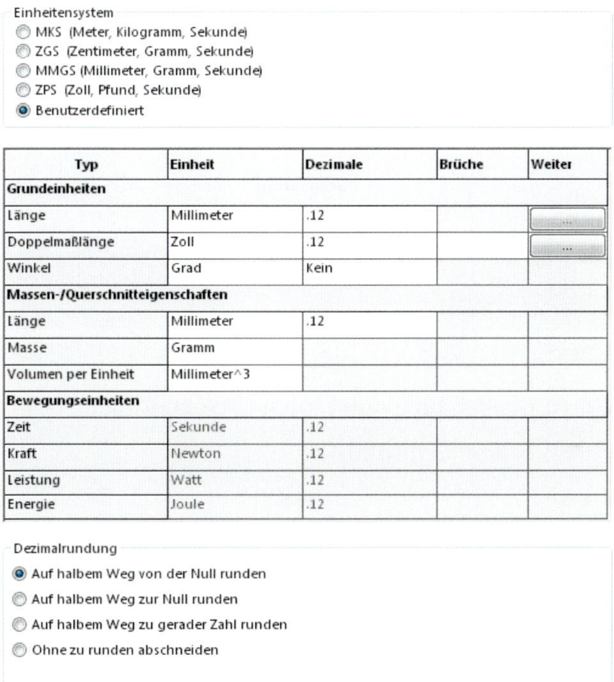

Bild 8.6: Einstellungen für die Einheiten

8.2.4 Linienstärken

- Wechseln Sie nun zunächst zur Rubrik *Liniendicke,* wir müssen die Stärken **erschaffen**, bevor wir sie benutzen können.
- Tagen Sie dann die Werte so ein, wie Sie es von der DIN-Liniengruppe 0,35 her kennen, also **0.13**, **0.18**, **0.25**, **0.35**, **0.5**, **0.7**, **1.0** und schließlich **2** mm.

Die Stärken – also die Werte – sind identisch zu den Namen dieser Variablen, was geringfügig ungewöhnlich ist (Bild 8.7).

In SolidWorks gibt es leider immer noch keine Schaltfläche *Anwenden*. Damit diese Einstellungen für die anderen Kategorien der Dokumentoptionen zugänglich werden,

- bestätigen Sie die Dialogbox *Optionen* mit *OK* und öffnen sie gleich wieder.

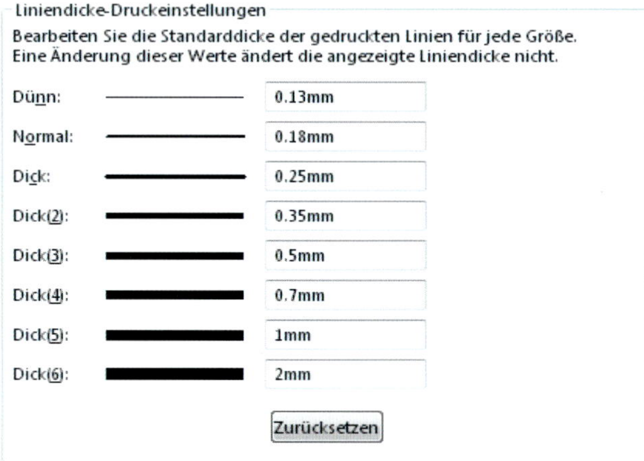

Bild 8.7: Ganze acht Stärken stehen zur Verfügung. Und wo „1mm" draufsteht ist auch „1mm" drin

8.2.5 Linienarten

Erst jetzt können wir diese Linien den Linienarten zuordnen:

- Schalten Sie zur Rubrik *Linien* (Bild 8.8).

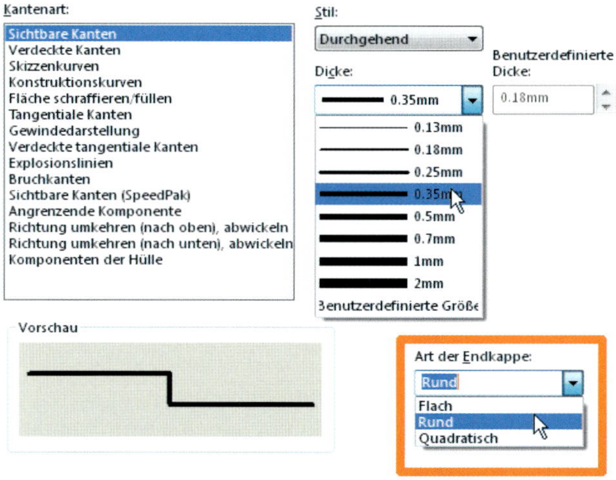

Bild 8.8: Linienarten und Linienstärken werden unter der Rubrik *Linien* zugeordnet

- In der Liste *Kantenart* sehen Sie die zu kodierenden Zeichnungselemente. Diese gehen Sie der Reihe nach durch, um ihnen die Attribute der anderen Felder zuzuordnen.
- Rechts daneben befinden sich die Listenfelder für *Stil* - gemeint ist die *Linienart*, die Sie in der gleichnamigen Kategorie konfigurieren können.
- Darunter das Listenfeld *Dicke*, dessen Einträge wir soeben unter *Liniendicke* definiert hatten.
- Darunter können Sie die *Art der Endkappe* einstellen, beispielsweise *Rund* für die Form der Ecken und Enden eines mit Tuschfüller gezeichneten Linienzugs.

Nach diesem Schema gehen Sie jetzt die Liste *Kantenart* durch:

- *Sichtbare Kanten* erhalten den Stil *Durchgehend* und die *Dicke 0.35 mm.*
- *Verdeckte Kanten* sind *gestrichelt*, ihre *Dicke* beträgt *0.18 mm.*
- *Skizzenkurven* - z.B. für Blöcke - erhalten *0.35, Konstruktionskurven 0.18, Schraffuren 0.13, Tangentiale Kanten 0.18, Gewinde 0.13, verdeckte Tangentiale Kanten 0.18* und *Bruchkanten 0.18* mm.
- Ordnen Sie allen Linien als *Art der Endkappe* die Option *Rund* zu, soweit dies möglich ist.

Hinweis: Möchten Sie dagegen lieber scharfe Ecken, so wählen Sie *Quadratisch*, nicht *Flach*.

8.2.6 Bildqualität

Um auch in der 2D-Ableitung saubere Rundungen zu erhalten,

- stellen Sie die Auflösung auf einen hohen Wert ein.
- Wenn Ihr Rechner über eine schnelle Grafikkarte verfügt, aktivieren Sie **danach** probehalber die Option *Kantenlänge optimieren* (Bild 8.9). Dies führt zu optimalen Ergebnissen, kostet allerdings auch etwas mehr Zeit.

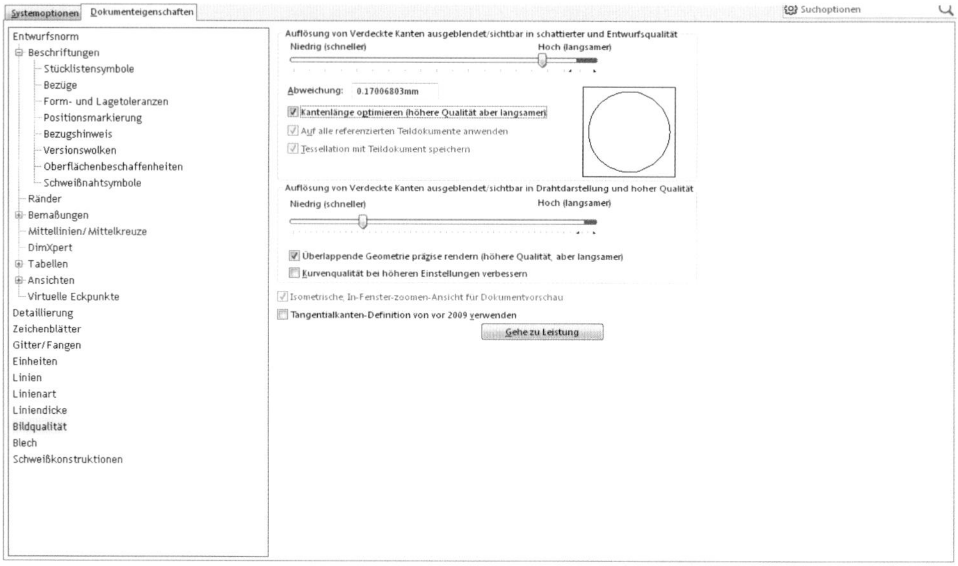

Bild 8.9: Einstellungen der Bildqualität

- Bestätigen Sie dann die Dialogbox *Optionen*.

8.2.7 Das Schriftfeld

Das Schriftfeld können Sie in zwei Modi bearbeiten:

- Per Default befinden Sie sich im *Blatt*-Modus, das heißt, Sie fügen Ansichten Ihrer Bauteile und Modelle ein und detaillieren die Zeichnung. Das Blatt selbst bleibt unangetastet.
- Der *Blattformat*-Modus hingegen ermöglicht es Ihnen, das Layout selbst zu bearbeiten. Hier fügen Sie Texte, Variablen und Linien ein.

Die Modi schalten Sie über das Kontextmenü des *Blattes* oder über das Kontextmenü am unteren Fensterrand um.

8.2.8 Das Blattformat bearbeiten

- Schalten Sie um auf *Blattformat bearbeiten* (Bild 8.10).

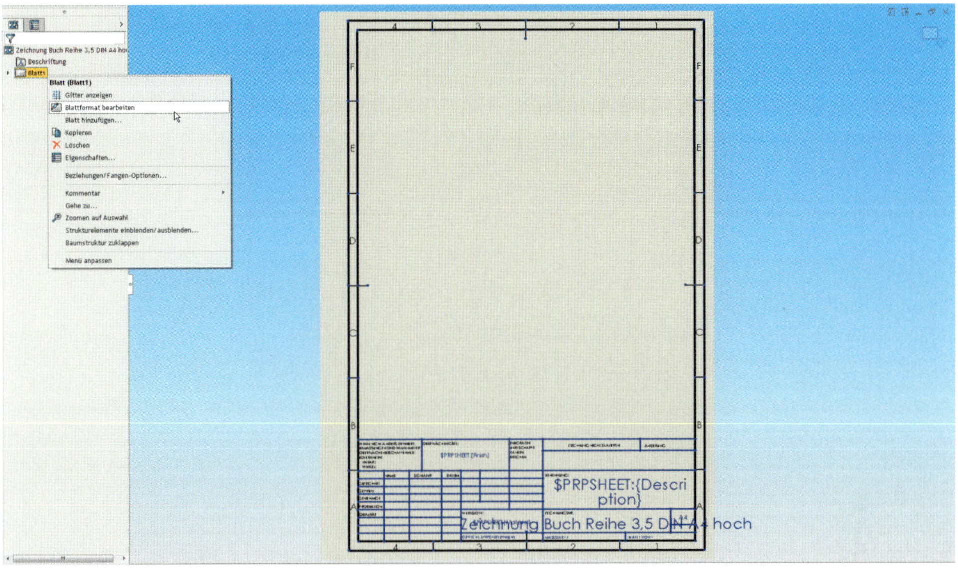

Bild 8.10: Bearbeiten des Schriftfeldes

Das Schriftfeld wird in schwarzen und blauen Linien angezeigt, genau wie eine SolidWorks-Skizze. Und genau so können Sie auch alle Elemente der Maske bearbeiten: Mit den Skizzierfunktionen zeichnen Sie Linien und Kästen, mit der Symbolleiste *Beschriftung* bearbeiten Sie die Texte und Variablen.

- Wählen Sie den Titel *$PRPSHEET:{Description}* und klicken Sie im PropertyManager, Gruppenfeld *Textformat* auf die Schaltfläche *Verknüpfung zu Eigenschaft* (Bild 8.11).

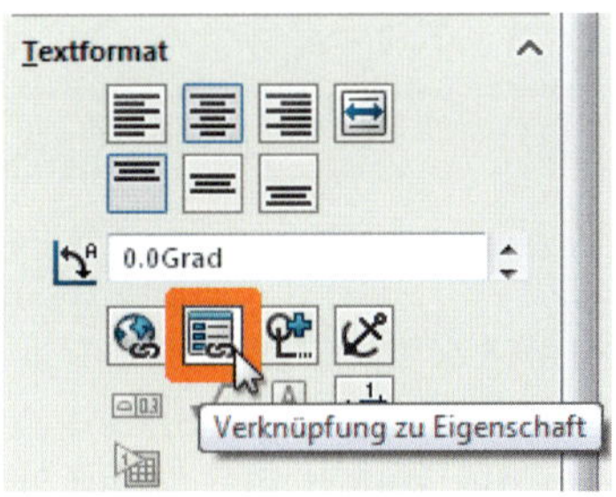

Bild 8.11: Etwas versteckt liegen die Verknüpfungen zu Textfeldern

Das gleichnamige Dialogfeld erscheint (Bild 8.12). Hier können Sie aus dem Listenfeld unter allen existierenden Dateieigenschaften auswählen.

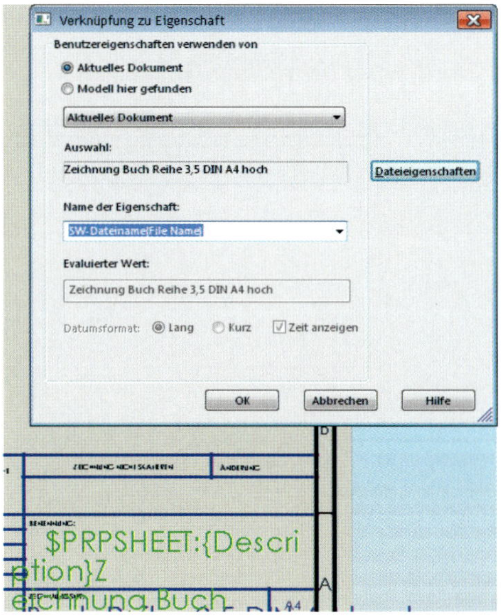

Bild 8.12: Mit den Dateieigenschaften lässt sich das Schriftfeld automatisieren

- Wählen Sie hier *SW-Dateiname(File Name)*. Damit erscheint hier der Name der Zeichnungsdatei. Bestätigen Sie den Dialog.
- Rufen Sie aus dem Kontextmenü des gleichen Textfeldes *Text bearbeiten* auf und entfernen Sie die alte Zeichenfolge **$PRPSHEET:{Description}** (Bild 8.13).

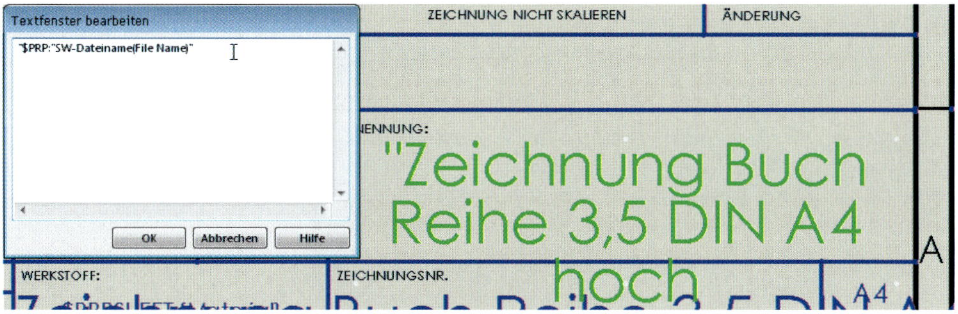

Bild 8.13: Austauschen des statischen Textes gegen die Dokumentvariable *Dateiname*

- Löschen Sie das Textfeld unter *Zeichnungsnummer.*

Im Feld *Title* sollte jetzt der Dateiname ohne Erweiterung stehen. Im Augenblick erscheint er viel zu lang, aber das ändert sich, wenn Sie die Zeichnung unter dem Namen des Bauteils abspeichern.

- Wechseln Sie wieder zurück in den Modus *Blatt bearbeiten.*

8.2.9 *Vorlage speichern*

- Speichern Sie die Zeichnungsvorlage im Dialogfeld *Speichern unter* unter dem Dateityp *Zeichnungsvorlagen (*.drwdot)* (Bild 8.14).

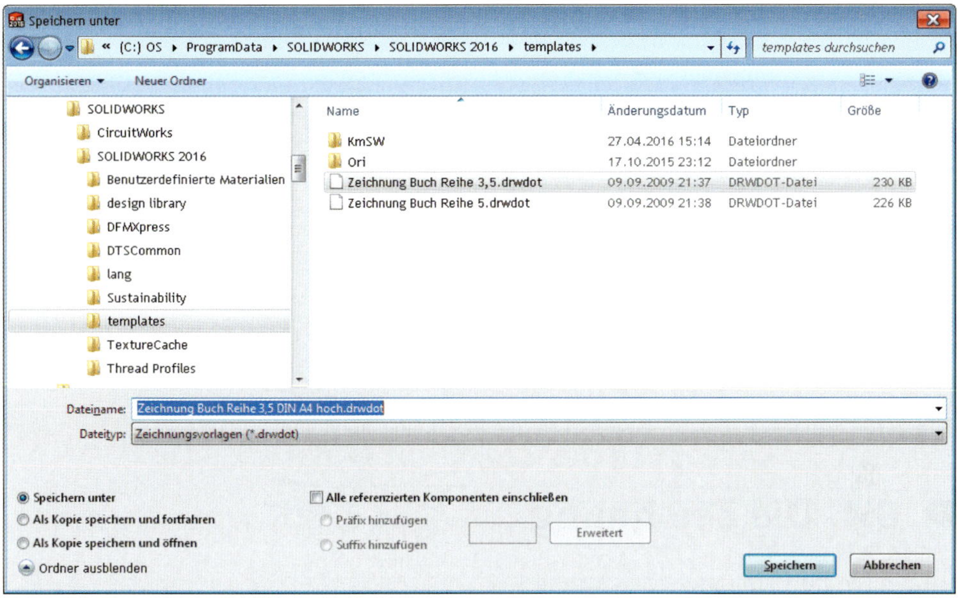

Bild 8.14: Vorlagen besitzen ein eigenes Verzeichnis

SolidWorks wechselt in den Vorlagenordner.

- Geben Sie einen *Dateinamen* ein, etwa ZEICHNUNG BUCH REIHE 3,5 DIN A4 HOCH. Bestätigen Sie und schließen Sie die Vorlage.

■ 8.3 Den Editor einrichten

Folgende Symbolleisten sollten Sie in Griffweite haben, wenn Sie Zeichnungen bearbeiten:

- Oben befinden sich *Layer, Linienformat, Ansicht und Formatierung,*
- am linken Rand untereinander *Zeichnung* und *Explosionsskizze*, und
- rechts *Beschriftung* (Bild 8.15).

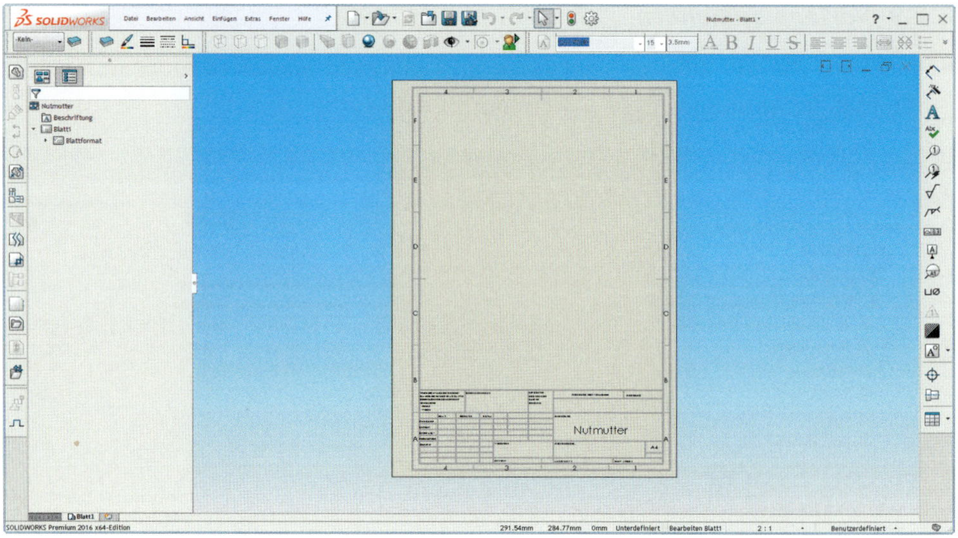

Bild 8.15: Serviervorschlag: Der Editor für die Zeichnungsableitung

■ 8.4 Die Zeichnung

Öffnen Sie nun eine neue Zeichnung:

- Klicken Sie im Dialogfeld *Neues SolidWorks-Dokument* auf *Erweitert* und wählen Sie dort die Vorlage ZEICHNUNG BUCH REIHE 3,5 DIN A4 HOCH.
- Speichern Sie die Zeichnung unter dem Namen NUTMUTTER.

Der Dateiname wird ohne Erweiterung im Schriftfeld angezeigt.

8.4.1 Ansichten einfügen

- Klicken Sie in der Symbolleiste *Zeichnung* auf *Modellansicht*.

Der PropertyManager erscheint mit den Parametern der Modellansicht (Bild 8.16).

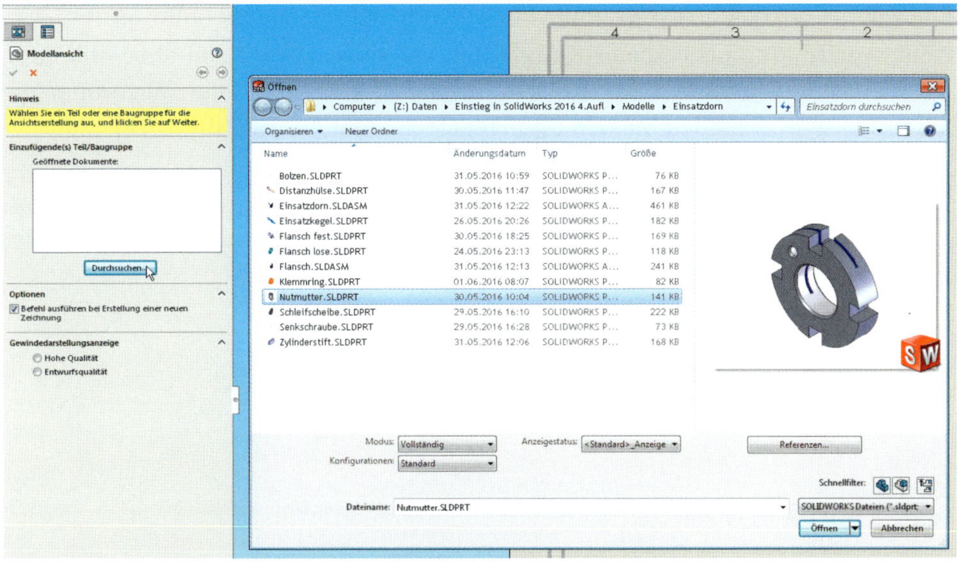

Bild 8.16: Das Einfügen von Zeichenansichten funktioniert ähnlich wie das von Komponenten

- Klicken Sie auf *Durchsuchen* und öffnen Sie das Bauteil NUTMUTTER im Verzeichnis EINSATZDORN.

Der Einfügemodus ist aktiv, die erste Ansicht hängt bereits am Mauszeiger. Doch bevor Sie sie auf dem Blatt platzieren,

- klicken Sie im Gruppenfeld *Ausrichtung* auf die Schaltfläche **Rückseite*, um die Senkung für die Arretierschraube in die Ansicht zu drehen. Die Ansicht am Mauszeiger reagiert entsprechend (Bild 8.17).

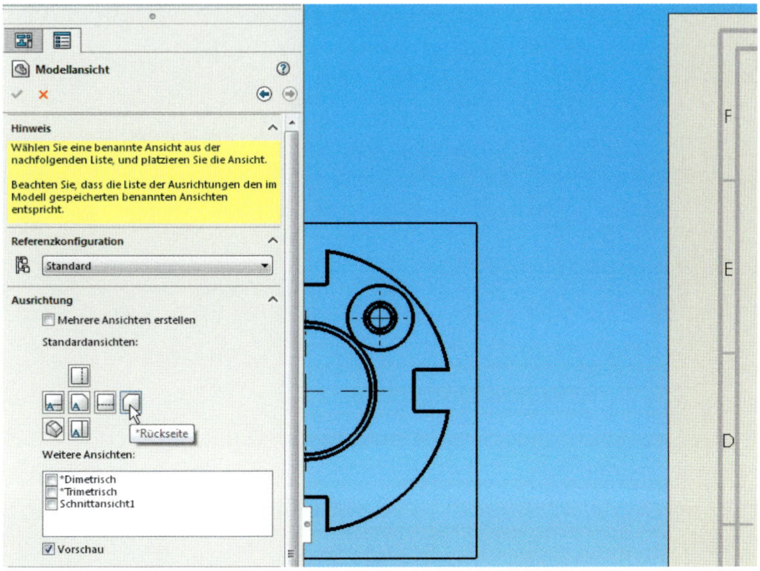

Bild 8.17: Selbst die Voransicht der Ansicht lässt sich umschalten

- Fügen Sie die erste Ansicht in die obere Hälfte der Zeichnung ein.
- Sofort wird eine neue Ansicht angeboten, die eine korrekt gedrehte Ableitung der ersten Ansicht darstellt. Klicken Sie die Ansicht von **oben* also unter die Hauptansicht. Beenden Sie den Einfügemodus dann mit Esc (Bild 8.18).

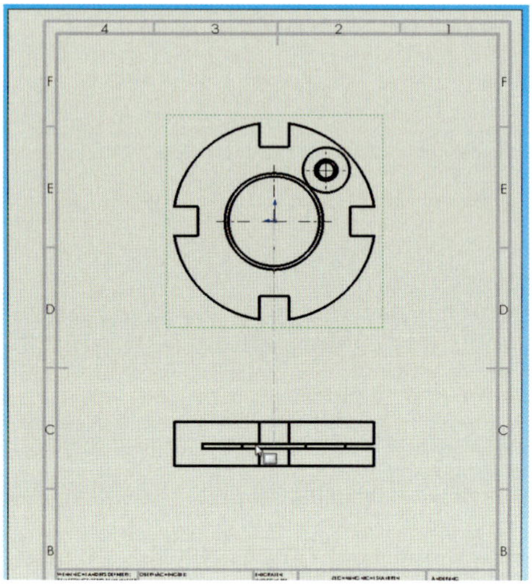

Bild 8.18: Im Einfügemodus können gleich mehrere Ansichten auf einmal erstellt werden

Diese beiden Ansichten konfigurieren Sie nun ebenso wie zuvor die Teile, Features und Baugruppen:

- Klicken Sie die Hauptansicht an. Der PropertyManager erscheint (Bild 8.19).

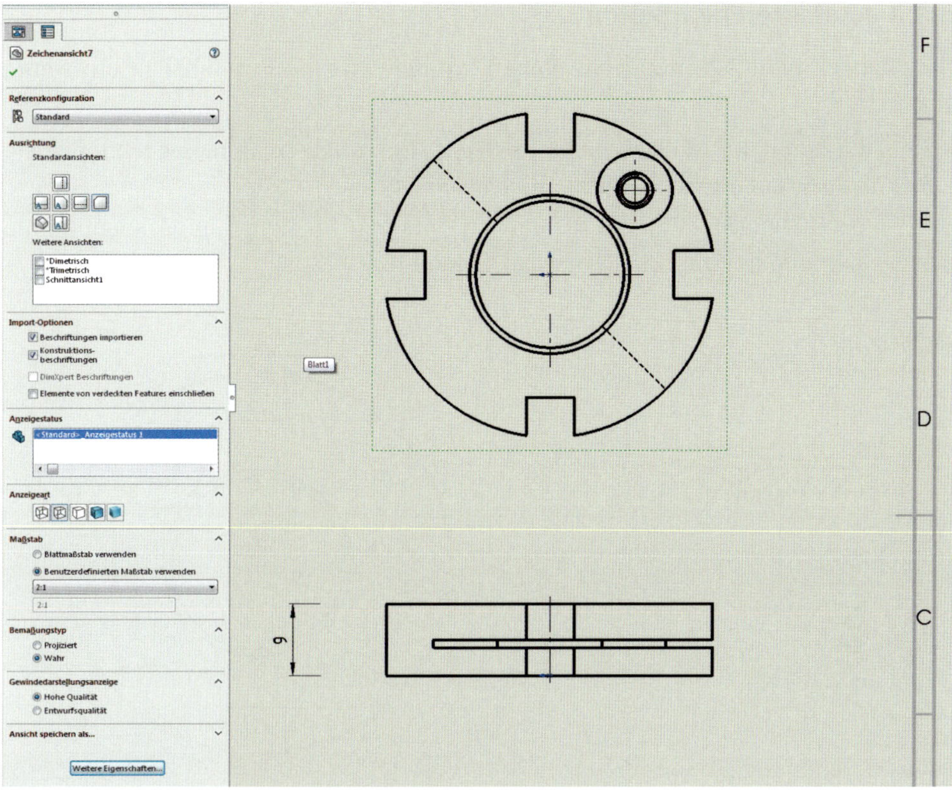

Bild 8.19: Jede Ansicht lässt sich individuell konfigurieren

- Stellen Sie die Anzeigeart *Verdeckte Kanten sichtbar* ein, um den Einschnitt hervorzuheben. Die Ansicht **Oben* hingegen stellen Sie wieder zurück auf *Verdeckte Kanten ausgeblendet.*
- Da Sie genügend Platz in der Ansicht haben, stellen Sie den *Benutzerdefinierten* Maßstab *2:1* ein.
- Als *Bemaßungstyp* wählen Sie für eine Standardansicht *Wahr*. So werden die Modellbemaßungen bevorzugt.
- Wählen Sie als *Gewindedarstellung* die *Hohe Qualität.*
- Bestätigen Sie den PropertyManager mit *OK.*

All diese Parameter können Sie nachträglich ändern: Klicken Sie einfach die betreffende Ansicht an, so wird der PropertyManager wieder angezeigt. Und durch Ziehen am Rahmen der Ansicht platzieren Sie sie an einer anderen Stelle.

8.4.2 Ansichten bearbeiten

Da wir noch eine Schnittansicht planen, räumen wir die Frontansicht ein wenig auf:

- Falls die Maße des Modells nicht zu sehen sind, klicken Sie in der Symbolleiste *Beschriftung* auf die Schaltfläche *Modellelemente*.

Der PropertyManager offeriert die Import-Optionen für Zeichnungselemente, die aus der Bauteildatei importiert werden können (Bild 8.20).

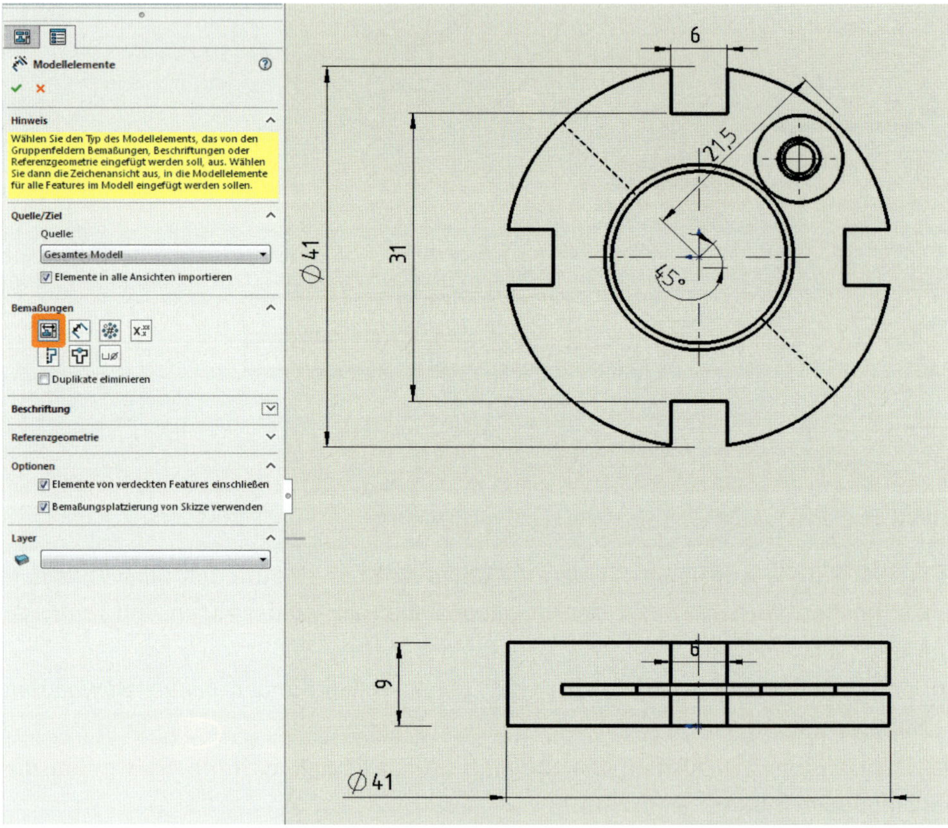

Bild 8.20: Nur ein kleiner Teil der Optionen importierbarer Modellelemente!

- Wählen Sie unter *Quelle/Ziel Gesamtes Modell* und aktivieren Sie die Option *Elemente in alle Ansichten importieren*. Aktivieren Sie im Gruppenfeld *Bemaßungen* nur die Schaltfläche *Für Zeichnung markiert* (Kasten). Bestätigen Sie dann.

> Hinweis: Die Schaltzustände *Ein/Aus* der Toggle-Schaltflächen im Zeichnungsmodus sind nur sehr schwer voneinander zu unterscheiden.

- Löschen Sie die Ansicht von *oben* durch Anklicken und Entf – wir haben es uns überlegt und werden sie durch eine Schnittansicht ersetzen.
- Löschen Sie alle Maße bis auf *41, 31* und *6*.
- Aktivieren Sie *Mittelkreuz* aus der Symbolleiste *Beschriftung*.
- Klicken Sie auf ein Kreissegment am äußersten Durchmesser der Mutter. Dadurch wird das Mittelkreuz über die Außenkontur hinausgezogen.
- Öffnen Sie nun die *Zeichenansicht* im FeatureManager und klappen Sie den Feature-Baum der *Nutmutter* auf (Bild 8.21).

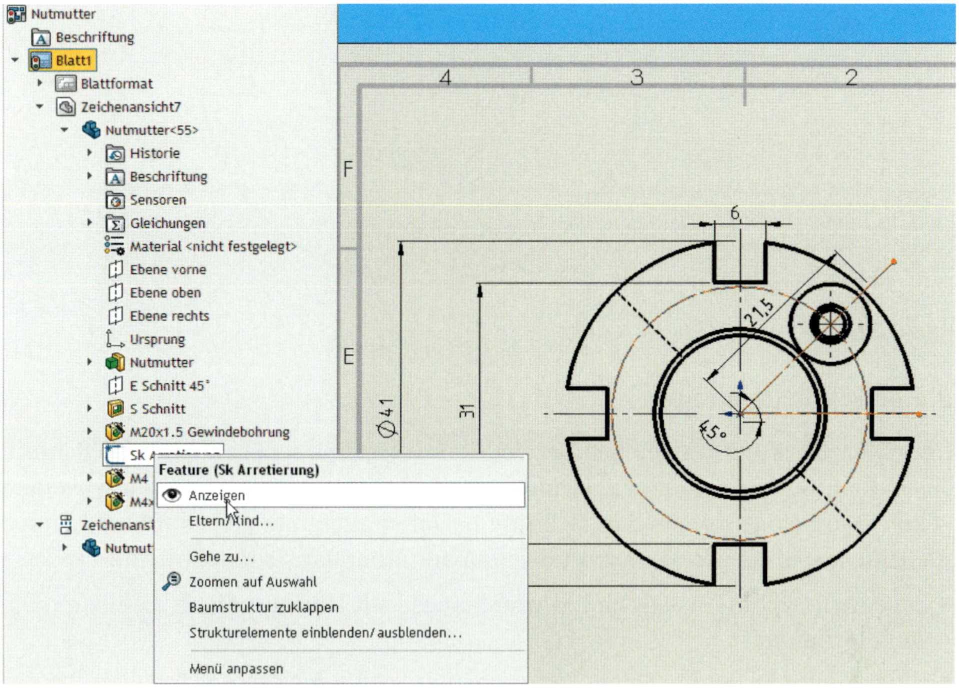

Bild 8.21: Auch in der Zeichnung stehen alle Parameter des Modells zur Verfügung

- Blenden Sie die Skizze *Sk Arretierung* ein.

8.4.3 Bemaßungen importieren

Wenn die Bemaßungen nicht oder nicht korrekt angezeigt werden, z. B. der Winkel sich nicht auf das Mittelkreuz bezieht,

- dann löschen Sie diese Maße, wählen die Skizze *Sk Arretierung* im FeatureManager und betätigen erneut die Schaltfläche *Modellelemente*.

Jetzt erscheinen der Winkel der 45°-Konstruktionslinie und der Durchmesser des Lochkreises, beides Elemente von *Sk Arretierung*.

- Löschen Sie redundante Maße.

Damit sollte der Stand nach Bild 8.22 erreicht sein.

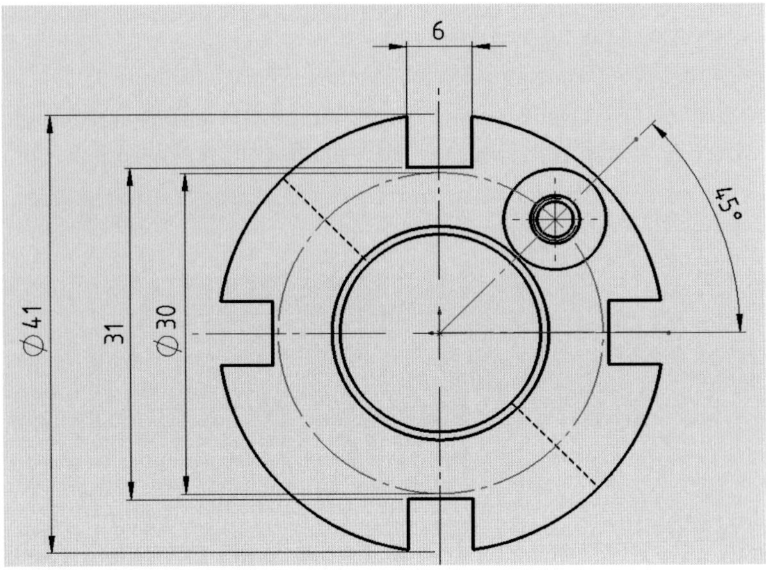

Bild 8.22: Die Rückansicht der Nutmutter

8.4.4 Schnittansichten

Um einen Blick ins Innenleben der Mutter zu werfen, fertigen wir eine Schnittansicht an. Da das Schraubengewinde um 45 Grad gedreht ist, müssen wir einen geknickten Schnitt verwenden. Schnitte basieren auch hier stets auf bestehenden Ansichten, so dass wir die Schnittebene in der Frontalansicht definieren:

- Benennen Sie die Ansicht im FeatureManager mit **Hauptansicht**. Aktivieren Sie den Eintrag und
- rufen Sie in der Symbolleiste *Zeichnung* die *Schnittansicht* auf. Schalten Sie um auf den Modus *Ausgerichtet*. Dieser bietet die größten Freiheiten.
- Führen Sie den Mauszeiger dann wieder über die *Hauptansicht*.

Da diese als Bezugsansicht aktiviert war, zeigt SolidWorks jetzt eine Hilfskonstruktion aus zwei Schnittlinien, die Sie jetzt nur noch zu platzieren brauchen:

- Klicken Sie zunächst den **Mittelpunkt** des Linienzugs auf das Zentrum der Nutmutter. Achten Sie auf die Bildung einer Skizzenbeziehung *deckungsgleich* (Bild 8.23).

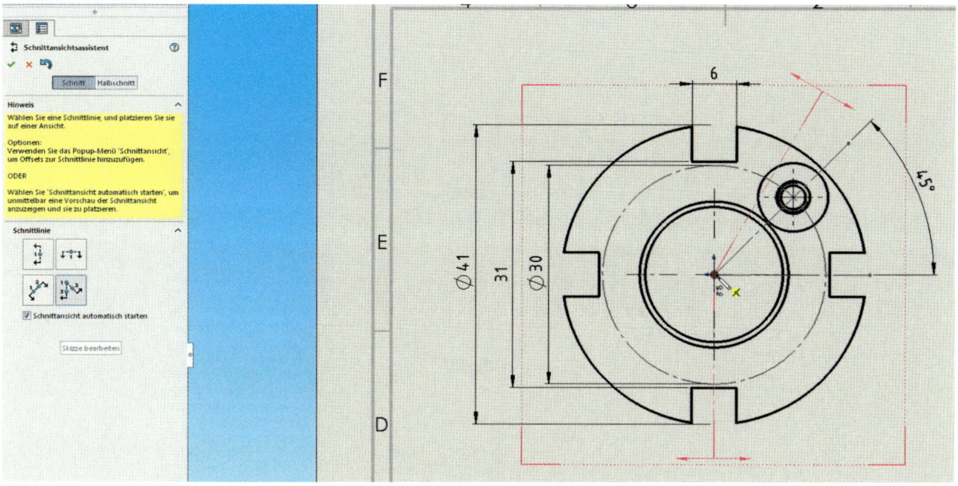

Bild 8.23: Anfertigung eines geknickten Schnittes: Mittelpunkt, ...

- Klicken Sie dann den ersten Arm in die Horizontale, wobei Sie auf die Skizzenbeziehung *Horizontal* achten (Bild 8.24).

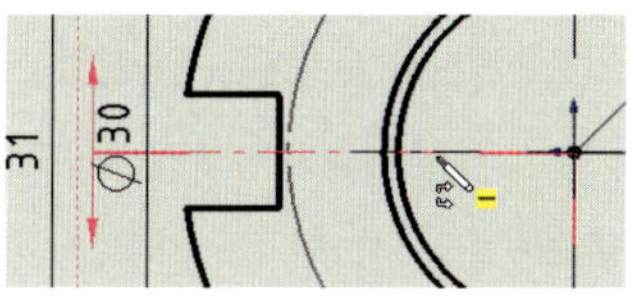

Bild 8.24: ... erster Arm ...

- Schließlich fangen Sie den Endpunkt der 45°-Konstruktionslinie *deckungsgleich* (Bild 8.25).

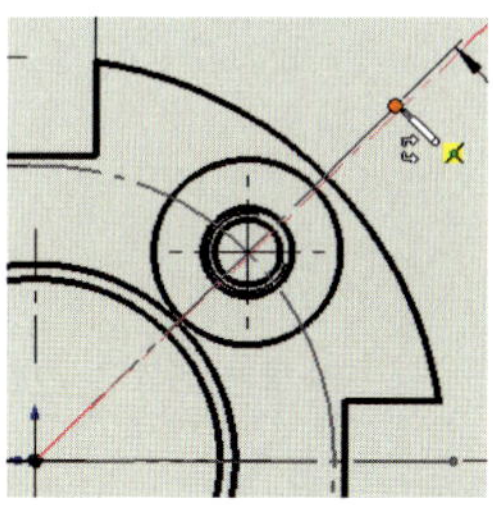

Bild 8.25: ... und zweiter Arm. Fertig!

- Nun können Sie die Ansicht lotrecht zu einem der Schnittarme aus der Kontur ziehen, in diesem Fall vertikal nach unten, woraufhin Sie die Ansicht platzieren (Bild 8.26).

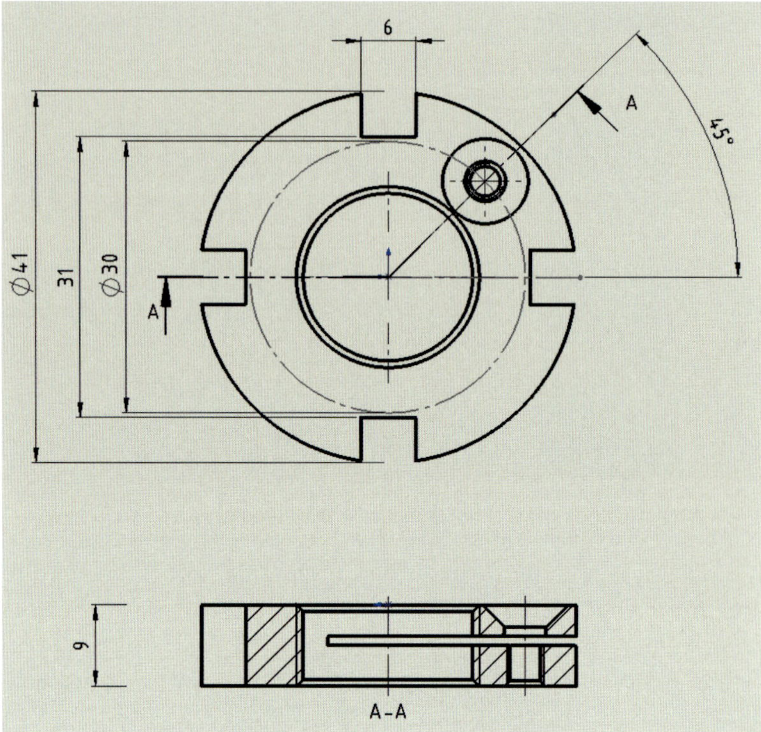

Bild 8.26: Die fertige Schnittansicht

- Falls der Schnitt in die falsche Richtung weist, wählen Sie die Schnittansicht und klicken im PropertyManager unter *Schnittlinie* auf *Richtung umkehren* (Bild 8.27).

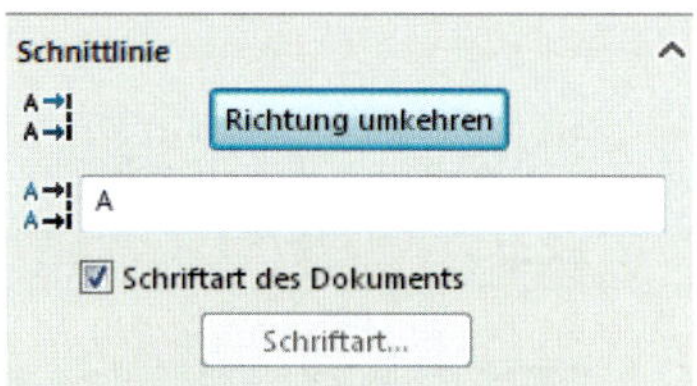

Bild 8.27: Zur Umkehrung der Schnittrichtung bedarf es nur eines einzigen Klicks

- Wählen Sie *Verdeckte Kanten ausgeblendet,* wie es für Schnitte üblich ist.

TIPP: Auf ähnliche Weise können Sie Halbschnitte durch Wellen anfertigen. Allerdings gibt es dafür schon eine hochgradig automatisierte Funktion namens *Halbschnitt,* die Sie **bei Erstellung des Schnittes** oben im PropertyManager finden.

8.4.5 Die Bemaßung

Die Modellbemaßungen helfen uns in der Schnittansicht nicht viel weiter, da die Bohrungen und Gewinde vom Bohrungsassistenten stammen. Ersetzen wir sie also durch schnittgerechte Maße:

- Starten Sie die *Intelligente Bemaßung* in der Symbolleiste *Beschriftung*.
- Bemaßen Sie zunächst das Muttergewinde. Klicken Sie dazu die beiden Gewindelinien an und ziehen Sie das Maß nach unten aus der Kontur. Sie können die Maßrichtung auch durch Klicken auf eine der Hälften des *Manipulators** vorgeben, der je nach Situation auch geviertelt sein kann.

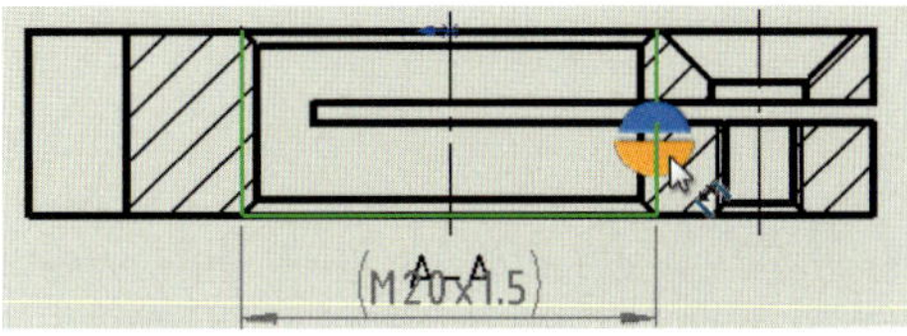

Bild 8.28: Das Gewinde erhält eine vollständige Bezeichnung

> * Eigentlich: *Schneller Bemaßungs-Manipulator.* Für Zungenbrecher fragen Sie bitte in der Belletristik-Abteilung nach Unsinnspoesie.

- Wenn Sie das Maß anklicken, erscheint, zunächst nur schwach zu erkennen, eine kleine Schaltfläche direkt daneben. Auch hier können Sie die Maßkonfiguration ändern, sobald Sie es anklicken (Bild 8.29).

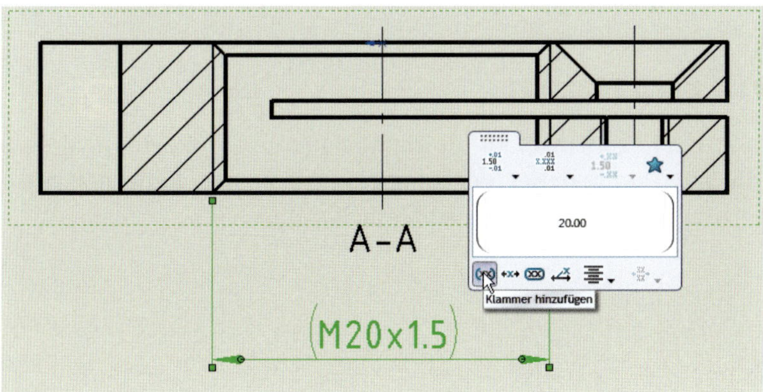

Bild 8.29: Spart Mauskilometer: Das Direktfenster für Bemaßungen

- Entfernen Sie die Klammern durch Klicken auf die linke untere Schaltfläche. Sollte der Maßtext nicht der Abbildung entsprechen, so tragen Sie ihn in folgender Form nach: *Text links:* **M**, *Text rechts:* **×1.5**.

Das entsprechende Editierfeld im PropertyManager finden Sie unter der Rubrik *Bemaßungstext*, komplett mit zusätzlichen Schaltflächen (Bild 8.30).

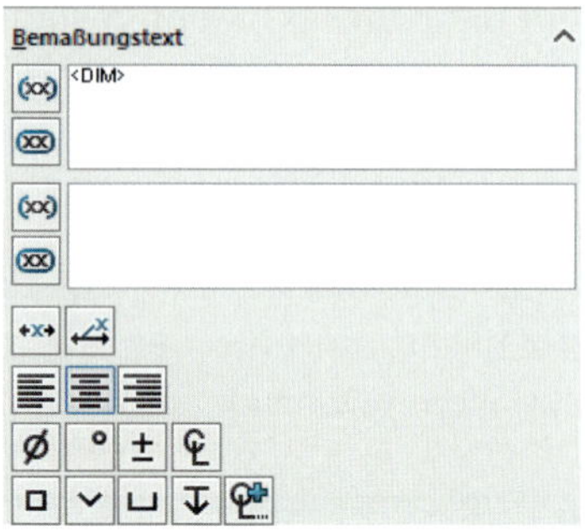

Bild 8.30: Der PropertyManager hält wie immer den vollen Bestand an Modifikatoren bereit

Die Maßzahl <DIM> stellt dabei die *Maßvariable* dar: Ändern Sie später das Gewinde, so wird die aktuelle Maßzahl zwischen den Klammern nachgetragen.

- Auf gleiche Art bringen Sie das M4-Gewinde an (Bild 8.31).

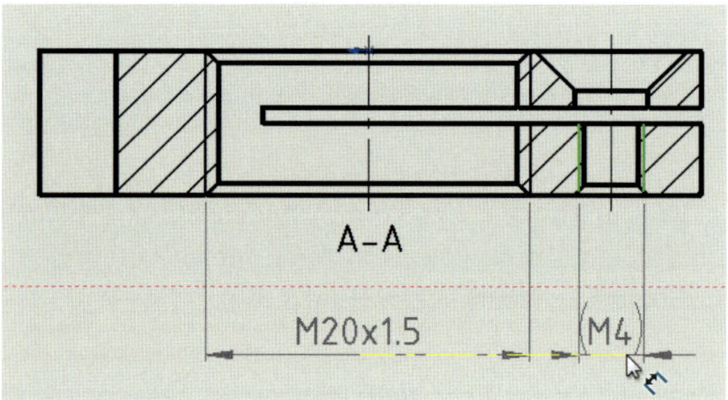

Bild 8.31: Leider wird das Maß nicht mitgedreht

- Setzen Sie den Kegelwinkel **90°** sowie Abstand und Weite des Spaltes. Bemaßen Sie dann den Durchmesser der Durchgangsbohrung. Entfernen Sie stets die Klammern nach der beschriebenen Methode (Bild 8.32).

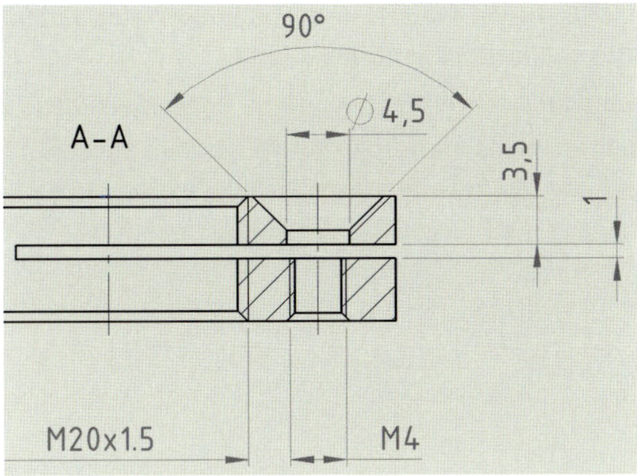

Bild 8.32: Weitere Modellmaße und ein Winkel

- Wenn der Platz für all die Maße knapp wird, ziehen Sie einfach die komplette Schnittansicht nach unten. Ziehen Sie dann die Schnittbezeichnung *A-A* nach oben, um sie aus dem Weg zu schaffen.

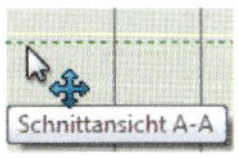

TIPP: Auch die Bemaßungen können Sie nachträglich umordnen. Die gelben Leitlinien helfen Ihnen bei der Ausrichtung der Maßpfeile.

- Den Durchmesser des Senkkegels bemaßen Sie, indem Sie die Endpunkte der Schrägen fangen (Bild 8.33).

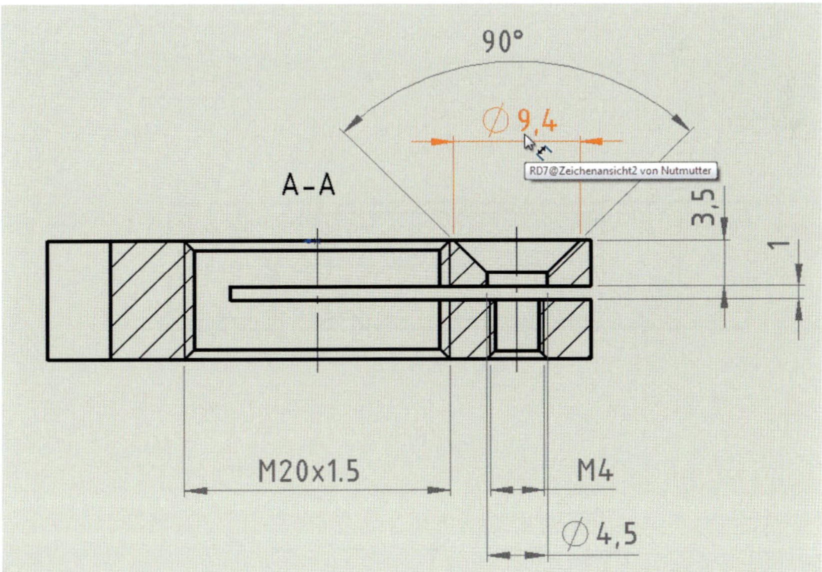

Bild 8.33: Mit Haken und Ösen: Der Außendurchmesser des Kegels hängt an dessen Endpunkten

Die Höhe *9 mm* sollte bereits durch den Maßimport vorhanden sein. Wenn die Hilfslinien zu weit von der Kontur entfernt sind,

- ziehen Sie sie einfach an ihren Enden auf die Kontur, bis diese gefangen wird.
- Bemaßen Sie die Gewindesenkung *0,75 × 45°*, indem Sie deren Schräge horizontal bemaßen und den Maßtext durch statischen Text ergänzen (Bild 8.34).

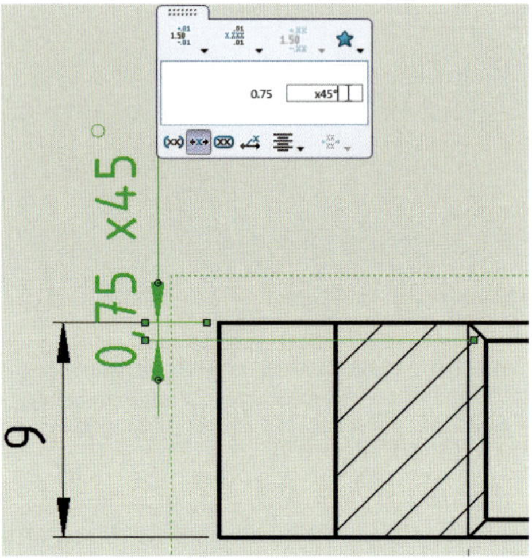

Bild 8.34: Das Höhenmaß und die Fase des Gewindes ergänzen die Bemaßung

Die vollständige Bemaßung der Schnittansicht sehen Sie in Bild 8.35.

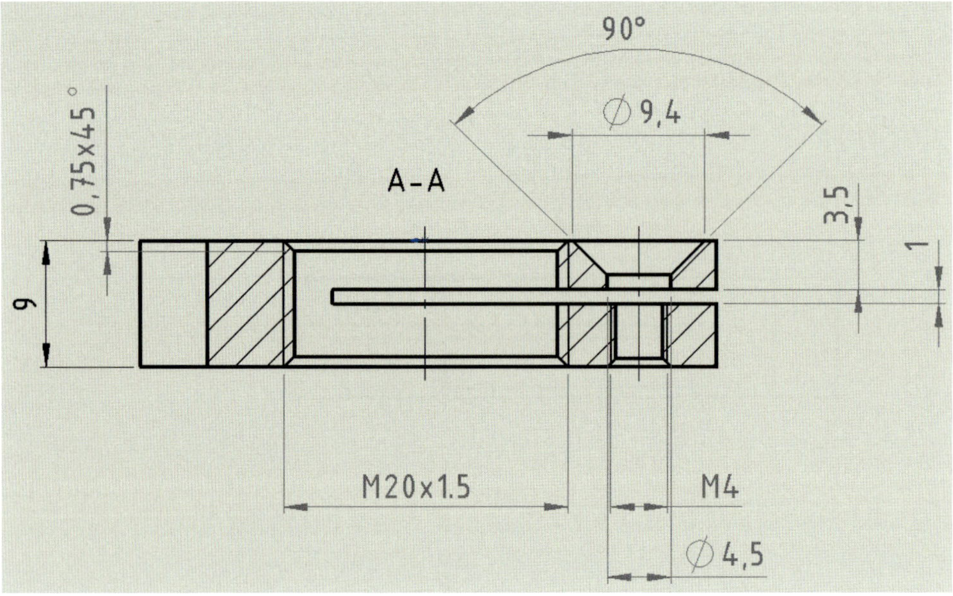

Bild 8.35: Recht viel Aufwand für eine einfache Mutter: Die komplette Bemaßung

> Hinweis: Lassen Sie sich nicht von dem Umstand irritieren, dass all diese Maße als gesteuerte Maße – grau mit Klammern – eingefügt werden. Die Werte werden trotzdem aktualisiert, wenn das Modell verändert wird. Nur der Weg zurück ist verlegt: Sie können das Modell mit den grauen Maßen nicht ändern. Mit den schwarzen hingegen schon.

8.4.6 Oberflächenzeichen

Um die Rautiefe der Oberflächen anzugeben, können wir wieder SolidWorks arbeiten lassen:

- Aktivieren Sie in der Symbolleiste *Beschriftung* die Schaltfläche *Oberflächenbeschaffenheit.*
- Tragen Sie ins Editierfeld unter dem Symbol den Wert **Ra 0,8** ein (Bild 8.36).
- Klicken Sie dann auf die obere und die untere Horizontale in der Schnittansicht. Die Symbole werden verknüpft.
- Da auf der Kante bereits ziemliches Gedränge herrscht, ziehen Sie die beiden Symbole nach rechts aus der Kontur heraus, so dass sie von SolidWorks mit Hilfslinien versehen werden. Selbst Maßhilfslinien stellen kein Hindernis dar (Bild 8.36).

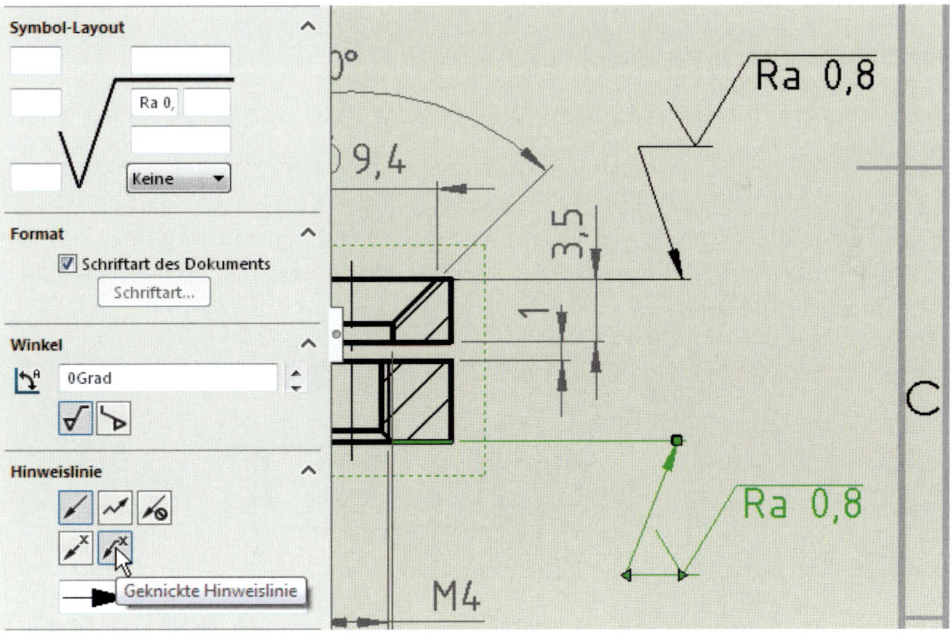

Bild 8.36: Symbole lassen sich einfach an Objekt- und Maßlinien anheften

Oberflächensymbole, die „von unten kommen", müssen mit Hinweislinien versehen werden. Dies ist auch nachträglich möglich:

- Klicken Sie auf das erste Symbol und aktivieren Sie unter *Hinweislinie* die erste Schaltfläche, *Hinweislinie.* Dann schalten Sie in der zweiten Reihe noch *Geknickte Hinweislinie* ein. Ändern Sie auf diese Art auch das zweite Symbol, um Symmetrie herzustellen.
- Jetzt können Sie das Symbol beliebig platzieren, wobei die Hinweislinie folgt.

8.4.7 Rautiefe

TIPP: Die folgenden Symbole finden Sie im Internet, wenn Sie nach Blöcken für SolidWorks suchen, die Oberflächen und Kantenzustände beschreiben.

- Setzen Sie noch zwei Symbole in die linke untere Ecke der Zeichnung. Ändern Sie den Text der ersten Rautiefe auf **Ra 3,2** (Bild 8.37).

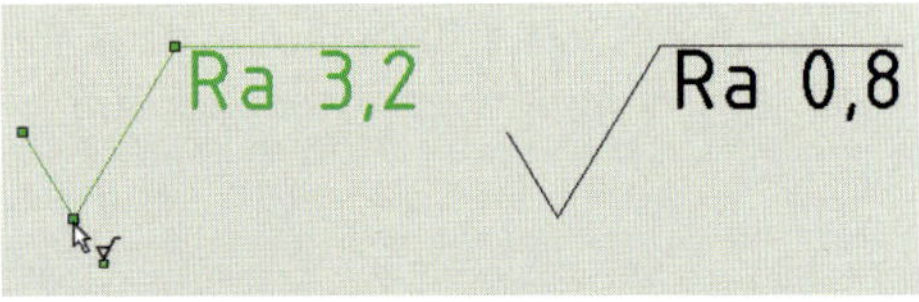

Bild 8.37: Die allgemeine Rautiefe lässt sich leider nur basteln ...

Die Klammern für die Ausnahme allerdings müssen wir leider selber bauen (s. Tipp):

A

- Fügen Sie einen *Bezugshinweis* ein.
- Stellen Sie die *Texthöhe* auf **7** mm ein. Setzen Sie dann ein Klammerpaar mit genügend Leerzeichen dazwischen, dass die Breite des Ausnahme-Symbols erreicht wird (Bild 8.38).

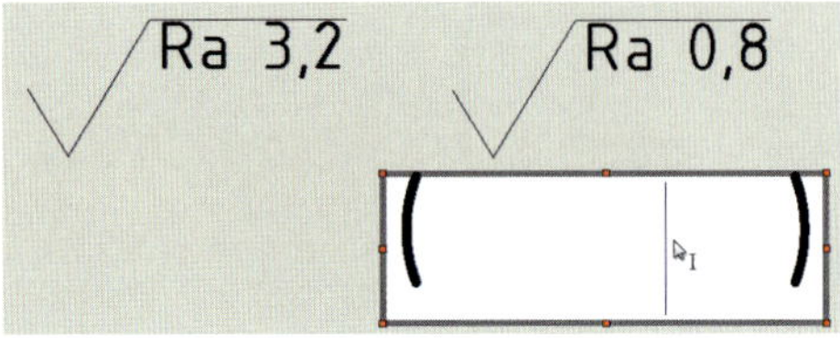

Bild 8.38: Kein Kommentar: Einfügen passender Klammern

- Klicken Sie dann neben die Klammer, so dass Sie sie als Objekt verschieben können. Schieben Sie sie dann über das Ausnahmesymbol, sodass etwa das Aussehen wie in Bild 8.39 entsteht.

- Markieren Sie dann beide Symbole und die Klammern und wählen Sie *Extras, Ausrichten, Horizontal ausrichten*.
- Der Schriftzug wird auf gleiche Höhe gesetzt (Bild 8.39).

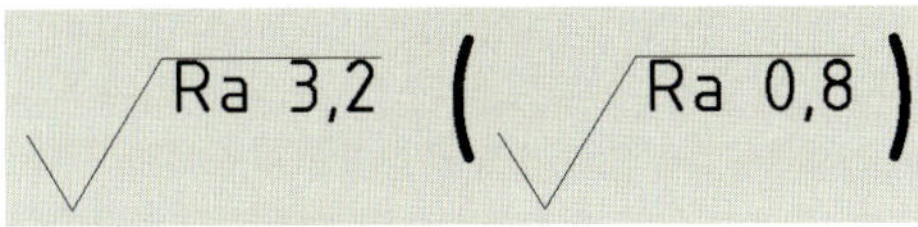

Bild 8.39: Was lange gärt: Die allgemeine Rautiefe

8.4.8 Werkstückkanten

Zum Schluss fügen wir noch die allgemeinen Kantenzustände hinzu. Leider müssen wir auch sie vollständig selber basteln:

- Schalten Sie das Gitter ein. Öffnen Sie dann die Symbolleiste *Skizze* und ziehen Sie aus Linien zwei rechtwinklige Gebilde auf, wie sie in Bild 8.40 zu sehen sind (Blau).

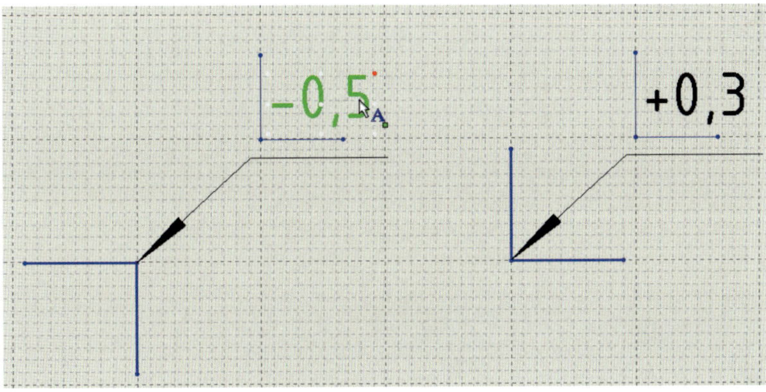

Bild 8.40: Kantenzustände, Marke Eigenbau

- Definieren Sie alle vier Stücke als *Gleich* lang. Verknüpfen Sie die beiden Horizontalen *Kollinear*.
- Fügen Sie dann aus der Symbolleiste *Beschriftung* je einen *Bezugshinweis* hinzu, der auf bzw. in die Ecke zeigt. Konfigurieren Sie die Hinweispfeile nach Bild 8.41.

Bild 8.41: Einstellung der Hinweispfeile

- Fügen Sie als Text für die Pfeile nur einige Leerzeichen hinzu. Der Text muss unabhängig von den Pfeilen sein.
- Zeichnen Sie zwei Winkel, wie sie über den Bezugspfeilen zu sehen sind.
- Setzen Sie die Maßtexte **–0,5** für die Kante und **+0,3** für die Kehle. Achten Sie darauf, dass die Texte beim Verschieben nicht von den Pfeilen gefangen werden (Strg+Z).

In Bild 8.42 sehen Sie den Hierarchiebaum dieser Zeichnung. Es sind nur die *Zeichenansicht* und die *Schnittansicht* vertreten. Das Blattformat besitzt einen eigenen Eintrag.

Bild 8.42: Die Hierarchie der Zeichnung

■ 8.5 Drucken

Nun wird es Zeit, die Zeichnung auszudrucken. Da Sie *DIN A4* als Grundformat gewählt hatten, können Sie dazu einen normalen Seitendrucker verwenden.

- Unter *Datei, Seite einrichten* stellen Sie zunächst die Skalierung (100 %) und unter Farben *Schwarz und Weiß* ein (Bild 8.43).

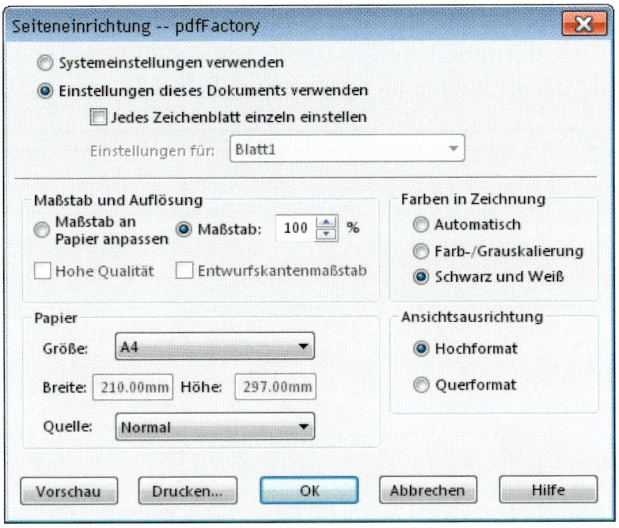

Bild 8.43: Einrichten der Druckseite für das Dokument

- Rufen Sie dann Datei, Drucken auf, um den Drucker zu konfigurieren (Bild 8.44). Richten Sie das Format *A4 hochkant* ein. Sehen Sie dann unter *Liniendicke* nach, ob die Linienstärken richtig eingestellt sind (Bild 8.44).

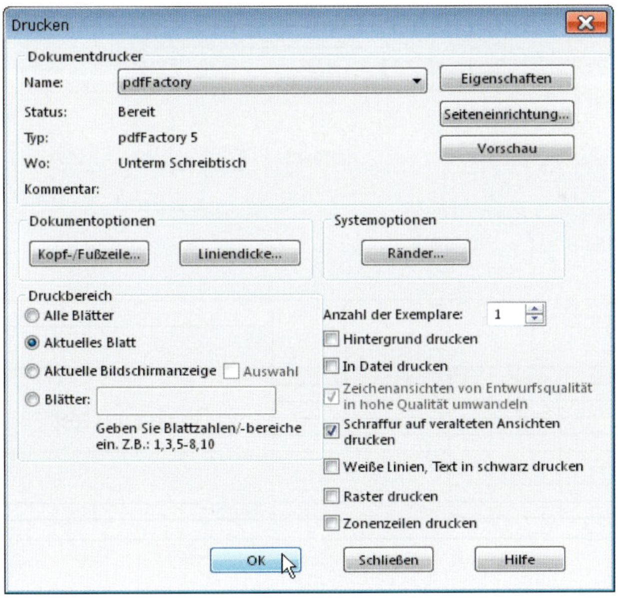

Bild 8.44: Letzter Streich: Der Drucker wird eingestellt

- In der Vorschau oder *Seitenansicht* erkennen Sie dann bei maximaler Vergrößerung schon, ob die Linienstärken und -arten stimmen. Danach steht einem erfolgreichen Druck oft nichts mehr im Wege (Bild 8.45).

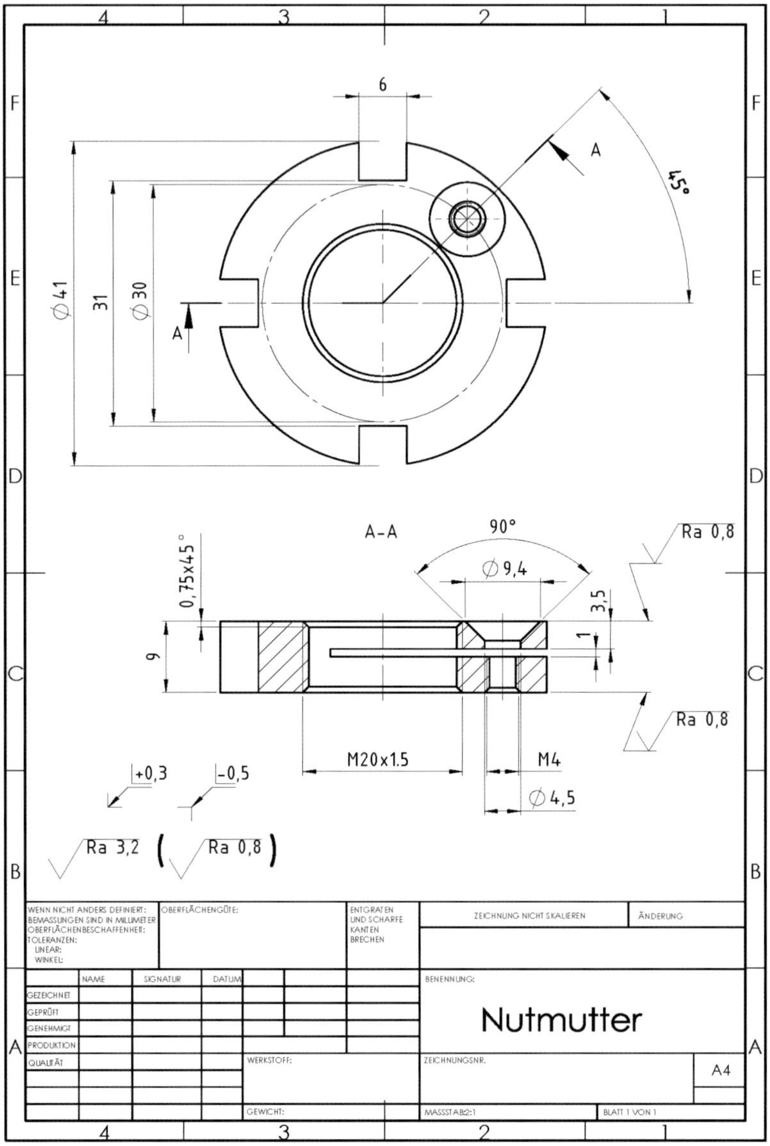

Bild 8.45: Letzter Streich: Die fertige Zeichnung

■ 8.6 Ausblick

Damit sind wir am Ende unseres Büchleins angekommen, liebe Leserin, lieber Leser.

Sie haben mit einem Minimum an Funktionen ein komplettes Maschinchen geschaffen, das mit ein wenig Ausarbeitung durchaus gefertigt werden könnte.

Sie haben gesehen, wie vielseitig Sie einfache Funktionen einsetzen können, und darum ging es mir: Ihnen die Einfachheit vor Augen zu führen.

Ich hoffe, dass Sie trotz der Kürze den Pfad durch den Dschungel gefunden haben. Ich jedenfalls wünsche Ihnen auf Ihrem Weg mit SolidWorks alles Gute.

Index